普通高等教育土木工程专业新形态教材

工程结构抗震设计

邓友生　主　编

郭光玲　李会军　副主编
王　栋　欧阳靖

余浩铭　参　编

清华大学出版社

北京

内 容 简 介

本书是依据土木工程专业本科教学大纲要求,结合我国现行《公路桥梁抗震设计规范》(JTG/T 2231-01—2020)、《建筑抗震设计规范》(GB 50011—2010(2016 年版))和《地下结构抗震设计标准》(GB/T 51336—2018)等规范编写的工程结构抗震设计类教材。本书主要介绍了工程结构抗震设计的基本理论和方法,内容涵盖:地震、地震动及结构抗震的基本知识,场地、地基与基础抗震设计的基本概念,建筑结构抗震概念设计,建筑结构、桥梁结构和地下结构的抗震设计及结构振动控制原理和装置等。在各章附有相关习题,便于读者深刻理解工程结构抗震设计的基本概念和现行设计规范或标准中的设计与计算方法。

本书可供高等院校土建类专业学生及教师使用,亦可供从事建筑结构、桥梁结构和地下结构等专业方向的科学研究、工程设计和施工技术人员以及自学爱好者参考。

图书在版编目(CIP)数据

工程结构抗震设计/邓友生主编.—北京:清华大学出版社,2023.2
普通高等教育土木工程专业新形态教材
ISBN 978-7-302-61998-7

Ⅰ.①工…　Ⅱ.①邓…　Ⅲ.①建筑结构-防震设计-高等学校-教材　Ⅳ.①TU352.104

中国版本图书馆 CIP 数据核字(2022)第 186413 号

责任编辑:王向珍
封面设计:陈国熙
责任校对:赵丽敏
责任印制:丛怀宇

出版发行:清华大学出版社
　　网　　　址:http://www.tup.com.cn,http://www.wqbook.com
　　地　　　址:北京清华大学学研大厦 A 座　　　邮　编:100084
　　社 总 机:010-83470000　　　　　　　　　邮　购:010-62786544
　　投稿与读者服务:010-62776969,c-service@tup.tsinghua.edu.cn
　　质量反馈:010-62772015,zhiliang@tup.tsinghua.edu.cn
印 装 者:三河市天利华印刷装订有限公司
经　　销:全国新华书店
开　　本:185mm×260mm　　印　张:21　　　　　字　数:505 千字
版　　次:2023 年 2 月第 1 版　　　　　　　　　印　次:2023 年 2 月第 1 次印刷
定　　价:69.80 元

产品编号:097118-01

前 言
PREFACE

我国多地处于地震活跃带,工程结构在地震作用下产生裂缝甚至倒塌,造成大量的人员伤亡和经济损失,因此在工程结构设计时需根据当地抗震设防标准考虑其抗震性能。"工程结构抗震设计"是高等院校土木工程专业的重要专业课之一,本书是广大结构抗震爱好者以及从事结构抗震设计相关专业的人员全面学习和了解结构抗震基础知识的重要参考资料。

本书比较系统地阐述了工程结构抗震的基本理论和设计方法。通过本课程的学习,了解地震、地震动及结构抗震的基本知识,掌握场地、地基和基础抗震设计的基本概念及建筑结构抗震概念设计,熟悉建筑结构、桥梁结构和地下结构的抗震设计及结构振动控制原理和装置,为后续专业课程的学习奠定坚实基础。

本书编者长期从事工程结构抗震设计的教学与研究工作,在日常教学与工程实践过程中不断探索与创新。在编写本书的过程中,编者进行了震害实地调查,参考了大量国内外工程结构抗震的相关书籍、文献以及规范,注重理论联系实际和时刻关注国内外最新发展动态。书中文字和图表描述恰当,力求简明扼要、图文并茂。

本书由西安科技大学组织编写。全书共分11章,西安科技大学邓友生编写第1~4章、第9、10章,陕西理工大学郭光玲编写第5章,湖南理工学院欧阳靖编写第6章,西安交通工程学院余浩铭编写第7章,西北农林科技大学李会军编写第8章,西安科技大学王栋编写第11章。全书由邓友生统稿并修改。东南大学王景全教授在百忙之中对全书进行了审阅,并提出宝贵的修改意见。西安科技大学博士研究生肇慧玲,硕士研究生杨彪、冯爱林、张克钦、李文杰、陈苗和董晨辉等在编写过程中多次校核书中文字、插图与制图,并凝练每章习题,在此深表谢忱。

由于编者水平有限,书中难免存在疏漏和不足之处,敬请广大同仁和读者批评指正。

编 者

2022 年 11 月

目 录
CONTENTS

第1章

绪论

1.1 地震基本知识

1.1.1 地震成因

地震是地球上极为普通的自然现象,与地球内部的构造,尤其与地表结构有着密切的关系。

地球可以简单地分为地壳、地幔、地核三层(图 1-1)。地球半径约为 6400km,中心层地核半径约为 3500km,中间层地幔厚度约为 2900km,最外层地壳厚度为 30~40km。地球内部温度随地表深度增加而增长,深度每增加 1km 温度约升高 30℃,但升温率随着深度增加而减小。有资料表明,地球内部的应力也有较大差异,地幔外部的应力约为 900MPa,地核外部的应力约为 140000MPa,地核中的应力约为 370000MPa。这些差异使得地壳不可避免地产生局部变形,一旦持续变形累积到一定程度,便爆发地震。

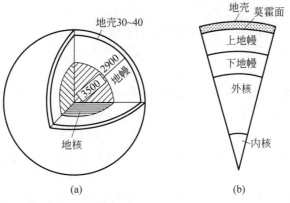

图 1-1 地球断面与分层结构(单位:km)

(a)地球剖面;(b)分层结构

地震实质上是地球内部能量积聚到一定程度后突然释放所产生的地面运动。据不完全统计,全球 90% 以上的地震以及几乎所有造成巨大人员伤亡和财产损失的破坏性地震基本属于构造地震。地壳是由各种岩层构成的,岩层在地质年代中产生形变,随着岩层变形不断增加,地应力逐渐增大。当地应力的作用超过某处岩层的极限强度时就会发生突然的断裂和猛烈错动,部分应变能突然释放,其中一部分能量以波的形式在地层中传播,便产生了地震。由于岩层的破裂往往不是沿着一个平面发展,断裂地带的岩层也不可能同时达到平衡,因此,在主震之后岩层的变形还要进行不断调整,从而形成一系列余震。

1.1.2　地震类型

1. 按震源深度分类

(1) 浅源地震:震源深度小于70km的地震,目前大部分地震灾害均由浅源地震造成,其发震的频率最多,对人类的危害也最大。

(2) 中源地震:震源深度为70~300km的地震。

(3) 深源地震:震源深度超过300km的地震,目前已知的震源最深的地震为1934年发生于印度尼西亚苏拉威西岛东边的6.9级地震,震源深度达720km。

全球深源、中源、浅源地震所释放的能量分别为3%、12%和85%。

2. 按震级大小分类

(1) 弱震:震级小于3级的地震。

(2) 有感地震:震级3级至4.5级(包括4.5级)的地震。

(3) 中强震:震级4.5级至6级的地震。

(4) 强震:震级大于或等于6级的地震,其中震级大于或等于8级的地震称为巨大地震。

3. 按地震成因分类

(1) 构造地震:地球构造运动所引起的地震,一般是由地壳的岩石断裂或原有断裂发生错动所造成的。这类地震为数最多,绝大部分天然地震属于这类,其活动频繁,强度大,故危害也最大。

(2) 火山地震:与火山活动有关的地震,约占地震总数的7%。火山地震包括火山爆发产生的振动、火山活动引起构造变动而造成的地震及在构造变动引起火山喷发的同时所发生的地震。因其在火山爆发前,大量岩浆已在那里的地壳中聚集膨胀,既可以使岩层产生新的断裂,又可以促使那些原有断裂再次发生变动,故一般都有地震发生。在火山爆发后,大量岩浆迅速喷出地表,地下深处的岩浆来不及补充,而留下空间,其岩层将会塌陷,引发断层造成地震。火山活动地区内地震频发,但一般震级都不大。

(3) 诱发地震:由人类活动和某些其他自然因素触发导致的地震。现已发现水库蓄水、油井注水、地下核试验等可以导致一系列较小地震连续发生。其他一些自然因素,如月球、太阳的潮汐力等也可能诱发地震,在海底发生的地震还会引发海啸。

(4) 人工地震:由人工爆炸(开矿、开山、地下核爆炸等)引起的地震。

1.1.3　地震波与震级及地震烈度

1. 地震波

地震时,地下岩体断裂、错动并产生振动。振动以波的形式从震源向外传播,就形成了地震波,其中,在地球内部传播的波称为体波,而沿地球表面传播的波叫作面波。

体波又分纵波和横波(图 1-2)。纵波是由震源向外传递的压缩波,其介质质点的运动方向与波的前进方向一致。纵波一般周期较短、振幅较小,在地面引起上下颠簸运动。横波是由震源向外传递的剪切波,其质点的运动方向与波的前进方向垂直。横波一般周期较长,振幅较大,引起地面水平方向的运动。

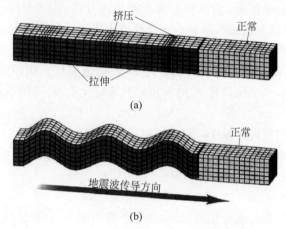

图 1-2　地震纵波和横波运行时弹性状态
(a)纵波;(b)横波

面波主要有瑞利(Rayleigh)波和勒夫(Love)波两种形式(图 1-3)。瑞利波传播时,质点在波的前进方向与地表法向组成的平面内做逆向的椭圆运动。这种运动形式被认为是形成地面晃动的主要原因。勒夫波传播时,质点在与波的前进方向垂直的水平方向运动,在地面表现为蛇形运动。面波周期长,振幅大。由于面波比体波衰减慢,故能传播到很远的地方。

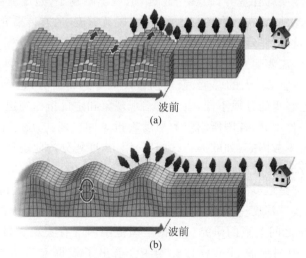

图 1-3　勒夫波和瑞利波传播过程中近地表运动
(a)勒夫波;(b)瑞利波

地震波的传播速度,以纵波最快,横波次之,面波最慢。所以,在地震发生的中心地区,人们的感觉是先上下颠簸,后左右摇晃。当横波或面波到达时,地面振动最为猛烈,产生的破坏作用也较大。在离震中较远的地方,由于地震波传播过程中能量逐渐衰减,地面振动减弱,破坏作用也逐渐减轻。

2. 震级

地震强度一般用震级来描述,是由地震仪测定的每次地震活动释放的能量多少来确定的。中国目前使用的震级标准,是国际上通用的里氏分级表,共分 9 个等级。在实际测量中,震级则是根据地震仪对地震波所做的记录计算出来的。地震越大,震级也越大。

国际上常用里氏震级(Richter magnitude)来表示地震的大小。里氏采用标准地震仪(自振周期为 0.8s,阻尼比为 0.8,放大系数为 2800 的地震仪),用距震中 100km 处记录的以微米为单位的最大水平地面位移 A 的常用对数来定义震级,可用下式表示

$$M_L = \lg A \tag{1-1}$$

当观测点与震中的距离不是 100km 时,里氏震级需要换算,如式(1-2)所示,其中 A 为记录到的两个水平分量最大振幅的平均值。$\lg A_0(R)$ 为随震中距 R 变化的起算函数,可由当地的经验确定,当 $R = 100$km 时,$A_0(R) = 1$。

$$M_L = \lg A - \lg A_0(R) \tag{1-2}$$

里氏震级对近场地震的测量精度较高,适用于震中距 R 小于 600km,震级在 2~6 级时的地震标度。里氏震级是目前应用最广泛的震级单位,不但在科学研究和工程中使用,而且在发布地震预报和公告已发生地震的大小时也常被采用。

3. 地震烈度

地震烈度是指某一地区的地面和各类建筑物遭受到一次地震影响的强弱程度。对于一次地震,表示地震大小的震级只有一个,但它对不同地点的影响是不一样的。一般说,随距离震中的远近不同,烈度就有差异,距震中越远,地震影响越小,烈度就越低;反之,距震中越近,烈度就越高。此外,地震烈度还与地震大小、震源深度、地震传播介质、表土性质、建筑物动力特性、施工质量等许多因素有关。

为评定地震烈度,需要建立一个标准,以描述震害宏观现象为主,即根据建筑物的损坏程度、地貌变化特征、地震时人的感觉、家具动作反应等进行区分,这个标准称为地震烈度表。由于对烈度影响轻重的分段不同,以及在宏观现象和定量指标确定方面有差异,加之各国建筑情况及地表条件不同,各国所制定的烈度表也不同。现在,除了日本采用从 0~7 度分成 8 等的烈度表及少数国家(如欧洲一些国家)用 10 度划分的地震烈度表外,绝大多数国家包括我国都采用分成 12 度的地震烈度表。

一般说,震中烈度是地震大小和震源深度两者的函数。但是,对人民生命财产影响最大的、发生最多的地震震源深度一般在 10~30km,故可以近似认为震源深度不变,来进行震中烈度 I_0 与震级 M 之间关系的研究。根据全国范围内既有宏观资料及由仪器测定震级的 35 次地震资料,《中国地震目录》(1983 年版)给出了根据宏观资料估定震级的经验公式:

$$M = 0.58I_0 + 1.5 \tag{1-3}$$

必要时可参考地震影响面积的大小做适当调整。其大致的对应关系如表 1-1 所示。

表 1-1 震中烈度与震级的大致对应关系

震级 M	2	3	4	5	6	7	8	8以上
震中烈度	1～2	3	4～5	6～7	7～8	9～10	11	12

1.1.4 地震专业术语

(1) 震源(或称震源区)：地球内部发生地震的区域。理论上常将震源视为一个点，实际上是一片区域。

(2) 震中(或称震中区)：震源在地面上的投影点。同时，地面上受破坏最严重的地区称为极震区，理论上震中区和极震区是相同的，实际上由于地表局部地质条件的影响，极震区不一定是震中区。

(3) 震源深度：震源与震中的距离。

(4) 震中距：地震震中至某一指定点的地面距离。

(5) 震源距：地震震源至某一指定点的距离。

(6) 等震线：也称等烈度线，指在同一次地震影响下，地面上破坏程度(超越概率为10%)相同(烈度值相同)的各点的连线。

(7) 基本烈度：指在未来 50 年内，在一个地区一般场地条件下，可能遭受(超越概率为10%)的地震烈度。基本烈度是在地震区进行建筑设计的主要依据。

(8) 罕遇烈度：在 50 年期限内，一般场地条件下，一个地区可能遭遇的超越概率为2%～3%的地震烈度值。相当于 1600～2500 年一遇的地震烈度值。

(9) 抗震设防烈度：按照国家规定权限批准作为一个地区抗震设防依据的地震烈度。

(10) 抗震设防标准：衡量抗震设防要求高低的尺度，由抗震设防烈度或设计地震动参数及建筑抗震设防类别确定。

(11) 设计地震动参数：抗震设计用的地震加速度(速度、位移)时程曲线、加速度反应谱和峰值加速度。

(12) 地震作用：由地震引发的结构动态作用，包括水平地震作用和竖向地震作用。

(13) 抗震措施：除地震作用计算和抗力计算以外的抗震设计内容，包括抗震构造措施。

1.2 地震动特性

地震引起的地面运动称为地震动。地震动在同一地区，每一次地震都各不相同，因此具有较强的无规则和复杂性。多年来，地震工程研究者根据地面运动的宏观现象和强震观测资料分析得出，工程结构的地震破坏程度与地震动的幅值特征、频谱特性和持续时间密切相关。通常称这三个基本要素为地震动的三要素。

1.2.1 幅值特征

地震动强度常用的参数是最大幅值(峰值)，如加速度、速度或位移的峰值、最大值或某种有意义的有效值。目前，加速度峰值取值简单直观，在地震工程研究和抗震设计中被广泛应用。

加速度峰值反映地震动的高频特性,但地震动具有离散性,震源深度、距离和场地的局部变化都将可能使得加速度值突变,因此加速度峰值具有不稳定性。研究表明结构地震反应并不取决于单个峰值,个别尖锐的峰值是超过结构自振频率很多的高频运动引起的,削去个别突出的峰值,结构地震反应几乎不受影响。实际上,经常出现地震动峰值虽然很高而震害并不严重的现象。为克服这个缺点,从结构地震反应研究和抗震设计要求出发,提出多种等效峰值的定义,试图代替峰值表示地震动强度,常用的是均方根加速度(a_{rms}),见下式:

$$a_{rms}^2 = \frac{1}{T_d} \int_0^{T_d} a^2(t)\,dt \tag{1-4}$$

式中:T_d——强震阶段的持续时间,在此持续时间内振动过程可以近似作为平稳过程,单位持续时间的能量与方差成正比。

　　$a(t)$——某一时刻的地震动加速度。

1.2.2　频谱特性

地震动频谱特性是指地震动对具有不同自振周期的结构反应特性的影响。频谱显示不同频率分量的强度分布,反映了地震动的动力特性。在地震工程中常用的频谱为傅里叶谱、反应谱和功率谱。震害调查表明:小震、近震、近坚硬场地上的地震动容易使刚性结构产生震害,而大震、软厚场地上的地震动容易使高柔结构产生震害。这一规律从地震动的频谱特性的角度很容易解释,前一种地震动的高频比较丰富,而后一种则低频较强。由于共振效应,前者易使高频结构产生破坏,后者易使低频结构受损。地震动的频谱特性是结构抗震设计反应谱理论和振型分解法的基础。实际地震工程中震级、震中距、场地条件和震源机制对地震动的频谱特征都有重要影响。

1.2.3　持续时间

地震动的持续时间(持时)有长有短。持时对结构物有着不可忽视的影响,主要发生在结构地震反应进入非线性阶段之后,持续时间的增加会造成累积损伤的可能性越大,结构出现永久变形的概率提高。地震动持时常用定义方法有多种,包括绝对持时、相对持时、重要持时和有效持时。

1.3　地震震害

1.3.1　地震分布

在世界范围内的宏观地震调查和地震台的观测数据研究基础上,全球主要有两个地震带,其一是环太平洋地震带,几乎大部分的深源地震都集中在这一地带;其二是欧亚地震带。此外,在大西洋、太平洋和印度洋中也有呈条形分布的地震带。

我国地处世界两个最活跃的地震带中间,东临环太平洋地震带,西部和西南部是亚欧地震带所经过的地区,是世界上多地震的国家之一。我国地震活动具有频度高、强度大、震源浅、分布广的特点,是一个震灾严重的国家。20 世纪以来,我国共发生 6 级以上地震近 800

次,遍布除贵州、浙江两省和香港、澳门特别行政区以外的所有省(自治区、直辖市)。据统计,1949—2020年,100多次破坏性地震袭击了22个省(自治区、直辖市),其中1976年唐山大地震造成24万余人丧生;2008年汶川大地震伤亡近7万人,其经济损失难以统计。

1.3.2 地震破坏作用

地震灾害具有突发性和瞬时性,地震作用的时间短暂,最短十几秒,最长两三分钟就造成山崩地裂、房倒屋塌,让人们猝不及防、措手不及。人们辛勤建设的文明在瞬间毁灭。地震爆发时无法在短时间内组织有效的抗御行动,对生命安全和地区经济发展有着巨大的危害。因此,世界上存在地震危害的国家一直在努力探索防御和减轻地震灾害的有效策略。地震的破坏作用主要可分为直接灾害和次生灾害。

1. 直接灾害

地震的直接灾害包括地面破裂以及建筑物与构筑物的破坏和倒塌。

(1)地面破裂包括地裂缝、地面沉陷、喷水冒砂、山崩滑坡、泥石流等。

地裂缝(图1-4)按照成因可分为构造性地面破坏和重力性地面破坏。前者是地震断裂带发生错动在地表形成的痕迹。后者是地震时受土质、地貌和水文地质等条件的影响,在软弱土层或陡坡出现的地裂缝,也可因地震滑坡或地震塌陷引起裂缝。地面沉陷大多数发生在软土分布地区和矿山采空区,地震时可能出现塌陷,地表面随之下沉。喷水冒砂是指地表下的土中水、中砂和粉砂从地裂缝或孔隙中喷出,地震时岩层发生构造错动,使某些地方的地下水急剧增加造成喷水,而含水层的砂土发生砂土液化,使地基承载力降低甚至丧失。强烈地震容易发生山体失稳,可能导致滑坡甚至是泥石流(图1-5),对交通、房屋、桥梁和大坝等造成危害。

图1-4 地裂缝   图1-5 泥石流

(2)建筑物与构筑物的破坏和倒塌是地震中绝大多数人员伤亡的原因,其中建筑物的破坏有几种常见情况,如结构丧失稳定性、结构强度不足和地基失效引起基础破坏。

建筑结构由于抗震设防不足,构件将会因抗剪、抗压、抗弯或抗扭强度不足而产生破坏,如立柱端破坏(图1-6)、墙体破坏等。结构会在强地震作用下发生主要承重构件失稳进而丧失整体稳定性,造成建筑物整体或局部的倒塌(图1-7)。地震时一些建筑物上部结构本身并没有发生破坏,但由于地基土液化或地基塌陷而造成倾斜甚至倒塌。

图 1-6　房屋立柱端破坏

图 1-7　建筑物倒塌

2. 次生灾害

地震时,道路交通、供电线路、燃气管道、给排水设施和水库大坝等的破坏以及易燃、易爆、有毒物质的释放都可导致交通瘫痪、水灾、火灾、空气污染等次生灾害。目前,如何减轻地震产生的次生灾害已越来越引起人们的关注。

1.4　工程结构抗震设防

工程结构抗震设防的目的是对建筑物进行抗震设计并采取一定的抗震构造措施,最大限度地预防或减轻建筑物的地震破坏,减少人员伤亡和经济损失。对各类建筑物和设施都进行相同的抗震设防,势必会增加工程的造价和运行成本,如何合理地采用设防标准,是当前工程抗震防灾中迫切需要解决的问题。

1.4.1　建筑抗震设防分类与标准

根据建筑物使用功能的重要性,按其地震破坏产生的后果,将工程建筑分为以下 4 个抗震设防类别。

(1) 特殊设防类建筑,指使用上有特殊设施,涉及国家公共安全的重大建筑工程和地震时可能发生严重次生灾害等特别重大灾害后果,需要进行特殊设防的建筑,简称甲类建筑。

(2) 重点设防类建筑,指地震时使用功能不能中断或需尽快恢复的生命线相关建筑,以及地震时可能导致大量人员伤亡等重大灾害后果,需要提高设防标准的建筑,简称乙类建筑。

(3) 标准设防类建筑,指大量的除(1)、(2)、(4)类以外按标准要求进行设防的建筑,简称丙类建筑。

(4) 适度设防类建筑,指使用上人员稀少且地震不致产生次生灾害,允许在一定条件下适度降低要求的建筑,简称丁类建筑。

各类建筑的抗震设防标准应符合下列要求:

(1) 甲类建筑,应按高于本地区抗震设防烈度提高一度的要求加强其抗震措施;但抗震设防烈度为 9 度时,应按比 9 度更高的要求采取抗震措施。同时,应按批准的地震安全性评价的结果且高于本地区抗震设防烈度的要求确定其地震作用。

（2）乙类建筑,应按高于本地区抗震设防烈度一度的要求加强其抗震措施;但抗震设防烈度为 9 度时,应按比 9 度更高的要求采取抗震措施;地基基础的抗震措施,应符合有关规定。同时,应按本地区抗震设防烈度确定其地震作用。

（3）丙类建筑,应按本地区抗震设防烈度确定其抗震措施和地震作用,达到在遭遇高于当地抗震设防烈度的预估罕遇地震影响时,不致倒塌或发生危及生命安全的严重破坏的抗震设防目标。

（4）丁类建筑,允许比本地区抗震设防烈度的要求适当降低其抗震措施,但抗震设防烈度为 6 度时不应降低。一般情况下,仍应按本地区抗震设防烈度确定其地震作用。

1.4.2　桥梁抗震设防分类与标准

桥梁抗震设防类别应按表 1-2 确定。对抗震救灾以及在经济、国防上具有重要意义的桥梁或破坏后修复(抢修)困难的桥梁,应提高抗震设防类别。为确保重点和节约投资,将公路桥梁分为 A、B、C 类和 D 类四个抗震设防类别,A 类抗震设防要求最高,B、C 类和 D 类抗震设防要求依次降低。

表 1-2　桥梁抗震设防类别

桥梁抗震设防类别	适用范围
A 类	单跨跨径超过 150m 的特大桥
B 类	单跨跨径不超过 150m 的高速公路、一级公路上的桥梁; 单跨跨径不超过 150m 的二级公路上的特大桥、大桥
C 类	二级公路上的中桥、小桥; 单跨跨径不超过 150m 的三、四级公路上的特大桥、大桥
D 类	三、四级公路上的中桥、小桥

A、B 类和 C 类桥梁应采用两水准抗震设防,D 类桥梁可采用一水准抗震设防。在 E1和 E2 地震作用下,桥梁抗震设防目标应符合表 1-3 的要求。E1 地震作用下,要求各类桥梁在弹性范围工作,结构强度和刚度基本保持不变。E2 地震作用下,A 类桥梁局部可发生开裂,裂缝宽度也可以超过容许值,但混凝土保护层保持完好,因地震过程的持续时间较短,地震后,在结构自重作用下,地震过程中开展的裂缝一般可以闭合,不影响使用,结构整体反应还在弹性范围内。B、C 类桥梁在 E2 地震作用下要求不倒塌,但结构强度不能出现大幅度降低,对钢筋混凝土桥梁墩柱,其抗弯承载力降低幅度不超过 20%。

表 1-3　桥梁抗震设防目标

桥梁抗震 设防类别	设防目标			
	E1 地震作用		E2 地震作用	
	震后使用要求	损伤状态	震后使用要求	损伤状态
A 类	可正常使用	结构总体反应在弹性范围,基本无损伤	无需进行修复或经简单修复即可正常使用	可发生局部轻微损伤
B 类	可正常使用	结构总体反应在弹性范围,基本无损伤	经临时加固后可供维持应急交通使用	不致倒塌或产生严重结构损伤

续表

桥梁抗震设防类别	设防目标			
	E1 地震作用		E2 地震作用	
	震后使用要求	损伤状态	震后使用要求	损伤状态
C 类	可正常使用	结构总体反应在弹性范围,基本无损伤	经临时加固后可供维持应急交通使用	不致倒塌或产生严重结构损伤
D 类	可正常使用	结构总体反应在弹性范围,基本无损伤	—	—

注: ① E1 地震作用是工程场地重现期较短的地震作用,在第一阶段抗震设计中采用; E2 地震作用是工程场地重现期较长的地震作用,在第二阶段抗震设计中采用。

② B、C 类中的斜拉桥和悬索桥以及采用减(隔)震设计的桥梁,其抗震设防目标应按 A 类桥梁要求执行。

在 E2 地震作用下,斜拉桥和悬索桥如允许桥塔进入塑性,将产生较大变形,从而使结构受力体系发生大的变化,如可能出现部分斜拉索或吊杆不受力的情况,甚至导致桥梁垮塌等严重后果。采用减(隔)震设计的桥梁,通过减(隔)震装置耗散地震能量,有效降低结构的地震响应,使桥梁墩柱不进入塑性状态。此外,若允许桥梁墩柱进入塑性状态形成塑性铰,将导致结构的耗能体系混乱,还可能导致过大的结构位移和计算分析上的困难。因此,规定 B、C 类中的斜拉桥和悬索桥以及采用减(隔)震设计的桥梁抗震设防目标应按 A 类桥梁要求执行。

1.4.3 抗震设防烈度与水准

抗震设防是依据抗震设防烈度,地震烈度按不同的频率和强度通常可划分为小震烈度、中震烈度和大震烈度。大量数据研究表明,我国地震烈度的概率分布符合极值Ⅲ型,当设计基准期为 50 年时,50 年内众值烈度的超过率为 63.2%,这就是第一水准烈度,多遇地震或小震;50 年超过概率约 10% 的烈度相当于现行地震区划图规定的基本烈度,将其定义为第二水准烈度,即中震;50 年内超过概率为 2% 的烈度为罕遇烈度,可作为第三水准烈度,即大震。三种地震烈度的关系如图 1-8 所示。由烈度概率分布分析可知,基本烈度与众值烈度相差约 1.55 度,基本烈度与罕遇烈度相差约 1.0 度。

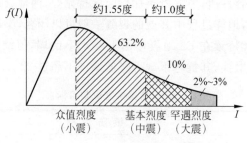

图 1-8 地震烈度的概率分布

近年来,国内外抗震设防目标的发展总趋势是要求建筑物在使用期间,对不同频率和强度的地震,应具有不同的抵抗能力,即"小震不坏,中震可修、大震不倒"。我国《建筑抗震设计规范》(GB 50011—2010,2016 年版,简称《抗震规范》)也采用了这一抗震设防指导思想,称为三水准的抗震设防目标。

第一水准：当遭受低于本地区抗震设防烈度（基本烈度）的多遇地震影响时，一般不受损坏或不需修理可继续使用。

第二水准：当遭受相当于本地区抗震设防烈度的地震影响时，可能损坏，经一般修理或不需修理仍可继续使用。

第三水准：当遭受高于本地区抗震设防烈度的地震影响时，不致倒塌或发生危及生命的严重破坏。

在进行具体的建筑结构抗震设计时，我国现行建筑抗震设计规范采用了简化的两阶段设计方法。

第一阶段设计：按多遇地震烈度对应的地震作用效应与其他荷载效应的组合，验算结构构件的承载力和结构的弹性变形。

第二阶段设计：按罕遇地震烈度对应的地震作用效应验算结构的弹塑性变形。

第一阶段设计满足第一水准的承载力要求和变形要求。第二阶段的设计是满足第三水准的抗震设防要求。此外，在设计中还需通过一定的抗震构造措施满足第二水准的抗震设防要求。

1.5 抗震设计总体要求

一般对工程结构的抗震设计包括抗震概念设计、结构抗震计算和抗震构造措施三方面。抗震概念设计是根据地震灾害和工程经验等所形成的基本设计原则和设计思想，进行建筑和结构总体布置并确定细部构造的过程。抗震构造措施是根据抗震概念设计原则，一般不需计算而对结构和非结构各部分必须采取的各种细部要求。在抗震设计中不能忽略或分割任何一部分，本节简述抗震概念设计思想，在后续章节还要深入论述。为保证结构具有足够的抗震可靠性，在建筑工程做概念设计时主要考虑以下因素：选择合适场地，选择适宜建筑体型，提高结构抗震性能，考虑非结构构件。

1.5.1 选择合适场地

大量的震害实例表明，建筑物的场地条件和场地土的稳定性对建筑物震害有显著影响。因此，设计建筑物时，有条件时要选择对抗震有利的地段，避开对建筑物不利的地段，不应在危险地段建造甲、乙、丙类建筑。当无法避开时，应遵循建筑抗震设计的有关要求进行详细的场地评价并采取必要的抗震措施，如同一结构单元不宜部分采取天然地基、部分采取桩基；当地基为软弱土、液化土，平面分布上成因、岩性、状态明显不均匀的土层时，应考虑地震时地基的不均匀沉陷并采取相应的措施。

1.5.2 选择适宜建筑体型

建筑及其抗侧力结构的平面布置宜规则、对称，并具有良好的整体性。规则、对称的结构有利于减轻结构的地震扭转效应，使结构在遭受地震时各部分的振动易于协调一致，有利于抗震。建筑的立面和竖向剖面宜规则，结构的侧向刚度宜均匀变化，竖向抗侧力构件的截面尺寸和材料强度宜自下而上逐渐减小，避免抗侧力结构的侧向刚度和承载力突变。结构刚度的突变在地震中会造成变形集中,加速结构的倒塌破坏过程。当建筑出现平面不规则(表 1-4)、竖向不规则(表 1-5)的情况时,在结构设计时要进行相应的地震作用计算和内力调整,对薄弱部分采取有效的抗震构造措施。

表 1-4   平面不规则的主要类型

不规则类型	定　义
扭转不规则	在规定的水平力作用下并考虑偶然偏心时,楼层两端抗侧力构件弹性水平位移(或层间位移)的最大值与其平均值的比值大于 1.2
凹凸不规则	平面凹进的尺寸大于相应投影方向总尺寸的 30%
楼板局部不规则	楼板的尺寸和平面刚度急剧变化,例如,有效楼板宽度小于该楼层典型宽度的 50%,或开洞面积大于该层楼面面积的 30%,或较大的楼层错层

表 1-5   竖向不规则的类型

不规则类型	定　义
侧向刚度不规则	该层的侧向刚度小于相邻上一层的 70%,或小于其上相邻三个楼层侧向刚度平均值的 80%;除顶层或出屋面小建筑外,局部收进的水平向尺寸大于相邻下一层的 25%
竖向抗侧力构件不连续	竖向抗侧力构件(柱、抗震墙、抗震支撑)的内力由水平转换构件(梁、桁架等)向下传递
楼层承载力突变	抗侧力结构的层间受剪承载力小于相邻上一楼层的 80%

1.5.3　提高结构抗震性能

为提高结构的抗震性能,结构的抗震设计要通过采用各种措施以保证结构和构件的整体性和延性。

(1)加强结构整体性。各构件的连接必须可靠,保证结构构件在承受地震作用过程中能协同工作,保持对竖向荷载的支撑能力。

(2)宜布置多道抗震防线。避免建筑物因部分构件或结构破坏而导致整体丧失抗震能力或对荷载的抵抗能力。例如,单一的框架结构,框架就成为唯一的抗侧力构件,那么采用"强柱弱梁"型延性框架,在水平地震作用下,梁的屈服先于柱的屈服,就可以做到利用梁的变形消耗地震能量,使框架柱退居第二道防线位置。

(3)设计合理的刚度和承载力分布。避免因局部削弱或突变形成薄弱部位,产生过大的应力集中或塑性变形集中。

(4)重视材料与施工质量。合理地选择建筑施工材料,同时高质量地完成施工,避免施工不当使结构的整体性遭到破坏。

1.5.4　考虑非结构构件

应考虑非结构构件对抗震结构的影响,避免不合理设置导致主体结构构件的破坏。建筑非结构构件包括附属结构构件、装饰物、围护墙、隔墙等。在地震中,一些非结构构件往往先期破坏。在抗震设计中应注意非结构构件与承载构件的锚固和连接,防止附加作用,减少次生灾害。

习题

1. 地震按成因分为哪几种类型？
2. 地震动三要素是什么？
3. 什么是地震波？地震波包含哪几种波？
4. 什么是基本烈度？什么是抗震设防烈度？
5. 如何考虑不同类型建筑的抗震设防？
6. 什么是建筑抗震三水准设防目标和两阶段设计方法？
7. 工程结构抗震设计有哪三个方面？
8. 试简述工程结构抗震概念设计的总体要求。

第2章

建筑场地和地基与基础

2.1 建筑场地选择

2.1.1 建筑地段

建筑场地的选择关乎建筑结构在地震活动下的安全性表现,因此在进行建筑结构抗震概念设计时,应选择对抗震有利的建筑场地。根据地震的活动情况、工程的实际需要、工程地质以及地震地质等相关资料,对建筑结构在该场地上对抗震有利或不利的地段做出综合性评价。原则上,应该避开对建筑抗震设计不利的地段,尽量选择对建筑抗震有利地段,对于危险地段而言,严禁建造甲、乙类建筑,不宜建造丙类建筑。

抗震危险地段如溶洞、陡峭的山区或地下煤矿的大面积采空区等。对于选择建筑场地时,对建筑抗震有利、一般、不利和危险地段的具体划分见表 2-1。

表 2-1 对建筑抗震有利、一般、不利和危险地段的划分

地 段 类 别	地质、地形、地貌
有利地段	稳定基岩,坚硬土,开阔、平坦、密实、均匀的中硬土等
一般地段	不属于有利、不利和危险的地段
不利地段	软弱土,液化土,条状突出的山嘴,高耸孤立的山丘、陡坡、陡坎、河岸和边坡的边缘,平面分布上成因、岩性、状态明显不均匀的土层(含古河道、疏松的断层破碎带、暗埋的塘滨沟谷和半填半挖地基),高含水量的可塑黄土,地表存在的结构性裂缝等
危险地段	地震时可能发生滑坡、崩塌、地陷、地裂、泥石流等及地震断裂带上可能发生地表错位的部位

我国《抗震规范》中规定,当丙类以上的建筑物需要在高耸孤立的山丘、非岩石和强风化岩石的陡峭山坡、条状突出的山嘴、河岸和边坡边缘等不利地段上建造时,在保证地震作用下稳定性的同时,还应考虑不利地段对设计地震动参数可能产生的放大作用,其水平地震影响系数要乘以放大系数后再使用,根据不利地段的具体情况来确定其具体取值,取值范围在 1.1~1.6。

2.1.2 建筑场地和地基

为了提高建筑结构在地震作用下的稳定性和安全性,减少地面运动通过建筑场地和地

基传递到上部结构的地震能量,在选择抗震有利的建筑场地和地基时应注意下列各点。

(1) 选择坚实场地土

实际工程经验表明,当场地土的刚度小时,震害指数大,造成上部建筑的破坏更严重;当场地土的刚度大时,房屋的震害指数则较小,遭到的破坏性也较低。同时,场地土的坚实程度是由场地上的平均剪切波速决定的。因此,在进行建筑结构抗震概念设计时,应该选择具有较大平均剪切波速的坚硬场地土。例如,湖床软土上的地震动参数,较坚硬场地土上的加速度峰值约增加 4 倍,位移峰值增加 1.3 倍,速度峰值增加 5 倍,而反应谱最大反应加速度则增加 9 倍多。1985 年 9 月 19 日,墨西哥西南岸外太平洋底发生 8.1 级强震,地震波约2min 到达墨西哥城,地震发生 90s 的时间毁掉市中心 30% 的建筑物,这次地震时所记录到的不同场地土的地震动参数表明,不同类别场地土的地震动强度有较大差别。

(2) 选择上覆薄土层场地

分析发生在国内外的多次大地震,对于柔性建筑而言,在薄土层上的震害较轻,而在厚土层上的震害较重,尤其值得注意的是,直接坐落在基岩上的柔性建筑受到的震害是最轻的。

1967 年委内瑞拉加拉加斯发生 6.4 级地震,同一地区不同覆盖层厚度土层上的震害有明显的差异,特别是当土层厚度超过 160m 时,10 层以上的房屋受到的震害明显更大,破坏率也更高,10~14 层房屋的震害和破坏率约为薄土层上的 3 倍,而 14 层以上的震害和破坏率则上升到 8 倍。我国 1975 年海城地震、1976 年唐山地震的宏观震害调查资料分析也证明了类似的规律:房屋倒塌率随土层厚度的增加而加大;此外,相比较而言,软弱场地上的建筑物震害一般重于坚硬场地。图 2-1 为 1967 年发生在委内瑞拉加拉加斯的震害调查统计结果。

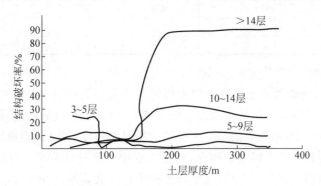

图 2-1　房屋破坏率与土层厚度的关系

(3) 错开建筑物自振周期与地震动卓越周期

卓越周期指引起建筑场地震动最显著的某条或某类地震波的一个谐波分量所对应的周期,该周期与场地覆土厚度及土的剪切波速有关。对同一个场地而言,不同类型的地震波会得出不同的卓越周期。国内外发生的多次地震的震害结果表示,如果地震动的卓越周期与建筑结构的自振周期相似或相等,那么建筑结构会因为产生共振的效应而受到更为严重的破坏。

例如,1977 年罗马尼亚布加勒斯特市发生 7.2 级大地震,震害资料显示,此次地震动卓越周期东西向为 1.0s,南北向为 1.4s,布加勒斯特市自振周期为 0.8~1.2s 的高层建筑因共振现象而被破坏严重,大部分建筑倒塌;而该市自振周期为 2.0s 的 25 层洲际大旅馆却几乎没有受到震害。因此,在进行建筑结构的抗震设计时,首先应该估计建筑结构所在场地的地震动卓越周期,然后再通过改变建筑结构的层数、结构类型等,保证建筑结构的自振周期与地震动的卓越周期错开,以免发生共振。

(4)采取基础隔震或消能减震措施

利用基础隔震或消能减震技术改变结构的动力特性,减少传递到上部结构的地震能量,从而达到减小主体结构地震反应的目的,目前已有采用阻尼材料的地基基础等措施。进一步深入的理论分析证明,多层土的地震效应主要取决于三个基本因素:覆盖土层厚度、土层剪切波速、岩土阻抗比。这三个因素,岩土阻抗比主要影响共振放大效应,而其他两者则主要影响地震动的频谱特性。

2.2　建筑场地类别划分

不同场地上的地震动频谱特性一般都有明显的区别,故我国建筑设计规范将场地划分为 5 个不同的类别,见表 2-2。

表 2-2　各类建筑场地的覆盖土层厚度　　　　　　　　　　　　　m

等效剪切波速/(m/s)	场地类别				
	I_0 类	I_1 类	II 类	III 类	IV 类
$v_{se}>800$	0				
$500<v_{se}\leqslant800$		0			
$250<v_{se}\leqslant500$		<5	≥5		
$140<v_{se}\leqslant250$		<3	3~50	>50	
$v_{se}\leqslant140$		<3	3~15	15~80	>80

注:v_{se} 为岩石的等效剪切波速。

由表 2-2 可知,场地覆盖土层厚度和土层的等效剪切波速两个指标综合确定了场地的类别。场地覆盖土层厚度原指从地表面至地下基岩面的距离,但从地震波传播的角度分析,地震波在传播的途径中,基岩界面是一个强烈的折射面和反射面,此界面以下的岩层振动刚度要比上部土层的相应值大很多。因此,实际工程中一般这样判定:当下部土层的剪切波速达到上部土层剪切波速的 2.5 倍,且下部土层中没有剪切波速小于 400m/s 的岩土层时,该下部土层就可以近似视为基岩。但在工程实际中,现有的工程地质勘察技术往往难以获取准确的深部土层的剪切波速数据,为方便工程应用,我国的建筑抗震设计规范对覆盖土层厚度进一步采用土层的绝对刚度来定义,即地下基岩或剪切波速大于 500m/s(且其下卧土层剪切波速不小于 500m/s)的坚硬土层至地表面的距离,确定为"覆盖土层厚度"。土层等效剪切波速 v_{se} 应按下式计算:

$$v_{se}=d_0\bigg/\sum_{i=1}^{n}(d_i/v_{si})\tag{2-1}$$

式中:d_0——计算深度,取覆盖土层厚度和 20m 两者中的较小值;

　　　n——计算深度范围内土层的分层数;

v_{si}——计算深度范围内第 i 层土的剪切波速；

d_i——计算深度范围内第 i 层土的厚度。

对于 10 层和高度 24m 以下的丙类建筑及丁类建筑，当无实测剪切波速时，也可以根据岩土性状按表 2-3 划分岩土的类型，并利用当地经验在该表所示的波速范围内估计各土层的剪切波速。

表 2-3　岩土的类型划分

岩土类型	岩土性状	岩土层剪切波速/(m/s)
岩石	坚硬、较硬且完整的岩石	$v_{se} > 800$
坚硬土或软质岩石	破碎或较软的岩石、密实的碎石土	$500 < v_{se} \leqslant 800$
中硬土	中密、稍密的碎石土，密实、中密的砾、粗中砂，$f_{ak} > 150\text{kPa}$ 的黏性土和粉土，坚硬黄土	$250 < v_{se} \leqslant 500$
中软土	稍密的砾、粗中砂，除松散外的细粉砂，$f_{ak} \leqslant 150\text{kPa}$ 的黏性土和粉土、$f_{ak} > 130\text{kPa}$ 的填土、可塑性黄土	$140 < v_{se} \leqslant 250$
软弱土	淤泥和淤泥质土，松散的砂，新近沉积的黏性土和粉土，$f_{ak} \leqslant 130\text{kPa}$ 的填土、流塑性黄土	$v_{se} \leqslant 140$

注：f_{ak} 为由荷载试验等方法得到的地基土静承载力特征值；v_{se} 为岩土层剪切波速。

表 2-2 中的分类标准主要适用于岩土剪切波速随深度单向递增的一般情况。但是在实际工程应用中，层状土夹层的影响往往是比较复杂的，即无法用单一的指标来衡量。地震反应分析的研究结果表明，埋深、厚度较大的软弱土夹层会显著地放大输入地震波中的低频成分，而硬土夹层的影响相对比较小。因此，在进行建筑结构抗震概念设计中遇到计算深度以下有明显的软弱土夹层时，可以适当提高场地类别。

【例题 2-1】　已知某建筑场地的钻孔地质资料如表 2-4 所示，试确定该场地的类别。

表 2-4　钻孔地质资料

土层底部深度/m	土层厚度/m	岩土名称	土层剪切波速/(m/s)
1.5	1.5	杂填土	180
3.5	2.0	粉土	240
7.5	4.0	细砂	310
12.5	5.0	中砂	520
15.0	2.5	砾砂	560

【解】　(1) 确定覆盖土层厚度。

因为地表以下 7.5m 以下土层的 $v_{se} = 520\text{m/s} > 500\text{m/s}$，且下卧层 $v_{se} > 500\text{m/s}$，故 $d_0 = 7.5\text{m}$。

(2) 计算等效剪切波速，按式 (2-1) 有

$$v_{se} = 7.5 \Big/ \left(\frac{1.5}{180} + \frac{2.0}{240} + \frac{4.0}{310} \right) \text{m/s} = 253.6\text{m/s}$$

查表 2-2，v_{se} 位于 $250 \sim 500\text{m/s}$，且 $d_0 > 5\text{m}$，故属于 II 类场地。

2.3　天然地基与基础抗震验算

2.3.1　抗震设计原则

在进行地基抗震设计时,应该根据不同的地基情况来确定具体的处理方案,因地制宜。

1. 松软地基土

对于地震区中的杂填土、不均匀地基土、冲填土、饱和淤泥和淤泥质土,在设计时不得将其直接用作建筑物的天然地基(天然地基是指建筑结构在地下持力层范围之内为原始土层)。结合工程实际经验,即便这类地基土在静力荷载作用下具有一定的承载性能,但在地震作用下,这些地基土会因为地面运动而发生不均匀沉降、过量沉陷、部分或全部丧失承载力,从而造成上部建筑结构失稳、破坏或被影响正常使用。并且从以往的工程经验中得知,加强上部结构、加宽基础等方法无法改善该类松软地基土在地震作用下的承载性能,但可以通过采用强夯、加密、置换等地基处理的方法来消除或减弱其动力不稳定性,或者通过采用深基础(如桩基)等手段来避开其对上部建筑结构的不利影响。

2. 一般地基土

对历史震害资料统计分析表明,在遭遇地震作用影响时,建造于一般土质天然地基上的建筑结构很少会因为地基产生较大沉降或强度不达标而导致上部结构发生破坏。因此,我国现行的《抗震规范》规定,下述几类建筑物可不进行天然地基及基础的抗震承载力验算:

(1)《抗震规范》规定可不进行上部结构抗震验算的建筑。

(2)地基主要受力层范围内不存在软弱黏性土层的下列建筑:

① 一般厂房、单层空旷房屋;

② 砌体房屋;

③ 不超过 18 层且高度在 24m 以下的一般民用框架房屋和框架抗震墙房屋;

④ 基础荷载与③项相当的多层框架厂房和多层混凝土抗震墙房屋。

值得一提的是,此处的软弱黏性土层是指抗震设防烈度为 7、8 度和 9 度时,地基土承载力特征值分别小于 80、100kPa 和 120kPa 的土层。

3. 防止地裂危害

在进行建筑结构抗震概念设计的过程中应该注意,当软弱场地土和中软场地土地区发生地震烈度大于或等于 7 度地震时,地面裂隙将更容易发展,上部建筑结构在地裂危害作用下会因为地裂作用而被撕裂。因此,在针对位于软弱场地土,并且基本烈度在 7 度以上的地区进行建筑结构抗震概念设计时,应该考虑地裂危害的影响,对结构采取防止地裂的措施。例如,对于砖砌结构房屋,可在承重砖墙下部的基础下设置现浇钢筋混凝土圈梁;对于采用钢筋混凝土柱的单层厂房,可沿其外墙设置现浇的整体基础圈梁。

同时,针对位于中软场地土,并且基本烈度在 9 度以上的地区进行建筑结构抗震概念设计时,也应该采取上述措施对地裂危害进行防治。

2.3.2　抗震验算

在对地震区域内的建筑结构进行抗震概念设计时,按照以下步骤进行:

(1) 根据静力设计的要求确定基础尺寸;

(2) 对地基的强度和沉降进行验算;

(3) 进行地基抗震强度的验算。

天然地基基础抗震验算时,应采用地震作用效应标准组合,且地基抗震承载力应取地基承载力特征值乘以地基抗震承载力调整系数计算,调整系数可查表 2-5。如图 2-2 所示,验算天然地基地震作用下的竖向承载力时,按地震作用效应标准组合的基础地面平均压力和边缘最大压力应符合下列各式要求:

$$p < f_{aE} \tag{2-2}$$

$$p_{max} < 1.2 f_{aE} \tag{2-3}$$

式中: p ——地震作用效应标准组合的基础底面平均压力值;

　　　f_{aE} ——调整后的地基抗震承载力;

　　　p_{max} ——地震作用效应标准组合的基础边缘最大压力值。

表 2-5　地基土抗震承载力调整系数 ζ_a

岩土名称和性状	ζ_a
岩石,密实的碎石土,密实的砾、粗、中砂, $f_{ak} \geqslant 300 kPa$ 的黏性土和粉土	1.5
中密、稍密的碎石土,中密、稍密的砾、粗、中砂,密实和中密的细、粉砂,$150 kPa \leqslant f_{ak} < 300 kPa$ 的黏性土和粉土,坚硬黄土	1.3
稍密的细、粉砂,$100 kPa \leqslant f_{ak} < 150 kPa$ 的黏性土和粉土,可塑黄土	1.1
淤泥、淤泥质土、松散的砂、杂填土、新近堆积黄土及流塑黄土	1.0

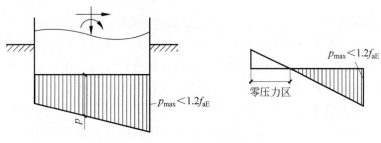

图 2-2　基底压力验算

此外,在对高宽比大于 4 的高层建筑进行抗震概念设计时,在地震作用下基础的底面不宜出现脱离区(零应力区);对于其他的普通建筑物,则要求地基地面与地基土之间的脱离区(零应力区)面积不超过基础底面面积的 15%。

2.4 地基土液化与抗液化措施

2.4.1 地基土液化

处于地下水位以下的粉土或饱和砂土在地震作用的影响下,可能会发生土的液化现象。地震发生时饱和砂土或粉土在强烈震动下逐渐趋于密实,颗粒之间发生相对位移,孔隙水来不及排泄而受到挤压,其孔隙水压力急剧上升,当其上升到与土颗粒所受到的总正压应力接近时,土颗粒之间的有效应力趋近于零,此时土颗粒处于悬浮状态,如同液体一样,即液化现象。同时因为液化区的下部水头比上部水头要高,所以向上喷涌的水流会将土粒从土体中喷出,带到地面上,即发生冒水喷砂现象。随着土体中地下水和土粒的不断涌出,土体间的孔隙水压力也随之降低,当孔隙水压力降低到一定程度后,就不会再继续喷涌出土粒,只会继续冒水;而当孔隙水压力彻底消散后,冒水现象也会终止,地基土的液化过程便结束。液化土震害如图 2-3 所示。

(a)   (b)

图 2-3 土体液化震害
(a) 土壤液化情形;(b) 液化喷砂现象

当作为地基土的饱和砂土和粉土液化后,其承载力会完全丧失,进而导致地基失效。地基土液化会引起地面开裂导致上部建筑结构发生下沉或整体倾斜,不均匀沉降引起建筑物上部结构破坏,使梁板等构件及其节点破坏,使墙体开裂和建筑物体形变化处开裂等震害。发生于 1964 年的美国阿拉斯加地震,出现了因大面积砂土液化而造成的建筑物严重破坏,引起了人们对地基土液化及其防治问题的关切。在我国,1975 年海城地震和 1976 年唐山地震也都发生了大面积的地基液化。我国学者在总结国内外大量震害资料的基础上,经过长期研究,并经大量实践工作的校正,提出了较为系统实用的液化判别及液化防治措施。

2.4.2 液化影响因素

(1) 土层的地质年代。地质年代古老的饱和砂土不液化,而地质年代较新的则易于液化。

(2) 土层颗粒的组成和密实程度。就细砂和粗砂比较,由于细砂的渗透性较差,地震时易于产生孔隙水的超压作用,故细砂较粗砂更易于液化。

(3) 砂土层埋置深度和地下水位深度。砂土层埋深越大,地下水位越深,使饱和砂土层上的有效覆盖应力增大,则砂土层就越不容易液化。当砂土层上面覆盖较厚的黏土层时,即使砂土层液化,也不致发生冒水喷砂现象,从而避免地基产生严重的不均匀沉陷。

(4) 地震烈度和地震持续时间。在基本烈度 7 度以上的地区,地震烈度越高或地震持续的时间越长,饱和砂土越易液化。远震中距与同等烈度的近震中距地震相比,前者相当于震级大、振动持续时间长的地震,故远震中距较近震中距地震更容易液化。

2.4.3　液化判别标准

《抗震规范》规定,除抗震设防烈度 6 度外,地面下存在饱和砂土和饱和粉土时,应进行液化判别。存在液化土的地基,应根据建筑的抗震设防类别,结合具体情况采取相应措施。地基土液化的判别分为两步进行,即初步判别和标准贯入试验再判别,凡经初步判定为不液化或不考虑液化影响,则可不进行再判别。

《抗震规范》规定,饱和的砂土或粉土(不含黄土)符合下列条件之一时,可初步判别为不液化或不考虑液化影响:

(1) 地质年代为第四纪晚更新世(Q_3)及以前时,抗震设防烈度 7、8 度时可判为不液化土。

(2) 粉土的黏粒(粒径小于 0.005mm 的颗粒)含量百分率,抗震设防烈度 7、8 度和 9 度分别不小于 10%、13% 和 16% 时,可判为不液化土。用于液化判别的黏粒含量是采用六偏磷酸钠作分散剂测定,采用其他方法时应按有关规定换算。

(3) 浅埋天然地基的建筑,当上覆非液化土层厚度和地下水位深度符合下列条件之一时,可不考虑液化影响:

$$d_w > d_0 + d_b - 3 \tag{2-4}$$

$$d_u > d_0 + d_b - 2 \tag{2-5}$$

$$d_u + d_w > 1.5 d_0 + 2 d_b - 4.5 \tag{2-6}$$

式中:d_w——地下水位深度(m),按建筑设计基准期内年平均最高水位采用,也可按近期内年最高水位采用;

d_b——基础埋置深度(m),小于 2m 时应采用 2m;

d_0——液化土特征深度,按表 2-6 采用;

d_u——上覆盖非液化土层厚度(m),计算时应注意将淤泥和淤泥质土层扣除。

表 2-6　液化土特征深度 d_0　　　　　　　　　　　　　　　　m

饱和土类别	抗震设防烈度		
	7 度	8 度	9 度
粉土	6	7	8
砂土	7	8	9

注:当区域的地下水位处于变动状态时,应按照不利情况考虑。

当初步判别认为需要进一步进行液化判别时,应采用标准贯入试验判别法判别地面下 20m 深度范围内的液化。但对不进行天然地基及基础的抗震承载力验算的各类建筑,可只判别地面下 15m 范围内土的液化。当饱和土标准贯入锤击数(未经杆长修正)小于或等于液化判别标准贯入锤击数临界值时,应判为液化土。

在地面下 20m 深度范围内,液化判别标准贯入锤击数临界值 N_{cr} 可按下式计算:

$$N_{cr} = N_0 \beta \left[\ln(0.6d_s + 1.5) - 0.1d_w \right] \sqrt{3/\rho_c} \qquad (2\text{-}7)$$

式中:N_0——液化判别标准贯入锤击数基准值,应按表 2-7 采用;

d_s——饱和砂土或粉土的标准贯入点深度(m);

ρ_c——黏粒含量百分率,当小于 3% 或为砂土时,均应采用 3%;

β——调整系数,设计地震第一组取 0.80,第二组取 0.95,第三组取 1.05。

表 2-7 液化判别标准贯入锤击数基准值 N_0

设计基本地震加速度	0.10g	0.15g	0.20g	0.30g	0.40g
液化判别标准贯入锤击数基准值	7	10	12	16	19

2.4.4 液化评价及抗液化措施

2.4.3 节是对地基是否液化进行的判别,而对液化土层可能造成的危害不能做出定量评价,因此需要一个可判定液化可能性和危害程度的定量指标,这样才能对地基的液化危害性做出定量评价,从而采取相应的抗液化措施。

1. 液化指数

对存在液化砂土层、粉土层的地基,应探明各液化土层的深度和厚度,按下式计算每个钻孔的液化指数,并按表 2-8 综合划分地基的液化等级:

$$I_{lE} = \sum_{i=1}^{n} \left[1 - \frac{N_i}{N_{cri}} \right] d_i W_i \qquad (2\text{-}8)$$

式中:I_{lE}——液化指数。

n——在判别深度范围内每一个钻孔标准贯入试验点的总数。

N_i、N_{cri}——i 点标准贯入锤击数的实测值和临界值,当实测值大于临界值时应取临界值;当只需判别 15m 范围内的液化时,15m 以下的实测值可按临界值采用。

d_i——i 点所代表的土层厚度(m),可采用与该标准贯入试验点相邻的上、下两标准贯入试验点深度差的一半,但上界不深于地下水位深度,下界不深于液化深度。

W_i——i 土层单位土层厚度的层位影响权函数值(m^{-1})。当该层中点深度不大于 5m 时应采用 10,等于 20m 时应采用零值,5~20m 时应按线性内插法取值。

表 2-8 液化等级与液化指数的对应关系

液 化 等 级	轻 微	中 等	严 重
液化指数 I_{lE}	$0 < I_{lE} \leqslant 6$	$6 < I_{lE} \leqslant 18$	$I_{lE} > 18$

2. 液化等级

液化指数与液化危害程度之间有明显的对应关系。

结合理论分析和实际工程经验,通常液化指数越大,场地的喷冒情况和建筑的液化震害越严重。按液化场地的液化指数大小,液化等级分为轻微、中等和严重三级,见表 2-9。

表 2-9 液化等级及对应震害

液化等级	液化指数 I_{lE}	地面喷水冒砂情况	对建筑物的危害情况
轻微	$I_{lE} \leqslant 6$	地面无喷水冒砂,或仅在洼地、河边有零星的喷水冒砂点	危害性小,一般不致引起明显震害
中等	$6 < I_{lE} \leqslant 18$	喷水冒砂可能性大,从轻微到严重均有,多数属中等	危害性较大,可造成不均匀沉陷和开裂,有时不均匀沉陷可达 200mm
严重	$I_{lE} > 18$	一般喷水冒砂很严重,地面变形很明显	危害性大,不均匀沉陷可能大于 200mm,高重心结构可能产生不容许的倾斜

3. 抗液化措施

对于液化地基,要根据建筑物的重要性、地基液化等级的大小,针对不同情况采取不同层次的措施。当液化土层比较平坦、均匀时,可依据表 2-10 选取适当的抗液化措施。

表 2-10 抗液化措施

建筑类别	地基液化等级		
	轻 微	中 等	严 重
乙类	部分消除液化沉陷,或对基础和上部结构进行处理	全部消除液化沉陷,或部分消除液化沉陷且对基础和上部结构进行处理	全部消除液化沉陷
丙类	对基础和上部结构进行处理,亦可不采取措施	对基础和上部结构进行处理,或采用更高要求措施	全部消除液化沉陷,或部分消除液化沉陷且对基础和上部结构进行处理
丁类	可不采取措施	可不采取措施	对基础和上部结构进行处理,或采用其他经济措施

注:甲类建筑的地基抗液化措施应专门研究,但不宜低于乙类的相应要求。

表 2-10 中全部消除地基液化沉陷、部分消除地基液化沉陷、对基础和上部结构进行处理等措施的具体要求如下。

1) 全部消除地基液化沉陷

此时,可采用桩基、深基础、土层加密法或挖除全部液化土层等措施。

(1) 采用桩基时,桩基伸入液化深度以下稳定土层中的长度(不包括桩尖部分)应按计算确定,对碎石土、砾石、粗砂、中砂和坚硬黏性土不应小于 0.8m,其他非岩石土不宜小于 1.5m。

(2) 采用深基础时,基础底面埋入液化深度以下稳定土层中的深度不应小于 0.5m。

(3) 采用加密方法(如振冲、振动加密、挤密碎石桩、强夯等)对可液化地基进行加固时,应处理至液化深度下界,且处理后土层的标准贯入锤击数实测值应大于相应临界值。

(4) 当直接位于基底下的可液化土层较薄时,可采用全部挖除液化土层,然后分层回填非液化土。

（5）在采用加密法或换土法处理时,在基础边缘以外的处理宽度应超过基础底面下处理深度的 1/2,且不小于基础宽度的 1/5。

2）部分消除地基液化沉陷

（1）处理深度应使处理后的地基液化指数减少,其值不宜大于 5;对于独立基础和条形基础,尚不应小于基础底面下液化土特征深度和基础宽度的较大值。

（2）采用振冲或挤密碎石桩加固后,桩间土的标准贯入锤击数实测值应大于相应临界值。

（3）基础边缘以外的处理宽度,应符合上述 1）款（5）条中的规定。

（4）采取减小液化震陷的其他方法,如增厚上覆非液化土层的厚度和改善周边的排水条件等。

3）对基础和上部结构进行处理

可综合考虑采取如下措施:

（1）选择合适的地基埋深,调整基础底面面积,减少基础偏心。

（2）加强基础的整体性和刚度,如采用箱基、筏基或交叉条形基础;加设基础圈梁等。

（3）增强上部结构整体刚度和均匀对称性,合理设置沉降缝,避免采用不均匀沉降敏感的结构形式等。

（4）管道穿过建筑处应预留足够尺寸或采用柔性接头等。

一般情况下,除丁类建筑外,不应将未经处理的液化土层作为地基的持力层。

4. 震陷性软土

地基中软弱黏性土层的震陷判别可采用下列方法。饱和粉质黏土震陷的危害性和抗震陷措施应根据沉降和横向变形大小等因素综合研究确定,抗震设防烈度 8 度（0.30g）和 9 度时,当塑性指数小于 15,且符合下式规定的饱和粉质黏土可判定为震陷性软土。

$$W_S \geqslant 0.9W_L \tag{2-9}$$

$$I_L \geqslant 0.75 \tag{2-10}$$

式中:W_S——天然含水量;

W_L——液限含水量,采用液、塑限联合测定法测定;

I_L——液性指数。

【**例题 2-2**】 图 2-4 所示为某场地地基剖面,上覆非液化土层厚度 $d_u = 5.5\text{m}$,其下为砂土,地下水位深度为 $d_w = 6\text{m}$,基础埋深 $d_b = 2\text{m}$,该场地为 8 度区。试确定是否考虑液化影响。

【**解**】 $d_u = 5.5\text{m}, d_w = 6\text{m}$。

查液化土体特征深度表 2-6 得

$$d_0 = 8\text{m}$$

$$d_u + d_w > 1.5d_0 + d_b - 4.5$$

$$1.5d_0 + 2d_b - 4.5 = 11.5\text{m}$$

$$d_u + d_w = 11.5\text{m}$$

需要进一步判定是否考虑液化影响。

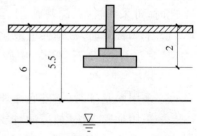

图 2-4　地基剖面（单位：m）

2.5　桩基础抗震设计

在进行桩基础(简称桩基)概念设计时,需要进行设计计算的相关参数包括:桩基的承载力、桩身的变形情况以及桩身和承台的抗裂性能验算,其中承载力的计算主要对桩基础竖向、水平向的承载力进行计算,确保不超过承载力的特征值,并且根据《抗震规范》对桩基抗震性能进行验算。下面介绍在考虑地震作用效应影响下不同条件时桩基承载性能的验算。

2.5.1　无需抗震验算桩基

对于承受竖向荷载为主的低承台桩基,当地面下无液化土层,且桩承台周围无淤泥、淤泥质土和地基承载力特征值不大于 100kPa 填土时,下列建筑可不进行桩基抗震承载力验算。

(1) 抗震设防烈度 6～8 度时的下列建筑:

① 一般的单层厂房和单层空旷房屋;

② 不超过 8 层且高度在 24m 以下的一般民用框架房屋和框架-抗震墙房屋;

③ 基础荷载与第②项相当的多层框架厂房和多层混凝土抗震墙房屋。

(2)《抗震规范》规定的建筑及砌体房屋。

2.5.2　低承台桩基抗震验算

针对非液化土中低承台桩基的抗震验算,应符合下列规定:

(1) 单桩的竖向和水平向抗震承载力特征值,可以均比非抗震设计时提高 25%。

(2) 当承台周围的回填土夯实后满足现行《建筑地基基础设计规范》(GB 50007—2011)要求时,可由承台正面填土与桩共同承担水平地震作用,但不应计入承台底面与地基土间的摩擦力。

针对存在液化土层的低承台桩基,在进行其抗震性能验算时,应符合下列规定:

(1) 承台埋深较浅时,不宜计入承台周围土的抗力或刚性地坪对水平地震作用的分担作用。

(2) 当桩承台底面上、下分别有厚度不小于 1.5m、1.0m 的非液化土层或非软弱土层时,可按下列两种情况进行桩的抗震验算,并按不利情况设计。

① 桩承受全部地震作用,单桩的竖向和水平向抗震承载力特征值,按照非抗震设计时提高 25% 取用,液化土的桩周摩阻力及桩水平抗力均应乘以表 2-11 的折减系数。

表 2-11　土层液化影响折减系数

实际标贯锤击数/临界标贯锤击数	深度 d_s/m	折 减 系 数
≤0.6	$d_s \leqslant 10$	0
	$10 < d_s \leqslant 20$	1/3
0.6～0.8	$d_s \leqslant 10$	1/3
	$10 < d_s \leqslant 20$	2/3
0.8～1.0	$d_s \leqslant 10$	2/3
	$10 < d_s \leqslant 20$	1

② 地震作用按水平地震影响系数最大值的 10％采用,桩承载力仍按《抗震规范》第 4.4.2 条 1 款取用,但应扣除液化土层的全部摩阻力及桩承台下 2m 范围内非液化土的桩周摩阻力。

(3) 打入式预制桩及其他挤土桩,当平均桩距为 2.5～4 倍桩径且桩数不少于 5×5 时,可计入打桩对土的加密作用及桩身对液化土变形限制的有利影响。当打桩后桩间土的标准贯入锤击数值达到不液化要求时,单桩承载力可不折减,但对桩端持力层作强度校核时,桩群外侧的应力扩散角应取为零。打桩后桩间土的标准贯入锤击数宜由试验确定,也可按下式计算:

$$N_1 = N_p + 100\rho(1 - e^{-0.3N_p}) \tag{2-11}$$

式中：N_1——打桩后的标准贯入锤击数;

ρ——打入式预制桩的面积置换率;

N_p——打桩前的标准贯入锤击数。

处于液化土中的桩基承台周围,宜用密实干土填筑夯实,若用砂土或粉土则应使土层的标准贯入锤击数不小于式(2-7)规定的液化判别标准贯入锤击数临界值 N_{cr}。

液化土和震陷软土中桩的配筋范围,应自桩顶至液化深度以下符合全部消除液化沉陷所要求的深度,其纵向钢筋的设置应与桩顶部相同,箍筋应加粗和加密设置。

在有液化侧向扩展的地段,桩基应考虑土流动时的侧向作用力,且承受侧向推力的面积应按边桩外缘间的宽度计算。

习题

1. 试分析不同场地土上建筑物的震害特点。

2. 试简述场地土液化及其判别方法。

3. 简述选择抗震有利建筑场地要求。

4. 何谓覆盖土层厚度?

5. 为什么地基的抗震承载力大于静承载力?

6. 试分析场地土液化影响因素。

7. 简述地基抗液化措施。

8. 某工程按抗震烈度 7 度设防。其工程地质年代属 Q_4,钻孔地质资料自上向下为:杂填土层 1.0m,砂土层至 4.0m,砂砾石层至 6m,粉土层至 9.4m,粉质黏土层至 16m;其他试验结果见表 2-12。该工程场地地下水位深 1.5m,结构基础埋深 2m,设计地震分组属于第二组,设计地震加速度 0.2g。试对该工程场地进行液化评价。

表 2-12　工程场地标贯试验

测值	测点深度/m	标贯值	黏粒含量标准数
1	2.0	5	4
2	3.0	7	5
3	7.0	11	8
4	8.0	14	9

第3章

结构地震反应分析及抗震验算

3.1 概述

3.1.1 结构地震反应

结构在地震作用下引起的振动(动力响应)常称为结构地震反应,包括地震作用下结构的内力(弯矩、剪力、轴力、扭矩等)、变形、速度、加速度和位移等。结构地震作用的大小不仅与结构所在地场地的地震动特性有关,还与其动力特性(振动频率、振型、阻尼等)有关。结构地震反应分析是结构地震作用的计算基础,一般采用结构动力学的方法来进行计算。

3.1.2 地震分析方法

地震分析方法有反应谱法和时程分析法两类。反应谱法是以线弹性理论为基础,根据结构的动力特性并利用地震反应谱,计算振型地震作用,再按静力方法求振型内力和变形。根据反应谱法所采用的振型多少,又分为振型分解反应谱法和底部剪力法。随着计算机技术的发展和强震记录的积累,地震作用及其效应可以通过输入结构的地震波,建立动力模型和运动微分方程,用动力学理论计算地震动过程中结构反应的时间历程,这种方法称为时程分析法。

进行结构地震反应分析的第一步,就是确定结构动力计算简图。结构动力计算的关键是结构惯性的模拟,由于结构的惯性是结构质量引起的,因此结构动力计算简图的核心内容是结构质量的描述。

描述结构质量的方法有两种,一种是连续化描述(分布质量),另一种是集中化描述(集中质量)。采用连续化方法描述结构质量,结构运动方程是偏微分方程的形式,而一般情况下偏微分方程的求解和实际应用均不方便。因此,工程上常采用集中化方法描述结构质量,以此确定结构动力计算简图。采用集中质量方法确定结构动力计算简图时,需先确定结构质量集中位置。通常可取结构各区域主要质量的质心为质量集中位置,将该区域主要质量集中在该点上,忽略其他次要质量或将其合并到相邻主要质量的质点上。

3.2 单自由度结构体系地震反应分析

3.2.1 计算简图

图 3-1 所示为一等高单层厂房,由于其质量大部分集中在屋盖处,在进行结构动力计算时,可将结构中参与振动的所有质量全部折算至屋盖,而将墙、柱等视为一个无质量的弹性杆,这样就简化为一个单质点结构体系。当该体系只进行单向振动时,就简化为一个单自由度结构体系。水塔、大跨度结构等在进行单向振动时,也可视为单自由度结构体系。

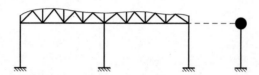

图 3-1 单层工业厂房及其简化体系

3.2.2 运动方程建立

在确定结构的计算简图后,就可建立体系在地震作用下的运动方程。图 3-2 是单质点结构体系在地面水平运动分量作用下的运动状态。其中 $x_0(t)$ 表示地面的水平位移,是时间 t 的函数,其变化规律可以从地震时地面运动的实际记录中求得;$x(t)$ 表示质点 m 对于地面的相对弹性位移或相对位移反应,为时间 t 的函数,是待求的未知量;$x_0(t) + x(t)$ 表示质点的总位移;$\ddot{x}_0(t) + \ddot{x}(t)$ 是质点的绝对加速度。若取该质点 m 为隔离体,作用在该质点的力有惯性力、弹性恢复力和阻尼力三种。

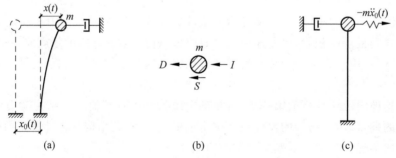

图 3-2 单自由度结构体系的运动状态
(a) 水平运动分量下的运动状态;(b) 质点 m;(c) 等效运动状态

惯性力 I 为质点的质量 m 与绝对加速度的乘积,但方向与质点运动加速度方向相反,即

$$I = -m[\ddot{x}_0(t) + \ddot{x}(t)] \tag{3-1}$$

弹性恢复力 S 是使质点从振动位置恢复到平衡位置的一种力,其大小与质点离开平衡位置的位移成正比,但方向相反,即

$$S = -kx(t) \tag{3-2}$$

式中：k——体系刚度。

阻尼力 D 是使体系振动不断衰减的力,在结构的振动过程中,由于材料的内摩擦、构件连接处的摩擦、地基土的内摩擦以及结构周围介质对振动的阻力等,使得结构的振动能量受到损耗而导致其振幅逐渐衰减的一种力。本课程中阻尼力一般采用黏滞阻尼理论,即阻尼力与质点速度成正比,但方向与质点运动速度相反,即

$$D = -c\dot{x}(t) \tag{3-3}$$

式中：c——阻尼系数。

根据达朗贝尔原理,质点在上述三种力作用下处于平衡,故

$$-m[\ddot{x}_0(t) + \ddot{x}(t)] - c\dot{x}(t) - kx(t) = 0 \tag{3-4a}$$

或

$$m\ddot{x}(t) + c\dot{x}(t) + kx(t) = -m\ddot{x}_0(t) \tag{3-4b}$$

式(3-4a)、式(3-4b)就是单质点弹性体系在地震作用下的运动方程,其形式与动力学中单质点弹性体系在动力荷载 $-m\ddot{x}_0(t)$ 作用下的运动方程相同。因此可知,地震时地面运动加速度 $\ddot{x}_0(t)$ 对单自由度弹性体系引起的动力效应,与在质点上作用一动力荷载 $-m\ddot{x}_0(t)$ 时所产生的动力效应相同,见图 3-2(c)。

式(3-4b)还可简化为

$$\ddot{x} + 2\zeta\omega\dot{x} + \omega^2 x = -\ddot{x}_0 \tag{3-5}$$

其中体系的自振圆频率为

$$\omega = \sqrt{k/m} \tag{3-6}$$

结构的阻尼比为

$$\zeta = \frac{c}{2\omega m} = \frac{c}{2\sqrt{km}} \tag{3-7}$$

从式(3-5)可知,该式是一个常系数的二阶非齐次微分方程,其通解由两部分组成：一个是齐次解,另一个是特殊解,具体解法见 3.2.3 节(运动方程求解)。

3.2.3　运动方程求解

1. 自由振动(方程的齐次解)

式(3-5)相应的齐次方程即为单质点线弹性体系自由振动方程：

$$\ddot{x} + 2\zeta\omega\dot{x} + \omega^2 x = 0 \tag{3-8}$$

对一般结构,由于阻尼较小,$\zeta < 1$,则式(3-8)的解可写为

$$x(t) = e^{-\zeta\omega t}(A\cos\omega' t + B\sin\omega' t) \tag{3-9}$$

式中：A、B——任意常数,由初始条件确定。

代入初始条件：当时间 $t = 0$,初始位移为 $x(0)$,初始速度为 $\dot{x}(0)$,则有

$$\omega' = \omega\sqrt{1 - \zeta^2} \tag{3-10}$$

初始条件为

$$A = x(0)$$

$$B = \frac{\dot{x}(0) + \zeta\omega x(0)}{\omega'}$$

将 A、B 代入式(3-9)后可得

$$x(t) = e^{-\zeta\omega t}\left[x(0)\cos\omega't + \frac{\dot{x}(0) + \zeta\omega x(0)}{\omega'}\sin\omega't\right] \tag{3-11}$$

当体系无阻尼时,式(3-11)中的 $\zeta=0$,无阻尼单自由度结构体系的自由振动曲线方程为

$$x(t) = x(0)\cos\omega t + \frac{\dot{x}(0)}{\omega'}\sin\omega t \tag{3-12}$$

$\cos\omega t$、$\sin\omega t$ 均为简谐函数,因此无阻尼单自由度结构体系的自由振动为简谐周期振动,自振圆频率为 ω,而振动周期为

$$T = \frac{2\pi}{\omega} = 2\pi\sqrt{\frac{m}{k}} \tag{3-13}$$

式中：m——体系质量,单位：kg；

k——体系刚度,单位：N/m。

因质量与刚度是结构固有的,所以无阻尼结构体系自振频率或周期也是体系固有的,称为固有频率或固有周期。同样可知,ω' 为有阻尼单自由度结构体系的自振圆频率。一般结构的阻尼比很小,ζ 范围为 $0.01\sim0.1$,由式(3-10)可知,$\omega'\approx\omega$。有阻尼和无阻尼单自由度结构体系的重要区别在于,在自由振动下结构阻尼能够不断耗散结构内部能量,所以有阻尼结构体系自振的振幅将不断衰减,直至消失。

【例题 3-1】 已知一单自由度弹性结构体系,质量 $m=10000\text{kg}$,侧移刚度 $k=1\text{kN/cm}$,求该结构的自振周期。

【解】 直接由式(3-13),并采用国际单位可得

$$T = 2\pi\sqrt{\frac{m}{k}} = 2\pi\sqrt{\frac{10000}{1\times10^3/10^{-2}}}\text{s} = 1.99\text{s}$$

2. 强迫振动(方程的特解)

(1) 瞬时冲量及其引起的自由振动

冲量是指荷载 P 与作用时间 Δt 的乘积,即 $P\Delta t$。当作用时间为瞬时 $\mathrm{d}t$ 时,则称 $P\mathrm{d}t$ 为瞬时冲量。

根据动量定律,冲量等于动量的增量,故有

$$P\mathrm{d}t = mv - mv_0 \tag{3-14}$$

若体系原先处于静止状态,则初速度 $v_0=0$,故体系在瞬时冲量作用下获得的速度为

$$v = P\mathrm{d}t/m \tag{3-15}$$

又因体系原先处于静止状态,故体系的初始位移也等于零。这样就可认为在瞬时荷载作用后的瞬间,体系的位移仍为零。也就是说,原来静止的体系在瞬时冲量影响下将以初速度 $P\mathrm{d}t/m$ 进行自由振动。根据自由振动方程(3-11),并令其中的 $x(0)=0$ 和 $\dot{x}(0)=P\mathrm{d}t/m$,则可得

$$x(t) = e^{-\zeta\omega t}\frac{P\mathrm{d}t}{m\omega'}\sin\omega't \tag{3-16}$$

(2) 杜阿梅尔积分

质点由外荷载引起的强迫振动可依照瞬时冲量的概念进行推导。图 3-3 任意冲击荷载

下的瞬时冲量作为任意冲击荷载随时间的变化曲线,图中的阴影面积表示微段 $d\tau$ 内的瞬时冲量。在这里,只需将运动方程(3-5)等号右边项 $-\ddot{x}_0(t)$ 看成作用于单位质量上的动力荷载即可,若将其化成无数多个连续作用的瞬时荷载,则在 $t=\tau$ 时,其瞬时荷载为 $-\ddot{x}_0(\tau)$,瞬时冲量为 $-\ddot{x}_0(\tau)d\tau$。

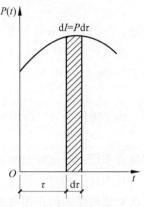

图 3-3 任意冲击荷载下的瞬时冲量作用

在这一瞬时冲量作用下,质点的自由振动方程可由式(3-16)求得,只需将式中的 Pdt 改为 $-m\ddot{x}_0(\tau)d\tau$,同时将 t 改为 $t-\tau$。这是因为上述瞬时冲量不在 $t=0$ 时刻作用,而是作用在 $t=\tau$ 时刻,于是有

$$dx(t)=-e^{-\zeta\omega(t-\tau)}\frac{\ddot{x}_0(\tau)}{\omega'}\sin\omega'(t-\tau)d\tau \qquad (3\text{-}17)$$

通过对式(3-17)积分即可得到体系的总位移反应 $x(t)$ 为

$$x(t)=\int_0^t dx(t)=-\frac{1}{\omega'}\int_0^t \left[\ddot{x}_0(\tau)-e^{-\zeta\omega(t-\tau)}\sin\omega'(t-\tau)\right]d\tau \qquad (3\text{-}18)$$

一般有阻尼频率 ω' 和无阻尼频率 ω 相差不大,故上述式(3-18)也可近似写成

$$x(t)=-\frac{1}{\omega}\int_0^t \left[\ddot{x}_0(\tau)-e^{-\zeta\omega(t-\tau)}\sin\omega(t-\tau)\right]d\tau \qquad (3\text{-}19)$$

式(3-19)为杜阿梅尔(Duhamel)积分,它与式(3-11)之和就是微分方程(3-5)的通解,即

$$x(t)=e^{-\zeta\omega t}\left[x(0)\cos\omega't+\frac{\dot{x}(0)+\zeta\omega x(0)}{\omega'}\sin\omega't\right]-$$

$$\frac{1}{\omega'}\int_0^t \left[\ddot{x}_0(\tau)-e^{-\zeta\omega(t-\tau)}\sin\omega'(t-\tau)\right]d\tau \qquad (3\text{-}20)$$

当体系的初始状态为静止时,式(3-20)中的第一项为零,故杜阿梅尔积分也就是初始状态为静止状态的单自由度体系地震位移反应的计算公式。

3. 运动方程通解

根据线性常微分方程理论:

方程的通解＝齐次解＋特解

对于受地震作用的单自由度结构体系,上式的意义为:

体系地震反应＝自由振动＋强迫振动

由前面的论述可知,体系的自由振动由体系初位移和初速度引起,而体系的强迫振动由地面运动引起。若体系无初位移和初速度,则体系地震反应中的自由振动项为零。

3.3 单自由度结构体系水平地震作用

3.3.1 基本公式

根据达朗贝尔原理,作用在质点上的惯性力等于质点的质量 m 乘以绝对加速度,其方向与绝对加速度的方向相反,即

$$F(t) = -m[\ddot{x}_0(t) + \ddot{x}(t)] \tag{3-21}$$

式中：$F(t)$——作用在质点上的惯性力。

将式(3-4a)代入式(3-21)中，当基础做水平运动时，作用于单自由度结构体系上的惯性力 $F(t)$ 为

$$F(t) = kx(t) + c\dot{x}(t) \tag{3-22}$$

由于阻尼力 $c\dot{x}(t)$ 相对于弹性恢复力 $kx(t)$ 来说是一个可以略去的微量，故

$$F(t) \approx kx(t) \tag{3-23}$$

即质点在任一时刻的相对位移 $x(t)$ 与该时刻的瞬时惯性力 $-m[\ddot{x}_0(t) + \ddot{x}(t)]$ 成正比，因此可认为这一相对位移是在惯性力的作用下引起的。也就是说惯性力对结构体系的作用和地震对结构体系的作用效果相当。因此，可将惯性力视为一种反映地震影响效果的等效力，这样就可以将复杂的动力计算问题转化为静力计算问题。

质点的绝对加速度由式(3-23)确定，即

$$a(t) = \ddot{x}_0(t) + \ddot{x}(t) = -\frac{k}{m}x(t) = -\omega^2 x(t) \tag{3-24}$$

将地震位移反应 $x(t)$ 的表达式(3-19)代入式(3-24)，可得

$$a(t) = \omega \int_0^t [\ddot{x}_0(\tau) e^{-\zeta\omega(t-\tau)} \sin\omega(t-\tau)] d\tau \tag{3-25}$$

由于地面运动的加速度 $\ddot{x}_0(\tau)$ 是随时间而变化的，故为了求得结构在地震持续过程中所经受的最大地震作用，必须计算出质点的最大绝对加速度，其中体系的自振周期 $T = \frac{2\pi}{\omega}$，即

$$S_a = |a(t)|_{\max} = \omega \left| \int_0^t [\ddot{x}_0(\tau) e^{-\zeta\omega(t-\tau)} \sin\omega(t-\tau)] d\tau \right|_{\max}$$

$$= \frac{2\pi}{T} \left| \int_0^t [\ddot{x}_0(\tau) e^{-\zeta\frac{2\pi}{T}(t-\tau)} \sin\frac{2\pi}{T}(t-\tau)] d\tau \right|_{\max} \tag{3-26}$$

由式(3-26)可知，质点的绝对最大加速度 S_a 取决于地震时的地面运动加速度 $\ddot{x}_0(\tau)$、结构的自振周期 T 以及结构的阻尼比 ζ。

S_a 与质点质量的乘积即为水平地震作用的绝对最大值，即

$$F = mS_a \tag{3-27}$$

该式即为计算水平地震作用的基本公式。

3.3.2　抗震设计反应谱

为便于求地震作用，将单自由度结构体系的地震最大绝对加速度反应与其自振周期的关系定义为地震加速度反应谱，或简称地震反应谱。然而，地震反应谱除受体系阻尼比的影响外，还受地震动的振幅、频谱等影响，不同的地震动记录，地震反应谱不同。当进行结构抗震设计时，由于无法确知今后发生地震的地震动时程，因而无法确定相应的地震反应谱。可见，地震反应谱直接用于结构的抗震设计有一定的困难，而需专门研究可供结构抗震设计用的反应谱，称为设计反应谱。

为便于应用，引入能反映地面运动强弱的地面运动最大加速度 $|\ddot{x}_0(t)|_{\max}$，则式(3-27)

变为下列形式：

$$F = mS_a = mg \left(\frac{|\ddot{x}_0(t)|_{\max}}{g} \right) \left(\frac{S_a}{|\ddot{x}_0(t)|_{\max}} \right) = GK\beta \tag{3-28}$$

式中：G——重力，$G = mg$；

K、β——地震系数和动力系数。

1. 地震系数

地震系数的定义为

$$K = \frac{|\ddot{x}_g|_{\max}}{g} \tag{3-29}$$

其物理意义是地面运动的最大加速度与重力加速度之比。一般地，地面运动加速度越大，则地震烈度越高，故地震系数与地震烈度之间存在一定的对应关系。根据统计分析，烈度每增加一度，地震系数值将大致增加一倍。我国《抗震规范》规定的对应于各地震基本烈度（即抗震设防烈度）的 K 值如表 3-1 所示。

表 3-1　地震系数 K 与抗震设防烈度的关系

抗震设防烈度	6 度	7 度	8 度	9 度
地震系数 K	0.05	0.10（0.15）	0.20（0.30）	0.40

注：括号中数值用于设计基本地震加速度为 $0.3g$ 的地区。

2. 动力系数

动力系数的定义为

$$\beta = \frac{S_a}{|\ddot{x}_0(t)|_{\max}} \tag{3-30}$$

其物理意义是单质点结构体系最大绝对加速度与地面运动最大加速度的比值，表示由于动力效应而导致的质点加速度放大倍数。

当 $|\ddot{x}_0(t)|_{\max}$ 增大或减小时，S_a 相应随之增大或减少，因此 β 值与地震烈度无关，这样就可以利用所有不同烈度的地震记录进行计算和统计分析。

3. 地震影响系数

为便于计算，《抗震规范》采用相对于重力加速度的单质点绝对最大加速度，即 S_a/g 与体系自振周期 T 之间的关系作为设计用反应谱，并称 S_a/g 为地震影响系数，用 α 表示。因此，设计反应谱又称为地震影响系数曲线，见图 3-4。

由式（3-28）可知

$$\alpha = \frac{S_a}{g} = K\beta \tag{3-31}$$

$$\alpha = \left(\frac{T_g}{T} \right)^{\gamma} \eta_2 \alpha_{\max} \tag{3-32}$$

$$\alpha = [\eta_2 0.2^{\gamma} - \eta_1(T - 5T_g)] \alpha_{\max} \tag{3-33}$$

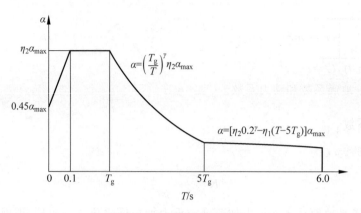

图 3-4   地震影响系数曲线

式中：γ——地震影响曲线下降段的衰减指数，按式(3-34)确定；

η_1——直线下降段的下降斜率调整系数，按式(3-35)确定，当 $\eta_1 < 0$ 时，取 $\eta_1 = 0$；

η_2——阻尼调整系数，按式(3-36)确定，当 $\eta_2 < 0.55$ 时，取 $\eta_2 = 0.55$；

T——结构自振周期，单位：s；

T_g——特征周期，是对应于反应谱峰值区拐点处的周期，可根据场地类别及设计地震分组按表 3-2 选用，但在计算罕遇地震作用时，其特征应增加 0.05s。

表 3-2   特征周期表   s

设计地震分组	场 地 类 别				
	I_0	I_1	II	III	IV
第一组	0.20	0.25	0.35	0.45	0.65
第二组	0.25	0.30	0.40	0.55	0.75
第三组	0.30	0.35	0.45	0.65	0.90

$$\gamma = 0.9 + \frac{0.05 - \zeta}{0.3 + 6\zeta} \tag{3-34}$$

$$\eta_1 = 0.02 + \frac{0.05 - \zeta}{4 + 32\zeta} \tag{3-35}$$

$$\eta_2 = 1 + \frac{0.05 - \zeta}{0.08 + 1.6\zeta} \tag{3-36}$$

其中 ζ 为结构的阻尼比，一般结构可取 0.05，相应的 γ、η_1、η_2 分别为 0.9、0.02 和 1.0。当阻尼比 ζ 按有关规定不等于 0.05 时，应按式(3-34)～式(3-36)三式计算确定。

图 3-4 中水平地震影响系数的最大值

$$\alpha_{\max} = K\beta_{\max} \tag{3-37}$$

《抗震规范》取动力系数的最大值 $\beta_{\max} = 2.25$，相应的地震系数 k，在多遇地震时取为基本烈度时(表 3-1)的 0.35 倍，在罕遇地震时取为基本烈度时的 2 倍左右，故可得 $\alpha_{\max}$ 值如表 3-3 所示。

表 3-3　水平地震影响系数最大值

地震影响	抗震设防烈度			
	6 度	7 度	8 度	9 度
多遇地震	0.04	0.08(0.12)	0.16(0.24)	0.32
罕遇地震	0.28	0.50(0.72)	0.90(1.20)	1.40

注：7、8 度括号中数值分别用于设计基本地震加速度为 $0.15g$、$0.30g$ 的地区。

此外，在图 3-4 中，当结构的自振周期 $T=0$ 时，结构为一刚体，其加速度将与地面加速度相等，即此时的 α 为

$$\alpha = k = \frac{K\beta_{\max}}{\beta_{\max}} = \frac{\alpha_{\max}}{2.25} = 0.45\alpha_{\max} \tag{3-38}$$

【例题 3-2】　某钢筋混凝土排架（图 3-5(a)），集中于柱顶标高处的结构重量 $G=550\text{kN}$，柱子刚度 $EI=1.5\times10^5\text{kN·m}^2$，横梁刚度 $EI=\infty$，柱高 $h=5\text{m}$，7 度抗震设防烈度，第二组，Ⅱ类场地土，阻尼比 $\zeta=0.05$。计算该结构所受地震作用。

【解】　将结构简化为单自由度结构体系（图 3-5(b)），体系抗侧向刚度 k 为各柱抗侧向刚度之和：

$$k = \frac{3(EI\times2)}{h^3} = \frac{3(1.5\times10^5\times2)}{5^3}\text{kN/m} = 7.2\times10^3\text{kN/m}$$

体系自振周期：

$$T = 2\pi\sqrt{\frac{m}{k}} = 2\pi\sqrt{\frac{600}{9.8\times7200}}\text{s} = 0.579\text{s}$$

结构为 7 度抗震设防烈度，则 $\alpha_{\max}=0.08$，第二组，Ⅱ类场地，则 $T_g=0.4\text{s}$，$\zeta=0.05$，$\eta_2=1$。

$$\alpha = \left(\frac{T_g}{T}\right)^\gamma \eta_2\alpha_{\max} = \left(\frac{0.4}{0.579}\right)^{0.9}\times1\times0.08 = 0.057$$

$$F = \alpha G = 0.057\times550\text{kN} = 31.4\text{kN}$$

该结构柱顶处水平地震作用为 31.4kN。

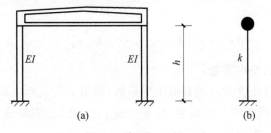

图 3-5　例题 3-2 图
(a) 钢筋混凝土排架；(b) 计算简图

3.4　多自由度结构体系地震反应分析

3.4.1　计算简图

前面运用集中质量法确定了单质点结构体系的计算简图，并在此基础上介绍了其在水

平地震作用下的计算方法。在实际工程中有很多质量比较分散的结构，为了能够比较真实地反映其动力性能，可将其简化为多质点体系，并按多质点体系进行结构的地震反应分析，如刚性楼盖多层房屋（图 3-6）、不等高厂房和烟囱等。

3.4.2 运动方程

多自由度弹性结构体系在水平地震作用下发生振动的情况如图 3-7 所示。设该体系各质点的相对水平位移为 $x_i(i=1,2,\cdots,n)$，其中 n 为结构体系自由度数。为了建立运动方程，取第 i 质点为隔离体，作用在质点 i 上的力有

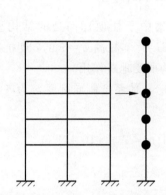

图 3-6　多质点结构体系计算简图

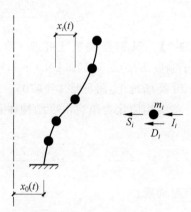

图 3-7　多自由度弹性体系水平振动

惯性力：

$$I_i = -m(\ddot{x}_0 + \ddot{x}_i) \tag{3-39}$$

阻尼力：

$$D_i = -(c_{i1}\dot{x}_1 + c_{i2}\dot{x}_2 + \cdots + c_{in}\dot{x}_n) = -\sum_{r=1}^{n} c_{ir}\dot{x}_r \tag{3-40}$$

弹性恢复力：

$$S_i = -(k_{i1}x_1 + k_{i2}x_2 + \cdots + k_{in}x_n) = -\sum_{r=1}^{n} k_{ir}x_r \tag{3-41}$$

式中：m_i——节点 i 的集中质量；

c_{ir}——体系沿自由度方向的黏滞阻尼系数（即第 r 质点产生单位速度，其余点速度为零，在 i 质点产生的阻尼力；$c_{ir}=c_{ri}$，这里 c_{ir} 同样含有正负号，以表示施加力的正负方向）；

k_{ir}——体系沿自由度方向的刚度系数（即第 r 质点产生单位位移，其余质点不动，在 i 质点上产生的弹性反力；$k_{ir}=k_{ri}$，这里 k_{ir} 同样含有正负号，以表示施加力的正负方向）。

根据达朗贝尔原理，得第 i 质点的动力平衡方程：

$$m_i(\ddot{x}_0 + \ddot{x}_i) = -\sum_{r=1}^{n} c_{ir}\dot{x}_r - \sum_{r=1}^{n} k_{ir}x_r \tag{3-42}$$

将式（3-42）整理，并推广到 n 个质点，得多自由度弹性结构体系在地震作用下的运动方程：

$$m_i\ddot{x}_i + \sum_{r=1}^{n} c_{ir}\dot{x}_r + \sum_{r=1}^{n} k_{ir}x_r = -m_i\ddot{x}_0, \quad i = 1,2,\cdots,n \tag{3-43}$$

写成矩阵形式：

$$M\ddot{x} + C\dot{x} + Kx = -\ddot{x}_g M\mathbf{1} \tag{3-44}$$

即

$$\begin{bmatrix} m_1 & \cdots & 0 \\ \vdots & \ddots & \vdots \\ 0 & \cdots & m_n \end{bmatrix}\begin{Bmatrix} \ddot{x}_1 \\ \ddot{x}_2 \\ \vdots \\ \ddot{x}_n \end{Bmatrix} + \begin{bmatrix} c_{11} & c_{12} & \cdots & c_{1n} \\ c_{21} & c_{22} & \cdots & c_{2n} \\ \vdots & \vdots & & \vdots \\ c_{n1} & c_{n2} & \cdots & c_{nn} \end{bmatrix}\begin{Bmatrix} \dot{x}_1 \\ \dot{x}_2 \\ \vdots \\ \dot{x}_n \end{Bmatrix} + \begin{bmatrix} k_{11} & k_{12} & \cdots & k_{1n} \\ k_{21} & k_{22} & \cdots & k_{2n} \\ \vdots & \vdots & & \vdots \\ k_{n1} & k_{n2} & \cdots & k_{nn} \end{bmatrix}\begin{Bmatrix} x_1 \\ x_2 \\ \vdots \\ x_n \end{Bmatrix}$$

$$= -\ddot{x}_g \begin{bmatrix} m_1 & & & 0 \\ & m_2 & & \\ & & \ddots & \vdots \\ 0 & & \cdots & m_n \end{bmatrix}\begin{Bmatrix} 1 \\ 1 \\ \vdots \\ 1 \end{Bmatrix} \tag{3-45}$$

式中：M——体系质量矩阵；

　　　K——体系对应的刚度矩阵；

　　　C——黏滞阻尼系数矩阵。

在求解多自由度结构体系的运动方程时，一般采用振型分解法。而采用振型分解法求解时，首先需要明确多自由度结构体系的自振频率和振型。

3.4.3　自由振动

1. 自振频率

为简单起见，先分析两个自由度结构体系的无阻尼自由振动。在运动方程(3-44)中，令等号右端强迫力一项为零，略去阻尼项影响，可得

$$\begin{cases} m_1\ddot{x}_1 + k_{11}x_1 + k_{12}x_2 = 0 \\ m_2\ddot{x}_2 + k_{21}x_1 + k_{22}x_2 = 0 \end{cases} \tag{3-46}$$

上列微分方程的解为

$$\begin{cases} x_1 = X_1\sin(\omega t + \varphi) \\ x_2 = X_2\sin(\omega t + \varphi) \end{cases} \tag{3-47}$$

式中：ω——自振圆频率；

　　　φ——初相角；

　　　X_1、X_2——质点 1 和质点 2 的位移幅值。

将式(3-47)代入式(3-46)，得

$$\begin{cases} (k_{11} - m_1\omega^2)X_1 + k_{12}X_2 = 0 \\ k_{21}X_1 + (k_{22} - m_2\omega^2)X_2 = 0 \end{cases} \tag{3-48}$$

式(3-48)为 X_1 和 X_2 的齐次方程组，称为振幅方程。显然，$X_1 = 0$ 和 $X_2 = 0$ 是一组解，但由式(3-46)可知，当 $X_1 = X_2 = 0$ 时，位移 x_1 和 x_2 将同时为 0，即体系无振动，因此它

不是自由振动的解。为使式(3-48)有非零解，其系数行列式必须等于零，即

$$\begin{vmatrix} k_{11} - m_1\omega^2 & k_{12} \\ k_{21} & k_{22} - m_2\omega^2 \end{vmatrix} = 0 \tag{3-49}$$

式(3-49)称为频率方程，展开得 ω^2 的两个实根：

$$\omega^2_{1,2} = \frac{1}{2m_1m_2}\left[(m_1k_{22} + m_2k_{11}) \mp \sqrt{(m_1k_{22} + m_2k_{11})^2 - 4m_1m_2(k_{11}k_{22} - k_{12}k_{21})}\right] \tag{3-50}$$

据此可求出 ω 的两个正号实根，其中数值较小的一个为 ω_1，称为第一自振圆频率或基本自振圆频率；较大的一个为 ω_2，称为第二自振圆频率。

对于一般多自由度结构体系，振幅方程可写成矩阵形式：

$$(\boldsymbol{K} - \omega^2\boldsymbol{M})\boldsymbol{X} = \boldsymbol{0} \tag{3-51}$$

频率方程为

$$|\boldsymbol{K} - \omega^2\boldsymbol{M}| = 0 \tag{3-52}$$

2. 主振型

对于两个自由度的结构体系，利用频率方程求出 ω_1 和 ω_2 后，将 ω_1、ω_2 分别代入振幅方程(3-48)，可求得质点 1 和质点 2 的位移幅值。对应于 ω_1 者，用 X_{11} 和 X_{12} 表示(第一个下标表示振型，第二个下标表示质点的位置，下同)；对应于 ω_2 者，用 X_{21} 和 X_{22} 表示。由于振幅方程的系数行列式等于零，所以两式不是独立的，只能由其中任一式求出振幅的比值。例如，由式(3-48)的第一式可得

当 $\omega = \omega_1$ 时，

$$\frac{X_{12}}{X_{11}} = \frac{m_1\omega_1^2 - k_{11}}{k_{12}} \tag{3-53}$$

当 $\omega = \omega_2$ 时，

$$\frac{X_{22}}{X_{21}} = \frac{m_1\omega_2^2 - k_{11}}{k_{12}} \tag{3-54}$$

由于体系的质量 m、刚度 k 和频率 ω 为定值，所以振幅比值为一常数，与时间无关。

由式(3-47)得质点的位移为

当 $\omega = \omega_1$ 时，

$$\begin{cases} x_{11} = X_{11}\sin(\omega_1 t + \varphi_1) \\ x_{12} = X_{12}\sin(\omega_1 t + \varphi_1) \end{cases} \tag{3-55}$$

当 $\omega = \omega_2$ 时，

$$\begin{cases} x_{21} = X_{21}\sin(\omega_2 t + \varphi_2) \\ x_{22} = X_{22}\sin(\omega_2 t + \varphi_2) \end{cases} \tag{3-56}$$

则在振动过程中两质点的位移比值为

当 $\omega = \omega_1$ 时，

$$\frac{x_{12}}{x_{11}} = \frac{X_{12}}{X_{11}} = \frac{m_1\omega_1^2 - k_{11}}{k_{12}} \tag{3-57}$$

当 $\omega = \omega_2$ 时，

$$\frac{x_{22}}{x_{21}} = \frac{X_{22}}{X_{21}} = \frac{m_1 \omega_2^2 - k_{11}}{k_{12}} \tag{3-58}$$

可见在振动过程中，各质点的位移比值等于振幅比值，也为常数。这就是说，在体系振动的任一时刻，两个质点的位移比始终保持不变，对应于某一个自振频率就有一个振幅比，体系便按某一弹性曲线形状发生振动，振动时振动形状保持不变，只改变质点振动的大小和方向。这种振动形式称为主振型，简称振型。对应于第一自振频率 ω_1 的振型称为第一振型或基本振型；对应于第二自振频率 ω_2 的振型称为第二振型。一般地，体系有多少个自由度就有多少个频率，相应地也就有多少个主振型。

在一般初始条件下，体系的振动曲线将包含全部振型，任一质点的振动可视为由各主振型的简谐振动叠加而成的复合运动。例如，两个自由度结构体系的自由振动，可看成第一主振型和第二主振型的叠加，即

$$\begin{cases} x_1(t) = X_{11} \sin(\omega_1 t + \varphi_1) + X_{21} \sin(\omega_2 t + \varphi_2) \\ x_2(t) = X_{12} \sin(\omega_1 t + \varphi_1) + X_{22} \sin(\omega_2 t + \varphi_2) \end{cases} \tag{3-59}$$

叠加后的复合振动不再是简谐振动，各质点之间位移的比值也不再是常数。

3. 主振型的正交性

n 个自由度系统有 n 个主振型，这些主振型只与系统本身的参数有关，所以对一定的系统，其主振型也是确定的。主振型之间存在的联系为主振型的正交性。现证明如下：

主振型关于质量矩阵的正交性：设系统对应固有自振圆频率 ω_i、ω_j，分别有第 i、j 阶主振型，利用方程(3-51)可写为

$$\boldsymbol{K}\boldsymbol{X}_i = \omega_i^2 \boldsymbol{M}\boldsymbol{X}_i \tag{3-60}$$

$$\boldsymbol{K}\boldsymbol{X}_j = \omega_j^2 \boldsymbol{M}\boldsymbol{X}_j \tag{3-61}$$

将式(3-60)两边同时乘以第 j 阶主振型的转置向量 $\boldsymbol{X}_j^{\mathrm{T}}$，式(3-61)两边同时乘以第 i 阶的主振型的转置向量 $\boldsymbol{X}_i^{\mathrm{T}}$，则有

$$\boldsymbol{X}_j^{\mathrm{T}}\boldsymbol{K}\boldsymbol{X}_i = \omega_i^2 \boldsymbol{X}_j^{\mathrm{T}}\boldsymbol{M}\boldsymbol{X}_i \tag{3-62}$$

$$\boldsymbol{X}_i^{\mathrm{T}}\boldsymbol{K}\boldsymbol{X}_j = \omega_j^2 \boldsymbol{X}_i^{\mathrm{T}}\boldsymbol{M}\boldsymbol{X}_j \tag{3-63}$$

注意，由于刚度阵 $\boldsymbol{K}$ 和质量阵 $\boldsymbol{M}$ 都是对称矩阵，根据线性代数中的转置规则，式(3-63)两边转置可变为下式：

$$\boldsymbol{X}_j^{\mathrm{T}}\boldsymbol{K}\boldsymbol{X}_i = \omega_j^2 \boldsymbol{X}_j^{\mathrm{T}}\boldsymbol{M}\boldsymbol{X}_i \tag{3-64}$$

将式(3-62)减去式(3-64)，可得到：

$$(\omega_i^2 - \omega_j^2)\boldsymbol{X}_j^{\mathrm{T}}\boldsymbol{M}\boldsymbol{X}_i = 0 \tag{3-65}$$

当 $i \neq j$ 时，ω_i 与 ω_j 不相等，所以必有

$$\boldsymbol{X}_j^{\mathrm{T}}\boldsymbol{M}\boldsymbol{X}_i = 0 \tag{3-66}$$

同样也能证明：如果阻尼矩阵 $\boldsymbol{C}$ 可以写成质量矩阵 $\boldsymbol{M}$ 与刚度矩阵 $\boldsymbol{K}$ 的线性组合，即

$$\boldsymbol{C} = \alpha \boldsymbol{M} + \beta \boldsymbol{K} \tag{3-67}$$

这种形式的阻尼叫作比例阻尼，式中的 α 和 β 为比例系数，主振型关于刚度矩阵和阻尼矩阵(比例阻尼)也是正交的。

关于主振型正交性的物理意义可以这样解释：如果把 $\omega_j^2 \boldsymbol{X}_j^\mathrm{T} \boldsymbol{M} \boldsymbol{X}_i$ 看成第 j 阶主振型的惯性力在第 i 阶主振型作为虚位移上所做的虚功,则主振型关于质量的正交性就是任一阶主振型的惯性力在另一阶主振型作为虚位移上所做的虚功之和为零;同样,主振型关于刚度和阻尼的正交性也有类似的意义。

当 $i=j$ 时,振型关于质量、刚度及阻尼不是正交的,将 $M = \boldsymbol{X}_i^\mathrm{T} \boldsymbol{M} \boldsymbol{X}_i$ 称为振型的广义质量。同理,将 $K_i = \boldsymbol{X}_i^\mathrm{T} \boldsymbol{K} \boldsymbol{X}_i$ 称为振型的广义刚度,将 $C_{\mathrm{R}i} = \boldsymbol{X}_i^\mathrm{T} \boldsymbol{C}_\mathrm{R} \boldsymbol{X}_i$ 称为振型的广义阻尼系数。

由振幅方程(3-51)对于第 j 振型有 $\boldsymbol{K}\boldsymbol{X}_j = \omega_j^2 \boldsymbol{M}\boldsymbol{X}_j$,其两边左乘 $\boldsymbol{X}_j^\mathrm{T}$,得

$$\boldsymbol{X}_j^\mathrm{T} \boldsymbol{K} \boldsymbol{X}_j = \boldsymbol{X}_j^\mathrm{T} \omega_j^2 \boldsymbol{M} \boldsymbol{X}_j \tag{3-68}$$

从而

$$\omega_j^2 = \frac{K_j}{M_j} \tag{3-69}$$

【例题 3-3】 计算图 3-8 所示的某二层框架结构的自振圆频率与振型,并验证振型的正交性。各层质量分别为 $m_1 = 55\mathrm{t}, m_2 = 40\mathrm{t}$,各层层间侧移刚度分别为 $k_1 = 4 \times 10^4 \mathrm{kN/m}$, $k_2 = 3 \times 10^4 \mathrm{kN/m}$,假定横梁刚度无限大。

【解】 将结构化简为图 3-8(b)所示的两自由度弹性结构体系。

(1) 计算层间刚度

$$k_{11} = k_1 + k_2 = (4+3) \times 10^4 \mathrm{kN/m} = 7 \times 10^4 \mathrm{kN/m}$$

$$k_{12} = k_{21} = -k_2 = -3 \times 10^4 \mathrm{kN/m}$$

$$k_{22} = k_2 = 3 \times 10^4 \mathrm{kN/m}$$

(2) 求自振圆频率

由式(3-50)可得

$$\omega_{1,2}^2 = \frac{1}{2 \times 55 \times 40} \Big[(55 \times 3 \times 10^4 + 40 \times 7 \times 10^4) \mp$$

$$\sqrt{(55 \times 3 \times 10^4 + 40 \times 7 \times 10^4)^2 - 4 \times 55 \times 40 [7 \times 10^4 \times 3 \times 10^4 - (-3 \times 10^4)^2]} \Big]$$

$$= \begin{cases} 320.42 \mathrm{s}^{-2} \\ 1702.31 \mathrm{s}^{-2} \end{cases}$$

得 $\omega_1 = 17.90 \mathrm{s}^{-1}$, $\omega_2 = 41.26 \mathrm{s}^{-1}$

(3) 求主振型

当 $\omega_1 = 17.90 \mathrm{s}^{-1}$ 时,

$$\frac{X_{12}}{X_{11}} = \frac{m_1 \omega_1 - k_{11}}{k_{12}} = \frac{55 \times 320.42 - 7 \times 10^4}{-3 \times 10^4} = \frac{1.746}{1}$$

当 $\omega_2 = 41.26 \mathrm{s}^{-1}$ 时,

$$\frac{X_{22}}{X_{21}} = \frac{m_1 \omega_2^2 - k_{11}}{k_{12}} = \frac{55 \times 1702.31 - 7 \times 10^4}{-3 \times 10^4} = -\frac{0.788}{1}$$

结构振型如图 3-8(c)所示。

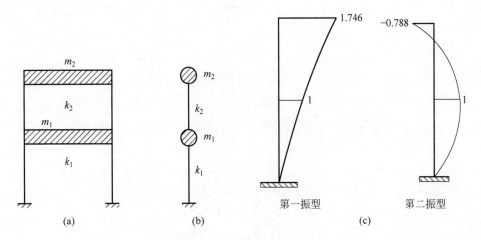

图 3-8 例题 3-3 图

(a) 二层框架结构；(b) 计算简图；(c) 结构振型

(4) 验证主振型的正交性

质量矩阵正交性：

$$X_1^{\mathrm{T}} M X_2 = \begin{Bmatrix} 1.000 \\ 1.746 \end{Bmatrix}^{\mathrm{T}} \begin{bmatrix} 55 & 0 \\ 0 & 40 \end{bmatrix} \begin{Bmatrix} 1.000 \\ -0.788 \end{Bmatrix} = 0$$

刚度矩阵正交性：

$$X_1^{\mathrm{T}} K X_2 = \begin{Bmatrix} 1.000 \\ 1.746 \end{Bmatrix}^{\mathrm{T}} \begin{bmatrix} 7 & -3 \\ -3 & 3 \end{bmatrix} \times 10^4 \begin{Bmatrix} 1.000 \\ -0.788 \end{Bmatrix} = 0$$

3.4.4 振型分解法

如果运动方程是以质点位移 $x_i(t)$ 作为坐标，在每一方程中包含所有未知的质点位移，则方程组是耦联的，这给方程组的求解带来很大困难。如果用体系的振型作为基底，而用另一函数 $q(t)$ 作为坐标，就可以把联立方程组变为几个独立的方程，每个方程中只包含一个未知项，这样就可分别独立求解，从而使计算简化。这一方法称为振型分解法。

为便于理解，先考虑两自由度结构体系。将质点 m_1 和 m_2 在地震作用下任一时刻的位移 $x_1(t)$ 和 $x_2(t)$ 用其两个振型的线性组合来表示，即

$$\begin{cases} x_1(t) = q_1(t) X_{11} + q_2(t) X_{21} \\ x_2(t) = q_1(t) X_{12} + q_2(t) X_{22} \end{cases} \tag{3-70}$$

这里用 $q_1(t)$ 和 $q_2(t)$ 代替原有的几何坐标 $x_1(t)$ 和 $x_2(t)$。只要 $q_1(t)$ 和 $q_2(t)$ 确定，$x_1(t)$ 和 $x_2(t)$ 就可以确定，而 $q_1(t)$ 与 $q_2(t)$ 实际上表示在质点任一时刻的变位中第一振型与第二振型所占的分量。由于 $x_1(t)$ 和 $x_2(t)$ 为时间的函数，故 $q_1(t)$ 和 $q_2(t)$ 亦为时间的函数，称为广义坐标。

当为多自由度结构体系时，式(3-70)可写成

$$x_i(t) = \sum_{j=1}^{n} q_j(t) X_{ji} \tag{3-71}$$

也可以写成下述矩阵的形式：

$$x = Xq \tag{3-72}$$

式中：

$$x = \begin{Bmatrix} x_1(t) \\ x_2(t) \\ \vdots \\ x_i(t) \\ \vdots \\ x_n(t) \end{Bmatrix}$$

$$X = \begin{bmatrix} X_{11} & X_{21} & \cdots & X_{j1} & \cdots & X_{n1} \\ X_{12} & X_{22} & \cdots & X_{j2} & \cdots & X_{n2} \\ \vdots & \vdots & & \vdots & & \vdots \\ X_{1n} & X_{2n} & \cdots & X_{jn} & \cdots & X_{nn} \end{bmatrix}, \quad q = \begin{Bmatrix} q_1 \\ q_2 \\ \vdots \\ q_j \\ \vdots \\ q_n \end{Bmatrix}$$

将式(3-72)代入运动方程式(3-43)，并假定阻尼矩阵 C 是质量矩阵 M 和刚度矩阵 K 的线性组合，从而使阻尼矩阵亦能满足正交条件，以消除振型之间的耦合，即令

$$C = \alpha_1 M + \alpha_2 K \tag{3-73}$$

式中：α_1、α_2——比例常数。

故得

$$M X \ddot{q} + (\alpha_1 M + \alpha_2 K) X \dot{q} + K X q = -M \mathbf{1} \ddot{x}_g \tag{3-74}$$

将式(3-69)等号两边各项都乘以 X_j^{T} 得

$$X_j^{\mathrm{T}} M X \ddot{q} + X_j^{\mathrm{T}} (\alpha_1 M + \alpha_2 K) X \dot{q} + X_j^{\mathrm{T}} K X q = -X_j^{\mathrm{T}} M \mathbf{1} \ddot{x}_g \tag{3-75}$$

式(3-75)等号左边的第一项为

$$X_j^{\mathrm{T}} M X \ddot{q} = X_j^{\mathrm{T}} M \left[X_1, X_2, \cdots, X_j, \cdots, X_n \right] \begin{Bmatrix} \ddot{q}_1 \\ \ddot{q}_2 \\ \vdots \\ \ddot{q}_j \\ \vdots \\ \ddot{q}_n \end{Bmatrix}$$

$$= X_j^{\mathrm{T}} M X_1 \ddot{q}_1 + X_j^{\mathrm{T}} M X_2 \ddot{q}_2 + \cdots + X_j^{\mathrm{T}} M X_j \ddot{q}_j + \cdots + X_j^{\mathrm{T}} M X_n \ddot{q}_n$$

根据振型对质量矩阵的正交性，上式中除了 $X_j^{\mathrm{T}} M X_j \ddot{q}_j$ 一项以外，其余各项均等于零，故有

$$X_j^{\mathrm{T}} M X \ddot{q} = X_j^{\mathrm{T}} M X_j \ddot{q}_j \tag{3-76a}$$

根据广义质量的定义，式(3-76a)可表示为

$$X_j^{\mathrm{T}} M X \ddot{q} = M_j \ddot{q}_j \tag{3-76b}$$

同理,利用振型对刚度矩阵的正交性,式(3-75)等号左边的第三项也可写成

$$\boldsymbol{X}_j^{\mathrm{T}} \boldsymbol{K} \boldsymbol{X} \boldsymbol{q} = \boldsymbol{X}_j^{\mathrm{T}} \boldsymbol{K} \boldsymbol{X}_j q_j \tag{3-77a}$$

根据广义刚度的定义,式(3-77a)可表示为

$$\boldsymbol{X}_j^{\mathrm{T}} \boldsymbol{K} \boldsymbol{X} \boldsymbol{q} = K_j q_j \tag{3-77b}$$

对于式(3-75)等号左边的第二项,同理可写成

$$\boldsymbol{X}_j^{\mathrm{T}} (\alpha_1 \boldsymbol{M} + \alpha_2 \boldsymbol{K}) \boldsymbol{X} \dot{\boldsymbol{q}} = \alpha_1 \boldsymbol{X}_j^{\mathrm{T}} \boldsymbol{M} \boldsymbol{X}_j \dot{q}_j + \alpha_2 \boldsymbol{X}_j^{\mathrm{T}} \boldsymbol{K} \boldsymbol{X}_j \dot{q}_j$$

将广义质量 M_j、广义刚度 K_j 代入上式,得

$$\boldsymbol{X}_j^{\mathrm{T}} (\alpha_1 \boldsymbol{M} + \alpha_2 \boldsymbol{K}) \boldsymbol{X} \dot{\boldsymbol{q}} = \alpha_1 M_j \dot{q}_j + \alpha_2 K_j \dot{q}_j = (\alpha_1 M_j + \alpha_2 K_j) \dot{q}_j \tag{3-78a}$$

再将式(3-69)代入式(3-78a),得

$$\boldsymbol{X}_j^{\mathrm{T}} (\alpha_1 \boldsymbol{M} + \alpha_2 \boldsymbol{K}) \boldsymbol{X} \dot{\boldsymbol{q}} = (\alpha_1 + \alpha_2 \omega_j^2) M_j \dot{q}_j \tag{3-78b}$$

将式(3-76b)、式(3-77b)、式(3-78a)代入式(3-75),得

$$M_j \ddot{q}_j + (\alpha_1 M_j + \alpha_2 K_j) \dot{q}_j + K_j q_j = -\boldsymbol{X}_j^{\mathrm{T}} \boldsymbol{M} \boldsymbol{1} \ddot{x}_{\mathrm{g}} \tag{3-79}$$

将式(3-79)各项除以广义质量 M_j,并将式(3-69)代入,得

$$\ddot{q}_j + (\alpha_1 + \alpha_2 \omega_j^2) \dot{q}_j + \omega_j^2 q_j = -\gamma_j \ddot{x}_{\mathrm{g}}, \quad j = 1, 2, \cdots, n \tag{3-80}$$

式中:

$$\gamma_j = \frac{\boldsymbol{X}_j^{\mathrm{T}} \boldsymbol{M} \boldsymbol{1}}{\boldsymbol{X}_j^{\mathrm{T}} \boldsymbol{M} \boldsymbol{X}_j} = \frac{\sum_{i=1}^{n} m_i X_{ji}}{\sum_{i=1}^{n} m_i X_{ji}^2} \tag{3-81}$$

称为振型参与系数。

在式(3-80)中,令

$$\alpha_1 + \alpha_2 \omega_j^2 = 2 \zeta_j \omega_j \tag{3-82}$$

则式(3-80)可写成

$$\ddot{q}_j + 2 \zeta_j \omega_j \dot{q}_j + \omega_j^2 q_j = -\gamma_j \ddot{x}_{\mathrm{g}}, \quad j = 1, 2, \cdots, n \tag{3-83}$$

式中:ζ_j 为对应 j 振型的阻尼比,系数 α_1 和 α_2 通常根据第一、第二振型的频率和阻尼比确定,即由式(3-82)得

$$\begin{cases} \alpha_1 + \alpha_2 \omega_1^2 = 2 \zeta_1 \omega_1 \\ \alpha_1 + \alpha_2 \omega_2^2 = 2 \zeta_2 \omega_2 \end{cases}$$

解方程组得

$$\alpha_1 = \frac{2 \omega_1 \omega_2 (\zeta_1 \omega_2 - \zeta_2 \omega_1)}{\omega_2^2 - \omega_1^2} \tag{3-84a}$$

$$\alpha_2 = \frac{2 (\zeta_2 \omega_2 - \zeta_1 \omega_1)}{\omega_2^2 - \omega_1^2} \tag{3-84b}$$

在式(3-83)中,依次取 $j = 1, 2, \cdots, n$,可得 n 个独立微分方程,即在每一个方程中仅含有一个未知量 q_j,由此可分别解得 $q_1, q_2, \cdots, q_n$。可以看出,式(3-83)与单自由度体系在地震作用下的运动微分方程(3-5)在形式上基本相同,只是方程(3-83)的等号右边多了一个系数 γ_j,所以方程(3-83)的解可以参照方程(3-5)的解写出:

$$q_j(t) = -\frac{\gamma_j}{\omega_j}\int_0^t \left[\ddot{x}_0(\tau)\mathrm{e}^{-\zeta_j\omega_j(t-\tau)}\sin\omega_j(t-\tau)\right]\mathrm{d}\tau \qquad (3\text{-}85)$$

或

$$q_j(t) = \gamma_j \Delta_j(t) \qquad (3\text{-}86)$$

式中:

$$\Delta_j(t) = -\frac{1}{\omega_j}\int_0^t \left[\ddot{x}_g(\tau)\mathrm{e}^{-\zeta_j\omega_j(t-\tau)}\sin\omega_j(t-\tau)\right]\mathrm{d}\tau \qquad (3\text{-}87)$$

式(3-87)即相当于阻尼比为 ζ_j、自振周期为 ω_j 的单自由度弹性结构体系在地震作用下的位移方程,这个单自由度结构体系称为与振型 j 相应的振子。

将式(3-86)代入式(3-71),得

$$x_i(t) = \sum_{j=1}^{n} q_j(t)X_{ji} = \sum_{j=1}^{n} \gamma_j \Delta_j(t) X_{ji} \qquad (3\text{-}88)$$

式(3-88)就是用振型分解法分析时,多自由度弹性结构体系在地震作用下其中任一质点 m_i 位移的计算公式。

式(3-88)中 γ_j 的表达式见式(3-81),γ_j 称为体系在地震反应中第 j 振型的振型参与系数。实际上,γ_j 就是当质点位移 $x_1 = x_2 = \cdots = x_j = \cdots = x_n = 1$ 时的 q_j 值。证明如下:

考虑二质点体系,令式(3-70)中的 $x_1(t) = x_2(t) = 1$,得

$$\begin{cases} 1 = q_1(t)X_{11} + q_2(t)X_{21} \\ 1 = q_1(t)X_{12} + q_2(t)X_{22} \end{cases} \qquad (3\text{-}89)$$

以 $m_1 X_{11}$ 及 $m_2 X_{12}$ 分别乘以式(3-89)中的第一式和第二式,得

$$\begin{cases} m_1 X_{11} = m_1 X_{11}^2 q_1(t) + m_1 X_{11} X_{21} q_2(t) \\ m_2 X_{12} = m_2 X_{12}^2 q_1(t) + m_2 X_{12} X_{22} q_2(t) \end{cases} \qquad (3\text{-}90)$$

将上述两式相加,并利用振型的正交性,可得

$$q_1(t) = \frac{m_1 X_{11} + m_2 X_{12}}{m_1 X_{11}^2 + m_2 X_{12}^2} = \gamma_1$$

同理,可得

$$q_2(t) = \frac{m_1 X_{21} + m_2 X_{22}}{m_1 X_{21}^2 + m_2 X_{22}^2} = \gamma_2$$

故式(3-89)可写成

$$\begin{cases} 1 = \gamma_1 X_{12} + \gamma_2 X_{22} \\ 1 = \gamma_1 X_{11} + \gamma_2 X_{21} \end{cases}$$

对于两个以上的自由度结构体系,还可写成一般关系式:

$$\sum_{j=1}^{n} \gamma_j X_{ji} = 1, \quad i = 1, 2, \cdots, n \qquad (3\text{-}91)$$

【例题 3-4】　三层剪切型结构如图 3-9 所示，求该结构的自振圆频率和振型。

【解】　该结构为 3 自由度体系，质量矩阵和刚度矩阵分别为 $\boldsymbol{M} = \begin{bmatrix} 2 & 0 & 0 \\ 0 & 1.5 & 0 \\ 0 & 0 & 1 \end{bmatrix} \times 10^3\,\text{kg}$

$$\boldsymbol{K} = \begin{bmatrix} 3 & -1.2 & 0 \\ -1.2 & 1.8 & -0.6 \\ 0 & -0.6 & 0.6 \end{bmatrix} \times 10^6\,\text{N/m}$$

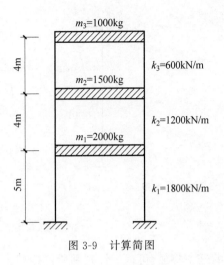

图 3-9　计算简图

$m_3 = 1000\text{kg}$
$k_3 = 600\text{kN/m}$
$m_2 = 1500\text{kg}$
$k_2 = 1200\text{kN/m}$
$m_1 = 2000\text{kg}$
$k_1 = 1800\text{kN/m}$
4m　4m　5m

先由特征值方程求自振圆频率，令 $B = \dfrac{\omega^2}{600}$

得：$|\boldsymbol{K} - \omega^2 \boldsymbol{M}| = \begin{vmatrix} 5-2B & -2 & 0 \\ -2 & 3-1.5B & -1 \\ 0 & -1 & 1-B \end{vmatrix} = 0$

或 $B^3 - 5.5B^2 + 7.5B - 2 = 0$

由上式解得

$$B_1 = 0.351, \quad B_2 = 0.61, \quad B_3 = 3.54$$

从而由 $\omega = \sqrt{600B}$ 得

$$\omega_1 = 14.5\text{rad/s}, \quad \omega_2 = 31.3\text{rad/s}, \quad \omega_3 = 46.1\text{rad/s}$$

由自振周期与自振频率的关系 $T = 2\pi/\omega$，可得结构的各阶自振周期分别为

$$T_1 = 0.433\text{s}, \quad T_2 = 0.202\text{s}, \quad T_3 = 0.136\text{s}$$

为求第一阶振型，将 $\omega_1 = 14.5\text{rad/s}$ 代入

$$(\boldsymbol{K} - \omega_1^2 \boldsymbol{M}) = \begin{bmatrix} 2579.5 & -1200 & 0 \\ -1200 & 1484.6 & -600 \\ 0 & -600 & 389.8 \end{bmatrix}$$

由 $\bar{\boldsymbol{\varphi}}_{n-1} = -\boldsymbol{A}_{n-1}^{-1} \boldsymbol{B}_{n-1}$ 得

$$\begin{Bmatrix} \bar{\varphi}_{11} \\ \bar{\varphi}_{12} \end{Bmatrix} = -\begin{bmatrix} 2579.5 & -1200 \\ -1200 & 1484.6 \end{bmatrix}^{-1} \begin{Bmatrix} 0 \\ -600 \end{Bmatrix} = \begin{Bmatrix} 0.301 \\ 0.648 \end{Bmatrix}$$

代入 $\boldsymbol{B}_{n-1}^{\mathrm{T}} \bar{\boldsymbol{\varphi}}_{n-1} + C_i = 0$ 校核 $\{0, -600\} \begin{Bmatrix} 0.301 \\ 0.648 \end{Bmatrix} + 389.8 \approx 0$

则第一振型为

$$\bar{\boldsymbol{\varphi}}_1 = \begin{Bmatrix} 0.301 \\ 0.648 \\ 1 \end{Bmatrix}$$

同样可求得第二阶和第三阶振型为

$$\bar{\boldsymbol{\varphi}}_2 = \begin{Bmatrix} -0.676 \\ -0.601 \\ 1 \end{Bmatrix}, \quad \bar{\boldsymbol{\varphi}}_3 = \begin{Bmatrix} 2.47 \\ -2.57 \\ 1 \end{Bmatrix}$$

将各阶振型用图 3-10 表示。振型具有如下特征：对于串联多质点多自由度结构体系，其第几阶振型，在振型图上就有几个节点（振型曲线与体系平衡位置的交点）。利用振型图

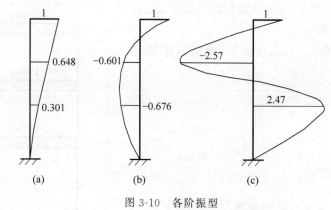

图 3-10   各阶振型
（a）第一阶振型；（b）第二阶振型；（c）第三阶振型

的这一特征，可以定性判别所得振型正确与否。

3.5   多自由度结构体系水平地震作用

计算多自由度结构体系最大地震反应有两种方法，一种是振型分解反应谱法，另一种是底部剪力法，下面分别介绍这两种方法。

3.5.1   振型分解反应谱法

多自由度体系在地震时质点所受到的惯性力就是质点的地震作用。因此，若不考虑扭转耦联，则质点 i 上的地震作用为

$$F_i(t) = -m_i [\ddot{x}_0(t) + \ddot{x}_i(t)] \tag{3-92}$$

式中：m_i——质点 i 的质量；

$\ddot{x}_0(t)$——地面运动加速度；

$\ddot{x}_i(t)$——质点 i 的相对加速度。

根据式（3-91），$\ddot{x}_0(t)$ 还可写成

$$\ddot{x}_0(t) = \sum_{j=1}^{n} \gamma_j \ddot{x}_0(t) X_{ji} \tag{3-93}$$

又由式（3-88）得

$$\ddot{x}_i(t) = \sum_{j=1}^{n} \gamma_j \ddot{\Delta}_j(t) X_{ji} \tag{3-94}$$

将式（3-93）和式（3-94）代入式（3-92）得

$$F_i(t) = -m_i \sum_{j=1}^{n} \gamma_j X_{ji} [\ddot{x}_0(t) + \ddot{\Delta}_j(t)] \tag{3-95}$$

式中：$\ddot{x}_0(t) + \ddot{\Delta}_j(t)$——第 j 振型相应振子的绝对加速度。

$F_i(t)$ 的最大值就是设计用的最大地震作用。但实际工程中上述计算过程烦琐，一般的计算方法是先求出对应于每一振型的最大地震作用及其相应的地震作用效应，然后将这

些效应进行组合,以求得结构的最大地震作用效应,具体计算步骤如下。

(1) 振型的最大地震作用

由式(3-95)可知,作用在第 j 振型第 i 质点上的水平地震作用绝对最大标准值为

$$F_{ji}(t) = m_i \gamma_j X_{ji} \left[\ddot{x}_0(t) + \ddot{\Delta}_j(t) \right]_{\max} \tag{3-96}$$

$$\alpha_j = \frac{\left[\ddot{x}_0(t) + \ddot{\Delta}_j(t) \right]_{\max}}{g}, \quad G_i = m_i g$$

$$F_{ji}(t) = \alpha_j \gamma_j X_{ji} G_i \tag{3-97}$$

式中: α_j ——相应于 j 振型自振周期 T_j 的地震影响系数,按图 3-4 确定;

　　　γ_j —— j 振型的振型参与系数,可按式(3-81)计算;

　　　X_{ji} —— j 振型 i 质点的水平相对位移,即振型位移;

　　　G_i ——集中于 i 质点的重力荷载代表值。

(2) 振型组合

求出振型 j 质点 i 上的地震作用后,便可按一般力学方法计算结构的地震作用效应 S_j (弯矩、剪力、轴力和变形等)。根据振型分解法,结构在任一时刻所受的地震作用为该时刻各振型地震作用之和,并且所求得的相应于各振型的地震作用均为最大值。但是,在某一时刻某一振型的地震作用达到最大值时,其他各振型的地震作用并不一定达到最大值。根据《抗震规范》规定,当相邻振型的周期比小于 0.85 时,可通过随机振动理论分析,得出采用平方和开方的方法,即 SRSS(square root of the sum of the squares)法,可按下式确定:

$$S_{Ek} = \sqrt{\sum_{j=1}^{n} S_j^2} \tag{3-98}$$

式中: S_{Ek} ——水平地震作用标准值的效应;

　　　S_j —— j 振型水平地震作用标准值的效应,可只取前 2~3 个振型,当基本自振周期大于 1.5s 或房屋高宽比大于 5 时,振型个数应适当增加。

(3) 重力荷载代表值

式(3-97)中的参数 G_i 称为重力荷载代表值。《抗震规范》规定,计算水平或竖向地震作用时,结构重力荷载应采用重力荷载代表值,用 G_E 表示,一般应取结构和结构配件自重标准值和各可变荷载组合值之和,即:

$$G_E = G_k + \sum_{i=1}^{n} \psi_{Qi} Q_{ki} \tag{3-99}$$

式中: Q_{ki} ——第 i 个可变重力荷载的标准值;

　　　ψ_{Qi} ——第 i 个可变重力荷载的抗震设计组合值系数,是根据可变重力荷载与地震的耦合概率确定的,应按表 3-4 取用。

表 3-4　组合值系数

可变荷载种类	组合值系数
雪荷载	0.5
屋面积灰荷载	0.5
屋面活荷载	不计入

续表

可变荷载种类		组合值系数
按实际情况计算的楼面活荷载		1.0
按等效均布荷载计算的楼面活荷载	藏书库、档案库	0.8
	其他民用建筑	0.5
起重机悬吊物重力	硬钩吊车	0.3
	软钩吊车	不计入

注：硬钩吊车的吊重较大时，组合值系数应按实际情况采用。

【例题 3-5】　如图 3-8 所示的框架架构，每层的层高为 3.6m，建筑抗震设防烈度为 7 度，I_1 类场地，该地区设计基本地震加速度值为 $0.10g$，设计地震分组为第一组，结构的阻尼比 ζ 为 0.05，利用振型分解反应谱法计算该框架的层间地震剪力。

【解】　(1) 主振型及相应的自振周期

例题 3-3 可知，结构的主振型及其相应的自振周期分别为

$$\begin{Bmatrix} X_{11} \\ X_{12} \end{Bmatrix} = \begin{Bmatrix} 1 \\ 1.746 \end{Bmatrix}, \quad \begin{Bmatrix} X_{21} \\ X_{22} \end{Bmatrix} = \begin{Bmatrix} 1 \\ -0.788 \end{Bmatrix}$$

$$T_1 = \frac{2\pi}{\omega_1} = \frac{2\pi}{17.90}\text{s} = 0.351\text{s}$$

$$T_2 = \frac{2\pi}{\omega_2} = \frac{2\pi}{41.26}\text{s} = 0.152\text{s}$$

(2) 水平地震作用

相应于第一振型的质点水平地震作用为

$$F_{1i} = \alpha\gamma_1 X_{1i} G_i = \alpha\gamma_1 X_{1i} m_i g$$

查表 3-2 可知，$T_g = 0.25\text{s}$，则 $T_g < T_1 < 5T_g$，由图 3-4、表 3-3 和式(3-32)，算得地震影响系数为

$$\alpha_1 = \left(\frac{T_g}{T}\right)^\gamma \eta_2 \alpha_{\max} = \left(\frac{0.25}{0.351}\right)^{0.9} \times 1.0 \times 0.08 = 0.0589$$

按式(3-81)可算得振型参与系数为

$$\gamma_j = \frac{X_j^T M \mathbf{1}}{X_j^T M X_j} = \frac{\sum\limits_{i=1}^n m_i X_{1i}}{\sum\limits_{i=1}^n m_i X_{1i}^2} = \frac{55 \times 1 + 40 \times 1.746}{55 \times 1^2 + 40 \times 1.746^2} = 0.706$$

$$F_{11} = (0.0589 \times 0.706 \times 55 \times 9.8)\text{kN} = 22.41\text{kN}$$

$$F_{12} = (0.0589 \times 0.706 \times 40 \times 9.8)\text{kN} = 16.30\text{kN}$$

相应于第二振型的质点水平地震作用为

$$F_{2i} = \alpha_2 X_{2i} m_i g$$

因 $0.1\text{s} < T_2 < T_g$，由图 3-4 可知

$$\alpha_2 = \eta_2 \alpha_{\max} = 1.0 \times 0.08 = 0.08$$

$$\gamma_j = \frac{\sum_{i=1}^{n} m_i X_{2i}}{\sum_{i=1}^{n} m_i X_{2i}^2} = \frac{55 \times 1 + 40 \times (-0.788)}{55 \times 1^2 + 40 \times (-0.788)^2} = 0.2918$$

$$F_{21} = (0.08 \times 0.2918 \times 1 \times 55 \times 9.8)\text{kN} = 12.58\text{kN}$$

$$F_{22} = (0.08 \times 0.2918 \times (-0.788) \times 40 \times 9.8)\text{kN} = -7.21\text{kN}$$

根据式(3-98)，底层及 2 层的层间地震剪力如下：

$$V_1 = \sqrt{(22.41 + 16.30)^2 + (12.58 - 7.21)^2}\,\text{kN} = 43.48\text{kN}$$

$$V_2 = \sqrt{(16.30)^2 + (-7.21)^2}\,\text{kN} = 17.82\text{kN}$$

3.5.2　底部剪力法

若结构高度不超过 40m，以剪切变形为主且质量及刚度沿高度分布比较均匀，结构振动位移往往以第一振型为主，而且第一振型接近直线，当满足上述条件时，《抗震规范》建议采用底部剪力法。底部剪力法是先计算出作用于结构的总水平地震作用，即结构底部剪力，然后将此总水平地震作用按照一定的规律再分配给各个质点。

多质点结构体系在水平地震作用下任一时刻的底部剪力为

$$F(t) = \sum_{i=1}^{n} m_i [\ddot{x}_0(t) + \ddot{x}_i(t)] \tag{3-100}$$

抗震设计时需取底部剪力的最大值，即

$$F_E = \left\{ \sum_{i=1}^{n} m_i [\ddot{x}_0(t) + \ddot{x}_i(t)] \right\}_{\max} \tag{3-101}$$

在计算简化时，可根据底部剪力相等的原则，把多质点结构体系用一个与其基本周期相同的单质点结构体系来替代。这样底部剪力就可以简单地用单自由度结构体系的公式进行计算：

$$F_{Ek} = \alpha_1 G_{eq} \tag{3-102}$$

式中：α_1——相应于结构基本自振周期的水平地震影响系数值，按图 3-4 确定，对于多层砌体房屋、底部框架砌体房屋，宜取水平地震影响系数最大值；

F_{Ek}——结构总水平地震作用标准值，即结构底部剪力标准值；

G_{eq}——结构等效总重力荷载，表示为

$$G_{eq} = c \sum_{i=1}^{n} G_i$$

式中：G_i——集中于质点 i 的重力荷载代表值；

c——等效系数。

等效系数 c 的大小与结构的基本周期及场地条件有关。采用底部剪力法计算地震作用的结构的基本周期一般都小于 0.75s，《抗震规范》规定多质点结构体系，等效系数 $c=0.85$，对于单质点结构体系，此系数等于 1。

总水平地震作用计算得出后，就可将它分配于各个质点，以求得各质点上的地震作用。分析表明，对于质量和刚度沿高度分布比较均匀，高度不大并且以剪切变形为主的结构物，

其地震反应将以基本振型为主,而基本振型接近于倒三角形,如图 3-11(b)所示,若按此假定将总水平地震作用进行分配,则根据式(3-97),质点 i(图 3-11)的水平地震作用为

$$F_i \approx F_{1i} = \alpha_1 \gamma_1 X_{1i} G_i \frac{H_i}{H}$$

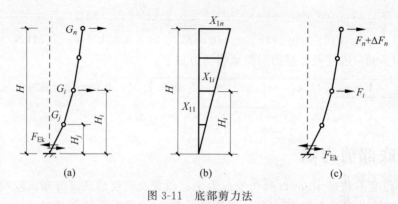

图 3-11 底部剪力法

(a) 计算简图;(b) 倒三角形基本振型;(c) 顶点附加水平地震作用

由于

$$F_{Ek} = \sum_{j=1}^{n} F_j = \sum_{j=1}^{n} F_{1j} = \sum_{j=1}^{n} G_j \gamma_1 \alpha_1 \frac{H_j}{H} = \frac{\gamma_1 \alpha_1}{H} \left(\sum_{j=1}^{n} G_j H_j \right)$$

由此可得

$$F_i = \frac{G_i H_i}{\sum\limits_{j=1}^{n} G_j H_j} F_{Ek} \tag{3-103}$$

式中: F_i——质点 i 的水平地震作用标准值;

G_i、G_j——集中于质点 i、j 的重力荷载代表值;

H_i、H_j——质点 i、j 的计算高度。

式(3-103)适用于基本自振周期 $T_1 \leqslant 1.4T_g$ 的结构,其中 T_g 为特征周期,可根据场地类别及设计地震分组确定。由此,可进一步计算结构的地震内力和变形,其中,i 楼层的剪力为 $V_i = \sum\limits_{j=1}^{n} F_j$。

当 $T_i > 1.4T_g$ 时,由于高振型的影响,若按式(3-103)计算,则结构顶部的地震剪力偏小,故需进行调整。调整的方法是将结构总地震作用的一部分作为集中力作用于结构顶部,再将余下的部分按倒三角形分配给各质点。根据对分析结果的统计,这个附加的集中水平地震作用(图 3-11(c))可表示为

$$\Delta F_n = \delta_n F_{Ek} \tag{3-104}$$

式中: δ_n——顶部附加地震作用系数;

ΔF_n——顶部附加水平地震作用。对于多层钢筋混凝土和钢结构房屋,δ_n 可按特征周期 T_g 及结构基本自振周期 T_1 由表 3-5 确定;对于其他房屋则可以不考虑 δ_n,即 $\delta_n = 0$。

这样,采用底部剪力法计算时,各楼层可只考虑一个自由度,质点 i 的水平地震作用标准值就可写成

$$F_i = \frac{G_i H_i}{\sum\limits_{j=1}^{n} G_j H_j} F_{Ek}(1-\delta_n) \qquad (3-105)$$

表 3-5　顶部附加地震作用系数　　　　　　　　　　　　　　　s

T_g	$T_1 > 1.4T_g$	$T_1 \leqslant 1.4T_g$
$T_g \leqslant 0.35$	$0.08T_1 + 0.07$	
$0.35 < T_g \leqslant 0.55$	$0.08T_1 + 0.01$	0.0
$T_g > 0.55$	$0.08T_1 - 0.02$	

注：T_1 为结构基本自振周期。

　　当房屋顶部有突出屋面的小建筑物时,上述附加集中水平地震作用 ΔF_n 应置于主体房屋的顶层而不应置于小建筑物的顶部,但小建筑物顶部的地震作用仍可按式(3-105)计算。此外,当建筑物有突出屋面的小建筑,如屋顶间、女儿墙和烟囱等时,由于该部分的质量和刚度突然变小,地震时将产生鞭端效应,使得突出屋面小建筑的地震反应特别强烈,其程度取决于突出物与建筑物的质量比与刚度比以及场地条件等。为简化计算,《抗震规范》规定,当采用底部剪力法计算这类小建筑的地震作用效应时,宜乘以增大系数 3,但此增大部分不应往下传递,但与该突出部分相连的构件应予以计入;当采用振型分解法计算时,突出屋面部分可作为一个质点;单层厂房突出屋面天窗架地震作用效应的增大系数,应按规范的有关规定取值。

　　【例题 3-6】 试用底部剪力法求解例题 3-5 中某二层框架结构的层间地震剪力。

　　【解】　(1) 根据式(3-102),结构总水平地震作用

$$F_{Ek} = \alpha_1 G_{eq}$$

其中 α_1 已经在例题 3-5 中求得,其值为 $\alpha_1 = 0.0589$,等效总重力荷载代表值为

$$G_{eq} = 0.85 \sum_{i=1}^{n} m_i g = (0.85 \times (55+40) \times 9.8)\text{kN} = 791.35\text{kN}$$

$$F_{Ek} = 0.0589 \times 791.35\text{kN} = 46.61\text{kN}$$

(2) 各质点的地震作用

根据式(3-105),质点 i 的水平地震作用为

$$F_i = \frac{G_i H_i}{\sum\limits_{j=1}^{n} G_j H_j} F_{Ek}(1-\delta_n)$$

因 $T_1 = 0.351\text{s} > 1.4T_g = 1.4 \times 0.25\text{s} = 0.35\text{s}$,查表 3-5 得顶部附加地震作用系数

$$\delta_n = 0.08T_1 + 0.07 = 0.08 \times 0.351 + 0.07 = 0.098$$

故

$$F_1 = \frac{G_1 H_1}{\sum\limits_{j=1}^{2} G_j H_j} F_{Ek}(1-\delta_n)$$

$$= \left(\frac{55 \times 9.8 \times 3.6}{55 \times 9.8 \times 3.6 + 40 \times 9.8 \times (3.6+3.6)} \times 46.61 \times (1-0.098) \right)\text{kN} = 17.1\text{kN}$$

$$F_2 = \frac{G_2 H_2}{\sum\limits_{j=1}^{2} G_j H_j} F_{Ek}(1 - \delta_n)$$

$$= \left(\frac{40 \times 9.8 \times (3.6 + 3.6)}{55 \times 9.8 \times 3.6 + 40 \times 9.8 \times (3.6 + 3.6)} \times 46.61 \times (1 - 0.098) \right) kN = 24.9 kN$$

$$\Delta F_2 = \delta_n F_{Ek} = 0.098 \times 46.61 kN = 4.6 kN$$

各楼层的层间剪力为

$$V_1 = \Delta F_2 + F_2 + F_1 = (4.6 + 24.9 + 17.1) kN = 46.6 kN$$

$$V_2 = \Delta F_2 + F_2 = (4.6 + 24.9) kN = 29.5 kN$$

3.5.3 结构基本周期近似计算

1. 能量法

能量法的理论基础是能量守恒原理,即一个无阻尼的弹性体系做自由振动时,其总能量(变形能与动量之和)在任何时刻均保持不变。

图 3-12 为多质点弹性体系,设其质量矩阵和刚度矩阵分别为 M 和 K。令 $x(t)$ 为体系自由振动 t 时刻质点水平位移向量,因弹性体系自由振动是简谐运动,$x(t)$ 可表示为

$$x(t) = \boldsymbol{\phi} \sin(\omega t + \varphi) \tag{3-106}$$

式中：$\boldsymbol{\phi}$——体系的振型位移幅向量；

ω、φ——体系的自振圆频率和初相位角。

则体系质点水平速度向量为

$$\dot{x}(t) = \omega \boldsymbol{\phi} \cos(\omega t + \varphi) \tag{3-107}$$

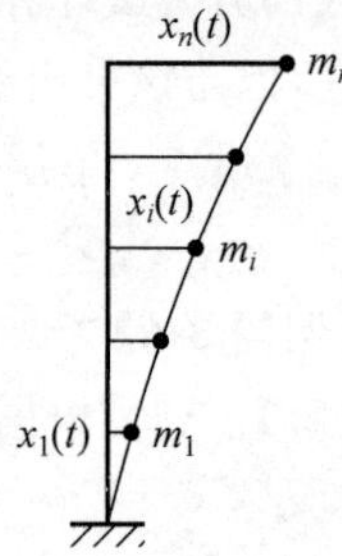

图 3-12 多质点弹性体系自由振动

当体系振动到达振幅最大值时,体系变形能达到最大值 U_{max},而体系的动能等于零。此时体系的振动能为

$$E_d = U_{max} = \frac{1}{2} X(t)_{max}^T K X(t)_{max} = \frac{1}{2} \boldsymbol{\Phi}^T K \boldsymbol{\Phi} \tag{3-108a}$$

当体系达到平衡位置时,体系质点振幅为零,但质点速度达到最大值 T_{max},而体系变形能等于零。此时,体系的振动能为

$$E_d = T_{max} = \frac{1}{2} \dot{x}(t)_{max}^T M \dot{x}(t)_{max} = \frac{1}{2} \omega^2 \boldsymbol{\Phi}^T M \boldsymbol{\Phi} \tag{3-108b}$$

由能量守恒原理,$T_{max} = U_{max}$,得

$$\omega^2 = \frac{\boldsymbol{\Phi}^T K \boldsymbol{\Phi}}{\boldsymbol{\Phi}^T M \boldsymbol{\Phi}} \tag{3-109}$$

当体系质量矩阵 M 和刚度矩阵已知时,频率 ω 是振型 $\boldsymbol{\Phi}$ 的函数,当所取的振型为第 i 阶振型 $\boldsymbol{\Phi}_i$ 时,按式(3-109)求得的是第 i 阶的自振频率 ω_i。为求得体系基本频率 ω_1,需确定体系第一振型,注意到 $K\boldsymbol{\Phi}_1 = F_1$ 为产生第一阶振型 $\boldsymbol{\Phi}_1$ 的力向量,如果近似将作用于各个质点的重力荷载 G_i 当做水平力,所产生的质点水平位移 u_i 作为第一振型位移,则

$$\omega^2 = \frac{\boldsymbol{\Phi}_1{}^{\mathrm{T}} \boldsymbol{F}_1}{\boldsymbol{\Phi}_1{}^{\mathrm{T}} \boldsymbol{M} \boldsymbol{\Phi}_1} = \frac{\sum\limits_{i=1}^{n} G_i u_i}{\sum\limits_{i=1}^{n} m_i u_i^2} = \frac{g \sum\limits_{i=1}^{n} G_i u_i}{\sum\limits_{i=1}^{n} G_i u_i^2} \tag{3-110}$$

注意到 $T_1 = 2\pi/\omega_1$, $g = 9.8 \mathrm{m/s^2}$，则由式(3-110)可得

$$T_1 = 2 \sqrt{\frac{\sum\limits_{i=1}^{n} G_i u_i^2}{\sum\limits_{i=1}^{n} G_i u_i}} \tag{3-111}$$

式中：u_i——将各质点的重力荷载 G_i 视为水平力所产生的质点 i 处的水平位移，单位 m。

2. 等效质量法

等效质量法的思想是用一个等效单质点体系来代替原来的多质点体系，如图 3-13 所示。等效原则为：

(1) 等效单质点体系的自振频率与原多质点体系的基本自振圆频率相等；

(2) 等效单质点体系自由振动的最大动能与原多质点体系基本自由振动的最大动能相等。

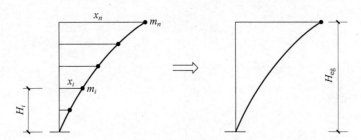

图 3-13 用单质点体系等效多质点体系

多质点体系按第一振型振动的最大动能为

$$U_{1\max} = \frac{1}{2} \sum_{i=1}^{n} m_i (\omega_1 x_i)^2 \tag{3-112}$$

等效单质点的最大动能为

$$U_{2\max} = \frac{1}{2} m_{\mathrm{eg}} (\omega_1 x_{\mathrm{eg}})^2 \tag{3-113}$$

由 $U_{1\max} = U_{2\max}$ 可得，等效单质点体系的质量为

$$m_{\mathrm{eg}} = \frac{\sum\limits_{i=1}^{n} m_i x_i^2}{x_{\mathrm{eg}}^2} \tag{3-114}$$

式中：x_i——体系按第一振型振动时，质点 m_i 处的最大位移；

x_{eg}——体系按第一振型振动时，相应于等效质点 m_{eg} 处的最大位移。

式(3-114)中，x_i、x_{eg} 可通过将体系各质点重力荷载当作水平力所产生的体系水平位移确定。

若体系为图 3-14 所示的连续质量悬臂梁结构体系,将其等效为位于结构顶部的单质点体系时,可将式(3-114)改写为

$$m_{\text{eg}} = \frac{\int_0^l \bar{m} x^2 \, \mathrm{d}y}{x_{\text{eg}}^2} \tag{3-115}$$

式中: $\bar{m}$ ——沿高度方向悬臂结构单位长度质量。

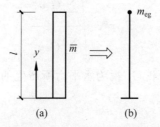

图 3-14　连续质量悬臂体系及其等效质量体系
(a) 连续质量悬臂体系；(b) 等效质量体系

当悬臂结构为等截面的均质体系时,可近似采用水平均布荷载 $q = \bar{m}g$ 产生的水平侧移曲线作为第一振型曲线。

若为弯曲型结构

$$x(y) = \frac{q}{24EI}(y^4 - 4ly^3 + 6l^2 y^2) \tag{3-116a}$$

$$x_{\text{eg}} = x(l) = \frac{ql^4}{8EI} \tag{3-116b}$$

若为剪切型结构

$$x(y) = \frac{q}{GA}\left(ly - \frac{y^2}{2}\right) \tag{3-117a}$$

$$x_{\text{eg}} = x(l) = \frac{ql^2}{2GA} \tag{3-117b}$$

式中: I ——悬臂结构截面惯性矩;

A ——悬臂结构截面面积;

E 、G ——弹性模量和剪变模量。

将式(3-116)、式(3-117)代入式(3-115)可得

弯曲型悬臂结构　　　　　　　　$m_{\text{eg}} = 0.25 \bar{m} l$ 　　　　　　　　(3-118)

剪切型悬臂结构　　　　　　　　$m_{\text{eg}} = 0.40 \bar{m} l$ 　　　　　　　　(3-119)

显然,对于弯剪型悬臂结构,等效单质点质量介于 $m_{\text{eg}} = (0.25 \sim 0.4) \bar{m} l$ 。

确定等效单质点体系的质量 m_{eg} 后,即可按单质点体系计算原多质点体系的基本自振圆频率和基本周期为

$$\omega_1 = \sqrt{\frac{1}{m_{\text{eg}} \delta}} \tag{3-120}$$

$$T = 2\pi \sqrt{m_{\text{eg}} \delta} \tag{3-121}$$

式中：δ——体系在等效质点处受单位水平力作用所产生的水平位移。

3．顶点位移法

顶点位移法的基本思想是，将悬臂结构的基本周期用结构重力荷载作为水平荷载所产生的顶点位移 u_T 来表示。例如，对于质量沿高度均匀分布的等截面弯曲型悬臂杆，基本周期为

$$T_1 = 1.78\sqrt{\frac{\bar{m}l^4}{EI}} \tag{3-122}$$

由式(3-116)知，将重力分布荷载 $\bar{m}g$ 作为水平分布荷载产生的悬臂杆顶点位移为

$$u_T = \frac{\bar{m}gl^4}{8EI} \tag{3-123}$$

将式(3-123)代入式(3-122)得

$$T_1 = 1.6\sqrt{u_T} \tag{3-124}$$

同样，对于质量沿高度均匀分布的等截面剪切型悬臂杆，可得

$$T_1 = 1.8\sqrt{u_T} \tag{3-125}$$

式(3-124)、式(3-125)可推用于质量和刚度沿高度非均匀分布的弯曲型和剪切型结构基本周期的近似计算。当结构为弯剪型时，可取

$$T_1 = 1.7\sqrt{u_T} \tag{3-126}$$

注意，式(3-124)、式(3-125)、式(3-126)中结构顶点位移 u_T 的单位为 m。

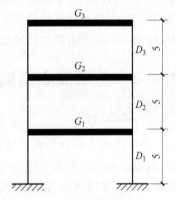

图 3-15　计算简图(单位：m)

【例题 3-7】　如图 3-15 所示 3 层钢筋混凝土框架结构，各层高均为 5m，各楼层重力荷载代表值分别为 $G_1 = 1500\text{kN}$、$G_2 = 1200\text{kN}$、$G_3 = 1100\text{kN}$，楼板平面内刚度无限大，各楼层抗侧刚度分别为 $K_1 = K_2 = 4.6 \times 10^4\text{kN/m}$、$K_3 = 3.9 \times 10^4\text{kN/m}$。试分别按能量法和顶点位移法计算该结构的基本周期(取填充墙影响折减系数为 0.7)。

【解】　(1) 计算结构的侧移。将各楼层重力荷载代表值水平作用于结构各楼层处，用静力法计算各楼层剪力及相应的侧移，计算结果如表 3-6 所示。

表 3-6　楼层剪力及侧移计算

层数	楼层重力荷载代表值 G_i/kN	楼层剪力/kN $V_i = \sum_{j=i}^{3} G_j$	楼层侧移刚度 K_i/(kN/m)	层间侧移/m $\delta_i = \dfrac{V_i}{K_i}$	楼层侧移/m $\Delta_i = \sum_{j=i}^{3} \delta_j$
3	1100	1100	39000	0.0282	0.1608
2	1200	2300	46000	0.0500	0.1326
1	1500	3800	46000	0.0826	0.0826

（2）按能量法计算基本周期。

$$T_1 = 2\psi_T \sqrt{\dfrac{\sum\limits_{i=1}^{n} G_i \Delta_i^2}{\sum\limits_{i=1}^{n} G_i \Delta_i^2}}$$

$$= 2 \times 0.7 \sqrt{\dfrac{1500 \times 0.0826^2 + 1200 \times 0.1326^2 + 1100 \times 0.1608^2}{1500 \times 0.0826 + 1200 \times 0.1326 + 1100 \times 0.1608}}\,\text{s}$$

$$= 0.5047\text{s}$$

（3）按顶点位移法计算基本周期。

$$T_1 = 1.7\psi_T \sqrt{\Delta_3} = 1.7 \times 0.7 \times \sqrt{0.1608}\,\text{s} = 0.4772\text{s}$$

3.6 结构地震扭转效应

3.6.1 概述

在地震作用下，建筑结构除了发生水平振动外，还会发生扭转振动。这主要有两方面的原因：一方面，地面运动存在转动分量，或地震时地面各点的运动存在相位差；另一方面，结构本身存在偏心，即结构的刚度中心与质量中心不重合。震害调查表明，扭转作用会加重结构的破坏，并且在某些情况下还会成为导致结构破坏的主要因素。然而，由于技术上的原因，对前一个原因引起的扭转效应的研究尚不够成熟，有待更进一步探索。

3.6.2 单层偏心结构振动

1. 运动方程

由于惯性力的合力通过结构的质心，而各抗侧力构件恢复力的合力通过结构的刚心，那么，当质心与刚心不重合时，在水平地震作用下结构将会产生扭转振动，也即形成平扭耦联振动。对于单层结构，将全部质量集中于屋盖处，屋盖视为刚体，如图 3-16 所示。该结构在 x 和 y 方向分别受到地面运动 $\ddot{x}_g$ 和 $\ddot{y}_g$ 的作用，取质心 m 为坐标原点，假定质心在 x 方向的位移为 u_x，在 y 方向的位移为 u_y，屋盖绕通过质心 m 的竖轴的转角为 φ（以逆时针转动为正），则第 i 个纵向抗侧力构件沿 x 方向的位移为

$$u_{xi} = u_x + y_i\varphi \tag{3-127}$$

式中：$y_i\varphi$——由于屋盖转动而在 x 方向引起的位移。

同理，第 j 排横向抗侧力构件沿 y 方向的位移为

$$u_{xj} = u_y + x_j\varphi \tag{3-128}$$

式中：$x_j\varphi$——由于屋盖转动而在 y 方向引起的位移。

上述结构有三个自由度，将刚性屋盖作为隔离体，其上作用弹性恢复力、恢复扭矩、惯性力和惯性扭矩，忽略阻尼的影响，则可建立如下平衡方程：

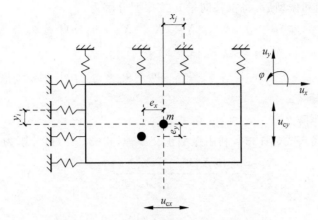

图 3-16　受双向地震作用的单层偏心结构

$$\sum_{i=1}^{n} k_{xi}(u_x - y_i\varphi) = -m(\ddot{x}_g + \ddot{u}_x) \tag{3-129}$$

$$\sum_{j=1}^{m} k_{yj}(u_y + x_j\varphi) = -m(\ddot{y}_g + \ddot{u}_y) \tag{3-130}$$

$$J\ddot{\varphi} - \sum_{i=1}^{n} k_{xi}(u_x - y_i\varphi)y_i + \sum_{j=1}^{m} k_{yj}(u_y + x_j\varphi)x_j = 0 \tag{3-131}$$

将式(3-129)~式(3-131)整理可得

$$\begin{bmatrix} m & & 0 \\ & m & \\ 0 & & J \end{bmatrix}\begin{Bmatrix} \ddot{u}_x \\ \ddot{u}_y \\ \ddot{\varphi} \end{Bmatrix} + \begin{bmatrix} k_{xx} & 0 & k_{x\varphi} \\ 0 & k_{yy} & k_{y\varphi} \\ k_{\varphi x} & k_{\varphi y} & k_{\varphi\varphi} \end{bmatrix}\begin{Bmatrix} u_x \\ u_y \\ \varphi \end{Bmatrix} = -\begin{bmatrix} m & & 0 \\ & m & \\ 0 & & J \end{bmatrix}\begin{Bmatrix} \ddot{x}_g \\ \ddot{y}_g \\ 0 \end{Bmatrix} \tag{3-132}$$

或写成

$$\boldsymbol{m}\ddot{\boldsymbol{u}} + \boldsymbol{K}\boldsymbol{u} = -\boldsymbol{m}\ddot{\boldsymbol{u}}_g \tag{3-133}$$

式中：m——集中于屋盖处的总质量；

$\quad\ J$——屋盖绕 z 轴的转动惯量；

$\quad\ k_{xx}$——屋盖在 x 方向的侧移刚度，$k_{xx} = \sum\limits_{i=1}^{n} k_{xi}$；

$\quad\ k_{yy}$——屋盖在 y 方向的侧移刚度，$k_{yy} = \sum\limits_{j=1}^{m} k_{yj}$；

$\quad\ k_{x\varphi}$——屋盖在 x 方向的抗扭刚度，$k_{x\varphi} = k_{\varphi x} = -\sum\limits_{i=1}^{n} k_{xi}y_i$；

$\quad\ k_{y\varphi}$——屋盖在 y 方向的抗扭刚度，$k_{y\varphi} = k_{\varphi y} = -\sum\limits_{j=1}^{m} k_{yj}x_j$；

$\quad\ k_{\varphi\varphi}$——屋盖的抗扭刚度，$k_{\varphi\varphi} = \sum\limits_{i=1}^{n} k_{xi}y_i^2 + \sum\limits_{j=1}^{m} k_{yj}x_j^2$。

2. 地震作用

对于考虑扭转影响的运动方程(3-133)，可采用振型分解反应谱法确定其地震作用。求

得体系的自振周期和振型后,将位移向量 $\boldsymbol{u}$ 按振型分解为

$$\boldsymbol{u} = \boldsymbol{Aq} = \begin{bmatrix} X_1 & X_2 & X_3 \\ Y_1 & Y_2 & Y_3 \\ \Phi_1 & \Phi_2 & \Phi_3 \end{bmatrix} \begin{Bmatrix} q_1(t) \\ q_2(t) \\ q_3(t) \end{Bmatrix} \tag{3-134}$$

式中：$\boldsymbol{A}$——振型矩阵;

$\quad \boldsymbol{q}$——广义矩阵。

将式(3-134)代入式(3-133),利用振型正交原理,式(3-133)可分解为

$$\ddot{q}_j + \omega_j^2 q_j = -\frac{mX_j\ddot{x}_g + mY_j\ddot{y}_g}{mX_j^2 + mY_j^2 + J\Phi_j^2} = -\gamma_{xj}\ddot{x}_g - \gamma_{yj}\ddot{y}_g \tag{3-135}$$

其中

$$\begin{cases} \gamma_{xj} = X_j/(X_j^2 + Y_j^2 + r^2\Phi_j^2) \\ \gamma_{yj} = Y_j/(X_j^2 + Y_j^2 + r^2\Phi_j^2) \\ r = J/m \end{cases} \tag{3-136}$$

当仅考虑 x 方向地震时,j 振型的水平地震作用及地震扭矩分别为

$$\begin{cases} F_{xj} = \alpha_j\gamma_{xj}X_jG \\ F_{yj} = \alpha_j\gamma_{xj}Y_jG \\ F_{tj} = \alpha_j\gamma_{xj}r^2\Phi_jG \end{cases} \tag{3-137}$$

当仅考虑 y 方向的地震时,j 振型的水平地震作用及地震扭矩分别为

$$\begin{cases} F_{xj} = \alpha_j\gamma_{yj}X_jG \\ F_{yj} = \alpha_j\gamma_{yj}Y_jG \\ F_{tj} = \alpha_j\gamma_{yj}r^2\Phi_jG \end{cases} \tag{3-138}$$

式中：F_{xj}、F_{yj}、F_{tj}——j 振型 x、y 方向和转角方向的地震作用标准值;

$\quad \alpha_j$——j 振型的水平地震影响系数;

$\quad X_j$、Y_j、Φ_j——j 振型质心在 x、y 方向的水平位移幅值和相对扭转角幅值;

$\quad r$——转动半径,$r = \sqrt{\dfrac{J}{m}}$。

3.6.3 多层偏心结构振动

1. 运动方程

规则结构不进行扭转耦联计算时,平行于地震作用方向的两个边框架;其地震作用效应宜乘以增大系数。一般情况下短边可按 1.15 采用,长边可按 1.05 采用;当扭转刚度较小时,周边各构件宜按不小于 1.3 采用。角部构件宜乘以两个方向各自的增大系数。

考虑多层房屋结构的平移-扭转耦联振动时,可将每层楼盖视为一个刚片,各楼层质心取为坐标原点,此时,竖向坐标轴为折线(图 3-17)。每层楼盖有两个正交方向的水平位移和一个转角,有三个自由度;当房屋为 n 层时,体系共有 $3n$ 个自由度。对于 n 个楼盖的 $3n$ 个运动方程可用矩阵表示为

$$M\ddot{u} + C\dot{u} + Ku = -MR\ddot{u}_g \tag{3-139}$$

其中

$$\ddot{u}_g = \{\ddot{x}_g, \ddot{y}_g, 0\}^T$$

$$M = \mathrm{diag}[m, m, J]$$

$$m = \mathrm{diag}[m_1, m_2, \cdots, m_n]$$

$$J = \mathrm{diag}[J_1, J_2, \cdots, J_n]$$

$$K = \begin{bmatrix} K_{xx} & 0 & K_{x\varphi} \\ 0 & K_{yy} & K_{y\varphi} \\ K_{x\varphi} & K_{y\varphi} & K_{\varphi\varphi} \end{bmatrix}$$

$$K_{xx} = \sum_{j=1}^{m} K_{xj}$$

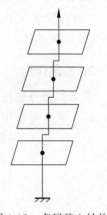

图 3-17　多层偏心结构
计算简图

$$K_{yy} = \sum_{i=1}^{n} K_{yi}$$

$$K_{x\varphi} = \sum_{j=1}^{m} K_{xj} y_j$$

$$K_{y\varphi} = \sum_{i=1}^{n} K_{yi} x_i$$

$$K_{\varphi\varphi} = \sum_{j=1}^{m} y_j^T K_{xj} y_j + \sum_{i=1}^{n} x_i^T K_{yi} x_i$$

$$y_j = \mathrm{diag}[y_{1j}, y_{2j}, \cdots, y_{nj}]$$

$$x_i = \mathrm{diag}[x_{1i}, x_{2i}, \cdots, x_{ni}]$$

$$R = \begin{bmatrix} -I & 0 & 0 & 0 & z_c & -y_c \\ 0 & I & 0 & -z_c & 0 & x_c \\ 0 & 0 & I & 0 & 0 & 0 \end{bmatrix}$$

$$1 = \{1, 1, \cdots, 1\}^T$$

$$x_c = \{x_{1c}, x_{2c}, \cdots, x_{nc}\}^T$$

$$y_c = \{y_{1c}, y_{2c}, \cdots, y_{nc}\}^T$$

$$z_c = \{z_{1c}, z_{2c}, \cdots, z_{nc}\}^T$$

$$u = \{u_{1x}, u_{1y}, \varphi_1, u_{2x}, u_{2y}, \varphi_2, \cdots, u_{nx}, u_{ny}, \varphi_n\}$$

式中：$\ddot{u}_g$——输入地震地面运动向量；

M——广义质量矩阵，为 $3n \times 3n$ 阶方阵；

C——广义阻尼矩阵；

K——广义侧移刚度矩阵；

K_{xj}——平行于 x 轴第 j 排抗侧力构件的侧移刚度；

K_{yi}——平行于 y 轴第 i 排抗侧力构件的侧移刚度；

y_{lj}——第 l 层第 j 排抗侧力构件的 y 向坐标；

x_{li}——第 l 层第 i 排抗侧力构件的 x 向坐标；

x_{lc}、y_{lc}、z_{lc}——第 l 层质心在 x、y、z 方向的坐标；

m_l、J_l——第 l 层的质量、转动惯量；

u_{lx}、u_{ly}、φ_l——第 l 层抗侧力构件在 x、y 向的位移和转角。

2. 地震作用

采用振型分解反应谱法，经过与单层偏心结构振动类似的运算，可以得到考虑扭转地震效应时水平地震作用的计算公式如下：

$$\begin{cases} F_{xji} = \alpha_j \gamma_{xj} X_{ji} G_i \\ F_{yji} = \alpha_j \gamma_{yj} Y_{ji} G_i \quad, \quad i = 1, 2, \cdots, n; j = 1, 2, \cdots, m \\ F_{tji} = \alpha_j \gamma_{tj} r_i^2 \Phi_{ji} G_i \end{cases} \tag{3-140}$$

式中：F_{xji}、F_{yji}、F_{tji}——j 振型 i 层 x、y 方向和转角方向的地震作用标准值；

α_j——j 振型的水平地震影响系数；

X_{ji}、Y_{ji}、Φ_{ji}——j 振型 i 层质心在 x、y 方向的水平位移幅值和相对扭转角幅值；

γ_{tj}——考虑扭转影响的 j 振型参与系数，可按下述公式计算。

当仅考虑 x 方向地震时，

$$\gamma_{xtj} = \frac{\sum\limits_{i=1}^{n} X_{ji} G_i}{\sum\limits_{i=1}^{n} (X_{ji}^2 + Y_{ji}^2 + r_i^2 \Phi_{ji}^2) G_i} \tag{3-141}$$

当仅考虑 y 方向地震时，

$$\gamma_{ytj} = \frac{\sum\limits_{i=1}^{n} Y_{ji} G_i}{\sum\limits_{i=1}^{n} (X_{ji}^2 + Y_{ji}^2 + r_i^2 \Phi_{ji}^2) G_i} \tag{3-142}$$

当考虑与 x 方向斜交 θ 角的地震时，

$$\gamma_{tj} = \gamma_{xtj} \cos\theta = \gamma_{ytj} \sin\theta \tag{3-143}$$

3. 振型组合

当考虑单向水平地震作用下的扭转地震作用效应时，由于振型效应彼此耦联，所以采用如下完全二次型组合（complete quadratic combination，CQC）法：

$$S = \sqrt{\sum_{j=1}^{m} \sum_{k=1}^{m} \rho_{jk} S_j S_k} \tag{3-144}$$

$$\rho_{jk} = \frac{8\sqrt{\zeta_j \zeta_k}(\zeta_j + \lambda_T \zeta_k)\lambda_T^{1.5}}{(1 - \lambda_T^2)^2 + 4\zeta_j \zeta_k(1 + \lambda_T^2)\lambda_T + 4(\zeta_j^2 + \zeta_k^2)\lambda_T^2} \tag{3-145}$$

式中：S——考虑扭转的地震作用效应；

S_j、S_k——j、k 振型地震作用效应；

ρ_{jk}——j 振型与 k 振型的耦联系数；

λ_T——k 振型与 j 振型的自振周期比；

ζ_j、ζ_k——j、k 振型的阻尼比。

当考虑双向水平地震作用下的扭转地震作用效应时,可按下列公式中的较大值确定:

$$S = \sqrt{S_x^2 + (0.85S_y)^2} \tag{3-146}$$

$$S = \sqrt{S_y^2 + (0.85S_x)^2} \tag{3-147}$$

式中:S_x——仅考虑 x 方向水平地震作用时的地震作用效应;

S_y——仅考虑 y 方向水平地震作用时的地震作用效应。

一般地,对考虑地震扭转效应的多层及高层建筑,在进行地震作用效应组合时,可取前 9 个振型。当结构基本周期大于或等于 2s 时,宜取前 15 个振型。

3.7 结构竖向地震作用计算

震害调查表明,在烈度较高的震中区,竖向地震对结构也会有较大影响。烟囱等高耸结构和高层建筑的上部在竖向地震作用下,因上下振动,而会出现受拉破坏,对于大跨度结构,竖向地震引起的结构上下振动惯性力,相当于增加结构的上下荷载作用。因此我国《抗震规范》规定:抗震设防烈度为 8 度和 9 度区的大跨度屋盖结构和长悬臂结构及 9 度时的高层建筑,应计算竖向地震作用;对于高层建筑和高耸结构,可采用反应谱法计算其竖向地震作用,对于平板网架、大跨度结构和长悬臂结构,一般采用静力法。

3.7.1 高层建筑和高耸结构

高层建筑和高耸结构的竖向地震作用的简化计算,可采用类似于水平地震作用的底部剪力法,即先确定结构底部总竖向地震作用,再计算作用在结构各质点上的竖向地震作用。因其竖向自振周期很短,其反应以第一振型为主,且该振型接近倒三角形,其竖向地震作用标准值可按式(3-148)和式(3-149)计算,如图 3-18 所示。

公式为

$$F_{Evk} = \alpha_{vi} G_{eq} \tag{3-148}$$

$$F_{vi} = \frac{G_i H_i}{\sum\limits_{j=1}^{n} G_j H_j^2} F_{Evk} \tag{3-149}$$

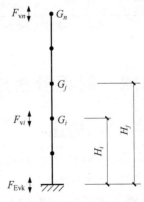

图 3-18 结构竖向地震
作用计算简图

式中:F_{Evk}——结构总竖向地震作用标准值;

F_{vi}——质点 i 的竖向地震作用标准值;

α_{vi}——按结构竖向基本周期计算的竖向地震影响系数;

G_{eq}——结构等效总重力荷载,按下式计算:

$$G_{eq} = 0.75 \sum_{i=1}^{n} G_i \tag{3-150}$$

即计算高耸结构或高层建筑竖向地震作用时,结构等效总重力荷载一般取为实际总重力荷载的 75%。

分析表明,竖向地震的 β 谱曲线与水平地震的 β 谱曲线大致相同,所以可近似地取与水平地震相同的 β 谱曲线。因高耸结构或高层建筑竖向基本周期很短,一般处在地震影响系数最大值的周期范围内,同时注意到竖向地震动加速度峰值为水平地震动加速度峰值的

$1/2 \sim 2/3$，因而可近似取竖向地震影响系数最大值为水平地震影响系数最大值的 65%，则有

$$\alpha_{vi} = 0.65\alpha_{max} \tag{3-151}$$

楼层的竖向地震作用效应可按各构件承受的重力荷载代表值的比例分配，并宜乘以增大系数 1.5。

3.7.2 大跨度结构

大量分析表明，平板型网架、大跨度屋盖、长悬臂结构等大跨度结构的各主要构件竖向地震作用内力与重力荷载的内力比值彼此相差一般不大，因而可以认为竖向地震作用的分布与重力荷载的分布相同。

《抗震规范》规定，平板型网架屋盖跨度大于 24m 屋架，屋盖横梁及托架的竖向地震作用标准值为

$$F_v = \zeta_v G \tag{3-152}$$

式中：F_v——竖向地震作用标准值；

$\quad\quad G$——重力荷载标准值；

$\quad\quad \zeta_v$——按结构竖向基本周期计算的竖向地震影响系数。

竖向地震作用系数，对于平板型网架和跨度大于 24m 屋架按表 3-7 采用，对于长悬臂和其他大跨度结构，抗震设防烈度为 8 度时取 $\zeta_v = 0.1$，9 度时取 $\zeta_v = 0.2$。

表 3-7 竖向地震作用系数

结 构 类 型	抗震设防烈度	场 地 类 别		
		I	II	III、IV
平板型网架、钢屋架	8 度	可不计算（0.10）	0.08(0.12)	0.10(0.15)
	9 度	0.15	0.15	0.20
钢筋混凝土屋架	8 度	0.10(0.15)	0.13(0.19)	0.13(0.19)
	9 度	0.20	0.25	0.25

注：括号中数值用于 8 度设计基本地震加速度为 $0.30g$ 的地区。

3.8 时程分析法

3.8.1 概述

前面介绍了广泛应用于各国抗震设计规范的反应谱法，然而人们在长期的实践中逐渐认识到这种等效静力方法存在一些缺陷，有时不足以保证结构的抗震安全性。因此，在一些重要的、特殊的、复杂的以及高层建筑结构的抗震设计中采用时程分析法。该方法综合考虑了地震动的幅值、频谱和持续时间三要素，是目前较为精确的地震反应分析方法。

3.8.2 基本方程及其解法

时程分析法是对结构进行地震作用计算分析时，以地震动的时间过程作为输入，用数值积分求解运动方程，把输入时间过程分为许多足够小的时段，每个时段内的地震动变化假定

是线性的,从初始状态开始逐个时段进行逐个积分,每一时段的终止作为下一时段积分的初始状态,直至地震结束,求出结构在地震作用下,从静止到振动,直至振动终止整个过程的反应(位移、速度、加速度)。主要的逐步积分法有:中点加速度法、线性加速度法、Wilson-θ 法和 Newmark 法等。

任一多层结构在地震作用下的运动方程可表示为

$$M\ddot{x} + C\dot{x} + Kx = -M\ddot{x}_g \tag{3-153}$$

计算模型不同时,质量矩阵 M、阻尼矩阵 C、刚度矩阵 K、位移向量 x、速度向量 $\dot{x}$ 和加速度向量 $\ddot{x}$ 有不同的形式。地震地面运动加速度记录波形是一个复杂的时间函数,方程的求解要利用逐步计算的数值方法,将地震作用时间划分成许多微小的时段,相隔 Δt,基本运动方程改写为 i 时刻至 $i+1$ 时刻的半增量微分方程:

$$M\ddot{x}_{i+1} + C_i^{i+1}\Delta\dot{x}_i^{i+1} + K_i^{i+1}\Delta x_i^{i+1} + Q_i = -M\ddot{x}_g^{i+1}$$

$$Q_i + Q_{i-1} + K_{i-1}^i\Delta x_{i-1}^i + C_{i-1}^i\Delta\dot{x}_{i-1}^i$$

$$Q_0 = 0 \tag{3-154}$$

然后,借助于不同的近似处理,把 $\Delta\ddot{x}$、$\Delta\dot{x}$ 等均用 Δx 表示,获得拟静力方程:

$$K^{*\,i+1}_{\quad i}\Delta x_i^{i+1} = \Delta P^{*\,i+1}_{\quad i} \tag{3-155}$$

求出 Δx_i^{i+1} 后,可得到 $i+1$ 时刻的位移、速度、加速度及相应的内力和变形,并作为下一步计算的初值,求解出结构内力和变形随时间变化的全过程。

3.8.3　弹性时程分析法

在第一阶段抗震计算中,《抗震规范》用时程分析法进行补充计算,是在式(3-154)的刚度矩阵 K_i^{i+1} 和阻尼矩阵 C_i^{i+1} 始终保持不变下的计算,称为弹性时程分析。

《抗震规范》规定,特别不规则的建筑、甲类建筑和表 3-8 所列高度范围的高层建筑,应采用时程分析法进行多遇地震下的补充计算;当取三组加速度时程曲线输入时,计算结果宜取时程法的包络值和振型分解反应谱法的较大值;当取七组及七组以上的时程曲线时,计算结果可取时程法的平均值和振型分解反应谱法的较大值。

表 3-8　采用时程分析的房屋高度范围

抗震设防烈度、场地类别	房屋高度范围/m
8 度 Ⅰ、Ⅱ 类场地和 7 度	＞100
8 度 Ⅲ、Ⅳ 类场地	＞80
9 度	＞60

采用时程分析法时,应按建筑场地类别和设计地震分组选用实际强震记录和人工模拟的加速度时程曲线,其中实际强震记录的数量不应少于总数的 2/3,多组时程曲线的平均地震影响系数曲线应与振型分解反应谱法所采用的地震影响系数曲线在统计意义上相符,其加速度时程的最大值可按表 3-9 采用。弹性时程分析时,每条时程曲线计算所得结构底部剪力不应小于振型分解反应谱法计算结果的 65%,多条时程曲线计算所得结构底部剪力的平均值不应小于振型分解反应谱法计算结果的 80%。

表 3-9　时程分析所用地震加速度时程曲线的最大值　　　cm·s^{-2}

地震影响	抗震设防烈度			
	6 度	7 度	8 度	9 度
多遇地震	18	35(55)	70(110)	140
罕遇地震	125	220(310)	400(510)	620

注：括号内数值分别用于 7 度、8 度设计基本地震加速度为 0.15g 和 0.30g 地区。

3.9　结构体系非弹性地震反应分析

在罕遇地震(大震)下，允许结构开裂，产生塑性变形，但不允许结构倒塌。为保证结构"大震不倒"，则需进行结构非弹性地震反应分析。结构进入非弹性变形状态后，刚度发生变化，叠加原理不再适用，因而结构弹性动力特征的振型分解反应谱法或底部剪力法不适用于结构非弹性地震反应分析。

3.9.1　结构非弹性分析

1. 滞回曲线

将结构或构件在反复荷载作用下的力与非弹性变形间的关系曲线定义为滞回曲线。滞回曲线可反映地震反复作用下的结构非弹性性质，可通过反复加载试验得到。图 3-19 为几种典型的钢筋混凝土构件的滞回曲线，图 3-20 为几种典型钢构件的滞回曲线。

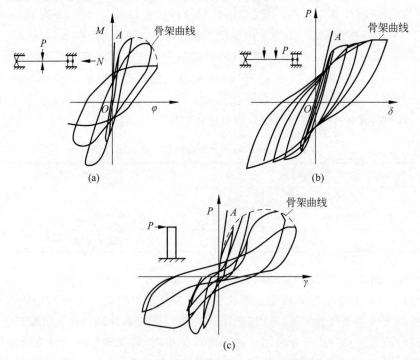

图 3-19　几种钢筋混凝土构件滞回曲线

(a) 受弯构件；(b) 压弯构件；(c) 剪力

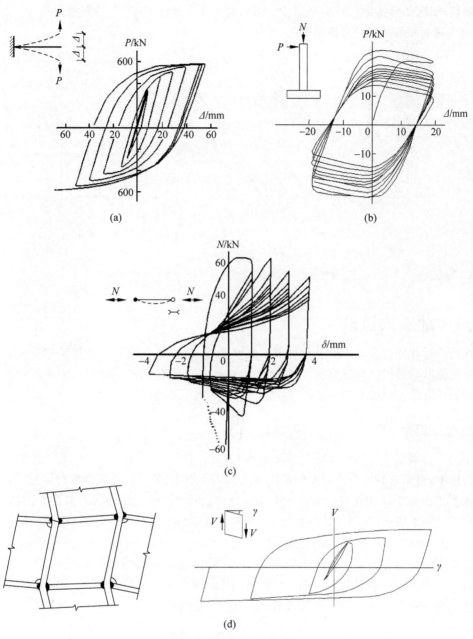

图 3-20　几种钢构件滞回曲线

（a）梁；（b）柱；（c）支撑；（d）节点域

2. 滞回模型

描述结构或构件滞回关系的数学模型称为滞回模型。图 3-21 是几种常用的滞回模型。其中，图 3-21（a）是双线性模型，一般适用于钢结构梁、柱、节点域构件；图 3-21（b）是退化三线性模型，一般适用于钢筋混凝土梁、柱、墙等构件；图 3-21（c）是剪切滑移模型，一般适用于砌体墙和长细比比较大的交叉钢支撑构件，图中数字表示多个滞回环曲线编号。滞回模型的参数,如屈曲强度 P_y、开裂强度 P_c、滑移强度 P_s、弹性刚度 k_0、弹塑性刚度 k_p、开裂刚度 k_c 等可通过试验或理论分析得到。

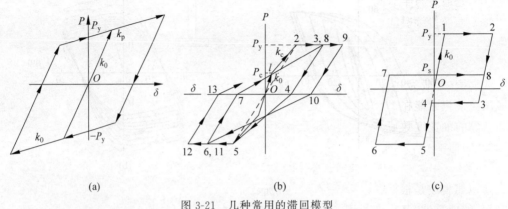

图 3-21   几种常用的滞回模型

(a) 双线性模型;(b) 退化三线性模型;(c) 剪切滑移模型

3.9.2   地震波选取

在采用时程分析法对结构进行地震反应计算时,需要输入地震地面运动加速度。加速度记录的波形对分析结构影响很大,需要正确选择。目前在抗震设计中有关地震波的选择有下列两种方法。

1. 强震记录

常用的强震记录有埃尔森特罗(Elcentro)波、塔夫特(Taft)波、天津波等。在地震地面运动特性中,对结构破坏有重要影响的因素为地震动强度、频谱特性和强震持续时间。地震动强度主要由地面运动加速度峰值的大小来反映;频谱特性可由地震波的主要周期表示,它受到许多因素的影响,如震源的特性、震中距离、场地条件等。所以在选择强震记录时除了最大峰值加速度应与建筑地区的抗震设防烈度相应外,场地条件也应尽量接近,也就是该地震波的主要周期应尽量接近建筑场地的卓越周期。表 3-10 为常用的国内外几个强震记录的最大加速度和主要周期。其中天津波适用于软弱场地,而滦县波、塔夫特波、埃尔森特罗波等分别适用于坚硬、中硬、中软场地。

表 3-10   几个地震波的特性

地震波名称	加速度峰值/(cm·s^{-2})	主要周期/s
天津	105.6	1.0
	146.7	0.9
滦县	165.8	0.1
	180.5	0.15
埃尔森特罗	341.7	0.55
	210.1	0.5
塔夫特	152.7	0.30
	175.9	0.44

当所选择的实际地震记录的加速度峰值与建筑地区抗震设防烈度所对应的加速度峰值不一致时,可将实际地震记录的加速度按比例放大或缩小加以修正。对应于不同抗震设防烈度的多遇地震与罕遇地震的峰值加速度如表 3-9 所示。

对于强震持续时间,由于持续时间长时,地震波能量大,结构反应较强烈,因此原则上应采用持续时间较长的波。而且当结构的变形超过弹性范围时,持续时间长,结构在振动过程中屈服的次数就多,从而易使结构塑性变形累积而破坏。强震持续时间可定义为超过一定加速度阈值(一般为 $0.05g$)的第一个峰点和最后一个峰点之间的时间段。实际地震记录必须加以数字化才能在计算中应用。所谓数字化就是把用曲线表示的加速度波形转化成一定时间间隔的加速度数值。

2. 模拟地震波

模拟地震波是根据随机振动理论产生的符合所需统计特征(加速度峰值、频谱特性、持续时间)的地震波,又称人工地震波。如从大量实际地震记录的统计特征出发,则所产生的人工地震波就有相应的代表性。《抗震规范》要求其平均地震影响系数曲线与振型分解反应谱法所采用的地震影响系数曲线在统计意义上相符。

此外,《抗震规范》还规定,采用时程分析法时,应按建筑场地类别和设计地震分组选用实际强震记录和人工模拟的加速度时程曲线,其中实际强震记录的数量不应少于总数的2/3,最大加速度峰值可按表 3-9 采用,进行弹性时程分析时每条时程曲线计算所得的结构底部剪力不应小于振型分解反应谱法计算结果的 65%,多条时程曲线计算所得结构底部剪力的平均值不应小于振型分解反应谱法计算结果的 80%。

3.9.3　非弹性简化计算方法

地震地面运动加速度是一系列随时间变化的随机脉冲,不能用简单的函数表达,因此运动方程的解只能采用数值分析方法。此法是由已知时刻的位移、速度及加速度反应近似地推求经过短时间后在下一时刻时的位移、速度及加速度,从而由 $t=0$ 开始,逐步做出反应的时程曲线。因其一一推算,故亦称逐步积分法。运动方程逐步积分法的方法很多,常用的有加速度法、平均加速度法、Runge-Kutta 法以及静力弹塑性分析方法(push-over)等。

采用逐步积分法进行结构非弹性地震反应分析,计算量大,需专门计算程序,且对计算人员的水平要求较高。为便于工程应用,我国在编制《抗震规范》时,通过数千个算例的计算统计,提出了结构非弹性最大地震反应的简化计算方法,适用于不超过 12 层且层刚度无突变的钢筋混凝土框架结构和填充墙钢筋混凝土钢架结构,不超过 20 层且层刚度无突变的钢框架结构和支撑钢框架结构及单层钢筋混凝土柱厂房。下面介绍计算步骤。

1. 确定楼层屈服强度系数

楼层屈服强度系数 ζ_y 定义为

$$\zeta_y(i) = \frac{V_y(i)}{V_e(i)} \tag{3-156}$$

式中: $V_y(i)$ ——按框架或排架梁、柱实际截面实际配筋和材料强度标准值计算的楼层 i 抗剪承载力;

$V_e(i)$——罕遇地震下楼层 i 弹性地震剪力,计算水平地震作用影响系数最大值 α_{max}
应采用罕遇地震时的 α_{max}。计算地震作用时,无论是钢筋混凝土结构还是
钢结构,阻尼比均取 $\zeta=0.05$。

任一楼层的抗剪承载力可由下式计算(参见图 3-22)

$$V_y = \sum_{j=1}^{n} V_{cyj} = \sum_{j=1}^{n} \frac{M_{cj}^{\perp} + M_{cj}^{\top}}{h_j} \qquad (3\text{-}157)$$

式中:$M_{cj}^{\perp}$、$M_{cj}^{\top}$——楼层屈服时柱 j 上、下端弯矩;

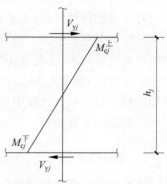

图 3-22 框架的抗剪承载力

h_j——楼层柱 j 净高。

楼层屈服时,$M_{cj}^{\perp}$、$M_{cj}^{\top}$ 可按下列情形分别计算:

(1) 强梁弱柱点(图 3-23(a))

此时,梁端不屈服,柱端屈服,则柱端弯矩为

钢筋混凝土结构

$$M_c = M_{cy} = f_{yk} A_s^a (h_0 - a_s') + 0.5 N_G h_c \left(1 - \frac{N_G}{f_{cmk} b_c h_c}\right)$$
$$(3\text{-}158a)$$

钢结构

$$M_c = M_{cy} = W_p \left(f_{yk} - \frac{N}{A_c}\right) \qquad (3\text{-}158b)$$

式中:b_c、h_c——构件截面的宽和高;

h_0——构件截面的有效高度;

a_s'——受压钢筋合力点至截面近边的距离;

f_{yk}——受拉钢筋或钢材强度标准值;

f_{cmk}——混凝土弯曲拉压强度标准值;

A_s^a——实际受拉钢筋面积;

N_G——重力荷载代表值所产生的柱轴压力(分项系数取为 1);

W_p——构件截面塑性抵抗矩;

N——柱轴向压力设计值;

A_c——柱截面面积。

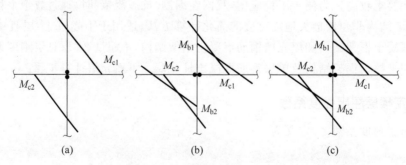

图 3-23 楼层屈服时节点
(a) 强梁弱柱节点;(b) 强柱弱梁节点;(c) 混合型节点

（2）强柱弱梁点（图 3-23(b)）

此时梁端屈服，而柱端不屈服。因梁端所受轴力可以忽略，则梁端屈服弯矩为钢筋混凝土结构

$$M_{by} = f_{yk} A_s^a (h_0 - a'_s) \qquad (3\text{-}159a)$$

钢结构

$$M_{by} = f_{yk} W_p \qquad (3\text{-}159b)$$

考虑节点平衡，可将柱两侧梁端弯矩之和按节点处上、下柱的线刚度之比分配给上、下柱，即

$$M_{c1} = \frac{i_{c1}}{i_{c1} + i_{c2}} \sum M_{by} \qquad (3\text{-}160a)$$

$$M_{c2} = \frac{i_{c2}}{i_{c1} + i_{c2}} \sum M_{by} \qquad (3\text{-}160b)$$

式中：$\sum M_{by}$ ——节点两侧梁端屈服弯矩之和；

i_{c1}、i_{c2} ——相交于同一节点上、下柱的线刚度（弯曲刚度与柱净高之比）。

（3）混合型节点（图 3-23(c)）

此时，相交于同一节点的梁端屈服，而相交于同一节点的其中一个柱端屈服，而另一柱端未屈服，则由节点弯矩平衡，容易得出节点上下柱的柱端弯矩为

$$M_{c1} = M_{cy} \qquad (3\text{-}161a)$$

$$M_{c2} = \sum M_{by} - M_{c1} \qquad (3\text{-}161b)$$

2. 结构薄弱层位置判别

分析表明，对于 ζ_y 沿高度分布不均匀的框架结构在地震作用下一般发生塑性变形集中现象，即塑性变形集中发生在某一或某几个楼层（图 3-24），发生的部位为 ζ_y 最小或相对较小的楼层，称之为结构薄弱层。在薄弱层发生塑性变形集中的原因是，ζ_y 较小的楼层在地震作用下率先屈服，这些楼层屈服后将引起卸载作用，限制地震作用进一步增加，从而保护其他楼层不屈服。由于 ζ_y 沿高度分布不均匀，结构塑性变形集中在少数楼层，其他楼层的耗能作用不能充分发挥，因而对结构抗震不利。

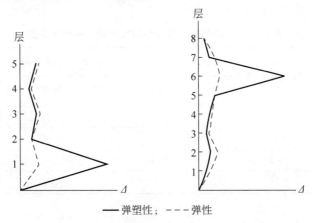

—— 弹塑性； --- 弹性

图 3-24　地震作用下结构塑性变形的集中示意

对于 ζ_y 沿高度分布均匀的框架结构,分析表明,此时一般结构底层的层间变形最大,因而可将底层当作结构薄弱层。

对于单层钢筋混凝土柱厂房,薄弱层一般出现在上柱。多层框架结构楼层屈服强度系数 ζ_y 沿高度分布均匀与否,可通过参数 a 判别:

$$a(i) = \frac{2\xi_y(i)}{[\xi_y(i-1) + \xi_y(i+1)]} \tag{3-162}$$

式中:$\xi_y(0) = \xi_y(2)$;$\xi_y(n+1) = \xi_y(n-1)$。

如果各层($i=1,2,3,\cdots,n$)$a(i) \geq 0.8$,判别 ζ_y 沿高度分布均匀;如果任意某层 $a(i) < 0.8$,判别 ζ_y 沿高度分布不均匀。

3. 结构薄弱层层间弹塑性位移计算

分析表明,地震作用下结构薄弱层的层间弹塑性位移与相应弹性位移之间有相对稳定的关系,因此薄弱层层间弹塑性位移可由相应层间弹性位移乘以修正系数得到,即

$$\Delta u_p = \eta_p \Delta u_e \tag{3-163}$$

其中

$$\Delta u_e(i) = \frac{V_e(i)}{k_i} \tag{3-164}$$

式中:Δu_p——层间弹塑性位移;

Δu_e——层间弹性位移;

$V_e(i)$——楼层 i 的弹性地震剪力;

k_i——楼层 i 的弹性层间刚度;

η_p——弹塑性层间位移增大系数,η_p 的取值如下:

① 当 $a(i) \geq 0.8$ 时,对于钢筋混凝土结构,η_p 按表 3-11 确定;对于钢结构,η_p 按表 3-12 确定。

② 当 $a(i) \leq 0.5$ 时,η_p 分别按表 3-11 和表 3-12 中值的 1.5 倍确定。

③ 当 $0.5 < a(i) < 0.8$ 时,η_p 由内插法确定,即

$$\eta_p = \left[1 + \frac{5(0.8 - a(i))}{3}\right] \eta_p(0.8) \tag{3-165}$$

式中:$\eta_p(0.8)$ 表示 $a(i) \geq 0.8$ 时 η_p 的取值。

表 3-11 钢筋混凝土结构弹塑性层间位移增大系数

结构类别	总层数 n 或部位	屈服强度系数 ξ_y		
		0.5	0.4	0.3
多层均匀框架结构	2~4	1.30	1.40	1.60
	5~7	1.50	1.65	1.80
	8~12	1.80	2.00	2.20
单层厂房	上柱	1.30	1.60	2.00

表 3-12 钢框架及框架-支撑结构弹塑性层间位移增大系数

R_s	层 数	屈服强度系数ξ_y			
		0.6	0.5	0.4	0.3
0(无支撑)	5	1.05	1.05	1.10	1.20
	10	1.10	1.15	1.20	1.20
	15	1.15	1.15	1.20	1.30
	20	1.15	1.15	1.20	1.30
1	5	1.50	1.65	1.70	2.10
	10	1.30	1.40	1.50	1.80
	15	1.25	1.35	1.40	1.80
	20	1.10	1.15	1.20	1.80
2	5	1.60	1.80	1.95	2.65
	10	1.30	1.40	1.55	1.80
	15	1.25	1.30	1.40	1.80
	20	1.10	1.15	1.25	3.20
3	5	1.70	1.85	2.15	3.20
	10	1.30	1.40	1.70	2.10
	15	1.25	1.30	1.40	1.80
	20	1.10	1.15	1.25	1.80
4	5	1.70	1.85	2.35	3.45
	10	1.30	1.40	1.70	2.50
	15	1.25	1.30	1.40	1.80
	20	1.10	1.15	1.25	1.80

注：R_s 为框架-支撑结构支撑部分抗侧移承载力与该层框架部分抗侧移承载力的比值。

应用表 3-12 计算 R_s 时，受拉支撑取截面屈服时的抗侧移承载力，受压支撑取压屈时（可按轴心受压杆计算）的抗侧移承载力。

3.10 地基基础与上部结构相互作用

上述各节在进行地震反应分析时，通常假定地基是刚性的。而实际上，一般地基并非完全刚性，因此当上部结构的地震作用通过基础反馈给地基时，地基将产生一定的局部变形，从而引起结构的移动或摆动。这种现象称为地基与结构的相互作用，简称土结相互作用。

这种相互作用，当上部结构物的刚度大而地基的刚度相对较小时，更为突出；只有在地基的刚度比上部结构物大得多时，这种相互作用才可以忽略不计。当把地基视为完全刚性时，结构物的振动性能完全决定于上部结构物，地基的地震动也不受上部结构物存在的影响，而与自由地面时相同，这时，就没有土与结构的相互作用；当地基不是完全刚性时，土与结构相互作用会改变结构物的振动特性和地基的地震动，或者说，土与结构物共同体系的振动性能会不同于刚性地基时的结构动力性能，共同体系中地基的地震动也不同于自由场的地震动。刚性结构与软弱地基的相互作用较为明显，而柔性结构与坚硬地基的相互作用较小。

《抗震规范》规定，结构抗震计算在一般情况下可不考虑地基与结构相互作用的影响；

抗震烈度 8 度和 9 度时建造于Ⅲ类或Ⅵ类场地,采用箱基、刚性较好的筏基或桩箱联合基础的钢筋混凝土高层建筑,当结构的基本自振周期处于特征周期的 1.2～5 倍范围时,若计入地基与结构动力相互作用的影响,对采用刚性地基假定计算的水平地震剪力可按下列规定折减,并且其层间变形可按折减后的楼层剪力计算。

(1)高宽比小于 3 的结构,各楼层地震剪力的折减系数可按下式计算:

$$\psi = \left(\frac{T_1}{T_1 + \Delta T}\right)^{0.9} \tag{3-166}$$

式中:ψ——考虑地基与结构动力相互作用后的地震剪力折减系数;

T_1——按刚性地基假定确定的结构基本自振周期,单位:s;

ΔT——计入地基与结构动力相互作用的附加周期,单位:s,可按表 3-13 采用。

表 3-13   附加周期   s

抗震设防烈度	场 地 类 别	
	Ⅲ类	Ⅳ类
8 度	0.08	0.20
9 度	0.10	0.25

(2)高宽比不小于 3 的结构,底部的地震剪力按上述(1)的规定折减,但顶部不折减,中间各层按线性插值折减。

(3)折减后各楼层的水平地震剪力,应符合《抗震规范》楼层最低水平剪力的要求。

3.11 结构抗震验算

3.11.1 计算方法

(1)高度不超过 40m、以剪切变形为主且质量和刚度沿高度分布比较均匀的结构,以及近似于单质点体系的结构,可采用底部剪力法等简化方法。

(2)除(1)所指的建筑结构外,宜采用振型分解反应谱法。

(3)特别不规则的建筑、甲类建筑,应采用时程分析法进行多遇地震下的补充计算;具体计算要求见 3.8.3 节。

(4)平面投影尺度很大的空间结构,应根据结构形式和支承条件,分别按单点一致、多点、多向单点或多向多点输入进行抗震计算。

(5)计算罕遇地震下结构的变形,应按相关规定,采用简化的弹塑性分析方法或弹塑性时程分析法。

(6)建筑结构的隔震和消能减震设计以及地下建筑结构的计算方法应参考《抗震规范》的相关方法。

3.11.2 地震剪力分配原则

(1)现浇和装配整体式混凝土楼、屋盖等刚性楼、屋盖建筑,宜按抗侧力构件等效刚度的比例分配。

（2）木楼盖、木屋盖等柔性楼、屋盖建筑，宜按抗侧力构件从属面积上重力荷载代表值的比例分配。

（3）普通的预制装配式混凝土楼、屋盖等半刚性楼、屋盖的建筑，可取上述两种分配结果的平均值。

（4）计入空间作用、楼盖变形、墙体弹塑性变形和扭转的影响时，可按《抗震规范》各有关规定对上述分配结果进行适当调整。

3.11.3　承载力验算

结构抗震承载力的验算应根据结构形式和支承条件，分别按单点一致、多点、多向单点或多向多点输入进行抗震计算。按多点输入计算时，应考虑地震行波效应和局部场地效应。抗震设防烈度 6 度和 7 度Ⅰ、Ⅱ类场地的支承结构、上部结构和基础的抗震验算可采用简化方法，根据结构跨度、长度不同，其短边构件可乘以附加地震作用效应系数 1.15～1.30；抗震设防烈度 7 度Ⅲ、Ⅳ类场地和 8、9 度时，应采用时程分析方法进行抗震验算。

重力荷载代表值的验算见 3.5.1 节。

结构截面的抗震验算，在结构抗震设计的第一阶段，结构构件的截面抗震验算应采用下列设计表达式：

$$S \leqslant R/\lambda_{RE} \tag{3-167}$$

式中：S——结构构件内力组合的设计值，包括组合的弯矩、轴向力和剪力设计值；

R——结构构件承载力设计值，按有关结构设计规范中承载力设计值取用；

λ_{RE}——承载力抗震调整系数，用以反映不同材料和受力状态的结构构件具有不同的抗震可靠指标，可按表 3-14 采用，当仅考虑竖向地震作用时，对各类结构构件均取为 1.0。

表 3-14　承载力抗震调整系数

材　料	结　构　构　件	受 力 状 态	λ_{RE}
钢	柱、梁、支撑、节点板件、螺栓、焊缝、柱、支撑	强度	0.75
		稳定	0.80
砌体	两端均有构造柱、芯柱的抗震墙其他抗震墙	受剪	0.9
		受剪	1.0
混凝土	梁	受弯	0.75
	轴压比小于 0.15 的柱	偏压	0.75
	轴压比不小于 0.15 的柱	偏压	0.80
	抗震墙	偏压	0.85
	各类构件	受剪、偏拉	0.85

当结构构件的地震作用效应和其他荷载效应的基本组合时，应按下式计算：

$$S = \gamma_G S_{GE} + \gamma_{Eh} S_{Ehk} + \gamma_{Ev} S_{Evk} + \Psi_w \gamma_w S_{wk} \tag{3-168}$$

式中：S——结构构件内力组合的设计值，包括组合的弯矩、轴向力和剪力设计值等；

γ_G——重力荷载分项系数，一般情况应采用 1.2，当重力荷载效应对构件承载力有利时，不应大于 1.0；

γ_{Eh}、γ_{Ev}——水平、竖向地震作用分项系数,应按表 3-15 采用;

γ_w——风荷载分项系数,应采用 1.4;

S_{GE}——重力荷载代表值的效应,但有起重机时,尚应包括悬吊物重力标准值的效应;

S_{Ehk}——水平地震作用标准值的效应,尚应乘以相应的增大系数或调整系数;

S_{Evk}——竖向地震作用标准值的效应,尚应乘以相应的增大系数或调整系数;

S_{wk}——风荷载标准值的效应;

Ψ_w——风荷载组合值系数,一般结构取 0.0,风荷载起控制作用的建筑应采用 0.2。

表 3-15 地震作用分项系数

地震水平	γ_{Eh}	γ_{Ev}
仅计算水平地震作用	1.3	0.0
仅计算竖向地震作用	0.0	1.3
同时计算水平与竖向地震作用(水平地震为主)	1.3	0.5
同时计算水平与竖向地震作用(竖向地震为主)	0.5	1.3

3.11.4 变形验算

1. 多遇地震作用

结构的抗震变形验算包括在多遇地震作用下的变形验算和在罕遇地震作用下的变形验算。其中,前者属于抗震设计的第一阶段,后者属于抗震设计的第二阶段。一般情况下,结构通过第一阶段的抗震设计就能够满足在罕遇地震下不倒塌的要求,而对于处于特殊条件的结构则需要进行第二阶段的抗震设计,即进行罕遇地震作用下的变形验算。

多遇地震的发生频率较大,与风荷载、雪荷载等其他自然作用的概率水准相等。为保证结构在多遇地震下保持弹性阶段工作不受损坏,工程设施的非结构构件不丧失正常使用功能,应进行多遇地震下的正常使用极限状态验算。表 3-16 所列各类结构应进行多遇地震作用下的抗震变形验算,其楼层内最大的弹性层间位移应符合下式要求:

$$\Delta u_e \leqslant [\theta_e]h \tag{3-169}$$

式中:Δu_e——结构多遇地震作用标准值产生的楼层内最大的弹性层间位移;计算时,除以弯曲变形为主的高层建筑外,可不扣除结构整体弯曲变形;应计入扭转变形,各作用分项系数均应采用 1.0;钢筋混凝结构构件的截面刚度可采用弹性刚度。

$[\theta_e]$——弹性层间位移角限值,宜按表 3-16 采用。

h——楼层计算层高。

表 3-16 弹性层间位移角限值

结 构 类 型	$[\theta_e]$
钢筋混凝土框架	1/550
钢筋混凝土框架-抗震墙、板柱-抗震墙、框架-核心筒	1/800
钢筋混凝土抗震墙、筒中筒	1/1000
钢筋混凝土框支层	1/1000
多、高层钢结构	1/250

2. 罕遇地震作用

罕遇地震作用下,一般结构都会存在塑性变形集中的薄弱层或薄弱部位,而这种薄弱层仅按承载力计算往往难以发现,从而使该薄弱部位先屈服,形成塑性变形集中,随着地震强度的增加而进入弹塑性状态,成为结构薄弱层。因此,在罕遇地震作用下的结构抗震变形验算主要是对薄弱层的弹塑性变形进行验算。

1) 验算范围

结构进行弹塑性变形验算的类别如下:

(1) 抗震设防烈度 8 度 Ⅲ、Ⅳ 类场地和 9 度时,高大的单层钢筋混凝土柱厂房的横向排架;

(2) 抗震设防烈度 7～9 度时楼层屈服强度系数小于 0.5 的钢筋混凝土框架结构和框排架结构;

(3) 高度大于 150m 的结构;

(4) 甲类建筑和抗震设防烈度 9 度时乙类建筑中的钢筋混凝土结构和钢结构;

(5) 采用隔震和消能减震设计的结构。

结构宜进行弹塑性变形验算的类别如下:

(1) 表 3-8 所列高度范围且属于表 1-5 所列竖向不规则类型的高层建筑结构;

(2) 抗震设防烈度 7 度 Ⅱ、Ⅳ 类场地和 8 度时乙类建筑中的钢筋混凝土结构和钢结构;

(3) 板柱-抗震墙结构和底部框架砌体房屋;

(4) 高度不大于 150m 的其他高层钢结构;

(5) 不规则的地下建筑结构及地下空间综合体。

楼层屈服强度系数为按钢筋混凝土构件实际配筋和材料强度标准值计算的楼层受剪承载力和按罕遇地震作用标准值计算的楼层弹性地震剪力的比值;对排架柱,指按实际配筋面积、材料强度标准值和轴向力计算的正截面受弯承载力与按罕遇地震作用标准值计算的弹性地震弯矩的比值。

2) 结构弹塑性变形的简化计算方法

《抗震规范》建议对于不超过 12 层且层刚度无突变的钢筋混凝土框架和框排架结构、单层钢筋混凝土柱厂房可采用下述简化计算方法。

(1) 薄弱层位置判断。研究表明,钢筋混凝土剪切型框架结构的弹塑性层间位移主要取决于楼层屈服强度系数的大小和楼层屈服强度系数沿房屋高度的分布情况。

《抗震规范》建议结构层(部位)的位置可按下列情况确定:楼层屈服强度系数沿高度分布均匀的结构,可取底层;楼层屈服强度系数沿高度分布不均匀的结构,可取该系数最小的楼层(部位)和相对较小的楼层,一般不超过 2～3 处;单层厂房,可取上柱。

(2) 结构薄弱层弹塑性层间位移可按下列公式计算:

$$\Delta u_{\mathrm{p}} = \mu \Delta u_{\mathrm{y}} = \frac{\eta_{\mathrm{p}}}{\xi_{\mathrm{y}}} \Delta u_{\mathrm{y}} \tag{3-170}$$

式中:Δu_{p}——弹塑性层间位移。

Δu_{y}——层间屈服位移。

μ——楼层延性系数。

η_p——弹塑性层间位移增大系数,当薄弱层(部位)的屈服强度系数不小于相邻层(部位)该系数平均值的 0.8 时,可按表 3-11 采用;当不大于该平均值的 0.5 时,可按表内相应数值的 1.5 倍采用;其他情况可采用内插法取值。

ξ_y——楼层屈服强度系数。

(3)结构薄弱层(部)弹塑性层间位移应符合下式要求:

$$\Delta u_p \leqslant [\theta_p]h \tag{3-171}$$

式中:$[\theta_p]$——弹塑性层间位移角限值,可按表 3-17 采用;对钢筋混凝土框架结构,当轴压比小于 0.40 时,可提高 10%;当柱子全高的箍筋构造比《抗震规范》规定的体积配箍率大 30% 时,可提高 20%,但累计不超过 25%。

h——薄弱层楼层高度或单层厂房上柱高度。

表 3-17   弹塑性层间位移角限值

结 构 类 型	$[\theta_p]$
单层钢筋混凝土柱排架	1/30
钢筋混凝土框架	1/50
底部框架砌体房屋中的框架-抗震墙	1/100
钢筋混凝土框架-抗震墙、板柱-抗震墙、框架-核心筒	1/100
钢筋混凝土抗震墙、筒中筒	1/120
多、高层钢结构	1/50

习题

1. 什么是地震作用?如何确定结构的地震作用?

2. 什么是标准反应谱和设计反应谱?

3. 抗震设计中的重力荷载代表值是什么?如何确定?

4. 底部剪力法的适用范围是什么?

5. 简述多自由度体系地震反应的振型分解反应谱法的基本原理和步骤。

6. 结构的扭转效应是如何产生的?

7. 哪些结构需要考虑竖向地震作用?

8. 抗震设计时,哪些结构需要采用时程分析法做补充计算?

9. 什么是土结相互作用?何时须考虑土结相互作用?

10. 结构抗震的计算原则有哪些?

11. 结构的抗震验算应该包括哪些内容?

12. 已知某两个质点的弹性体系(图 3-25),其层间刚度 $k_1 = k_2 = 30600$kN/m,质点质量 $m_1 = m_2 = 60 \times 10^3$kg,试求该体系的自振周期和振型。

13. 有一钢筋混凝土三层框架(图 3-26),位于Ⅱ类场地,设计基本加速度为 0.2g,设计地震组别为第一组,已知结构各阶周期和振型为 $T_1 = 0.467$s,$T_2 = 0.208$s,$T_3 = 0.134$s。

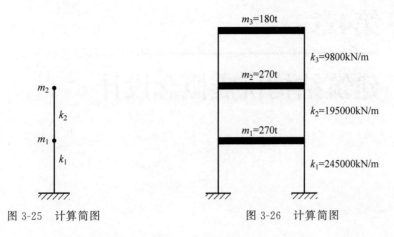

图 3-25　计算简图　　　　　　　　图 3-26　计算简图

$$\boldsymbol{\Phi}_1 = \begin{pmatrix} 0.334 \\ 0.667 \\ 1.000 \end{pmatrix}, \quad \boldsymbol{\Phi}_2 = \begin{pmatrix} -0.667 \\ -0.666 \\ 1.000 \end{pmatrix}, \quad \boldsymbol{\Phi}_3 = \begin{pmatrix} 4.019 \\ -3.035 \\ 1.000 \end{pmatrix}$$

试用振型分解反应谱法求多遇地震下框架底层剪力和框架顶点位移。

14. 试用底部剪力法计算图 3-27 所示三质点体系在多遇地震下的各层地震剪力。已知设计基本加速度为 $0.2g$，Ⅲ类场地一区，$m_1 = 126.4\text{t}$，$m_2 = 89.4\text{t}$，$m_3 = 56.2\text{t}$，$T_1 = 0.752\text{s}$，$\delta_n = 0.0576$。

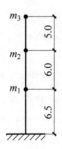

图 3-27　计算简图(单位：m)

第4章

建筑结构抗震概念设计

4.1　概述

建筑结构抗震概念设计是指一些在计算中或在规范中难以做出具体规定的问题,必须由工程师运用"概念"进行分析判断,采取相应措施。例如,结构破坏机理的概念、力学概念以及由试验现象等总结的各种宏观或具体的经验,这些概念及经验既应贯穿在方案确定及结构布置过程中,还需体现在计算简图或计算结果的处理过程。建筑结构抗震概念设计即是根据实际地震灾害和工程经验等形成的基本设计原则和设计理念。

地震会给人类造成重大灾害,表 4-1 列出了进入 21 世纪以来世界范围发生的强烈地震及其导致的人员伤亡和房屋毁损数量,不难看出每一次重大地震都会造成大量的建筑物破坏与人员伤亡。在总结大地震灾害经验的基础上,人们发现对结构抗震设计来说,"概念设计"比"计算设计"更为重要。原因在于:现行的结构抗震设计理论和计算方法还存在许多缺陷,工程师在进行建筑结构设计时,无法预计何时何地会发生地震,以及发生地震时的地震烈度和地震运动特性,这些不确定性因素的存在,使得精细的理论计算很难进行。同时结构在地震作用下受力状况复杂,很难充分考虑结构的空间反应和材料在振动过程中的性质变化等多种复杂因素,单纯的计算结果存在较多不确定性,难以保障结构安全。

表 4-1　21 世纪以来世界范围强烈地震

时　　间	地　　点	震级	死亡失踪/人	受伤人数/人	房屋毁损/间
2001-01-14	萨尔瓦多:近海	7.6	844	4723	约 280000
2001-01-26	印度:古吉拉特	7.8	20005	166836	339000
2002-03-03	阿富汗:马扎里沙里夫	7.2	160	40	500
2002-03-25	阿富汗:普勒胡姆里	6.2	近 5000	4000	20000
2003-05-22	阿尔及利亚:阿尔及尔	6.7	2273	10261	128000
2003-12-26	伊朗:巴姆	6.7	43200	30000	
2004-02-24	摩洛哥:胡塞马	6.4	628	926	2539
2004-12-26	印度尼西亚:锡默卢岛	9.0	227898		
2005-02-22	伊朗:克尔曼	6.5	612	1411	8000
2005-03-28	印度尼西亚:北苏门答腊	8.7	1314	340	300
2005-10-08	巴基斯坦:穆扎法拉巴德	7.7	86000	69000	

续表

时　间	地　点	震级	死亡失踪/人	受伤人数/人	房屋毁损/间
2006-05-27	印度尼西亚：爪哇班图尔	6.3	5749	38586	127000
2006-07-17	印度尼西亚：爪哇海岭	7.7	664	6534	1623
2007-08-15	秘鲁：伊卡、皮斯科、利马	8.0	519	1366	58581
2008-05-12	中国：四川汶川	8.0	87150	374643	32510000
2009-09-30	印度尼西亚：苏门答腊南部	7.5	1117	1214	181665
2010-01-12	海地：太子港	7.3	222570	300000	280000
2010-02-27	智利：马利	8.8	721	12000	
2010-04-14	中国：青海玉树	7.1	2968	11000	15000
2010-10-25	印度尼西亚：苏门答腊南部	7.8	431	700	
2011-03-11	日本：宫城东部海域	9.0	27759	3006	
2011-10-23	土耳其东部	7.1	534	2300	14618
2012-03-21	墨西哥：格雷罗州	7.4	2	11	800
2013-04-20	中国：四川芦山	7.0	200	12000	1400000
2013-07-22	中国：甘肃定西	6.6	95	1000	300000
2014-08-03	中国：云南昭通	6.5	617	3143	约 400000
2015-04-25	尼泊尔：博克拉	8.1	8786	22303	1100000
2015-09-17	智利：西部海域	8.3	8	20	
2016-02-06	中国：台湾	6.7	117	550	
2017-08-08	中国：四川九寨沟	7.0	25	525	73671
2017-09-07	墨西哥：恰帕斯州	8.2	98		
2018-02-04	中国：台湾花莲	6.4	17	285	
2018-09-28	印度尼西亚：中苏拉威西省	7.4	2256	10679	约 65000
2021-06-24	秘鲁：安第斯山	7.9	71	1200 余	13580

4.2　场地选择及地基与基础

在进行结构抗震设计时，选址是一个重要的环节。由世界各国的震害经验可知，地表错动、地裂、软土震陷、边坡失稳、滑坡及液化等都是造成建筑结构破坏的主要原因。例如，20 世纪 60 年代发生的日本新潟地震和美国阿拉斯加地震，发生地震地区发生了严重的地基失效和地基液化现象，并因此造成了严重的震害。由此开始，各国的学者开始研究重视场地与地基对建筑结构的影响。

4.2.1　场地选择

2008 年的我国汶川大地震调查表明，以当前的科学技术发展水平，经济有效地正面抵御地震灾害十分困难，最有效的办法是避开对抗震不利地段，也就是说在建筑建设以前先做好场地的勘探和选择工作，将城镇以及大型工程的场地选在地质比较稳定和安全的地带。一般来说，距离发震断层越远，引发次生地质灾害的可能性就越小。因此，选择建筑场地时，通常根据工程需要和当地历史地震活动情况的资料,对抗震有利、不利和危险地段进行综合评价。对于不利地段,尽量避开,当无法避开时,应采取有效的措施。对危险地段,严禁建造甲、乙类的建筑,不应建造丙类的建筑。按照《抗震规范》的规定,当需要在条状突出的山嘴、高耸孤立的山丘、非岩石和强风化岩石的陡坡、河岸和边坡边缘等不利地段建造丙类及丙类以上建筑时,除保证在地震作用下的稳定性外,尚应估计不利地段对设计地震动参数可能产生的放大作用,其水平地震影响系数应乘以放大系数,根据不利地段的具体情况在 1.1～1.6 范围内采用。

4.2.2 地基与基础设计

除了上述介绍的相关措施以外,还应按照抗震设计规范对地基与基础进行抗震验算,地基抗震承载力取地基承载力特征值乘以地基承载力调整系数。对于地下存在饱和砂土和饱和粉土(不含黄土、粉质黏土)的地基,除了 6 度设防以外,还应对其进行液化判断。对于存在液化土层的地基应根据实际情况和液化等级采取相应的抗液化措施。

4.3 建筑形体及平立面

4.3.1 建筑形体选择

通常来说房屋越高,所受的地震影响和地震倾覆力矩越大,破坏的可能性也就越大,对房屋以及人们的危害也越大。对于不同结构体系的最大建筑高度规定,应综合考虑了结构的抗震性能、场地条件、震害经验和设计经验等因素。对于现浇钢筋混凝土结构和钢结构的最大建筑高度范围,在表 4-2 和表 4-3 中给出抗震设计规范对这些结构的明确规定,平面和竖向均不规则的结构,适用的最大高度宜适当降低。

表 4-2　现浇钢筋混凝土房屋适用的最大高度　　　　　　　　　　m

结 构 类 型		抗震设防烈度				
		6 度	7 度	8 度(0.2g)	8 度(0.3g)	9 度
框架		60	50	40	35	24
框架-抗震墙		130	120	100	80	50
抗震墙	全部落地	140	120	100	80	60
	部分框支	120	100	80	50	不应采用
筒体	框架-核心筒	150	130	100	90	70
	筒中筒	180	150	120	100	80
板柱-抗震墙		80	70	55	40	不应采用

注: ① 房屋高度指室外地面到主要屋面板板顶的高度(不包括局部突出屋顶部分);
② 框架-核心筒结构指周边柱框架与核心筒组成的结构;
③ 部分框支抗震墙结构指首层或底部两层为框支层的结构,不包括仅个别框支墙的情况;
④ 表中框架,不包括异形柱框架;
⑤ 板柱-抗震墙结构指板柱、框架和抗震墙组成抗侧力体系的结构;
⑥ 乙类建筑可按本地区抗震设防烈度确定其适用的最大高度;
⑦ 超过表内高度的房屋,应进行专门研究和论证,采取有效的加强措施。

表 4-3　钢结构房屋适用的最大高度　　　　　　　　　　　　　　　　　　m

结 构 类 型	抗震设防烈度				
	6、7 度（0.10g）	7 度（0.15g）	8 度		9 度
			0.20g	0.30g	
框架	110	90	90	70	50
框架-中心支撑	220	200	180	150	120
框架-偏心支撑（延性墙板）	240	220	200	180	160
筒体（框筒、筒中筒、桁架筒、束筒）和巨型框架	300	280	260	240	180

注：① 房屋高度指室外地面到主要屋面板板顶的高度（不包括局部突出屋顶部分）；
② 超过表内高度的房屋，应进行专门研究和论证，采取有效的加强措施；
③ 表内的筒体不包括混凝土筒。

仅对房屋的高度进行确定，无法取得较好的抗震效果，房屋的高宽比也应控制在一个合理的范围之内。房屋的高宽比越大，地震作用下结构的侧移和基底倾覆力矩也越大，会在底层柱和基础中产生较大的拉力和压力。因此，为有效防止房屋由于地震作用倾覆并保证建筑有足够的抗震性能，应对房屋建筑的高宽比加以限制。我国通常通过结构体系和地震烈度确定房屋的高宽比限制，表 4-4 和表 4-5 分别给出了我国《抗震规范》中规定的钢筋混凝土结构和钢结构房屋高宽比。

表 4-4　钢筋混凝土房屋最大高宽比

结 构 类 型	抗震设防烈度			
	6 度	7 度	8 度	9 度
框架、板柱-抗震墙	4	4	3	2
框架-抗震墙	5	5	4	3
抗震墙	6	6	5	4
筒体	6	6	5	4

注：① 当有大底盘时，计算高宽比的高度从大底盘顶部算起；
② 超过表内高宽比和体形复杂房屋，应进行专门研究。

表 4-5　钢结构房屋最大高宽比

抗震设防烈度	6、7 度	8 度	9 度
最大高宽比	6.5	6.0	5.5

注：计算高宽比的高度应从室外地面算起。

在抗震设计中，防震缝是一种极其有效的抵御地震响应方法，但对于高层建筑，设置防震缝会给建筑、结构、设备设计带来一系列的困难，尤其是防水设计。因此在建筑防震缝的设置上，应根据建筑类型、结构体系和形体，依据实际情况做到尽可能不设缝。但当建筑平面复杂，有较大突出部分；建筑物立面高差在 6m 以上；建筑物有错层且楼板高差较大；建筑相邻部分的结构刚度、质量相差较大时，必须对建筑设置防震缝。

防震缝的宽度不宜小于两侧建筑物在较低建筑物屋顶高度处的垂直防震缝方向的侧移之和。在计算地震作用产生的侧移时，应取基本烈度下的侧移，即近似地将我国抗震设计规范规定的在小震作用下弹性反应的侧移乘以 3 的放大系数,并应附加上地震前和地震中地基不均匀沉降和基础转动所产生的侧移。《抗震规范》中规定,钢筋混凝土房屋需要设置防震缝时,应符合下列规定。

(1) 防震缝宽度应分别符合下列要求:①框架结构(包括设置少量抗震墙的框架结构)房屋的防震缝宽度,当高度不超过 15m 时不应小于 100mm;高度超过 15m 时,抗震设防烈度 6、7、8 度和 9 度分别每增加高度 5m、4m、3m 和 2m,宜加宽 20mm。②框架-抗震墙结构房屋的防震缝宽度不应小于①项规定数值的 70%,抗震墙结构房屋的防震缝宽度不应小于①项规定数值的 50%;且均不宜小于 100mm。③防震缝两侧结构类型不同时,宜按需要设较宽防震缝的结构类型和较低房屋高度确定缝宽。

(2) 抗震设防烈度 8、9 度框架结构房屋防震缝两侧结构层高相差较大时,防震缝两侧框架柱的箍筋应沿房屋全高加密,并可根据需要在缝两侧沿房屋全高各设置不少于两道垂直于防震缝的抗震墙。抗震墙的布置宜避免加大扭转效应,其长度可不大于 1/2 层高,抗震等级可同框架结构;框架构件的内力应按设置和不设置抗震墙两种计算模型的不利情况取值。

4.3.2 建筑平立面布置

1. 选择对抗震有利的建筑平面布置

在房屋的建筑平面设计中,除了满足基本的使用功能要求外,还应当优先选择简单规则的体形,尽量不采用平面凹凸等复杂的形式。这是因为平面简单规则的房屋,结构整体性较好,在地震中结构各部分的动力反应比较一致,而采用复杂体形,则易在凹凸拐角处、立面高差不等处、错层处等形成应力集中,造成过早破坏。

2. 选择对抗震有利的建筑立面(竖向)布置

建筑设计时,应控制不采用立面高差不等、错层等竖向布置。注意使墙体上下对齐,尽量减少梁抬墙的情况,避免上刚下柔,重心高悬。房屋沿高度方向质量和刚度均匀,可使地震作用均衡,震害较轻。一般地震作用下顶层位移最大,底层最小,而墙体所受到的层间剪力顶层最小,底层最大,因此,要求底层墙体强度高,刚度大。但底层墙体一般到基础有一定埋深,使底层层高较上部楼层大,抗侧刚度较上部楼层小,所以对抗震不利,因此,应控制底层层高不要过高。同时,由于采光通风或外立面要求,大量住宅外纵墙上开洞很大或洞口过多,尤其是底层纵墙开有较大门洞,纵墙很短,造成纵横刚度小,房屋空间整体性很差,在地震中外纵墙易发生外闪破坏。

3. 选择合理的抗震结构体系

一般而言,抗震结构体系应根据建筑物的重要性、抗震设防烈度、房屋高度、场地、地基、材料和施工等因素,经过技术、经济条件综合比较确定。在选择建筑结构体系时,应符合以下要求:

(1) 应具有明确的结构计算简图和合理的地震作用传递途径。

(2) 在建筑的抗震设计中,有意识地使结构具有多道防线,避免因部分结构或构件破坏而导致整个结构体系丧失抗震能力或对重力荷载的承载力。

（3）结构应具备必要的强度（承载力）、良好的变形能力和耗能能力。墙体强度不足可能会造成墙体开裂或倒塌，导致楼盖、屋盖砸落等。变形能力是指要使结构在地震作用下抵御一定的变形，不会发生大变形下的失稳倒塌破坏。耗能能力是指结构不要发生脆性破坏，而要通过延性变形耗散地震能力，有好的耗能构件和机制。

（4）应注意结构体系的明确性，不应在同一房屋采用木柱与砖柱、木柱与石柱混合承重的结构体系，也不应在同一层中采用砖墙、石墙、土坯墙、夯土墙等不同材料墙体混合承重的结构体系。这是因为不同体系的强度、变形能力不同，地震中难以协同受力和变形，易形成地震薄弱部位。

（5）应该具有合理的刚度分析，门楼、门脸、高于 500mm 的女儿墙、高山墙等装饰性构件，刚度因局部削弱或突变易形成薄弱部位，地震中产生过大的应力集中或塑性变形集中。对可能出现的薄弱部位，应采取措施提高抗震能力。

4. 合理设置楼梯间

楼梯间墙体侧向支撑较弱，是抗震的薄弱部位，楼梯间设置在房屋的尽头端或转角处时会进一步加重震害，在建筑布置时应尽量避免将楼梯间设于尽头端和转角处。悬挑楼梯在墙体开裂后，由于嵌固端破坏而失去承载力，容易造成人员跌落伤亡，尽量不采用。

4.4　结构选型和构件布置

4.4.1　结构选型

根据诸多震害调查，不规则的建筑结构，在未进行妥善抗震处理时，会受到较强的地震震害影响，但是由于建筑业的发展及审美的多样性，结构不可能全部做成完全规则的结构。因此，在《抗震规范》中明确规定，建筑设计应重视其平面、立面和竖向剖面的规则性对抗震性能及经济合理性的影响，宜择优选用规则的形体，其抗侧力构件的平面布置宜规则对称、侧向刚度沿竖向宜均匀变化、竖向抗侧力构件的截面尺寸和材料强度宜自下而上逐渐减小、避免侧向刚度和承载力突变。对于不规则结构建筑，可以适当降低其房屋高度，同时还应对其采用精确的分析方法，并按较高的抗震等级采取抗震措施。

建筑形体及其构件布置不规则时，应按下列要求进行地震作用计算和内力调整，并应对薄弱部位采取有效的抗震构造措施。

（1）平面不规则而竖向规则的建筑，应采用空间结构计算模型，并应符合下列要求：

① 扭转不规则时，应计入扭转影响，且在具有偶然偏心的规定水平力作用下，楼层两端抗侧力构件弹性水平位移或层间位移的最大值与平均值的比值不宜大于 1.5，当最大层间位移远小于规范限值时，可适当放宽。

② 凹凸不规则或楼板局部不连续时，应采用符合楼板平面内实际刚度变化的计算模型；高烈度或不规则程度较大时，宜计入楼板局部变形的影响。

③ 平面不对称且凹凸不规则或局部不连续，可根据实际情况分块计算扭转位移比，对扭转较大的部位应采用局部的内力增大系数。

（2）平面规则而竖向不规则的建筑，应采用空间结构计算模型，刚度小的楼层的地震剪力应乘以不小于 1.15 的增大系数，其薄弱层应按本规范有关规定进行弹塑性变形分析，并应符合下列要求：

① 竖向抗侧力构件不连续时，该构件传递给水平转换构件的地震内力应根据烈度高低和水平转换构件的类型、受力情况、几何尺寸等，乘以 1.25~2.0 的增大系数。

② 侧向刚度不规则时，相邻层的侧向刚度比应依据其结构类型符合《抗震规范》相关章节的规定。

③ 楼层承载力突变时，薄弱层抗侧力结构的受剪承载力不应小于相邻上一楼层的 65%。

4.4.2 构件布置

对于抗震结构的构件布置，不同类型的建筑物，由于不同结构的受力特点不同，受到地震作用时结构对于地震响应产生的效果各不相同，构件的布置原则也不尽相同。《抗震规范》中对其进行了严格的规定，砌体结构应设置钢筋混凝土圈梁和构造柱、芯柱，或采用约束砌体、配筋砌体等；混凝土结构构件应控制截面尺寸和受力钢筋、箍筋的设置，防止剪切破坏先于弯曲破坏、混凝土的压溃先于钢筋的屈服、钢筋的锚固连接破坏先于钢筋破坏。预应力混凝土的构件，应配有足够的非预应力钢筋；钢结构构件的尺寸应合理控制，避免局部失稳或整个构件失稳；多、高层的混凝土楼、屋盖宜优先采用现浇混凝土板；当采用预制装配式混凝土楼盖、屋盖时，应从楼盖体系和构造上采取措施确保各预制板之间连接的整体性。

结构构件除满足承载力要求外，还应具有良好的延性，力求避免脆性破坏或失稳破坏。同时，构件间的连接应具有足够的强度和整体性，要求构件节点的强度不应低于其连接构件的强度；预埋件的锚固强度不应低于连接件的强度，而预应力混凝土构件的预应力钢筋，宜在节点核心区以外锚固。同时，应当处理好非结构构件和主体结构的关系，大量的震害表明，没有进行合理设计的非结构构件在地震中容易震落伤人，对于附着于楼面、屋面结构构件的非结构构件应与主体结构有可靠的连接或锚固。

抗震结构对于材料的要求也不同于普通的建筑材料，应具有：延性系数高、"强度/重力"比值大、均质性好、具有正交各向同性、具有整体性和连续性的特点。《抗震规范》对于一些常用的建筑材料分别有以下规定。

1）钢筋

（1）普通钢筋宜优先采用延性、韧性和焊接性较好的钢筋。

（2）普通钢筋的强度等级，纵向受力钢筋宜选用符合抗震性能指标的不低于 HRB400 级的热轧钢筋，也可采用符合抗震性能指标的 HRB335 级热轧钢筋。

（3）箍筋宜选用符合抗震性能指标的不低于 HRB335 级热轧钢筋，也可选用 HPB300 级热轧钢筋。

（4）钢结构的钢材宜采用 Q235 等级 B、C、D 的碳素结构钢及 Q345 等级 B、C、D、E 的低合金高强度结构钢；当有可靠依据时，尚可采用其他钢种和钢号。

2）混凝土

（1）混凝土的强度等级，框支梁、框支柱及抗震等级为一级的框架梁、柱、节点核心区，不应低于 C30；构造柱、芯柱、圈梁及其他各类构件不应低于 C20。

（2）混凝土结构的强度等级，抗震墙不宜超过 C60，其他构件，抗震设防烈度 9 度时不宜超过 C60，8 度时不宜超过 C70。

3）砌体结构材料

（1）普通砖和多孔砖的强度等级不应低于 MU10，其砌筑砂浆强度等级不应低于 M5。

（2）混凝土小型空心砌块的强度等级不应低于 MU7.5，其砌筑砂浆强度等级不应低于 Mb7.5。

4.5　结构整体性

结构的整体性对整个土木工程的整体质量和抗震性能都有很大的影响，所以对建筑的整体性能的重视是十分必要的。土木工程设计中抗震结构的设计不是只针对该建筑或该工程的某一部位，抗震结构的设计是从整体上使该建筑具有抗震功能。在结构的整体性方面，应加强对设计方案的把控及设计效果的预想，充分考虑并尽可能避免多种可能影响抗震效果的因素。在建筑结构的设计过程中，最重要的一点就是要考虑力的作用、力的平衡及力与力之间的传递等，设计人员应从这些方面对力的作用进行全面剖析，从根本上保证土木工程抗震结构的整体性。

从建筑抗震结构的整体性出发，要考虑建筑物构件之间的连接是否可靠。如建筑物构件节点的承载力，应优于建筑物连接构件的承载力，在构件屈服和刚度退化的情况下，节点的承载力与刚度应不变。预埋件的锚固承载力应优于连接件的承载力，结构需要确保良好的连续性，综合抗震建筑的整体性，保证建筑结构有良好的抗震性能。在高层建筑中，楼盖对于上部结构的整体性起到非常重要的作用，楼盖作为水平隔板，不仅聚集和传递地震作用到各个竖向抗侧力子结构，而且能使竖向子结构协同承受地震作用，特别是当竖向抗侧力子结构的布置不均匀、布置复杂或各抗侧力子结构水平变形特征不同时，整个结构就要依靠楼盖来使各抗侧力子结构协同工作。在设计中不能认为在多遇地震作用计算中考虑了楼盖平面内弹性变形影响后，就可以削弱楼盖体系。对空旷结构、平面狭长或平面不规则结构、楼盖开大洞口结构更应该特别注意。

4.6　多道抗震防线

单一结构体系通常只有一道防线，一旦防线受到破坏就会造成建筑物的倒塌和破坏。若建筑物具备多重的抗震防线，第 1 道防线在地震作用下破坏后，第 2、3 道防线会立即接替，抵挡住后续的地震作用冲击，可以保证建筑物最低限度的安全，不至于坍塌造成人员伤亡和财产损失。在《抗震规范》中对多道防线的概念进行了明确介绍，并强调多道防线对于结构在强震下的安全是很重要的。所谓多道防线的概念，通常指的是：第一，整个抗震结构体系由若干个延性较好的分体系组成，并由延性较好的结构构件连接起来协同工作。如框架-抗震墙体系是由延性框架和抗震墙两个系统组成；双肢或多肢抗震墙体系由若干个单肢墙分系统组成；框架-支撑框架体系由延性框架和支撑框架两个系统组成；框架-筒体体系由延性框架和筒体两个系统组成。第二，抗震结构体系具有最大可能数量的内部、外部赘余度，有意识地建立起一系列分布的塑性屈服区，以使结构能吸收和耗散大量的地震能量，一旦破坏也易于修复。设计计算时，需考虑部分构件出现塑性变形后的内力重分布，使各个分体系所承担的地震作用的总和大于不考虑塑性内力重分布时的数值。

4.6.1 设置意义

1. 使结构最大限度耗能

建筑的延性分为截面延性、构件延性和结构延性。在抗震结构中应将尽量多构件设计成延性构件，但构件延性不等于结构延性，全部构件均有很高的延性不等于结构的延性也很好。以框架为例，多层钢筋混凝土框架结构房屋在地震作用下的屈服机制可以归纳为两类：一类为总体屈服机制，另一类为层间屈服机制。其他屈服机制均可由这两种机制组成。

典型的层间屈服机制表现为在地震作用下仅竖向构件屈服，横向构件均处于弹性。结构的"自由度"与层楼相同，结构只有一道防线。总体屈服机制则表现为所有横向构件屈服而竖向构件除根部外均处于弹性，竖向构件围绕根部做"刚体"转动，因此从结构总体而言仅有一个"自由度"，但结构至少有两道防线。显然，即使全部构件均有很高的延性，但只要出现强梁弱柱就会形成层间屈服机制，结构的延性耗能能力就很弱。而结构防线越多，塑性铰越多，耗能就越多。不过，对于层间屈服机制（柱铰机制），塑性变形集中现象随着地面运动的不同可能在不同楼层发生；总体屈服机制（梁铰机制）则完全不同，由于总体机制只有一个"自由度"，层间位移的变化是均匀的，而且对于地面运动不敏感，这样就可以减少一部分不确定因素的影响，使结构设计师掌握更多的主动权。理想的总体机制就是最少"自由度"的机制，一方面要防止塑性铰在某些主要构件上出现，另一方面要迫使塑性铰发生在预期的构件上，同时要推迟塑性铰在某些关键部位的出现，如框架柱的根部、双肢或多肢剪力墙的根部等。

2. 避开场地卓越周期

对于建筑物来说，不同防线的自振周期是不同的。若建筑的不同防线的自振周期有明显的区别，则当第1道防线的自振周期与地震动力的卓越周期相同或接近时，第1道防线可能会因为发生共振而被突破，后续防线接替后，建筑的自振周期将出现较大的变化，从而错开地震动力的卓越周期，避免建筑物继续共振，减轻地震作用和震害。这种通过对结构动力特性的调整来减轻震害的方法是十分经济有效的。

3. 延缓结构倒塌

一般地震发生时地面强烈振动会持续一段时间，而且强震之后往往会跟随一些余震，地震持续所造成的损伤累积常常是结构发生破坏乃至倒塌的主要原因。如果结构仅有一道防线，则当该道防线被突破后，后续的地震动力将很容易造成结构倒塌；但若结构有多道防线，则在第1道防线被突破后，第2、3道防线就会继续发挥作用，抵挡后续的地震动力，延缓结构倒塌。

4．提高结构的安全度

我国规范规定，风荷载、雪荷载均取 50 年一遇的值。当遭遇更大的风、雪时，可以采取临时加固、人员转移等措施，同时，第一水准的地震荷载(小震)也取 50 年一遇的值，与风荷载、雪荷载相当，但地震对人的实际威胁比风、雪大得多，且地震预报远不如风、雪预报那样准确，目前仍处于研究阶段。因此，抗震安全度理应比抗风、雪更高。既然多道抗震防线是建立在分段抵御地震的基础上，第 1 道防线，一般以轻微震害为目标，相当于 50 年一遇的小震。第 2、3 道防线有可能使结构的抗震安全度提高到大震(约 2000 年一遇)不倒。

4.6.2　设置方法

1．砌体结构

砌体结构在设置构造柱和圈梁后可以形成两道防线：受力初期，墙体会出现宽度不大的裂缝，层间变形也不大，构造柱和圈梁尚未开裂；随后，墙体裂缝发展很快，变形增大，构造柱和圈梁对墙体产生了较强的约束作用，使墙体在大变形下消耗地震能量，结构裂而不倒。第 1 道防线可以认为是砌体墙本身，第 2 道防线是构造柱和圈梁。两道防线大大增强了砌体结构抗倒塌的能力。

2．框架结构

框架结构是一种单一的结构体系，但通过控制框架柱和框架梁的相对强度，至少可以实现两道防线：第 1 道是框架梁，从部分梁端出现塑性铰到所有梁端出现塑性铰，但塑性铰的转动不大；第 2 道是框架柱，从梁端塑性铰大量转动到柱根出现塑性铰。

3．抗震墙结构

抗震墙结构中联肢抗震墙的连梁若设计合理(刚度和强度适当)，整个抗震墙结构可以有两道防线：第 1 道防线为连梁，连梁两端在地震作用下率先屈服，形成一系列沿墙高分布的屈服区，使结构吸收和耗散大量的地震能量；第 2 道防线为墙肢，连梁屈服后，各墙肢之间的联系减弱，类似于各片独立的实体剪力墙协同工作(但仍有连梁的弯矩、剪力传递)。在这种情况下，连梁设计成赘余杆件，连梁的屈服对结构的整体稳定没有影响，也易于修复。

4．框架-抗震墙结构

框架-抗震墙结构为双重抗侧力体系。由于抗震墙的抗侧刚度比框架大得多，在地震作用下，楼层地震总剪力主要由抗震墙承担，框架柱只承担很小的一部分，抗震墙为第 1 道防线(如果细分，连梁为第 1 道防线，墙肢为第 2 道防线)。在较小的层间变形发生后，抗震墙开裂而框架仍保持为弹性状态，抗震墙抗侧刚度下降，一部分地震剪力转移到框架上，框架成为第 2 道防线。为了保证框架作为第 2 道防线不至于太过单薄，应注意框架部分承担的地震剪力不能过小。

多道抗震防线结构体系应由若干个延性较好的分体系组成，并由延性较好的结构构件连接起来协同工作。

（1）第 1 道抗震防线应优先选择不负担或少负担重力荷载的竖向支撑或填充墙，或选用轴压比值较小的抗震墙与实墙筒体等构件，不宜采用轴压比较大的框架柱兼作第 1 道防线的抗侧力构件。

（2）第 2 道抗震防线可以采用在原本的框架位置布置钢支撑的方式提高结构的抗扭强度，并且与原本的框架结构一起形成第 2 道抗震防线。钢支撑具备很强的变形能力，可以在地震来临时继续发挥作用，耗散大量的地震能量，提升建筑工程的抗震性能。

4.7　结构延性

结构延性是指结构或构件屈服后，具有承载力不降低或基本不降低且有足够塑性变性能力的一种性能。结构延性有四层含义：①结构总体延性，一般用结构的"顶点侧移比"或结构的"平均层间侧移比"来表达；②结构楼层延性，以一个楼层的层间侧移比来表达；③构件延性，是指整个结构中某一构件的延性；④杆件延性，是指一个构件中某一杆件（框架中的梁、柱，墙片中的连梁、墙肢）的延性。

在建筑物结构的抗震设计过程中，应尽可能地提高构件的延性，使建筑物具有足够的延性和变形能力，消耗地震作用传递到建筑物中的巨大能量，削弱地震对建筑的破坏性。因此，建筑物应具备较大的耗能能力。例如，在建筑设计中使用上刚下柔的框支墙结构，可以在一定程度上提升建筑结构的抗震性能；建筑结构抗震设计中，应以提高转换层以下楼层的构件延性为主要设计考虑方向；如果是框架和框架筒体，应优先考虑提升柱体的延性。延性好的结构能吸收较多的地震能量，能经受住较大的变形。增加结构的延性，能削弱地震反应，提高结构抵抗地震的能力。结构对延性的需求与地震力降低系数是相适应的。地震力降低系数的大小决定了设计地震力取值的大小，从而决定了对延性要求的大小。

用于承载力设计的地震作用可以取到小震水平，当更大的地震来临时，则靠结构的延性去抵抗。所以，我们可以不采用抗震设防烈度地震作用力来进行结构承载力设计，而把抗震设防烈度地震力降低一个系数，称为地震力降低系数。地震力降低系数对抗震设防烈度地震作用的整体降低实际上决定了结构的屈服水准和对结构延性需求的大小。地震力降低系数取得越大，设计地震作用就取得越小；地震力降低系数取得越小，设计地震作用就取得越大。在同一个抗震设防烈度下，地震力降低系数取为中等，地震作用也为中等，因而对延性提出的要求也为中等。这样，地震力降低系数的大小实际上就决定了设计地震力取值的大小，从而决定了对延性要求的大小。

一般而言，在结构抗震设计中，对结构中重要构件的延性要求，高于对结构总体的延性要求；对构件中关键杆件或部位的延性要求，又高于对整个构件的延性要求。因此，要求提高重要构件及某些构件中关键杆件或关键部位的延性。其原则如下：

（1）在结构的竖向，应重点提高楼房中可能出现塑性变形集中的相对柔性楼层的构件延性。例如，对于刚度沿高度均布的简单体型高层建筑，应着重提高底层构件的延性；对于带大底盘的高层建筑，应着重提高主楼与裙房顶面相衔接的楼层中构件的延性；对于底层框架上部砖房结构体系，应着重提高底部框架的延性。

（2）在平面上，应着重提高房屋周边转角处、平面突变处以及复杂平面各翼相接处的构件延性。对于偏心结构，应加大房屋周边特别是刚度较弱一端构件的延性。

（3）对于具有多道抗震防线的抗侧力体系，应着重提高第 1 道防线中构件的延性。如框架-抗震墙体系，重点提高抗震墙的延性；筒中筒体系，重点提高内筒的延性。

（4）在同一构件中，应着重提高关键杆件的延性。对于框架、框架筒体应优先提高柱的延性；对于多肢墙，应重点提高连梁的延性；对于壁式框架，应着重提高窗间墙的延性。

（5）在同一杆件中，重点提高延性的部位应是预期该构件地震时首先屈服的部位，如梁的两端、柱上下端、抗震墙肢的根部等。

4.8　房屋自重和非结构构件

4.8.1　减轻房屋自重

数次地震灾害的数据结果表明，自重大的建筑物结构比自重小的建筑受到的破坏更严重。地震发生时，房屋的自重力越大，地震作用的力也就越大。房屋的楼盖越重，地震导致的晃动也就越厉害，同时，水平地震力的大小与建筑的质量成正比，质量越大，地震作用也越大。因此，在保证建筑正常使用的条件下，应尽可能减轻房屋的自重。

（1）楼板重量占建筑物上部结构总重的 40% 左右，减小楼板厚度是减轻房屋建筑物总重行之有效的方法。采用轻质高强混凝土、无粘结预应力平板、预制多孔板和现浇多孔板都可以达到减轻楼板重量的效果。

（2）采用抗震墙体系的高层建筑中，从地震反应、构件延性和结构刚度等方面论述，在整个结构体系的自重之中钢筋混凝土墙体的自重占有比例较大，钢筋混凝土抗震结构的墙体厚度应该控制在合理的厚度范围内，在《抗震规范》中明确规定了钢筋混凝土抗震墙墙板的厚度限制：

① 墙体周边应设置梁（或暗梁）和边框柱（或框架柱）组成的边框；边框梁的截面宽度不宜小于墙板厚度的 1.5 倍，截面高度不宜小于墙板厚度的 2.5 倍；边框柱的截面高度不宜小于墙板厚度的 2 倍。

② 墙板的厚度不宜小于 160mm，且不应小于墙板净高的 1/20；墙体宜开设洞口形成若干墙段，各墙段的高宽比不宜小于 2。

③ 墙体的竖向和横向分布钢筋配筋率均不应小于 0.30%，并应采用双排布置；双排分布钢筋间拉筋的间距不应大于 600mm，直径不应小于 6mm。

4.8.2　处理非结构构件

非结构部件一般是指在结构分析中不考虑承受重力荷载以及风、地震等侧向力的部件，如框架填充墙、内隔墙、建筑外围墙板等。这些非结构部件在抗震设计时若处理不当，在地震中极易发生严重破坏或闪落，甚至造成主体结构破坏，在《抗震规范》中也有相关规定：非结构构件，包括建筑非结构构件和建筑附属机电设备，自身及其与结构主体的连接应进行抗震设计。

框架结构的内隔墙、建筑外围墙板和填充墙等非结构构件应该对其在结构体系抗震的不利影响时加以考虑，避免因其不合理布局，在地震中导致主体结构的破坏。围护墙、内隔墙和框架填充墙等非承重墙体的存在对结构的抗震性能有着较大的影响,它使结构的抗侧刚度增大,自振周期减短,从而使作用于整个建筑上的水平地震剪力增大。由于非承重墙体参与抗震,分担了很大一部分地震剪力,从而减小了框架部分所承担的楼层地震剪力。设置填充墙时须采取措施防止填充墙平面外的倒塌,并防止填充墙发生剪切破坏;当填充墙处理不当使框架柱形成短柱时,将会造成短柱的剪切弯曲破坏。为此,应考虑上述非承重墙体对结构抗震的影响。在大面积玻璃幕墙的设计中,除了考虑风荷载引起的结构层间侧移和温度变形等因素的影响外,还应考虑地震作用下结构可能产生的最大层间侧移,从而确定玻璃与钢框格之间的间隙距离。同时,外墙板与主体结构应有可靠的连接,以避免地震时结构的层间侧移较大而造成外墙板破坏甚至脱落坠地。安装在建筑上的附属机械、电气设备系统的支座和连接,应符合地震时使用功能的要求,且不应导致相关部件的损坏。

习题

1. 简述建筑结构概念设计的重要性。
2. 简述抗震建筑场地选择和地基基础设计原则。
3. 简述防震缝的设置原则与方法。
4. 简述建筑平立面布置对抗震的影响。
5. 简述建筑抗震设计对结构整体性要求。
6. 简述多道抗震防线对提高结构的抗震性能的意义。
7. 说明提高结构延性的基本原则和方法。
8. 简述减轻房屋自重的措施及原因。
9. 简述妥善处理非结构部件的措施及原因。

第5章

混凝土结构房屋抗震设计

5.1 房屋震害

在中国地震区中多层和高层的房屋建筑多采用混凝土结构,混凝土结构房屋具有较高的承载力、良好的延性和较强的整体性,经过合理的抗震计算并采取妥善的抗震构造措施,其抗震性能较好,因此,在高烈度区应用十分广泛。本节主要讲述混凝土结构房屋在地震中的主要震害现象。

5.1.1 结构震害

1. 共振破坏

1976年唐山地震中,位于塘沽地区(抗震设防烈度为8度)的7～10层框架结构,因其自振周期0.6～1.0s与该场地上(海滨)的自振周期0.8～1.0s接近,发生共振(图5-1),导致该类框架结构破坏严重。

图 5-1　场地共振震害

2. 布置不当破坏

如果建筑物的平面布置不当而造成刚度中心和质量中心有较大的不重合,或者结构沿竖向刚度有过大的突然变化,则极易使结构在地震时产生严重破坏,如图5-2所示。这是由过大的扭转反应或变形集中而引起的。

图 5-2　平面布置不当房屋震害

　　由于结构的不当布置,大量框架柱受到震害影响,如图 5-3 所示,柱顶在弯矩、剪力、轴力的复合作用下,柱顶周围有水平裂缝或交叉斜裂缝,严重者会发生混凝土被压碎,箍筋拉断,纵筋受压屈曲呈灯笼状。柱底的震害相对于柱顶较轻,短柱的刚度较大,分担的水平地震剪力大,而剪跨比较小,容易导致脆性剪切破坏。由于角柱处于双向偏压状态,受结构整体扭转影响大,受力状态复杂,而受横梁的约束相对减弱,震害比内柱破坏严重。

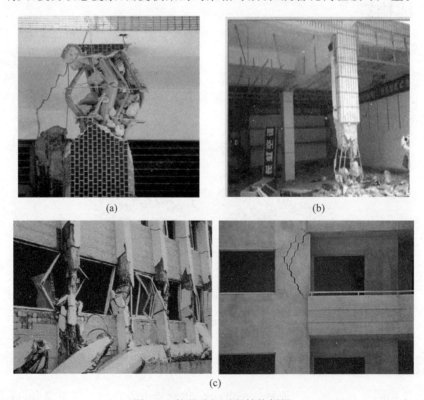

图 5-3　柱子破坏引起结构倒塌
（a）柱顶破坏;（b）柱底破坏;（c）短柱破坏;（d）角柱破坏

(d)

图 5-3 （续）

3. 薄弱层破坏

某结构的立面如图 5-4 所示,底部两层为框架,以上各层为钢筋混凝土抗震墙和框架,上部刚度比下部刚度大,这种竖向的刚度突变导致地震时结构的变形集中在底部两层,使底层柱严重破坏,钢筋压屈。

震害调查表明,结构刚度沿高度方向的突然变化,会使破坏集中在刚度薄弱的楼层,对抗震是不利的。1995 年日本阪神大地震时,大量 20 层左右的高层建筑在第 5 层处倒塌(图 5-5),这是因为日本的老《抗震规范》允许在第 5 层以上减弱。具有薄弱底层的房屋,易在地震时倒塌。图 5-6 和图 5-7 示出了两种倒塌的形式。

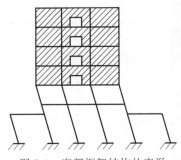

图 5-4　底部框架结构的变形

第
5
层

图 5-5　高层建筑的第 5 层倒塌

图 5-6 软弱底层房屋倾倒   图 5-7 软弱底层房屋底层完全倒塌

4. 应力集中破坏

结构竖向布置产生很大突变时,在突变处由于应力集中会产生严重震害。图 5-8 为在日本阪神大地震时由应力集中而产生的震害。

5. 防震缝处碰撞破坏

防震缝如果宽度不够,其两侧的结构单元在地震时就会相互碰撞而产生震害(图 5-9)。

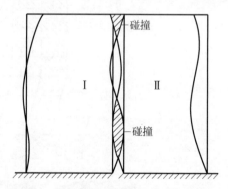

图 5-8 应力集中产生的震害   图 5-9 防震缝两侧结构单元的碰撞

6. 框架结构整体破坏

框架结构的整体破坏形式按破坏性质可分为延性破坏和脆性破坏。按破坏机制可分为柱铰机制(强梁弱柱型)和梁铰机制(强柱弱梁型)(图 5-10),梁铰机制即塑性铰出现在梁端,此时结构能经受较大的变形,吸收较多的地震能量。柱铰机制即塑性铰出现在柱端,此时结构的变形往往集中在某一薄弱层,整体结构变形较小。此外,还有混合破坏机制,即部分结构出现梁铰破坏,部分结构出现柱铰破坏。

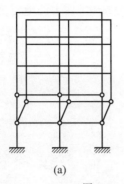
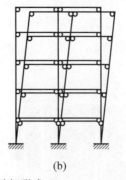

图 5-10　框架的破坏形式

(a) 强梁弱柱型；(b) 强柱弱梁型

5.1.2　构件震害

1. 框架结构

(1) 构件塑性铰处的破坏。构件在受弯和受压破坏时会出现这种情况。在塑性铰处，混凝土会发生严重剥落，并且钢筋会向外鼓出。框架柱的破坏一般发生在柱的上下端，以上端的破坏更为常见。其表现形式为混凝土压碎，纵筋受压屈曲(图 5-11 和图 5-12)。

图 5-11　柱子完全破坏

图 5-12　柱子钢筋鼓出

(2) 构件剪切破坏。当构件的抗剪强度较低时，会发生脆性的剪切破坏(图 5-13)。

(3) 节点破坏。节点的配筋或构造不当时，会出现十字交叉裂缝形式的剪切破坏(图 5-14)，后果往往较严重。节点区箍筋过少或节点区钢筋过密都会引起节点区的破坏。

图 5-13　柱剪切破坏

图 5-14　梁柱节点的破坏

（4）短柱破坏。柱子较短时，剪跨比过小，刚度较大，柱中的地震力也较大，容易导致柱的脆性剪切破坏（图 5-15）。

（5）连梁破坏（图 5-16）。

图 5-15　短柱破坏

图 5-16　连梁破坏

（6）楼梯板破坏（图 5-17）。

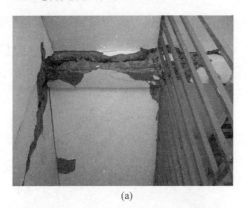

(a)

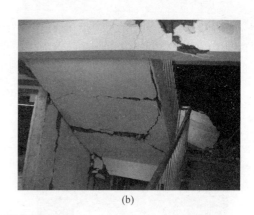

(b)

图 5-17　楼梯板破坏

（7）填充墙破坏。填充墙墙体的受剪承载力低，变形能力小，墙体与框架缺乏有效的拉结，在往复变形时墙体易发生剪切破坏和散落（图 5-18）。

（8）女儿墙与栏板坠落（图 5-19）。

图 5-18　填充墙破坏

图 5-19　女儿墙与栏板坠落

2. 抗震墙结构

震害调查表明,抗震墙结构的抗震性能是较好的,震害一般较轻。高层结构抗震墙的构件破坏有以下类型:

(1) 墙的底部发生破坏,表现为受压区混凝土的大片压碎剥落、钢筋压屈(图 5-20)。

(2) 墙体发生剪切破坏(图 5-21)。

(3) 抗震墙墙肢间的连梁产生剪切破坏(图 5-22)。墙肢之间是抗震墙结构的变形集中处,故连梁很容易产生破坏。

图 5-20 抗震墙底部破坏

图 5-21 抗震墙剪切破坏

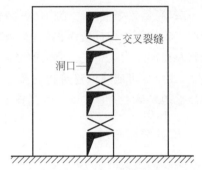

图 5-22 墙肢间连梁破坏

5.2 抗震设计基本原则

抗震设计除了计算分析及采取合理的构造措施外,掌握正确的概念设计尤为重要。《抗震规范》中的有关规定体现了混凝土结构房屋抗震设计的一般要求。

5.2.1 适用高度

多层和高层钢筋混凝土房屋在确定结构方案时,应根据建筑使用功能和抗震要求合理选择结构体系。从抗震角度来说,结构的抗侧移刚度是选择结构体系时要考虑的重要因素,随着房屋高度的增加,结构在地震作用以及其他荷载作用下产生的水平位移迅速增大,要求结构的抗侧刚度必须随之增大。而不同类型的钢筋混凝土结构体系,在抗侧刚度方面有很大差别,它们具有各自不同的合理使用高度。例如,框架结构抗侧刚度较小,为控制其水平位移,宜用于高度不大的建筑,而抗震墙结构和筒体结构抗侧移刚度大,在场地条件和烈度要求相同的条件下,就可以建造更高的建筑。因此,为满足结构的抗侧刚度要求,《抗震规范》在考虑地震烈度、场地土、抗震性能、使用要求及经济效果等因素和总结地震经验的基础上,对地震区混凝土结构房屋适用的最大高度给出规定,如表 4-2 所示。平面和竖向均不规则的结构适用的最大高度应适当降低。

选择结构体系,要注意选择合理的基础形式。我国《高层建筑混凝土结构技术规程》(JGJ 3—2010)规定:基础埋置深度,采用天然地基时,可取房屋高度的 1/15;采用桩基础时,可取不小于建筑高度的 1/18(桩长不计在内)。当建筑物采用岩石地基或采取有效措施时,在满足地基承载力、稳定性要求的前提下,基础埋深可根据工程具体情况确定。当地基可能产生滑移时,应采取有效的抗滑移措施。

选择结构体系,必须注意经济指标,多层、高层房屋一般用钢量大,造价高,因而要尽量选择轻质高强和多功能的建筑材料,减轻自重,降低造价。

5.2.2 结构布置

结构体系确定后,结构布置应密切结合建筑设计进行,使建筑物具有良好的体形,使结构受力构件得到合理组合。结构体系受力性能与技术经济指标能否做到先进合理,与结构布置密切相关。

多层、高层钢筋混凝土结构房屋结构布置的基本原则是:①结构平面应力求简单规则,结构的主要抗侧力构件应对称均匀布置,尽量使结构的刚心与质心重合,避免地震时引起结构扭转及局部应力集中;②结构的竖向布置,应使其质量沿高度方向均匀分布,避免结构刚度突变,并应尽可能降低建筑物的重心,以利结构的整体稳定性;③合理设置变形缝;④加强楼屋盖的整体性;⑤尽可能做到技术先进、经济合理。

1. 框架结构布置

框架结构主要用于 10 层以下的住宅、办公及各类公共建筑与工业建筑。常见的框架结构布置方案有横向框架承重方案、纵向框架承重方案和纵横向框架混合承重方案三类,见图 5-23。

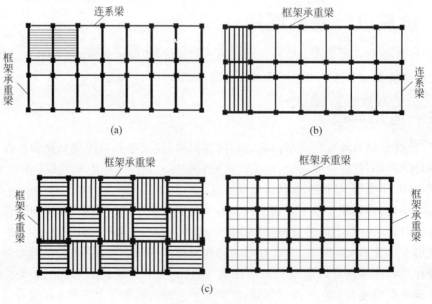

图 5-23 框架结构布置
(a) 横向框架承重方案;(b) 纵向框架承重方案;(c) 纵横向框架混合承重方案

为抵抗不同方向的地震作用,承重框架宜双向设置。楼电梯间不宜设在结构单元的两端及拐角处,因为单元角部扭转应力大、受力复杂、容易造成破坏。

框架刚度沿高度不宜突变,以免造成薄弱层。同一结构单元宜将框架梁设置在同一标高处,尽可能不采用复式框架,避免出现错层和夹层,造成短柱破坏。出屋面小房间不要做成砖混结构,可将框架柱延伸上去或做成钢木轻型结构,以防鞭端效应造成结构破坏。

地震区的框架结构应设计成延性框架,遵守"强柱弱梁""强剪弱弯""强节点、强锚固"等设计原则。柱截面不宜过小,应满足结构侧移变形及轴压比的要求。梁与柱轴线宜重合,不能重合时其最大偏心距不宜大于柱宽的1/4。

在确定框架结构方案的同时,应初步确定框架梁、柱的截面尺寸和材料强度等级。框架柱截面的尺寸往往是由结构的侧移要求决定的,但结构侧移需在结构地震反应确定后方可求得,故通常根据工程经验、对柱子轴压比等控制值来初步确定柱截面尺寸。梁截面尺寸一般依挠度要求取 $h=(1/14-8/8)l$, $b=(1/3-1/2)h$。

抗震试验表明,对截面面积相同的梁,当梁的宽高比 b/h 较小时,混凝土能承担的剪力有较大降低,如 $b/h < 0.25$ 的无箍筋梁,比方形截面梁降低 40% 左右。同时梁越高,梁的刚度越大,地震时柱中轴向力增加,也加大了柱的轴压比。为此框架梁的截面宽高比宜符合下式要求:

$$b/h \geqslant 0.25 \tag{5-1}$$

且 b 不宜小于 200mm,也不宜小于 1/2 柱宽度。

跨高比小于 4 的梁极易发生斜裂缝破坏。在这种梁上,一旦形成主斜裂缝后,构件承载力急剧下降,呈现极差的延性性能。因而梁的跨高比应满足下式要求:

$$l_n/h \geqslant 4 \tag{5-2}$$

采用宽扁梁时,楼板宜现浇;宽扁梁的截面尺寸应符合下式规定,并应满足挠度和裂缝宽度要求:

$$b_b \leqslant 2b_c \tag{5-3a}$$

$$b_b \leqslant b_c + h_b \tag{5-3b}$$

$$h_b \geqslant 16d \tag{5-3c}$$

式中:b_c——柱截面宽度,对圆形截面取直径的 0.8 倍;

b_b、h_b——梁截面的宽度和高度;

d——柱纵筋直径。

框架柱的截面尺寸应符合下列要求:①柱截面的宽度和高度均不宜小于 300mm;②柱剪跨比宜大于 2;③柱截面宽高比不宜大于 3。

框架结构中,非承重墙体的材料、选型和布置,应根据烈度、房屋高度、建筑体形、结构层间变形、墙体抗侧力性能的利用等因素,经综合分析后确定。应优先采用轻质墙体材料,平面和竖向的刚性非承重墙体的布置宜均匀对称,避免形成薄弱层或短柱。

墙体与结构体系应有可靠的拉结,应能适应不同方向的层间位移:抗震设防烈度 8、9 度时应有满足层间变位的变形能力或转动能力。

砌体填充墙与梁柱轴线位于同一平面内,应采取措施减少对结构体系的不利影响。考虑抗震设防时,宜与柱脱开或采用柔性连接。

2. 抗震墙结构布置

抗震墙结构(图 5-24)是由钢筋混凝土墙体承受竖向荷载和水平荷载的结构体系,具有整体性能好、抗侧刚度大和抗震性能好等优点。该类结构无突出墙面的梁、柱,可降低建筑层高、充分利用空间,特别适合于 20～30 层的高层居住建筑,但该类建筑大面积的墙体限制了建筑物内部平面布置的灵活性。

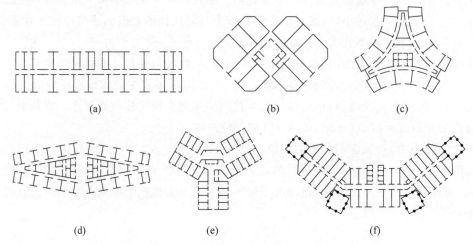

图 5-24　抗震墙结构平面布置示意

抗震墙结构的布置除了应注意平面与竖向的均匀外,尚应注意:

(1) 较长的抗震墙宜开设洞口,将一道抗震墙分成长度较均匀的若干墙段(包括小开洞墙及联肢墙),洞口连梁的跨高比宜大于 6,各墙段的高宽比不应小于 2。

(2) 墙肢的长度沿结构全高不宜突变,抗震墙有较大洞口时,洞口位置宜上下对齐,以形成明确的墙肢与连梁,保证结构受力合理,有良好的抗震性能。一、二级抗震墙底部加强部位不宜有错洞墙。

(3) 为了在抗震墙结构的底层获得较大空间以满足使用要求,一部分抗震墙不落地而由框架支承,这种底部框支层是结构的薄弱层,在地震作用下可能产生塑性变形的集中,导致首先破坏甚至倒塌,因此应限制框支层刚度和承载力的过大削弱,以提高房屋整体的抗震能力。《抗震规范》规定,矩形平面的部分框支抗震墙结构,其框支层的楼层侧向刚度不应小于相邻非框支层楼层侧向刚度的 50%;框支层落地抗震墙间距不宜大于 24m;框支层的平面宜对称布置,且宜设抗震筒体。

(4) 落地抗震墙之间楼、屋盖长宽比不应超过表 5-1 规定的数值。

表 5-1　抗震墙之间楼、屋盖的长宽比

楼、屋盖类型		抗震设防烈度			
		6 度	7 度	8 度	9 度
框架-抗震墙结构	现浇或叠合楼、屋盖	4	4	3	2
	装配整体式楼、屋盖	3	3	2	不宜采用
板柱-抗震墙结构的现浇楼、屋盖		3	3	2	不考虑
框支层的现浇楼、屋盖		2.5	2.5	2	不考虑

3. 框架-抗震墙结构布置

框架-抗震墙结构是由框架和抗震墙结合而共同工作的结构体系,兼有框架和抗震墙两种结构体系的优点,既具有较大的空间,又具有较大的抗侧刚度,多用于 10～20 层的房屋。图 5-25 为框架-抗震墙结构平面布置示意。

框架-抗震墙结构布置中的关键问题是抗震墙的布置,其基本原则如下:

(1) 抗震墙在结构平面的布置应对称均匀,避免结构刚心与质心有较大的偏移。

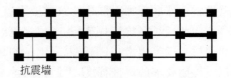

抗震墙

图 5-25　框架-抗震墙结构平面布置

(2) 抗震墙应沿结构的纵横向设置,宜贯通房屋全高,纵横向抗震墙宜联合组成 T 形、L 形、十字形等刚度较大的截面墙,以提高抗震墙的利用效率。

(3) 抗震墙应设置在墙面不需要开大洞口的位置,开洞口时应上下对齐,洞边距端柱不宜小于 300mm;抗震等级为一、二级的联肢墙洞口间的连梁,跨高比不宜大于 5,且梁截面高度不宜小于 400mm。

(4) 抗震墙应尽可能靠近房屋平面的端部,但不宜布置在外墙;房屋较长时,刚度较大的纵向抗震墙不宜设置在房屋的端开间。

(5) 抗震墙宜贯通全高,沿竖向截面不宜有较大突变,以保证结构竖向的刚度基本均匀。

(6) 抗震墙与柱中线宜重合,当不能重合时,柱中线与抗震墙中线之间偏心距不宜大于柱宽的 1/4。

抗震墙的数量以能满足结构的侧移变形为原则,不宜过多,以免结构刚度过大,增加结构的地震反应。抗震墙的间距应能保证楼、屋盖有效地传递地震剪力给抗震墙。《抗震规范》要求,框架抗震墙结构和板柱-抗震墙结构以及框支层中抗震墙之间无大洞口的楼盖、屋盖的长宽比不宜超过表 5-1 的规定,符合该规定的楼盖可近似按刚性楼盖考虑;超过上述规定时,应考虑楼盖平面内变形的影响。

框架-抗震墙采用装配式楼盖、屋盖时,应采取措施保证楼盖、屋盖的整体性及其与抗震墙的可靠连接。采用配筋现浇面层加强时,厚度不应小于 50mm。

框架-抗震墙结构中的抗震墙基础和部分框支抗震墙结构的落地抗震墙基础应有良好的整体性和抗转动能力。

4. 防震缝布置

震害调查表明,设有防震缝的建筑,地震时由于缝宽不够,仍难免使相邻建筑发生局部碰撞,建筑装饰也易遭破坏。但防震缝宽度过大,又给立面处理和抗震构造带来困难,故多层、高层钢筋混凝土结构房屋,宜选用合理的建筑结构方案而避免设置防震缝。当建筑平面突出部分较长,结构刚度及荷载相差悬殊或房屋有较大错层时,应设置防震缝。

5.2.3　抗震等级划分

抗震等级是多层和高层钢筋混凝土结构构件进行抗震计算和确定构造措施的标准。为了使抗震设计安全可靠和经济合理,应考虑多方面因素和各种不同情况,对钢筋混凝土结构和构件的抗震要求在计算和构造上区别对待。一般来说,房屋越高,地震作用越大,抗震要求应越高,不同的结构体系,抗震潜力不同,应有不同的抗震要求。此外,同一结构中的不同部位以及同一种结构形式在不同结构体系中所起的作用不同,其抗震要求也应有所区别。例如,在框架结构中,框架是主要抗侧力构件,而在框架-抗震墙结构中,框架是次要抗侧力构件,因此框架结构中的框架应比框架-抗震墙结构中的框架抗震要求高。又如,在部分框支抗震墙结构中,框支层由于刚度和强度的削弱,往往成为塑性变形集中的薄弱层,因此其落地抗震墙底部加强部位的抗震要求就应高于一般抗震墙的抗震要求。

为此,我国《抗震规范》和高层规程综合考虑建筑抗震重要性类别、地震烈度、结构类型和房屋高度等因素,对钢筋混凝土结构划分了不同的抗震等级。抗震等级的高低,体现了对抗震性能要求的严格程度,不同抗震等级的房屋,采用不同的抗震计算方法和构造措施。从四级到一级,抗震要求依次提高。表 5-2 是对丙类建筑的抗震等级划分。对甲、乙、丁类建筑,则应在对各自设防标准进行调整后,再查表确定抗震等级。

表 5-2　丙类多层和高层现浇钢筋混凝土房屋的抗震等级

结构类型		6度		7度			8度			9度	
框架结构	高度/m	≤24	>24	≤24	>24		≤24	>24		≤24	
	框架	四	三	三	二		二	一		一	
	大跨度框架	三		二			二			一	
框架-抗震墙结构	高度/m	≤60	>60	≤24	25～60	>60	≤24	25～60	>60	≤24	25～50
	框架	四	三	四	三	二	三	二	一	二	一
	抗震墙	三		三	二		二	一		一	
抗震墙结构	高度/m	≤80	>80	≤24	25～80	>80	≤24	25～80	>80	≤24	25～60
	抗震墙	四	三	四	三	二	三	二	一	二	一
部分框支抗震墙结构	高度/m	≤80	>80	≤24	25～80	>80	≤24	25～80			
	抗震墙 一般部位	四	三	四	三	二	三	二			
	抗震墙 加强部位	三	二	三	二	一	二	一			
	框支层框架	二		二	一		一				
框架-核心筒结构	框架	三		二			一			一	
	核心筒	二		二			一			一	
筒中筒结构	外筒	三		二			一			一	
	内筒	三		二			一			一	
板柱-抗震墙结构	高度/m	≤35	>35	≤35	>35		≤35	>35			
	框架、板柱的柱	三	二	二	二		二	一			
	抗震墙	二	二	二	一		二	一			

注：① 建筑场地为Ⅰ类时,除抗震设防烈度 6 度外应允许按表内降低一度所对应的抗震等级采取抗震构造措施,但相应的计算要求不应降低;

② 接近或等于高度分界时,应允许结合房屋不规则程度及场地、地基条件确定抗震等级;

③ 大跨度框架指跨度不小于 18m 的框架;

④ 高度不超过 60m 的框架-核心筒结构按框架抗震墙的要求设计时,应按表中框架-抗震墙结构的规定确定其抗震等级。

在确定抗震等级时,还要注意以下几点:

(1) 框架-抗震墙结构在基本振型地震作用下,若框架部分承受的地震倾覆力矩大于结构总倾覆力矩的 50%,该部分已不能被视为次要抗侧力构件,因而此时框架部分的抗震等级应按框架结构确定,而最大适用高度可比框架结构适当提高。

(2) 与主楼相连的裙房确定抗震等级时,除应按本身考虑外,还不应低于主楼的抗震等级,此时主楼结构在裙房屋面部位的上下各一层受刚度和承载力突变影响较大,需适当加强抗震措施。

(3) 带地下室的建筑,当地下室顶板作为上部结构的嵌固端时,此处的楼层部位在地震作用下屈服时将影响到地下一层,因此地下一层的抗震等级应与上部结构相同。地下一层以及地下室中无上部结构的部分的抗震等级可采用三级或更低等级。抗震设防烈度 9 度时,地下室结构的抗震等级不应低于二级。

5.3　框架结构抗震设计

5.3.1　设计要点

结构的地震作用,一般情况下,可在建筑结构的两个主轴方向分别考虑水平地震作用,各方向的水平地震作用全部由该方向抗侧力框架结构承担。

梁和柱的中线宜重合,框架柱的截面高度和宽度均不宜小于 300mm,还应注意避免形成短柱(柱净高与截面高度之比小于 4 的柱)。

在竖向非地震荷载作用下,可用调幅法来考虑框架梁的塑性内力重分布。对现浇框架,调幅系数 $\beta=0.8\sim0.9$;对装配整体式框架,调幅系数 $\beta=0.7\sim0.9$,无论对水平地震作用引起的内力还是对竖向地震作用引起的内力均不应进行调幅。

框架结构单独柱基有下列情况之一时,宜沿两个主轴方向设置基础系梁:①抗震等级一级和Ⅳ类场地的二级;②各柱基承受的重力荷载代表值差别较大;③基础埋置较深,或各基础埋置深度差别较大;④地基主要受力层范围内存在软弱黏土层、液化土层和严重不均匀土层;⑤桩基承台之间。

5.3.2　水平地震作用

计算多层框架结构的水平地震作用时,一般应以防震缝所划分的结构单元作为计算单元,在计算单元中各楼层重力荷载代表值的集中质点 G_i 设在楼屋盖标高处。对于高度不超过 40m、质量和刚度沿高度分布比较均匀的框架结构,可采用底部剪力法分别求单元的总水平地震作用标准值 F_{Ek}、各层水平地震作用标准值 F_i 和顶部附加水平地震作用标准值 ΔF_n。

一般多采用顶点位移法计算结构基本周期,考虑 φ_T 的影响,框架结构的基本周期 T 可按下式计算:

$$T=1.7\varphi_T\sqrt{u_T} \tag{5-4}$$

式中:φ_T——考虑非结构墙体刚度影响的周期折减系数,当采用实砌填充砖墙时取 $0.6\sim$
　　　　 0.70;当采用轻质墙、外挂墙板时取 0.8;

　　　 u_T——假想集中在各层楼面处的重力荷载代表值 G_i 为水平荷载,按弹性方法所求
　　　　 得的结构顶点假想位移,单位:m。

应该指出,对于有突出于屋面的屋顶间(电梯间、水箱间)等的框架结构房屋,结构假想位移 u_T 指主体结构顶点的位移。

当已知第 j 层的水平地震作用标准值 F_j 和 ΔF_n,第 i 层的地震剪力 V_i 按下式计算:

$$V_i = \sum_{j=i}^{n} F_j + \Delta F_n \tag{5-5}$$

按式(5-5)求得第 i 层地震剪力 V_i 后,再按该层各柱的侧移刚度求其分担的水平地震剪力标准值。一般将砖填充墙仅作为非结构构件,不考虑其抗侧力作用。

5.3.3 结构内力分析

1. 水平荷载作用

框架结构在水平荷载作用下的内力分析常采用 D 值法,计算步骤如下:

(1) 计算各柱的侧移刚度 D

$$D = \alpha_c K_c \frac{12}{h^2}$$

$$K_c = \frac{E_c I_c}{h}$$

式中:K_c——柱的线刚度;

E_c——柱的弹性模量;

I_c——柱截面惯性矩;

h——楼层高度;

α_c——节点转动影响系数,根据梁柱的线刚度按表 5-3 取用。

表 5-3 α_c 值及相应 $\overline{K}$ 值的确定

楼 层	简 图	$\overline{K}$	α_c
一般层	i_2 i_1 i_2 i_c i_c i_4 i_3 i_4	$\overline{K} = \dfrac{i_1 + i_2 + i_3 + i_4}{2i_c}$	$\alpha_c = \dfrac{\overline{K}}{2 + \overline{K}}$
底层	i_2 i_1 i_2 i_c i_c	$\overline{K} = \dfrac{i_1 + i_2}{i_c}$	$\alpha_c = \dfrac{0.5 + \overline{K}}{2 + \overline{K}}$

注:$\overline{K}$ 代表平均线刚度比。

(2) 计算各柱所分配的剪力 V_{jk}

$$V_{jk} = \frac{D_{jk}}{\sum\limits_{k=1}^{m} D_{jk}} V_j \tag{5-6}$$

式中:V_{jk}——第 j 层第 k 柱所分配到的剪力;

V_j——第 j 层框架柱所承受的层间总剪力;

D_{jk}——第 j 层第 k 柱的侧向刚度 D 值;

m——第 j 层框架柱数。

(3) 确定反弯点高度 y

$$y = y_0 + y_1 + y_2 + y_3 \tag{5-7}$$

式中:y_0——标准反弯点的高度比,由框架总层数、该柱所在层数及梁柱平均线刚度比 $\overline{K}$ 确定(表 5-4 或表 5-5)。

表 5-4　规则框架承受均布水平作用时标准反弯点的高度比 y_0

n	j	$\bar{K}$ 0.1	0.2	0.3	0.4	0.5	0.6	0.7	0.8	0.9	1.0	2.0	3.0	4.0	5.0
1	1	0.80	0.75	0.65	0.65	0.60	0.60	0.60	0.60	0.60	0.55	0.55	0.55	0.55	0.55
2	2	0.95	0.80	0.75	0.70	0.65	0.65	0.65	0.60	0.60	0.60	0.55	0.55	0.55	0.50
	1	0.45	0.40	0.35	0.35	0.35	0.35	0.40	0.40	0.40	0.40	0.45	0.45	0.45	0.45
3	3	0.15	0.20	0.20	0.25	0.30	0.30	0.30	0.35	0.35	0.35	0.40	0.45	0.45	0.45
	2	0.55	0.50	0.45	0.45	0.45	0.45	0.45	0.45	0.45	0.45	0.45	0.50	0.50	0.50
	1	1.00	0.85	0.80	0.75	0.70	0.70	0.65	0.65	0.65	0.60	0.55	0.55	0.55	0.55
4	4	−0.05	0.05	0.15	0.20	0.25	0.30	0.30	0.35	0.35	0.35	0.40	0.45	0.45	0.45
	3	0.25	0.30	0.30	0.35	0.35	0.40	0.40	0.40	0.40	0.45	0.45	0.50	0.50	0.50
	2	0.65	0.55	0.50	0.50	0.45	0.45	0.45	0.45	0.45	0.45	0.45	0.50	0.50	0.50
	1	1.10	0.90	0.80	0.75	0.70	0.70	0.65	0.65	0.65	0.55	0.55	0.55	0.55	0.55
5	5	−0.20	0.00	0.15	0.20	0.25	0.30	0.30	0.30	0.35	0.35	0.40	0.45	0.45	0.45
	4	0.10	0.20	0.25	0.30	0.35	0.35	0.40	0.40	0.40	0.40	0.45	0.45	0.50	0.50
	3	0.40	0.40	0.40	0.40	0.40	0.45	0.45	0.45	0.45	0.45	0.50	0.50	0.50	0.50
	2	0.65	0.55	0.50	0.50	0.50	0.50	0.50	0.50	0.50	0.50	0.50	0.50	0.50	0.50
	1	1.20	0.95	0.80	0.75	0.75	0.70	0.70	0.65	0.65	0.65	0.55	0.55	0.55	0.55
6	6	−0.30	0.00	0.10	0.20	0.25	0.25	0.30	0.30	0.35	0.35	0.40	0.45	0.45	0.45
	5	0.00	0.20	0.25	0.30	0.35	0.35	0.40	0.40	0.40	0.40	0.45	0.45	0.50	0.50
	4	0.20	0.30	0.35	0.35	0.40	0.40	0.40	0.45	0.45	0.45	0.45	0.50	0.50	0.50
	3	0.40	0.40	0.40	0.45	0.45	0.45	0.45	0.45	0.45	0.45	0.50	0.50	0.50	0.50
	2	0.70	0.60	0.55	0.50	0.50	0.50	0.50	0.45	0.45	0.45	0.50	0.50	0.50	0.50
	1	1.20	0.95	0.85	0.80	0.75	0.70	0.70	0.65	0.65	0.65	0.55	0.55	0.55	0.55
7	7	−0.35	−0.05	0.10	0.20	0.20	0.25	0.30	0.30	0.35	0.35	0.40	0.45	0.45	0.45
	6	−0.10	0.15	0.25	0.30	0.35	0.35	0.35	0.40	0.40	0.40	0.45	0.45	0.50	0.50
	5	0.10	0.25	0.30	0.35	0.40	0.40	0.40	0.45	0.45	0.45	0.45	0.50	0.50	0.50
	4	0.30	0.35	0.40	0.40	0.40	0.45	0.45	0.45	0.45	0.45	0.50	0.50	0.50	0.50
	3	0.50	0.45	0.45	0.45	0.45	0.45	0.45	0.45	0.45	0.45	0.50	0.50	0.50	0.50
	2	0.75	0.60	0.55	0.50	0.50	0.50	0.50	0.45	0.50	0.50	0.55	0.55	0.55	0.50
	1	1.20	0.95	0.85	0.80	0.75	0.70	0.70	0.65	0.65	0.65	0.55	0.55	0.55	0.55

续表

n	j	$\bar{K}$ 0.1	0.2	0.3	0.4	0.5	0.6	0.7	0.8	0.9	1.0	2.0	3.0	4.0	5.0
8	8	−0.35	−0.15	0.10	0.15	0.25	0.25	0.30	0.30	0.35	0.35	0.40	0.45	0.45	0.45
	7	−0.10	0.15	0.25	0.30	0.35	0.35	0.40	0.40	0.40	0.40	0.45	0.50	0.50	0.50
	6	0.05	0.25	0.30	0.35	0.40	0.40	0.40	0.45	0.45	0.45	0.45	0.50	0.50	0.50
	5	0.20	0.30	0.35	0.40	0.40	0.45	0.45	0.45	0.45	0.45	0.50	0.50	0.50	0.50
	4	0.35	0.40	0.40	0.45	0.45	0.45	0.45	0.45	0.50	0.45	0.50	0.50	0.50	0.50
	3	0.50	0.45	0.45	0.45	0.45	0.45	0.45	0.50	0.50	0.50	0.50	0.50	0.50	0.50
	2	0.75	0.60	0.55	0.55	0.50	0.50	0.50	0.50	0.50	0.50	0.50	0.50	0.50	0.50
	1	1.20	1.00	0.85	0.80	0.75	0.70	0.70	0.65	0.65	0.65	0.55	0.55	0.55	0.55
9	9	−0.40	−0.05	0.10	0.20	0.25	0.25	0.30	0.30	0.35	0.35	0.45	0.45	0.45	0.45
	8	−0.15	0.15	0.20	0.30	0.35	0.35	0.35	0.40	0.40	0.40	0.45	0.45	0.50	0.50
	7	0.05	0.25	0.30	0.35	0.40	0.40	0.40	0.45	0.45	0.45	0.45	0.50	0.50	0.50
	6	0.15	0.30	0.35	0.40	0.40	0.45	0.45	0.45	0.45	0.45	0.50	0.50	0.50	0.50
	5	0.25	0.35	0.40	0.40	0.45	0.45	0.45	0.45	0.45	0.45	0.50	0.50	0.50	0.50
	4	0.40	0.40	0.40	0.45	0.45	0.45	0.45	0.45	0.50	0.50	0.50	0.50	0.50	0.50
	3	0.50	0.45	0.45	0.45	0.50	0.50	0.50	0.50	0.50	0.50	0.50	0.50	0.50	0.50
	2	0.80	0.65	0.55	0.55	0.50	0.50	0.50	0.50	0.50	0.50	0.50	0.50	0.50	0.50
	1	1.20	1.00	0.85	0.80	0.75	0.70	0.70	0.65	0.65	0.65	0.55	0.55	0.55	0.55
10	10	−0.40	−0.05	0.10	0.20	0.25	0.30	0.30	0.30	0.35	0.35	0.40	0.45	0.45	0.45
	9	−0.15	0.15	0.25	0.30	0.35	0.35	0.40	0.40	0.40	0.40	0.45	0.45	0.50	0.50
	8	0.00	0.25	0.30	0.35	0.40	0.40	0.40	0.45	0.45	0.45	0.45	0.50	0.50	0.50
	7	0.10	0.30	0.35	0.40	0.40	0.45	0.45	0.45	0.45	0.45	0.50	0.50	0.50	0.50
	6	0.20	0.35	0.40	0.40	0.45	0.45	0.45	0.45	0.45	0.50	0.50	0.50	0.50	0.50
	5	0.30	0.40	0.40	0.45	0.45	0.45	0.45	0.45	0.45	0.50	0.50	0.50	0.50	0.50
	4	0.40	0.40	0.45	0.45	0.45	0.45	0.50	0.50	0.50	0.50	0.50	0.50	0.50	0.50
	3	0.55	0.50	0.45	0.45	0.45	0.45	0.50	0.50	0.50	0.50	0.50	0.50	0.50	0.50
	2	0.80	0.65	0.55	0.55	0.55	0.50	0.50	0.50	0.50	0.50	0.50	0.50	0.50	0.50
	1	1.30	1.00	0.85	0.80	0.75	0.70	0.70	0.65	0.65	0.65	0.60	0.55	0.55	0.55

续表

n	j	0.1	0.2	0.3	0.4	0.5	0.6	0.7	0.8	0.9	1.0	2.0	3.0	4.0	5.0
11	11	−0.40	0.05	0.10	0.20	0.25	0.30	0.30	0.30	0.35	0.35	0.40	0.45	0.45	0.45
	10	−0.15	0.15	0.25	0.30	0.35	0.35	0.40	0.40	0.40	0.40	0.45	0.45	0.50	0.50
	9	0.00	0.25	0.30	0.35	0.40	0.40	0.40	0.45	0.45	0.45	0.45	0.50	0.50	0.50
	8	0.10	0.30	0.35	0.40	0.40	0.45	0.45	0.45	0.45	0.45	0.45	0.50	0.50	0.50
	7	0.20	0.35	0.40	0.45	0.45	0.45	0.45	0.45	0.45	0.45	0.50	0.50	0.50	0.50
	6	0.25	0.35	0.40	0.45	0.45	0.45	0.45	0.45	0.45	0.45	0.50	0.50	0.50	0.50
	5	0.30	0.40	0.45	0.45	0.45	0.45	0.45	0.50	0.50	0.50	0.50	0.50	0.50	0.50
	4	0.40	0.45	0.50	0.45	0.50	0.50	0.50	0.50	0.50	0.50	0.50	0.50	0.50	0.50
	3	0.55	0.50	0.60	0.55	0.55	0.50	0.50	0.50	0.50	0.50	0.50	0.50	0.50	0.50
	2	0.80	0.65	0.60	0.55	0.55	0.50	0.50	0.50	0.50	0.50	0.50	0.50	0.50	0.50
	1	1.30	1.00	0.85	0.80	0.75	0.70	0.70	0.65	0.65	0.65	0.60	0.55	0.55	0.55
12	↓1	−0.40	−0.00	0.10	0.20	0.25	0.30	0.30	0.30	0.35	0.35	0.40	0.45	0.45	0.45
	2	−0.15	0.15	0.25	0.30	0.35	0.35	0.40	0.40	0.40	0.40	0.45	0.45	0.50	0.50
	3	0.00	0.25	0.30	0.35	0.40	0.40	0.40	0.45	0.45	0.45	0.50	0.50	0.50	0.50
	4	0.10	0.30	0.35	0.40	0.45	0.45	0.45	0.45	0.45	0.45	0.50	0.50	0.50	0.50
	5	0.20	0.35	0.40	0.40	0.45	0.45	0.45	0.45	0.45	0.45	0.50	0.50	0.50	0.50
	6	0.25	0.35	0.40	0.45	0.45	0.45	0.45	0.45	0.50	0.50	0.50	0.50	0.50	0.50
	7	0.30	0.40	0.45	0.45	0.45	0.45	0.50	0.50	0.50	0.50	0.50	0.50	0.50	0.50
	8	0.35	0.40	0.45	0.45	0.50	0.50	0.50	0.50	0.50	0.50	0.50	0.50	0.50	0.50
	其他层 4	0.40	0.40	0.45	0.45	0.45	0.45	0.45	0.45	0.45	0.45	0.50	0.50	0.50	0.50
	3	0.45	0.45	0.45	0.50	0.50	0.50	0.50	0.50	0.50	0.50	0.50	0.50	0.50	0.50
	2	0.60	0.65	0.60	0.55	0.55	0.55	0.50	0.50	0.50	0.50	0.50	0.50	0.55	0.55
	↑1	1.30	1.00	0.85	0.80	0.75	0.70	0.70	0.65	0.65	0.65	0.55	0.55	0.55	0.55

注: $\bar{K} = \dfrac{i_1 + i_2 + i_3 + i_4}{2i_c}$

$$\begin{array}{c} i_1 \quad i_2 \\ \hline i_c \\ \hline i_3 \quad i_4 \end{array}$$

表 5-5 规则框架承受倒三角形分布水平力作用时标准反弯点的高度比 y_0

m	j	$\bar{K}$													
		0.1	0.2	0.3	0.4	0.5	0.6	0.7	0.8	0.9	1.0	2.0	3.0	4.0	5.0
1	1	0.80	0.75	0.70	0.65	0.65	0.60	0.60	0.60	0.60	0.55	0.55	0.55	0.55	0.55
2	2	0.50	0.45	0.40	0.40	0.40	0.40	0.40	0.40	0.40	0.40	0.45	0.45	0.45	0.50
	1	1.00	0.85	0.75	0.70	0.70	0.65	0.65	0.65	0.60	0.60	0.55	0.55	0.55	0.55
3	3	0.25	0.25	0.25	0.30	0.30	0.35	0.35	0.35	0.40	0.40	0.40	0.45	0.45	0.50
	2	0.60	0.50	0.50	0.50	0.50	0.45	0.45	0.45	0.45	0.45	0.45	0.50	0.50	0.50
	1	1.15	0.90	0.80	0.75	0.75	0.70	0.70	0.65	0.65	0.65	0.60	0.55	0.55	0.55
4	4	0.10	0.15	0.20	0.25	0.30	0.30	0.35	0.35	0.35	0.40	0.45	0.45	0.45	0.45
	3	0.35	0.35	0.35	0.40	0.40	0.40	0.40	0.45	0.45	0.45	0.45	0.50	0.50	0.50
	2	0.70	0.60	0.55	0.50	0.50	0.50	0.50	0.50	0.50	0.50	0.50	0.50	0.50	0.50
	1	1.20	0.95	0.85	0.80	0.75	0.70	0.70	0.65	0.65	0.65	0.55	0.55	0.55	0.55
5	5	−0.05	0.10	0.20	0.25	0.30	0.30	0.35	0.35	0.35	0.35	0.40	0.45	0.45	0.45
	4	0.20	0.25	0.35	0.35	0.40	0.40	0.40	0.40	0.40	0.45	0.45	0.50	0.50	0.50
	3	0.45	0.40	0.45	0.45	0.45	0.45	0.45	0.45	0.45	0.45	0.45	0.50	0.50	0.50
	2	0.75	0.60	0.55	0.55	0.50	0.50	0.50	0.50	0.50	0.50	0.50	0.50	0.50	0.50
	1	1.30	1.00	0.85	0.80	0.75	0.70	0.70	0.65	0.65	0.65	0.65	0.55	0.55	0.55
6	6	−0.15	0.05	0.15	0.20	0.25	0.30	0.30	0.35	0.35	0.35	0.40	0.45	0.45	0.45
	5	0.10	0.25	0.30	0.35	0.35	0.40	0.40	0.40	0.40	0.45	0.45	0.50	0.50	0.50
	4	0.30	0.35	0.40	0.40	0.45	0.45	0.45	0.45	0.45	0.45	0.50	0.50	0.50	0.50
	3	0.50	0.45	0.45	0.45	0.45	0.45	0.50	0.50	0.50	0.50	0.50	0.50	0.50	0.50
	2	0.80	0.65	0.55	0.55	0.55	0.50	0.50	0.50	0.50	0.50	0.50	0.55	0.55	0.55
	1	1.30	1.00	0.85	0.80	0.75	0.70	0.70	0.65	0.65	0.65	0.60	0.55	0.55	0.55
7	7	−0.20	0.05	0.15	0.20	0.25	0.30	0.30	0.35	0.35	0.35	0.45	0.45	0.45	0.45
	6	0.05	0.20	0.30	0.35	0.35	0.40	0.40	0.40	0.40	0.40	0.45	0.50	0.50	0.50
	5	0.20	0.30	0.35	0.40	0.40	0.45	0.45	0.45	0.45	0.45	0.50	0.50	0.50	0.50
	4	0.35	0.40	0.40	0.45	0.45	0.45	0.50	0.50	0.50	0.50	0.50	0.50	0.50	0.50
	3	0.55	0.50	0.50	0.50	0.50	0.50	0.50	0.50	0.50	0.50	0.50	0.50	0.50	0.50
	2	0.80	0.65	0.60	0.55	0.55	0.50	0.50	0.50	0.50	0.50	0.60	0.50	0.50	0.50
	1	1.30	1.00	0.90	0.80	0.75	0.70	0.70	0.70	0.65	0.65	0.60	0.55	0.55	0.55

续表

m	j	$\bar{K}$ 0.1	0.2	0.3	0.4	0.5	0.6	0.7	0.8	0.9	1.0	2.0	3.0	4.0	5.0
8	8	-0.20	0.05	0.15	0.20	0.25	0.30	0.30	0.35	0.35	0.35	0.35	0.45	0.45	0.45
	7	0.00	0.20	0.30	0.35	0.35	0.40	0.40	0.40	0.40	0.40	0.45	0.45	0.50	0.50
	6	0.15	0.30	0.35	0.40	0.40	0.45	0.45	0.45	0.45	0.45	0.45	0.50	0.50	0.50
	5	0.30	0.45	0.40	0.45	0.45	0.45	0.45	0.45	0.45	0.45	0.45	0.50	0.50	0.50
	4	0.40	0.45	0.45	0.45	0.45	0.45	0.45	0.50	0.50	0.50	0.50	0.50	0.50	0.50
	3	0.60	0.50	0.50	0.50	0.50	0.50	0.50	0.50	0.50	0.50	0.50	0.50	0.50	0.50
	2	0.85	0.65	0.60	0.55	0.55	0.55	0.55	0.55	0.55	0.50	0.50	0.50	0.50	0.50
	1	1.30	1.00	0.90	0.80	0.75	0.70	0.70	0.70	0.65	0.65	0.65	0.60	0.55	0.55
9	9	-0.25	0.00	0.15	0.20	0.25	0.30	0.30	0.35	0.35	0.40	0.45	0.45	0.45	0.45
	8	-0.00	0.20	0.30	0.35	0.35	0.40	0.40	0.40	0.40	0.45	0.45	0.50	0.50	0.50
	7	0.15	0.30	0.35	0.40	0.40	0.45	0.45	0.45	0.45	0.45	0.50	0.50	0.50	0.50
	6	0.25	0.35	0.40	0.40	0.45	0.45	0.45	0.45	0.45	0.50	0.50	0.50	0.50	0.50
	5	0.35	0.40	0.45	0.45	0.45	0.45	0.45	0.45	0.50	0.50	0.50	0.50	0.50	0.50
	4	0.45	0.45	0.45	0.45	0.45	0.50	0.50	0.50	0.50	0.50	0.50	0.50	0.50	0.50
	3	0.60	0.50	0.50	0.50	0.50	0.50	0.50	0.50	0.50	0.50	0.50	0.50	0.50	0.50
	2	0.85	0.65	0.60	0.55	0.55	0.55	0.55	0.50	0.50	0.50	0.50	0.50	0.50	0.50
	1	1.35	1.00	0.90	0.80	0.75	0.75	0.70	0.70	0.65	0.65	0.60	0.55	0.55	0.55
10	10	-0.25	0.00	0.15	0.20	0.25	0.30	0.30	0.35	0.35	0.40	0.45	0.45	0.45	0.45
	9	0.05	0.20	0.30	0.35	0.35	0.40	0.40	0.40	0.40	0.45	0.45	0.50	0.50	0.50
	8	0.10	0.30	0.35	0.40	0.40	0.40	0.45	0.45	0.45	0.45	0.50	0.45	0.45	0.45
	7	0.20	0.35	0.40	0.40	0.45	0.45	0.45	0.45	0.45	0.50	0.50	0.50	0.50	0.50
	6	0.30	0.40	0.40	0.45	0.45	0.45	0.45	0.45	0.45	0.50	0.50	0.50	0.50	0.50
	5	0.40	0.45	0.45	0.45	0.45	0.45	0.50	0.50	0.50	0.50	0.50	0.50	0.50	0.50
	4	0.50	0.45	0.45	0.45	0.50	0.50	0.50	0.50	0.50	0.50	0.50	0.50	0.50	0.50
	3	0.60	0.55	0.50	0.50	0.50	0.50	0.55	0.50	0.50	0.50	0.50	0.50	0.50	0.50
	2	0.85	0.65	0.60	0.55	0.55	0.55	0.55	0.50	0.50	0.50	0.50	0.50	0.50	0.50
	1	1.35	1.00	0.90	0.80	0.75	0.75	0.70	0.70	0.65	0.65	0.60	0.55	0.55	0.55

续表

m	j	$\bar{K}$													
---	---	0.1	0.2	0.3	0.4	0.5	0.6	0.7	0.8	0.9	1.0	2.0	3.0	4.0	5.0
	11	-0.25	0.00	0.15	0.20	0.25	0.30	0.30	0.30	0.35	0.35	0.45	0.45	0.45	0.45
	10	-0.05	0.20	0.25	0.30	0.35	0.40	0.40	0.40	0.40	0.45	0.45	0.45	0.45	0.45
	9	0.10	0.30	0.35	0.40	0.40	0.40	0.45	0.45	0.45	0.45	0.50	0.50	0.50	0.50
	8	0.20	0.35	0.40	0.40	0.45	0.45	0.45	0.45	0.45	0.50	0.50	0.50	0.50	0.50
	7	0.25	0.40	0.40	0.45	0.45	0.45	0.45	0.45	0.45	0.50	0.50	0.50	0.50	0.50
11	6	0.35	0.40	0.45	0.45	0.45	0.45	0.45	0.50	0.50	0.50	0.50	0.50	0.50	0.50
	5	0.40	0.45	0.45	0.45	0.50	0.50	0.50	0.50	0.50	0.50	0.50	0.50	0.50	0.50
	4	0.50	0.50	0.50	0.50	0.50	0.50	0.50	0.50	0.50	0.50	0.50	0.50	0.50	0.50
	3	0.65	0.55	0.50	0.50	0.55	0.55	0.55	0.55	0.55	0.55	0.50	0.50	0.50	0.50
	2	0.85	0.65	0.60	0.55	0.55	0.55	0.55	0.55	0.55	0.55	0.50	0.50	0.50	0.50
	1	1.35	1.05	0.90	0.80	0.75	0.75	0.70	0.70	0.65	0.65	0.60	0.55	0.55	0.55
	→1	-0.30	0.00	0.15	0.20	0.25	0.30	0.30	0.30	0.35	0.35	0.40	0.45	0.45	0.45
	2	-0.10	0.20	0.25	0.30	0.35	0.40	0.40	0.40	0.40	0.40	0.45	0.45	0.45	0.45
	3	0.05	0.25	0.35	0.40	0.40	0.40	0.45	0.45	0.45	0.45	0.45	0.50	0.50	0.50
	4	0.15	0.30	0.40	0.40	0.45	0.45	0.45	0.45	0.45	0.45	0.45	0.45	0.45	0.45
	5	0.25	0.35	0.50	0.45	0.45	0.45	0.45	0.45	0.45	0.45	0.45	0.45	0.45	0.45
12	6	0.30	0.40	0.50	0.45	0.45	0.45	0.45	0.50	0.50	0.50	0.50	0.50	0.50	0.50
以	7	0.35	0.40	0.55	0.45	0.45	0.50	0.50	0.50	0.50	0.50	0.50	0.50	0.50	0.50
上	8	0.35	0.45	0.55	0.45	0.50	0.50	0.50	0.50	0.50	0.50	0.50	0.50	0.50	0.50
	其他层	0.45	0.45	0.55	0.50	0.50	0.50	0.50	0.50	0.50	0.50	0.50	0.50	0.50	0.50
	4	0.55	0.50	0.50	0.50	0.50	0.50	0.50	0.50	0.50	0.50	0.55	0.50	0.50	0.50
	3	0.65	0.55	0.50	0.55	0.55	0.55	0.55	0.55	0.55	0.55	0.55	0.50	0.50	0.50
	2	0.70	0.70	0.60	0.55	0.55	0.55	0.55	0.55	0.55	0.55	0.55	0.50	0.50	0.50
	↑1	1.35	1.05	0.90	0.80	0.75	0.70	0.70	0.70	0.65	0.65	0.60	0.55	0.55	0.55

y_1——某层上下线刚度不同时,对 y_0 的修正值,y_1 可根据上下横梁的线刚度比 α_1 和 K_c 由表 5-6 查得。当 $(i_1+i_2)<(i_3+i_4)$ 时,反弯点上移,由 $\alpha_1=(i_1+i_2)/(i_3+i_4)$,查表 5-6 即得 y_1 值;当 $(i_1+i_2)>(i_3+i_4)$ 时,反弯点下移,查表 5-6 时应取 $\alpha_1=(i_3+i_4)/(i_1+i_2)$,查得的 y_1 应冠以负号。对于底层柱,不考虑修正值 y_1,即取 $y_1=0$。

y_2——上层层高与本层层高不同时(图 5-26(c))反弯点高度修正值,令上层层高和本层层高之比 $\alpha_2=h_上/h$,由表 5-7 可查得修正值 y_2。当 $\alpha_2>1$ 时,y_2 为正值,反弯点向上移;当 $\alpha_2<1$ 时,y_2 为负值,反弯点向下移。对于顶层柱,不考虑修正值 y_2,即取 $y_2=0$;当 $\alpha_2=1$ 时,不必修正,采用原来的反弯点法计算。

y_3——下层层高与本层层高不同时(图 5-26(d))反弯点高度修正值,令下层层高和本层层高之比 $\alpha_3=h_下/h$,由表 5-7 可查的修正值 y_3。当 $\alpha_3>1$ 时,y_3 为正值,反弯点向下移;当 $\alpha_3<1$ 时,y_3 为负值,反弯点向上移。对于底层柱,不考虑修正值 y_3,即取 $y_3=0$;当 $\alpha_3=1$ 时,不必修正,采用原来的反弯点法计算。

表 5-6 上下层横梁线刚度比对 y_0 的修正值 y_1

α_1	$\bar{K}$													
	0.1	0.2	0.3	0.4	0.5	0.6	0.7	0.8	0.9	1.0	2.0	3.0	4.0	5.0
0.4	0.55	0.40	0.30	0.25	0.20	0.20	0.20	0.15	0.15	0.15	0.05	0.05	0.05	0.05
0.5	0.45	0.30	0.20	0.20	0.15	0.15	0.15	0.10	0.10	0.10	0.05	0.05	0.05	0.05
0.6	0.30	0.20	0.15	0.15	0.10	0.10	0.10	0.10	0.05	0.05	0.05	0.05	0	0
0.7	0.20	0.15	0.10	0.10	0.10	0.10	0.05	0.50	0.50	0.50	0.50	0	0	0
0.8	0.15	0.10	0.05	0.05	0.05	0.05	0.05	0.05	0	0	0	0	0	0
0.9	0.05	0.05	0.05	0.05	0	0	0	0	0	0	0	0	0	0

表 5-7 上下层高变化对 y_0 的修正值 y_2 和 y_3

α_2	α_3	$\bar{K}$													
		0.1	0.2	0.3	0.4	0.5	0.6	0.7	0.8	0.9	1.0	2.0	3.0	4.0	5.0
2.0		0.25	0.15	0.15	0.10	0.10	0.10	0.10	0.10	0.50	0.50	0.50	0.50	0.0	0.0
1.8		0.20	0.15	0.10	0.10	0.10	0.05	0.05	0.05	0.05	0.05	0.05	0.0	0.0	0.0
1.6	0.4	0.15	0.10	0.10	0.05	0.05	0.05	0.05	0.05	0.05	0.05	0.0	0.0	0.0	0.0
1.4	0.6	0.10	0.05	0.05	0.05	0.05	0.05	0.05	0.05	0.05	0.0	0.0	0.0	0.0	0.0
1.2	0.8	0.0	0.05	0.05	0.0	0.0	0.0	0.0	0.0	0.0	0.0	0.0	0.0	0.0	0.0
1.0	1.0	−0.05	0.0	0.0	0.0	0.0	0.0	0.0	0.0	0.0	0.0	0.0	0.0	0.0	0.0
0.8	1.2	−0.10	−0.05	−0.05	0.0	0.0	0.0	0.0	0.0	0.0	0.0	0.0	0.0	0.0	0.0
0.6	1.4	−0.15	−0.05	−0.05	−0.05	−0.05	−0.05	−0.05	0.05	0.05	0.0	0.0	0.0	0.0	0.0
0.4	1.6	−0.20	−0.10	−0.10	−0.10	−0.05	−0.05	−0.05	−0.05	−0.05	0.0	0.0	0.0	0.0	0.0
	1.8	−0.20	−0.10	−0.10	−0.10	−0.10	−0.05	−0.05	−0.05	−0.05	−0.05	0.0	0.0	0.0	0.0
	2.0	−0.25	−0.15	−0.15	−0.10	−0.10	−0.10	−0.10	−0.10	−0.10	−0.10	−0.1	0.0	0.0	

(4)计算框架梁、柱内力

根据求得的各柱层间剪力和反弯点位置,即可确定柱端弯矩,再由平衡条件,进而求出梁、柱内力。

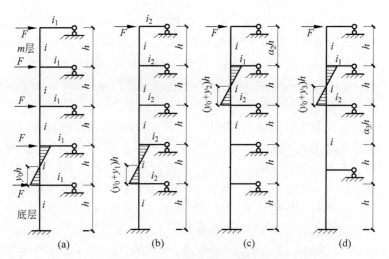

图 5-26   柱的反弯点高度

① 柱端弯矩

求得柱反弯点高度 yh 后,由图 5-27,按下式计算柱端弯矩:

$$M_{ik}^{\mathrm{d}} = V_{ik}yh \tag{5-8}$$

$$M_{ik}^{\mathrm{u}} = V_{ik}(1-y)h \tag{5-9}$$

式中:M_{ik}^{d}——为第 i 层第 k 根柱下端弯矩;

  M_{ik}^{u}——为第 i 层第 k 根柱上端弯矩。

② 梁端弯矩

根据节点平衡条件,梁端弯矩之和等于柱端弯矩之和,节点左右梁端大小按其线刚度比例分配,由图 5-28 可得

$$M_{\mathrm{b}}^{\mathrm{l}} = (M_{\mathrm{c}}^{\mathrm{u}} + M_{\mathrm{c}}^{\mathrm{d}}) \frac{i_{\mathrm{b}}^{\mathrm{l}}}{i_{\mathrm{b}}^{\mathrm{l}} + i_{\mathrm{b}}^{\mathrm{r}}} \tag{5-10}$$

$$M_{\mathrm{b}}^{\mathrm{r}} = (M_{\mathrm{c}}^{\mathrm{u}} + M_{\mathrm{c}}^{\mathrm{d}}) \frac{i_{\mathrm{b}}^{\mathrm{r}}}{i_{\mathrm{b}}^{\mathrm{l}} + i_{\mathrm{b}}^{\mathrm{r}}} \tag{5-11}$$

式中:$M_{\mathrm{c}}^{\mathrm{u}}$、$M_{\mathrm{c}}^{\mathrm{d}}$——节点上、下两端柱的弯矩,由式(5-8)和式(5-9)确定;

  $M_{\mathrm{b}}^{\mathrm{l}}$、$M_{\mathrm{b}}^{\mathrm{r}}$——节点左、右两端梁的弯矩;

  $i_{\mathrm{b}}^{\mathrm{l}}$、$i_{\mathrm{b}}^{\mathrm{r}}$——节点左梁和右梁的线刚度。

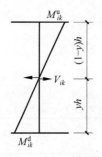

图 5-27   柱端弯矩计算

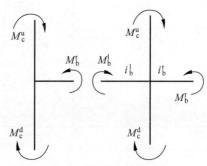

图 5-28   梁端弯矩计算

③ 梁端剪力

根据梁的平衡条件,由图 5-29 可求出水平力作用下梁端剪力

$$V_b^l = V_b^r = (M_b^r + M_b^l)/l \tag{5-12}$$

式中:V_b^l、V_b^r——梁左、右两端剪力;

　　　l——梁的跨度。

④ 柱的轴力

节点左右梁端剪力之和即为柱的层间轴力(图 5-30),第 i 层第 k 根柱轴力即为其上各层节点左右两端剪力代数之和。

$$N_{ik} = \sum_{i=1}^{n}(V_{ib}^l - V_{ib}^r) \tag{5-13}$$

式中:N_{ik}——第 i 层第 k 根柱子的轴力;

　　　V_{ib}^l、V_{ib}^r——第 i 层第 k 根两侧梁端传来的剪力,由式(5-12)确定。

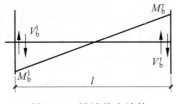

图 5-29　梁端剪力计算

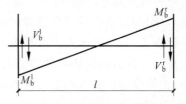

图 5-30　柱轴力计算

2. 竖向荷载作用

竖向荷载下框架内力近似计算可采用分层法和弯矩二次分配法。

分层法是将该层梁与上下柱组成计算单元,每单元按双层框架计算其内力。每层只承受该层竖向荷载,不考虑其他各层荷载的影响。由于各个单元上、下柱的远端并不是固定端,而是弹性嵌固的,故在计算简图中除底层外其他各层柱的线刚度均乘以折减系数 0.9,因此柱的弯矩传递系数也相应地由 1/2 改为 1/3。用弯矩分配法逐层计算各单元框架的弯矩,叠加起来即为整个框架的弯矩。每一层柱的最终弯矩由上、下层单元框架所得弯矩叠加,对节点处不平衡弯矩较大的可再分配一次,但不再传递。

弯矩二次分配法就是将各节点的不平衡弯矩同时进行分配和传递。第一次按梁柱线刚度分配固端弯矩,将分配弯矩传递一次(传递系数均为 1/2),再进行一次弯矩分配即可。

由于钢筋混凝土结构具有塑性内力重分布性质,在竖向荷载下可以考虑适当降低梁端弯矩,进行调幅,以减少负弯矩钢筋的拥挤现象。

对于现浇框架,调幅系数 $\beta = 0.8 \sim 0.9$;对于装配整体式框架,调幅系数 $\beta = 0.7 \sim 0.8$,将调幅后的梁端弯矩叠加简支梁的弯矩,则可得到梁的跨中弯矩。支座弯矩调幅降低后,梁跨中弯矩应相应增加,且调幅后的跨中弯矩不应小于简支情况下跨中弯矩的 50%。

只有竖向荷载作用下的梁端弯矩可以调幅,水平荷载作用下的梁端弯矩不能考虑调幅。因此,必须先将竖向荷载作用下的梁端弯矩调幅后,再与水平荷载产生的梁端弯矩进行组合。

据统计,国内高层民用建筑重力荷载为 $12 \sim 15 \text{kN/m}^2$,其中活荷载为 2kN/m^2 左右,所占比例较小,其不利布置对结构内力的影响并不大。因此,当活荷载不是很大时,可按全部

满载布置。这样,可不考虑框架侧移,以考虑活荷载不利布置对跨中弯矩的影响。

通过框架内力分析,获得不同荷载作用下产生的构件内力标准值。进行结构设计时,应根据可能出现的最不利情况确定构件内力设计值,进行截面设计。在框架抗震设计时,一般应考虑以下两种基本组合。

(1) 地震作用效应与重力荷载代表值效应的组合

抗震设计第一阶段的任务是在多遇地震作用下使结构有足够的承载力。此时,除地震作用外,还认为结构受到重力荷载代表值和其他活荷载的作用。按《抗震规范》规定的承载力极限状态设计表达式的一般形式如式(5-14)所示。当只考虑水平地震作用与重力荷载代表值时,其内力组合设计值 S 可写成

$$S = 1.2S_{GE} + 1.3S_{Ehk} \tag{5-14}$$

式中:S_{GE}——相应于水平地震作用下重力荷载代表值的效应;

　　　S_{Ehk}——水平地震作用标准值的效应。

(2) 竖向荷载效应,一般可仅考虑由可变荷载效应控制的组合

无地震作用时,结构受到全部恒荷载和活荷载的作用,考虑到全部竖向荷载一般比重力荷载代表值要大,且计算承载力时不引入承载力抗震调整系数。这样,就有可能出现在正常竖向荷载作用下所需的构件承载力要大于水平地震作用下所需要的构件承载力的情况。因此,应进行正常竖向荷载作用下的内力组合。

此时,内力组合设计值 S 可写成

$$S = 1.3S_G + 1.5S_Q \tag{5-15}$$

式中:S_G——由恒荷载标准值产生的内力标准值;

　　　S_Q——由活荷载标准值产生的内力。

在上述两种荷载组合中,最不利情况作为截面设计用的内力设计值。当需要考虑竖向地震作用或风荷载作用时,其内力组合设计值可参考有关规定。

现以框架梁、柱为例,说明内力组合方法。

(1) 梁的组合内力

支座负弯矩为

$$-M = -(1.2M_G + 1.3M_E)$$

支座正弯矩为

$$+M = 1.3M_E - 1.2M_G$$

跨间正弯矩取 $+M = M_{GE}$ 或 $+M = 1.3M'_{G中} + 1.5M_{Q中}$ 进行截面配筋,取大值。

梁端剪力为

$$V = 1.2V_G + 1.3V_E$$

式中:M_E、V_E——水平地震作用下梁的支座弯矩和剪力;

　　　M_G、V_G——重力荷载代表值作用下梁的支座弯矩和剪力;

　　　$M_{G中}$、$M_{Q中}$——永久、可变荷载标准值作用下梁跨间最大正弯矩;

　　　M_{GE}——梁跨间在重力荷载与地震荷载共同作用下的最大弯矩。

当梁上仅有均布荷载时,可采用数解法计算 M_{GE}(图 5-31),当地震作用自左至右时,可写出距左端点为 x 截面的弯矩方程为

$$M_x = R_A x - qx^2/2 - M_{GA} + M_{EA} \tag{5-16}$$

由 $\mathrm{d}M_x/\mathrm{d}x=0$ 解得跨中最大弯矩与 A 支座距离为

$$x=R_A/q \tag{5-17}$$

将式(5-17)代入式(5-16)得

$$M_{GE}=R_A^2/2q-M_{GA}+M_{EA} \tag{5-18}$$

式中：R_A——梁在 q、M_G、M_E 作用下左端点的反力。

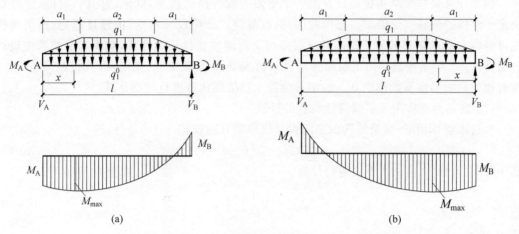

图 5-31　框架梁地震作用组合跨间最大正弯矩计算示意

（a）左震；（b）右震

（2）柱的组合内力

以横向地震作用效应为例，单向偏心受压时，

$$\begin{cases} M_x=1.2M_G+1.3M_E \\ N=1.2N_G+1.3N_E \end{cases}$$

$$\begin{cases} M_y=1.3M'_G+1.5M_Q \\ N=1.3N'_G+1.5N_Q \end{cases}$$

式中：M_G、N_G——永久荷载标准值作用下的弯矩、轴力；

　　M_Q、N_Q——可变荷载标准值作用下的弯矩、轴力。

按上述两种组合求截面配筋，取大值。

双向偏心受压是由于框架柱在两个主轴方向均承受弯矩而引起的。例如，当考虑沿 x 方向有地震作用时，柱内力应考虑以下组合：

$$\begin{cases} M_x=1.2M_{Gx}+1.3M_{Ex} \\ M_y=1.2M_{Gy} \\ N=1.2N_G+1.3N_E \end{cases}$$

$$\begin{cases} M_x=1.3M'_{Gx}+1.5M_{Qx} \\ M_y=1.3M'_{Gy}+1.5M_{Qy} \\ N=1.3N'_G+1.5N_Q \end{cases}$$

按两组内力组合进行双偏压验算或配筋，取不利者。式中角标 x、y 代表平面中两个主轴方向。

根据上述各项要求所确定的组合内力设计值,在满足了内力调整要求以后,即可按现行《混凝土结构设计规范》(GB 50010—2010)进行梁柱截面承载力验算。应注意,考虑地震荷载组合时,构件承载力设计值应除以承载力抗震调整系数。

3. 水平荷载作用下框架结构的侧移计算

侧移计算是框架结构抗震计算的一个重要方面。前已述及,框架结构的构件尺寸往往决定于结构的侧移变形要求。按照我国《抗震规范》"二阶段三水准"的设计思想,框架结构应进行两方面的侧移验算:①多遇地震作用下层间弹性位移的计算,对所有框架都应进行此项计算;②罕遇地震作用下层间弹塑性位移验算,《抗震规范》规定,抗震设防烈度 7~9度时楼层屈服强度系数小于 0.5 的钢筋混凝土框架结构宜进行此项计算。

(1)多遇地震作用下层间弹性位移的计算

多遇地震作用下,框架结构的层间弹性位移验算应按式(5-19)进行,即

$$\Delta u_e \leqslant [\theta_e]h \tag{5-19}$$

其中,Δu_e 可依 D 值法按下式进行计算:

$$\Delta u_e = V \Big/ \sum_{j=1}^{n} D_{ij} \tag{5-20}$$

式中:h——层高;

　　$[\theta_e]$——层间弹性位移角限值,取 1/550。

(2)罕遇地震作用下层间弹塑性位移验算

《抗震规范》规定,对于不超过 12 层且刚度无突变的钢筋混凝土框架结构,可按下式用简化方法验算框架薄弱层的弹塑性变形,即

$$\Delta u_p \leqslant [\theta_p]h \tag{5-21}$$

式中:$[\theta_p]$——层间弹塑性位移角限值,对钢筋混凝土框架结构取 1/50。

　　Δu_p——弹塑性层间位移,由下式计算,即

$$\Delta u_p = \eta_p \Delta u_e \tag{5-22}$$

Δu_e 见式(5-20),η_p 为弹塑性位移增大系数。

5.3.4　截面抗震设计

1. 框架梁截面设计

众所周知,框架结构的合理屈服机制是在梁上出现塑性铰,但在梁端出现塑性铰后,随着反复荷载的循环作用、剪力的影响逐渐增加,剪切变形相应加大。因此,既允许塑性铰在梁上出现又不要发生梁剪切破坏,同时还要防止由于梁筋屈服渗入节点而影响节点核心区的性能,这就是对梁端抗震设计的基本要求。具体说来,即①梁形成塑性铰后仍有足够的受剪承载力;②梁筋屈服后,塑性铰区段应有较好的延性和耗能能力;③妥善地解决梁筋锚固问题。

1)框架梁抗剪承载力验算

(1)梁剪力设计值。为使梁端有足够的抗剪承载力,实现"强剪弱弯"的设计思想,应充分估计框架梁端实际配筋达到屈服并产生超强时有可能产生的最大剪力。《抗震规范》规

定,对于抗震等级为一、二、三级的框架梁端剪力设计值 V,应按下式进行调整:

$$V = \eta_{vb}(M_b^l + M_b^r)/l_n + V_{Gb} \tag{5-23}$$

抗震设防烈度 9 度和一级框架结构尚应符合:

$$V = 1.1(M_{bua}^l + M_{bua}^r)/l_n + V_{Gb} \tag{5-24}$$

式中:l_n——梁的净跨;

　　V_{Gb}——梁在重力荷载代表值(抗震设防烈度 9 度时高层建筑尚应包括竖向地震作用标准值)作用下,按简支梁分析的梁端截面剪力设计值;

　　M_b^l、M_b^r——梁左右端逆时针或顺时针方向组合的弯矩设计值,一级抗震等级框架两端弯矩均为负弯矩时,绝对值较小一端的弯矩取零;

　　M_{bua}^l、M_{bua}^r——梁左右端逆时针或顺时针方向根据实配钢筋面积(计入受压钢筋)和材料强度标准值计算的正截面受弯承载力所对应的弯矩设计值;

　　η_{vb}——梁端剪力增大系数,抗震等级一级为 1.3、二级为 1.2、三级为 1.1。

根据本条规定,对于抗震等级为一、二、三级的框架梁,当考虑地震作用进行内力组合时,其剪力可不必组合。

(2)剪压比限值。剪压比是截面上平均剪应力与混凝土轴心抗压强度设计值的比值,以 $V/(\beta_c f_c bh_0)$ 表示,用以说明截面上承受名义剪应力的大小。

梁塑性铰区的截面剪应力大小对梁的延性、耗能及保持梁的刚度和承载力有明显影响。根据反复荷载下配箍率较高的梁剪切试验资料,其极限剪压比平均值约为 0.24。当剪压比大于 0.30 时,即使加大配箍率,也容易发生斜压破坏。

为了保证梁截面不至于过小,使其不产生过高的主压应力,《抗震规范》规定,对于跨高比大于 2.5 的框架梁,其截面尺寸与剪力设计值应符合下式要求:

$$V \leqslant \frac{1}{\gamma_{RE}}(0.20\beta_c f_c bh_0) \tag{5-25}$$

根据工程实践经验,一般受弯构件当截面尺寸满足此要求时,可以防止在使用荷载作用下出现过宽的斜裂缝。

对于跨高比不大于 2.5 的框架梁,其截面尺寸与剪力设计值应符合下式要求:

$$V \leqslant \frac{1}{\gamma_{RE}}(0.15\beta_c f_c bh_0) \tag{5-26}$$

(3)梁斜截面受剪承载力。与非抗震设计类似,梁的受剪承载力可归结为由混凝土和抗剪钢筋两部分组成。但是在反复荷载作用下,混凝土的抗剪作用将有明显的削弱,其原因是梁的受压区混凝土不再完整,斜裂缝的反复张开与闭合使骨料咬合作用下降,严重时混凝土将剥落。根据试验资料,在反复荷载作用下梁的受剪承载力比静载下低 20%～40%。《混凝土结构设计规范》规定,对于矩形、T 形和工字形截面的一般框架梁,斜截面受剪承载力应按下式验算:

$$V \leqslant \frac{1}{\gamma_{RE}}\left(0.42f_t bh_0 + 1.0f_{yv}\frac{A_{sv}}{s}bh_0\right) \tag{5-27}$$

式中:f_{yv}——箍筋抗拉强度设计值;

　　A_{sv}——同一截面箍筋各肢的全部截面面积;

　　γ_{RE}——承载力抗震调整系数,一般取 0.85;对于一、二级抗震等级框架短梁,取 1.0。

国外有些规范,为安全起见,不考虑塑性铰区的混凝土抗剪作用,全部剪力均由抗剪钢筋承担。

2) 提高梁延性的措施

由于影响地震作用和结构承载力的因素十分复杂,人们对地震破坏的机理尚不十分清楚,目前还难以做出精细的计算与评估。在不可能进行大规模地震模拟试验的情况下,从大量的震害调查中总结经验,提出合理的抗震措施,以提高结构的抗地震能力,往往较之截面计算显得更重要。

另外,从我国《抗震规范》"二阶段三水准"的设防原则来看,前面的地震反应计算及截面承载力计算,仅仅解决了众值烈度下第一水准的设防问题,对于基本烈度下的非弹性变形及罕遇烈度下的防倒塌问题,尚有赖于合理的概念设计及正确的构造措施。

对钢筋混凝土框架结构来说,构造设计的目的主要在于保证结构在非弹性变形阶段有足够的延性,使之能吸收较多的地震能量。因此在设计中应注意防止结构发生剪切破坏或混凝土受压区脆性破坏。

试验和理论分析表明,影响梁截面延性的主要因素有截面尺寸、截面相对受压区高度及纵向受拉钢筋的配筋率、纵向受压钢筋与反拉钢筋的比值、梁端箍筋配置等。

(1) 截面尺寸

在地震作用下,梁端塑性铰区混凝土保护层容易剥落。如果梁截面宽度过小则截面损失比例较大,故一般框架梁宽度不宜小于200mm。为了对节点核心区提供约束以提高节点受剪承载力,梁宽不宜小于柱宽的1/2。窄而高的梁不利于混凝土约束,也会在梁刚度降低后引起侧向失稳,故梁的高宽比不宜大于4。另外,梁的塑性铰区发展范围与梁的跨高比有关,当跨高比小于4时,属于短梁,在反复弯剪作用下,斜裂缝将沿梁全长发展,从而使梁的延性及承载力急剧降低。所以《抗震规范》规定,梁净跨与截面高度之比不宜小于4。

(2) 截面相对受压区高度及纵向钢筋的配筋率

试验表明,当纵向受拉钢筋配筋率很高时,梁受压区的高度相应加大,截面上受到的压力也大。在弯矩达到峰值时,弯矩-曲率曲线很快出现下降(图5-32);但当配筋率较低时,达到弯矩峰值后能保持相当长的水平段,因而大大提高了梁的延性和耗散能量的能力。因此,梁的变形能力随截面混凝土受压区的相对高度 $\xi\left(\xi=\dfrac{x}{h_0}\right)$ 的减小而增大。当 $\xi=0.20\sim$ 0.35 时,梁的位移延性可达 3~4。控制梁受压区高度,也就控制了梁的纵向钢筋配筋率。《抗震规范》规定,截面受压区高度(可考虑受压钢筋影响)与有效高度之比,抗震等级一级框架梁不应大于0.25,二、三级框架梁不应大于0.35,且梁端纵向受拉钢筋的配筋率均不应大于2.5%。限制受拉配筋率是为了避免剪跨比较大的梁在未达到延性要求之前,梁端下部受压区混凝土过早达到极限压应变而破坏。

(3) 纵向变压钢筋与受拉钢筋的比值

梁端截面上纵向受压钢筋与纵向受拉钢筋保持一定的比例,对梁的延性也有较大的影响。其一,一定的受压钢筋可以减小混凝土受压区高度;其二,在地震作用下,梁端可能会出现正弯矩,如果梁底面钢筋过少,梁下部破坏严重,也会影响梁的承载力和变形能力。所以在梁端箍筋加密区,受压钢筋面积和受拉钢筋面积的比值,抗震等级一级不应小于0.5;

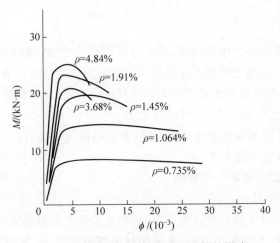

图 5-32　纵向受拉配筋对截面延性的影响

二、三级不应小于 0.3。在计算该截面受压区高度时,由于受压钢筋在梁铰形成时呈现不同程度的压屈失效,一般可按受压钢筋面积的 60% 且不大于同截面受拉钢筋的 30% 考虑。

考虑到地震弯矩的不确定性,梁顶面和底面应配置一定的通长钢筋,对于抗震等级一、二级不应小于 $2\varnothing14$,且分别不应小于梁两端顶面和底面纵向配筋中较大截面面积的 1/4,三、四级不应小于 $2\varnothing12$。

抗震等级一、二级框架梁内贯通中柱节点的每根纵向钢筋直径,对于矩形截面柱不宜大于柱在该方向截面尺寸的 1/20。

(4) 梁端箍筋配置

在梁端预期塑性铰区段加密箍筋,可以起到约束混凝土,提高混凝土变形能力的作用,从而可获得提高梁截面转动能力,增加其延性的效果。《抗震规范》对梁端加密区的范围和构造要求所做的规定详见表 5-8。《抗震规范》还规定,当梁端纵向受拉钢筋配筋率大于 2% 时,表 5-8 箍筋最小直径数值应增大 2mm;加密区箍筋肢距,抗震等级为一级不宜大于 200mm 和 20 倍箍筋直径的较大值,二、三级不宜大于 250mm 和 20 倍箍筋直径的较大值,四级不宜大于 300mm。在梁端箍筋加密区内,一般不宜设置纵筋接头。

表 5-8　梁端箍筋加密区的长度、箍筋的最大间距和最小直径

抗震等级	加密区长度 (采用较大值)/mm	箍筋最大间距 (采用较小值)/mm	箍筋最小直径/mm
一	$2h_b$,500	$h_b/4$,6d,100	10
二	$1.5h_b$,500	$h_b/4$,8d,100	8
三	$1.5h_b$,500	$h_b/4$,8d,150	8
四	$1.5h_b$,500	$h_b/4$,8d,150	6

注: ① d 为纵向钢筋直径; h_b 为梁截面高度;

② 箍筋直径大于 12mm,数量不少于 4 肢且肢距不大于 150mm 时,抗震等级为一、二级的最大间距应允许适当放宽,但不得大于 150mm。

2. 框架柱截面设计

柱是框架结构中最主要的承重构件,即使是个别柱的失效,也可能导致结构全面倒塌;另外,柱为偏压构件,其截面变形能力远不如以弯曲作用为主的梁。要使框架结构具有较好的抗震性能,应该确保有足够的承载力和必要的延性。为此,柱的设计应遵循以下原则:

(1) 强柱弱梁,使柱尽量不出现塑性铰;

(2) 在弯曲破坏之前不发生剪切破坏,使柱有足够的抗剪能力;

(3) 控制柱的轴压比不要太大;

(4) 加强约束,配置必要的约束箍筋。

1) 强柱弱梁

强柱弱梁的概念要求在强烈地震作用下,结构发生较大侧移进入非弹性阶段时,为使框架保持足够的竖向承载力而免于倒塌,要求实现梁铰破坏机制,即塑性铰应首先在梁上形成,尽可能避免在危害更大的柱上出现塑性铰。

为此,就承载力而言,要求同一节点上、下柱端截面极限抗弯承载力之和应大于同一平面内节点左、右梁端截面的极限抗弯承载力之和(图 5-33)。《抗震规范》规定,抗震等级为一、二、三级框架的梁柱节点处,除框架顶层和柱轴压比小于 0.15 外,柱端弯矩设计值应符合下式要求:

$$\sum M_c = \eta_c \sum M_b \tag{5-28}$$

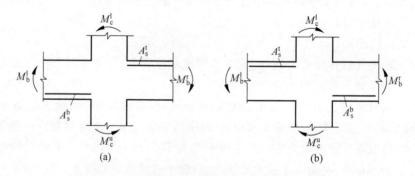

图 5-33　强柱弱梁示意图

抗震设防烈度 9 度和一级抗震等级框架结构尚应符合:

$$\sum M_c = 1.2 \sum M_{buc} \tag{5-29}$$

式中:$\sum M_c$——节点上下柱端截面顺时针或逆时针方向组合的弯矩设计值之和,上下柱端的弯矩,一般情况可按弹性分析分配。

$\sum M_b$——节点左、右梁端截面顺时针或逆时针方向组合的弯矩设计值之和,一级抗震等级框架节点左、右梁端均为负弯矩时,绝对值较小一端的弯矩应取零。

$\sum M_{buc}$——节点左、右梁端截面顺时针或逆时针方向根据实配钢筋面积(考虑受压钢筋)和材料强度标准值计算的受弯承载力所对应的弯矩设计值之和。

η_c——框架柱端弯矩增大系数,对框架结构,抗震等级为一、二、三、四级可分别取
　　　1.7、1.5、1.3、1.2;其他结构类型中的框架,抗震等级为一级可取 1.4,二级可
　　　取 1.2,三、四级可取 1.1。

当反弯点不在柱高范围内时,说明框架梁对柱的约束作用较弱,为避免在竖向荷载和地震共同作用下柱压屈失稳,柱端的弯矩设计值可乘以上述增大系数。对于轴压比小于 0.15的柱,包括顶层柱,因其具有与梁相近的变形能力,故可不必满足上述要求。

试验表明,即使满足上述强柱弱梁的计算要求,要完全避免柱中出现塑性铰仍是很困难的。对于某些柱端,特别是底层柱的底端很容易形成塑性铰。因为地震时柱的实际反弯点会偏离柱的中部,使柱的某一端承受的弯矩很大,超过了其极限抗弯能力。另外,地震作用可能来自任意方向,柱双向偏心受压会降低柱的承载力,而楼板钢筋参加工作又会提高梁的受弯承载力。凡此种种原因无法保证柱不出现塑性铰。国内外研究表明,要真正达到强柱弱梁的目的,柱与梁的极限抗弯承载力之比要求在 1.60 以上。而按《抗震规范》设计的框架结构这个比值在 1.25 左右。因此,按式(5-29)设计时只能取得在同一楼层中部分为梁铰,部分为柱铰以及不至于在柱上下两端同时出现铰的混合机制。故对框架柱的抗震设计还应采取其他措施,尽可能提高其极限变形能力,如限制轴压比和剪压比、加强柱端约束箍筋等。

试验研究还表明,框架底层柱根部对整体框架延性起到控制作用,柱脚过早出现塑性铰将影响整个结构的变形及耗能能力。随着底层框架梁铰的出现,底层柱根部弯矩亦有增大趋势。为了延缓底层根部柱铰的发生,使整个结构的塑化过程得以充分发展,而且底层柱计算长度和反弯点有更大的不确定性,故应当适当加强底层柱的抗弯能力。为此,《抗震规范》规定,抗震等级一、二、三、四级框架结构的底层柱下端截面的弯矩设计值,应分别乘以增大系数 1.7、1.5、1.3、1.2。

《抗震规范》还规定,按两个主轴方向分别考虑地震作用时,抗震等级一、二、三、四级框架结构的角柱按调整后的弯矩及剪力设计值尚应乘以不小于 1.10 的增大系数。

2) 强剪弱弯——在弯曲破坏之前不发生剪切破坏

(1) 柱剪力设计值

为防止框架柱出现剪切破坏,应充分估计到柱端出现塑性铰即达到极限抗弯承载力时有可能产生的最大剪力,并以此进行柱斜截面计算。《抗震规范》规定,对于抗震等级为一、二、三级的框架柱端剪力设计值,应按下式进行调整:

$$V = \eta_{vb}(M_c^t + M_c^b)/H_n \tag{5-30}$$

9 度抗震设防烈度和一级抗震等级框架结构尚应符合下式要求:

$$V = 1.2(M_{cua}^t + M_{cua}^b)/H_n \tag{5-31}$$

式中: H_n——柱的净高。

η_{vb}——柱剪力增大系数,对框架结构,抗震等级一、二、三、四级可分别取 1.5、1.3、
　　　1.2、1.1;其他结构类型中的框架,抗震等级一级可取 1.4,二级可取 1.2,三、
　　　四级可取 1.1。

M_c^t、M_c^b——柱的上、下端顺时针或逆时针方向截面组合的弯矩设计值,应考虑强柱
　　　　　弱梁系数及底层柱下端弯矩放大系数的影响。

M_{cua}^t、M_{cua}^b——柱的上、下端顺时针或逆时针方向根据实配钢筋面积、材料强度标准
　　　　　值和轴压力等计算的偏压承载力所对应的弯矩设计值。

（2）剪压比限值

剪压比是截面上平均剪应力与混凝土轴心抗压强度设计值的比值，以 $V/(\beta_c f_c b h_0)$ 表示，用以说明截面上承受名义剪应力的大小。

试验表明，在一定范围内可通过增加箍筋以提高构件的抗剪承载力，但作用在构件上的剪力最终要通过混凝土来传递。如果剪压比过大，混凝土就会过早地产生脆性破坏，使箍筋不能充分发挥作用。因此必须限制剪压比，实质上也就是构件最小截面尺寸的限制条件。

《抗震规范》规定，对于剪跨比大于 2 的矩形截面框架柱，其截面尺寸与剪力设计值应符合式（5-25）的要求；对于剪跨比不大于 2 的框架柱，其截面尺寸与剪力设计值应符合式（5-26）的要求。

（3）柱斜截面受剪承载力

试验证明，在反复荷载作用下，框架柱的斜截面破坏有斜拉、斜压和剪压等几种破坏形态。当配箍率能满足一定要求时，可防止斜拉破坏；当截面尺寸满足一定要求时，可防止斜压破坏。而对于剪压破坏，应通过配筋计算来防止。

研究表明，影响框架柱受剪承载力的主要因素除混凝土强度外，尚有剪跨比、轴压比和配箍特征值（$\rho_{sv} f_y / f_c$）等。剪跨比越大，受剪承载力越低。轴压比小于 0.4 时，由于轴向压力有利于骨料咬合，可以提高受剪承载力；而轴压比过大时混凝土内部产生微裂缝，受剪承载力反而下降。在一定范围内，配箍越多，受剪承载力提高越多。在反复荷载下，截面上混凝土反复开裂和剥落，混凝土咬合作用有所削弱，因而构件抗剪承载力会有所降低。与单调加载相比，在反复荷载作用下的构件受剪承载力要降低 $10\%\sim30\%$，因此，《混凝土结构设计规范》规定，框架柱斜截面受剪承载力按下式计算：

$$V_c \leqslant \frac{1}{\gamma_{RE}} \left(\frac{1.05}{\lambda+1} f_t b_c h_{c0} + f_{yv} \frac{A_{sv}}{s} h_{c0} + 0.056N \right) \tag{5-32}$$

当框架柱出现拉力时，其斜截面承载力应按下式计算：

$$V_c \leqslant \frac{1}{\gamma_{RE}} \left(\frac{1.05}{\lambda+1} f_t b_c h_{c0} + f_{yv} \frac{A_{sv}}{s} h_{c0} - 0.2N \right) \tag{5-33}$$

式中：λ——柱的计算剪跨比，$\lambda = H_n/2h_{c0}$。当 $\lambda<1$ 时，取 $\lambda=1$，当 $\lambda>3$ 时，取 $\lambda=3$。

　　　　N——考虑地震作用组合的柱轴向压力或拉力设计值。当 $N>0.3f_c b_c h_{c0}$ 时，取

$$N = 0.3 f_c b_c h_{c0}$$

　　　　γ_{RE}——承载力抗震调整系数，取 0.85。

　　　　A_{sv}——同一截面内各肢水平箍筋的全部截面面积。

　　　　s——箍筋间距。

3）控制柱轴压比

轴压比 μ_N 是指柱组合的轴压力设计值与柱的全截面面积和混凝土轴心抗压强度设计值乘积之比，以 $N/(f_c b_c h_c)$ 表示。轴压比是影响柱子破坏形态和延性的主要因素之一。试验表明，柱的位移延性随轴压比增大而急剧下降，尤其在高轴压比条件下，箍筋对柱的变形能力的影响越来越不明显。随着轴压比的大小变化，柱将呈现两种破坏形态，即混凝土压碎而受拉钢筋并未屈服的小偏心受压破坏和受拉钢筋首先屈服具有较好延性的大偏心受压破坏。框架柱的抗震设计一般应控制在大偏心受压破坏范围内。因此，必须控制轴压比。

轴压比的限值是依据理论分析和试验研究确定的。由截面界限破坏可知（图 5-34），此时

受拉钢筋屈服,同时混凝土也达到极限压应变($\varepsilon_{cu} = 0.0033$),则截面相对受压区高度 ξ_b 为

$$\xi_b = \frac{x_b}{h_{c0}} = \frac{0.0033}{0.0033 + \dfrac{f_{yk}}{E_s}} \tag{5-34}$$

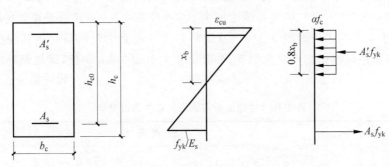

图 5-34　界限破坏时的受力情况

对于 HPB300 级、HRB335 级钢筋,当混凝土强度等级低于 C50 时,ξ_b 分别为 0.576 和 0.55。对于对称配筋,且承受轴压力标准值 N_k 作用的截面,利用平衡条件可得受压区高度:

$$x = \frac{N_k}{f_c b_{c0}} = 0.80\xi_b h_{c0} \tag{5-35}$$

将之改写为按轴压力设计值和混凝土轴心受压强度设计值计算,则

$$\frac{N}{f_c b_c h_c} = 0.80\xi_b \left(\frac{N}{N_k}\right)\left(\frac{\alpha f_c}{f_{tk}}\right)\left(\frac{f_{tk}}{f_c}\right)\left(\frac{h_{c0}}{h_c}\right) = 1.30\xi_b \tag{5-36}$$

对于 HPB300 级、HRB335 级钢筋,轴压比分别为 0.749 和 0.715,这是对称配筋柱大小偏心受压状态的轴压比分界值。在此基础上,综合考虑不同抗震等级的延性要求,对于考虑地震作用组合的各种柱轴压比限值见表 5-9。Ⅳ类场地上较高的高层建筑的柱轴压比限值应适当减小。

表 5-9　柱轴压比限值

结 构 类 型	抗 震 等 级			
	一	二	三	四
框架结构	0.65	0.75	0.85	0.90
框架-抗震墙、板柱-抗震墙、框架-核心筒及筒中筒	0.75	0.85	0.90	0.95
部分框支抗震墙	0.60	0.70	—	

注:① 轴压比指柱组合的轴压力设计值与柱的全截面面积和混凝土轴心抗压强度设计值乘积之比值;可不进行地震作用计算的结构,取无地震作用组合的轴力设计值。

② 表内限值适用于剪跨比大于 2、混凝土强度等级不高于 C60 的柱;剪跨比不大于 2 的柱轴压比限值应降低 0.05;剪跨比小于 1.5 的柱,轴压比限值应专门研究并采取特殊构造措施。

③ 沿柱全高采用井字复合箍且箍筋肢距不大于 200mm、间距不大于 100mm、直径不小于 12mm,或沿柱全高采用复合螺旋箍、螺旋间距不大于 100mm、箍筋肢距不大于 200mm、直径不小于 12mm,或沿柱全高采用连续复合矩形螺旋箍,螺旋净距不大于 80mm、箍筋肢距不大于 200mm,直径不小于 10mm,轴压比限值均可增加 0.10;上述三种箍筋的配箍特征值均应按增大的轴压比确定。

④ 在柱的截面中部附加芯柱,其中另加的纵向钢筋的总面积不少于柱截面面积的 0.8%,轴压比限值可增加 0.05。此项措施与注③的措施共同采用时,轴压比限值可增加 0.15,但箍筋的体积配箍率仍可按轴压比增加 0.10 的要求确定。

⑤ 柱轴压比不应大于 1.05。

4）柱内纵向钢筋配置

通过分析国内外270余根柱的试验资料,发现柱屈服位移角大小主要受受拉钢筋配筋率支配,并且大致随配筋率线性增大。

为了避免地震作用下柱过早进入屈服,并获得较大的屈服变形,必须满足柱纵向钢筋的最小总配筋率要求(表5-10),同时每侧配筋率不应小于0.2%;对建造于Ⅳ类场地且较高的高层建筑,最小总配筋率应增加0.1%。总配筋率按柱截面中全部纵向钢筋的面积与截面面积之比计算。柱纵向钢筋宜对称配置,截面尺寸大于400mm的柱,纵向钢筋间距不宜大于200mm。

表 5-10　柱截面纵向钢筋的最小总配筋率

类　　别	抗　震　等　级			
	一	二	三	四
中柱和边柱	0.9(1.0)	0.7(0.8)	0.6(0.7)	0.5(0.6)
角柱、框支柱	1.1	0.9	0.8	0.7

注:① 表中括号内数值用于框架结构的柱;
② 钢筋强度标准值小于400MPa时,表中数值应增0.1,钢筋强度标准值为400MPa时,表中数值应增加0.05;
③ 混凝土强度等级高于C60时,上述数值应相应增加0.1。

框架柱纵向钢筋的最大总配筋率也应受到控制。过大的配筋率易产生粘结破坏并降低柱的延性。因此,对采用HRB335、HRB400级钢筋的柱,总配筋率不应大于5%。抗震等级为一级且剪跨比不大于2的柱,其纵向受拉钢筋单边配筋率不宜大于1.2%,并应沿柱全高采用复合箍筋,以防止粘结型剪切破坏。

5）加强柱端约束

根据震害调查,框架柱的破坏主要集中在柱端1.0～1.5倍柱截面高度范围内。加密柱端箍筋可以有三方面作用:①承担柱剪力;②约束混凝土,提高混凝土的抗压强度及变形能力;③为纵向钢筋提供侧向支承,防止纵筋压屈。

柱端箍筋加密区范围应按下列规定采用:

(1) 柱端,取截面高度(圆柱直径)、柱净高的1/6和500mm三者的最大值。

(2) 底层柱,柱根不小于柱净高的1/3;当有刚性地面时,除柱端外尚应取刚性地面上下各500mm。

(3) 剪跨比不大于2的柱和因填充墙等形成的柱净高与柱截面高度之比不大于4的柱,取全高。

(4) 框支柱,取全高。

(5) 抗震等级为一级及二级的框架角柱,取全高。

一般情况下,柱端箍筋加密区的箍筋间距和直径应符合表5-11的要求。抗震等级为二级框架柱的箍筋直径不小于10mm,且箍筋肢距不大于200mm时,除柱根外最大间距应允许采用150mm;抗震等级为三级框架柱的截面尺寸不大于400mm时,箍筋最小直径允许采用6mm;抗震等级为四级框架柱剪跨比不大于2时,箍筋直径不应小于8mm;框支柱和剪跨比不大于2的柱,箍筋间距不应大于100mm。

框支柱和柱净高与柱截面高度之比不大于4及剪跨比小于2的柱,箍筋间距不应大于 100mm。

柱箍筋加密区的箍筋肢距,抗震等级为一级不宜大于 200mm;二、三级不宜大于 250mm 和 20 倍箍筋直径的较大值;四级不应大于 300mm,且至少每隔一根纵筋宜在两个方向有箍筋或拉筋约束;采用拉筋组合箍筋时,拉筋宜紧靠纵向钢筋并钩住封闭箍筋。

表 5-11 柱箍筋加密区的箍筋最大间距和最小直径

抗 震 等 级	加密区长度(采用较大值)/mm	箍筋最小直径/mm
一	$6d$,100	10
二	$8d$,100	8
三	$8d$,150(柱根 100)	8
四	$8d$,150(柱根 100)	6(柱根 8)

注:① d 为柱纵筋最大直径;
② 柱根指底层柱下端箍筋加密区。

试验资料表明,在满足一定位移条件下,约束箍筋的用量随轴压比的增大而增加,大致成线性关系。

《抗震规范》规定,依柱轴压比的不同,柱端箍筋加密区约束箍筋的体积配箍率应符合下式要求:

$$\rho_v \geqslant \lambda_v f_c / f_{yv} \tag{5-37}$$

式中:ρ_v——柱箍筋加密区的体积配箍率,抗震等级为一级不应小于 0.8%;二级不应小于 0.6%,三、四级不应小于 0.4%。计算复合螺旋箍的体积配箍率时,其非螺旋箍的箍筋体积应乘以折减系数 0.80。

f_c——混凝土轴心抗压强度设计值,强度低于 C35 时,取 C35 计算。

f_{yv}——箍筋抗拉强度设计值,超过 360N/mm^2 时,取 360N/mm^2。

λ_v——最小配箍特征值,按表 5-12 采用。

表 5-12 柱箍筋加密区的箍筋最小配箍特征值

抗震等级	箍筋形式	柱轴压比								
		≤0.3	0.4	0.5	0.6	0.7	0.8	0.9	1.0	1.05
一	普通箍、复合箍	0.10	0.11	0.13	0.15	0.17	0.20	0.23	—	—
	螺旋箍、复合箍或连续复合矩形螺旋箍	0.08	0.09	0.11	0.13	0.15	0.18	0.21	—	—
二	普通箍、复合箍	0.08	0.09	0.11	0.13	0.15	0.17	0.19	0.22	0.24
	螺旋箍、复合箍或连续复合矩形螺旋箍	0.06	0.07	0.09	0.11	0.12	0.15	0.17	0.20	0.22
三、四	普通箍、复合箍	0.06	0.07	0.09	0.11	0.13	0.15	0.17	0.20	0.22
	螺旋箍、复合箍或连续复合矩形螺旋箍	0.05	0.06	0.07	0.09	0.11	0.13	0.15	0.18	0.20

注:普通箍指单个矩形箍和单个圆形箍;复合箍指由矩形、多边形、圆形箍或拉筋组成的箍筋;复合螺旋箍指由螺旋箍与矩形、多边形、圆形箍或拉筋组成的箍筋;连续复合矩形螺旋箍指用一根通长钢筋加工而成的箍筋。

柱箍筋非加密区的箍筋体积配箍率不宜小于加密区的 50%;箍筋间距,抗震等级为一、二级框架柱不应大于 10 倍纵向钢筋直径,三、四级框架柱不应大于 15 倍纵向钢筋直径。

3．框架节点抗震设计

框架节点是框架梁柱构件的公共部分，节点的失效意味着与之相连的梁与柱同时失效。另外，框架结构最佳的抗震机制是梁铰破坏机制，但梁端塑性铰形成的基本前提是保证梁纵筋在节点区有可靠的锚固。因而，在框架结构抗震设计中对节点应予足够重视。

国内外大地震的震害表明，钢筋混凝土框架节点在地震中多有不同程度的破坏，破坏的主要形式是节点核心区剪切破坏和钢筋锚固破坏，严重的会引起整个框架倒塌。节点破坏后的修复也比较困难。

1）框架节点的设计准则

根据"强节点弱构件"的设计概念，框架节点的设计准则如下：

（1）节点的承载力不应低于其连接构件（梁、柱）的承载力；

（2）多遇地震时，节点应在弹性范围内工作；

（3）罕遇地震时，节点承载力的降低不得危及竖向荷载的传递；

（4）梁柱纵筋在节点区应有可靠的锚固；

（5）节点配筋不应使施工过分困难。

《抗震规范》要求，抗震等级为一、二级框架的节点核心区应进行抗震验算，三、四级框架节点核心区可不进行抗震验算，但应符合抗震构造措施的要求。

2）一般框架节点核心区抗剪承载力验算

（1）剪力设计值 V

节点核心区是指框架梁与框架柱相交的部位。节点核心区的受力状态是很复杂的，主要是承受压力和水平剪力的组合作用。图 5-35 表示在水平地震作用和竖向荷载的共同作用下，节点核心区所受到的各种力。

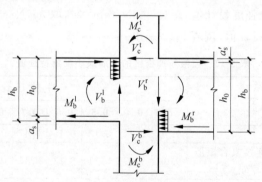

图 5-35　框架节点核心区受力示意

在确定节点剪力设计值时，应根据不同的抗震等级，分别按式（5-38）与式（5-39）计算。

抗震等级为一级、二级框架：

$$V_j = \frac{\eta_{jb} \sum M_b}{h_{b0} - a'_s}\left(1 - \frac{h_{b0} - a'_s}{H_n - h_b}\right) \tag{5-38}$$

抗震设防烈度 9 度和抗震等级为一级框架结构：

$$V_j = \frac{1.15 \sum M_{bua}}{h_{b0} - a'_s}\left(1 - \frac{h_{b0} - a'_s}{H_n - h_b}\right) \tag{5-39}$$

式中：V_j——梁柱节点核心区组合的剪力设计值；

h_{b0}——梁截面的有效高度，节点两侧梁截面高度不等时可采用平均值；

a'_s——梁受压钢筋合力点至受压边缘的距离；

H_n——柱的计算高度，可采用节点上、下柱反弯点之间的距离；

h_b——梁的截面高度，节点两侧梁截面高度不等时可采用平均值；

η_{jb}——节点剪力增大系数，抗震等级为一级取 1.35，抗震等级为二级取 1.2；

$\sum M_b$——节点左、右梁端顺时针或逆时针方向组合弯矩设计值之和，抗震等级为一级时节点左、右梁端均为负弯矩，绝对值较小的弯矩应取零；

$\sum M_{bua}$——节点左、右梁端顺时针或逆时针方向实配的正截面抗震受弯承载力所对应的弯矩值之和，根据实配钢筋面积（受压筋）和材料强度标准值确定。

（2）剪压比限值

为防止节点核心区混凝土斜压破坏，同样要控制剪压比不得过大。但节点核心周围一般都有梁的约束，抗剪面积实际比较大，故剪压比限值可适当放宽。一般应满足：

$$V_j \leqslant \frac{1}{\gamma_{RE}}(0.3\eta_j f_c b_j h_j) \tag{5-40}$$

式中：η_j——正交梁的约束影响系数，楼板为现浇，四侧各梁截面宽度不小于该侧柱截面宽度的 1/2，且正交方向梁高度不小于框架梁高度的 3/4 时，可采用 1.5，抗震设防烈度 9 度时取 1.25，其他情况均采用 1.0；

γ_{RE}——承载力抗震调整系数，可采用 0.85；

h_j——节点核心区的截面高度，可采用验算方向的柱截面高度；

b_j——节点核心区的截面有效验算宽度。

（3）节点受剪承载力

试验表明，节点核心区混凝土初裂前，剪力主要由混凝土承担，箍筋应力很小，节点受力状态类似一个混凝土斜压杆；节点核心区出现交叉斜裂缝后，剪力由箍筋与混凝土共同承担，节点受力类似于桁架。

框架节点的受剪承载力可以由混凝土和节点箍筋共同承担。影响受剪承载力的主要因素有柱轴向力、正交梁约束、混凝土强度和节点配箍情况等。

试验表明，与柱相似，在一定范围内，随着柱轴向压力的增加，不仅能提高节点的抗裂性，而且能提高节点极限承载力。另外，垂直于框架平面的正交梁如具有一定的截面尺寸，对核心区混凝土将具有明显的约束作用，实质上是扩大了受剪面积，因而也提高了节点的受剪承载力。《抗震规范》规定，现浇框架节点的受剪承载力按下式计算：

$$V_j \leqslant \frac{1}{\gamma_{RE}}\left(1.1\eta_j f_c b_j h_j + 0.05\eta_j N \frac{b_j}{b_c} + f_{yv} A_{svj} \frac{h_{b0}-a'_s}{s}\right) \tag{5-41}$$

9 度时，

$$V_j \leqslant \frac{1}{\gamma_{RE}}\left(0.9\eta_j f_c b_j h_j + f_{yv} A_{svj} \frac{h_{b0}-a'_s}{s}\right) \tag{5-42}$$

式中：N——考虑地震作用组合的节点上柱底部的轴向压力较小设计值。当 $N > 0.5 f_c b_c h_c$ 时，$N = 0.5 f_c b_c h_c$，当 N 为拉力时，取 $N = 0$。

f_{yv}——节点箍筋抗拉强度设计值。

A_{svj}——核心区有效验算宽度范围内同一截面验算方向各肢箍筋的总截面面积。

s——箍筋间距。

（4）节点截面有效宽度

在上面计算中 $b_j h_j$ 为节点截面受剪的有效面积。其中节点截面有效宽度 b_j 应视梁柱轴线是否重合等情况，分别按下列公式确定：

① 当验算方向的梁截面宽度不小于该侧柱截面宽度的 1/2 时，b_j 可采用该侧柱截面宽度：

$$b_j = b_c \tag{5-43}$$

② 当梁截面宽度小于该侧柱截面宽度的 1/2 时，可采用下式二者的较小值：

$$b_j = b_b + 0.5h_c \tag{5-44}$$

$$b_j = b_c \tag{5-45}$$

式中：b_j——节点核心区的截面有效验算宽度；

b_b——梁截面宽度；

h_c——验算方向的柱截面高度；

b_c——验算方向的柱截面宽度。

③ 当梁柱轴线不重合且偏心距 e 较大时，则梁传到节点的剪力将偏向一侧，这时节点有效宽度 b_j 将比 b_c 小。当偏心距不大于柱宽的 1/4 时，核心区的截面验算宽度可采用式(5-43)～式(5-46)计算结果的较小值。

$$b_j = 0.5(b_b + b_c) + 0.25h_c - e \tag{5-46}$$

（5）框架节点构造要求

为保证节点核心区的抗剪承载力，使框架梁、柱纵向钢筋有可靠的锚固条件，对节点核心区混凝土进行有效的约束是必要的。节点区箍筋最大间距和最小直径宜按表 5-11 采用。但节点核心区箍筋的作用与柱端有所不同，为便于施工，可适当放宽构造要求，抗震等级为一、二、三级框架节点核心区含箍特征值分别不宜小于 0.12、0.10、0.08，轴压比小于 0.4时，可按表 5-12 采用，柱剪跨比不大于 2 的框架节点核心区含箍特征值不宜小于核心区上下柱端的较大含箍特征值。

此外，也可利用柱纵向钢筋进行约束，因此柱的纵筋间距不宜大于 200mm。还可以在节点核心区两侧的梁高度范围内设置竖向剪力钢筋，形成笼状约束，从而提高节点的承载力。

封闭箍筋应有 135°弯钩，弯钩末端直线延长段不宜小于 10 倍箍筋直径并锚入核心区混凝土内，箍筋的无支承长度不得大于 350mm，否则应配置辅助拉条。柱中的纵向受力钢筋，不宜在节点中切断。

3）梁柱纵筋在节点区的锚固

在反复荷载作用下，钢筋与混凝土的粘结强度将发生退化，梁筋锚固破坏是常见的脆性破坏形式之一。锚固破坏将大大降低梁截面后期抗弯承载力及节点刚度。当梁端截面的底面钢筋面积与顶面钢筋面积相比相差较多时，底面钢筋更容易产生滑动，应设法防止。

梁筋的锚固方式一般有两种：直线锚固和弯折锚固。在中柱常用直线锚固，在边柱常用 90°弯折锚固。

　　试验表明,直线筋的粘结强度主要与锚固长度、混凝土抗拉强度和箍筋数量等因素有关,也与反复荷载的循环次数有关。反复荷载下粘结强度退化率为 0.75 左右。因此,可在单调加载的受拉筋最小锚固长度 l_a 的基础上增加一个附加锚固长度 Δl,以满足抗震要求。附加锚固长度 Δl 可用下式计算:

$$\Delta l = l_a \left(\frac{1}{0.75} - 1 \right) \tag{5-47}$$

　　弯折锚固可分为水平锚固段和弯折锚固段两部分(图 5-36)。试验表明,弯折筋的主要持力段是水平段。只是到加载后期,水平段发生粘结破坏、钢筋滑移量相当大时,锚固力才转移由弯折段承担。弯折段对节点核心区混凝土有挤压作用,因而总锚固力比只有水平段要高。但弯折段较短时,其弯折角度有增大趋势,造成节点变形大幅度增加。若无足够的箍筋约束或柱侧面混凝土保护

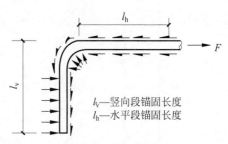

l_v—竖向段锚固长度
l_h—水平段锚固长度

图 5-36　梁筋弯折锚固

层较弱都将会发生锚固破坏。因此,弯折段长度不能太短,一般不小于 $15d$(d 为纵向钢筋直径)。另外,如无适当的水平段长度,只增加弯折段的长度对提高粘结强度并无显著作用。

　　根据试验结果,《抗震规范》规定,抗震设计时,钢筋混凝土结构构件纵向受拉钢筋的最小锚固长度应按下式采用:

　　　　一、二级抗震等级　　　　　　$l_{aE} = 1.15 l_a$

　　　　三级抗震等级　　　　　　　　$l_{aE} = 1.05 l_a$　　　　　　　　　　　　　(5-48)

　　　　四级抗震等级　　　　　　　　$l_{aE} = 1.00 l_a$

式中:l_a——受拉钢筋的锚固长度,按现行国家标准《混凝土结构设计规范》取用。

　　抗震设计时,框架梁、柱的纵向钢筋在框架节点区的锚固和搭接,应符合下列要求(图 5-37):

　　(1) 顶层中节点柱纵向钢筋和边节点柱内侧纵向钢筋应伸至柱顶。当从梁底边计算的直线锚固长度不小于 l_a 时,可不必水平弯折,否则应向柱内或梁内、板内水平弯折;当充分利用柱纵向钢筋的抗拉强度时,锚固段弯折前的竖直投影长度不应小于 $0.5 l_{aE}$,弯折后的水平投影长度不宜小于 12 倍的柱纵向钢筋直径。

　　(2) 顶层端节点处,在梁宽范围内柱外侧纵向钢筋可与梁上部纵向钢筋搭接,搭接长度不应小于 $1.5 l_a$,且伸入梁内的柱外侧纵向钢筋截面面积不宜小于柱外侧全部纵向钢筋截面面积的 65%;在梁宽范围以外的柱外侧纵向钢筋可伸入现浇板内,其伸入长度与伸入梁内的相同。当柱外侧纵向钢筋的配筋率大于 1.2% 时,伸入梁内的柱纵向钢筋宜分两批截断,其截断点之间的距离不宜小于 20 倍的柱纵向钢筋直径。

　　(3) 梁上部纵向钢筋伸入端节点的锚固长度,直线锚固时不应小于 l_a,且伸过柱中心线的长度不宜小于 5 倍的梁纵向钢筋直径;当柱截面尺寸不足时,梁上部纵向钢筋应伸至节点对边并向下弯折,锚固段弯折前的水平投影长度不应小于 $0.4 l_a$;弯折后的竖直投影长度应取 15 倍的梁纵向钢筋直径。

　　(4) 梁下部纵向钢筋的锚固与梁上部纵向钢筋相同,但采用 90° 弯折方式锚固时,竖直段应向上弯入节点内。

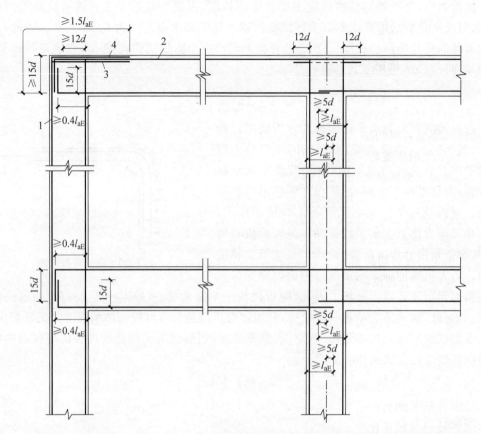

1—柱外侧纵向钢筋,截面面积 A_{cs};2—梁上部纵向钢筋;3—伸入梁内的柱外侧纵向钢筋,截面面积不小于 $0.65A_{cs}$;4—不能伸入梁内的柱外侧纵向钢筋,可伸入板内

图 5-37　抗震设计时框架梁、柱纵向钢筋在节点区的锚固要求

5.4　抗震墙结构抗震设计

抗震墙在普通钢筋混凝土结构中又称为剪力墙。它是主要的抗震结构构件之一,抗震墙结构的刚度大,容易满足小震作用下结构尤其是高层建筑结构的位移限值;地震作用下抗震墙结构的变形小,破坏程度低;可以设计成延性结构,大震时通过连梁和墙肢底部塑性铰范围内的塑性变形,耗散地震能量;与其他结构(如框架)同时使用,抗震墙结构吸收大部分地震作用,降低其他结构构件的抗震要求。抗震设防烈度较高地区(8度及以上)的高层建筑采用抗震墙结构,其优点更为突出。

钢筋混凝土抗震墙结构的设计要点是,在正常使用荷载及小震(或风载)作用下,结构处于弹性工作阶段,裂缝宽度不能过大;在中等强度地震作用下(抗震设防烈度),允许进入弹塑性状态,但应具有足够的承载力、延性及良好吸收地震能量的能力;在强烈地震作用(罕遇烈度)下,抗震墙不允许倒塌,此外还应保证抗震墙结构的稳定。

5.4.1　悬臂抗震墙

1. 悬臂抗震墙破坏形态

悬臂抗震墙(包括整截面墙和小开口整截面墙)是抗震墙的基本形式,是只有一种墙肢的构件,其抗震性能是抗震墙结构抗震设计的基础。悬臂抗震墙是承受压(拉)、弯、剪的构件,其破坏形态可以归纳为弯曲破坏、弯剪破坏、剪切破坏和滑移破坏等几种形态。弯曲破坏又可分为大偏压破坏和小偏压破坏,大偏压破坏是具有延性的破坏形态,小偏压破坏的延性很小,而剪切破坏是脆性的。

1) 剪跨比

剪跨比$(M/(Vh_w)_0)$表示截面上弯矩与剪力的大小,是影响抗震墙破坏形态的重要因素。$M/(Vh_w)_0 \geq 2$ 时,以弯矩作用为主,容易实现弯曲破坏,延性较好;$2 > M/(Vh_w)_0 > 1$ 时,很难避免出现剪切斜裂缝,视设计措施是否得当可能发生弯曲破坏,也可能发生剪切破坏,按照"强剪弱弯"合理设计,也可能实现延性尚好的弯剪破坏;$M/(Vh_w)_0 \leq 1$ 的抗震墙,一般都出现剪切破坏。在一般情况下,悬壁抗震墙的剪跨比可通过高宽比 H_w/h_w 间接表示。剪跨比大的悬壁抗震墙表现为高墙$(H_w/h_w \geq 2)$,剪跨比中等的称为中高墙$(1 < H_w/h_w < 2)$,剪跨比很小的为矮墙$(H_w/h_w \leq 1)$。

2) 轴压比

轴压比定义为截面轴向平均应力与混凝土轴向受压强度的比值$(N/(A_c f_c))$,是影响抗震墙破坏形态的另一个重要因素。轴压比大可能形成小偏心破坏,它的延性较好。设计时除了需要限值轴压比数值外,还需要在抗震墙压应力较大的边缘配置箍筋,形成约束混凝土以提高混凝土边缘的极限压应力,改善其延性。

在实际工程中,滑移破坏很少见,可能出现的位置是施工缝截面。

2. 受弯抗震墙抗震性能

受弯抗震墙从受力性质角度看,它是压弯构件,影响其抗震性能的最根本因素是受压区的高度和混凝土的极限压应变值。受压区高度减小或混凝土极限压应变增大,都可以增大截面极限曲率,提高延性。为使受压区高度减小,在不对称配筋情况下,尽可能减小轴向压力。为了使混凝土的极限压应变提高,可在混凝土压区形成端柱或暗柱。柱内箍筋不仅可以约束混凝土,提高混凝土极限压应变,还可以使抗震墙具有较强的边框,阻止斜裂缝迅速贯通全墙。

3. 矮墙的抗震性能

剪跨比$(H_w/h_w \leq 1)$的抗震墙属于矮墙,有两种情况可能形成矮墙:

(1) 在悬壁墙中 $H_w/h_w < 1$ 的抗震墙;

(2) 在底部大空间结构中落地抗震墙的底部,由于框支抗震墙底部的刚度减小,它承受的剪力将通过楼板传给落地抗震墙,使落地抗震墙下部受到较大剪力,造成底部的剪跨比很小。

矮墙几乎都是剪切破坏,然而矮墙也可以通过强剪弱弯设计使它具有一定的延性,但是如果截面上的名义剪应力较高,即使配置了很多抗剪钢筋,它们并不能充分发挥作用,会出现混凝土挤压破碎形成的剪切滑移破坏。因此,在矮墙中限制名义剪应力并加大抗剪钢筋是防止其突然出现脆性破坏的主要措施。另外,当矮墙中出现斜裂缝后,应由水平钢筋和垂直钢筋共同维持被斜裂缝隔离成各斜向混凝土柱体的平衡,并共同阻止斜裂缝继续扩大。因此,矮墙的最小配筋率应当提高,竖向及水平分布钢筋配筋率都不应太小,并宜采用较细直径的钢筋和分布较密的配筋方式,以控制裂缝宽度。

如果在多层和高层现浇混凝土结构中,采用宽度与高度接近的墙体,一般应沿墙体长度方向将墙"切断",一方面避免形成矮墙,同时也避免长度很长的抗震墙。长度很长的抗震墙在弯矩作用下形成的水平裂缝很长,裂缝宽度也相对较大。"切断"的方法一般是在抗震墙中开大洞,保留一个"弱连梁",或仅有楼板作为各墙肢向的联系。

5.4.2　联肢抗震墙

1. 联肢抗震墙抗震性能

联肢抗震墙的抗震性能取决于墙肢的延性、连梁的延性及连梁的刚度和强度。最理想的情况是连梁先于墙肢屈服,且连梁具有足够的延性,待墙肢底部出铰以后形成机构。数量众多的连梁端部塑性铰可较多地吸收地震能量,又能继续传递弯矩和剪力,而且对墙肢形成约束弯矩,使其保持足够的刚度和承载力。墙肢底部的塑性铰也具有延性,这样的联肢抗震墙延性最好。

若连梁的刚度及抗弯承载力较高时,连梁可能不屈服,这使联肢墙与整体悬壁墙类似,首先在墙底出现塑性铰并形成机构,只要墙肢不过早剪切破坏,这种破坏仍属于有延性的弯曲破坏。但是与前者相比,耗能集中在墙肢底部铰上。这种破坏结构不如前者多铰破坏机构好。

当连梁先遭剪切破坏时,这会使墙肢丧失约束而形成单独墙肢。此时,墙肢中的轴力减小,弯矩加大,墙的侧向刚度大大降低。但是,如果能保持墙肢处于良好的工作状态,那么结构仍可继续承载,直到墙肢屈服形成机构。只要墙肢塑性铰具有延性,则这种破坏也是属于延性的弯曲破坏,但同样没有多铰破坏机构好。

墙肢剪切破坏是一种脆性破坏,因而没有延性或者延性很小,应予以避免。值得注意的是,设计中往往由于疏忽,将连梁设计过强而引起墙肢破坏。应注意,如果连梁较强而形成整体墙,则应与悬臂墙相类似加强塑性铰区的设计。

由此可见,按"强柱弱梁"原则设计联肢墙,并按"强柱弱梁"原则设计墙肢和连梁,可以得到较为理想的延性联肢墙结构。

2. 连梁的抗震性能

为了能使联肢墙形成理想的多铰机构,具有较大的延性,连梁应具有良好的抗震性能,连梁与普通梁在截面尺寸和受力变形等方面有所不同。连梁通常是跨度小而梁高大(接近深梁),同时竖向荷载产生的弯矩和剪力不大,而在水平荷载下与墙肢相互作用产生的约束弯矩与剪力较大,且约束弯矩在梁两端方向相反。这种反弯矩作用使梁产生很大的剪切变形,对剪应力十分敏感,容易出现斜裂缝,在反复荷载作用下,连梁易形成交叉斜裂缝,使混凝土酥裂,延性较差。

改善连梁延性的主要措施是限制剪压比和提高配箍数量。限制连梁的平均剪应力,实际上是限制连梁附近的配筋数量。跨高比越小,限制越严格,有时甚至不能满足弹性计算所得设计弯矩的要求。此时,用加高连梁截面尺寸的做法是不明智的,应当设法降低连梁的弯矩,减小连梁截面高度或提高混凝土强度等级。

连梁降低弯矩后进行配筋可以使连梁抗弯承载力降低,较早地出现塑性铰,并且可以降低梁中平均剪应力,改善其延性。连梁弯矩降低得越多,就越早出现塑性铰,塑性转动也会越大,对连梁的延性要求就越高。所以,连梁的弯矩调幅要适当,且应注意连梁在正常使用荷载作用下,钢筋不能屈服。

5.4.3　构件抗震设计

1. 墙肢

1) 按强剪弱弯设计,尽量避免剪切破坏

为避免脆性的剪切破坏,应按照强剪弱弯的要求设计抗震墙联肢。我国规范采用的方法是将抗震墙底部加强部位的剪力设计值增大,以防止墙底塑性铰区在弯曲破坏前发生剪切脆性破坏。《抗震规范》规定,抗震墙底部加强部位墙肢截面的剪力设计值,一、二、三级抗震等级时应按下式调整,四级抗震等级及无抗震作用组合时可不调整,

$$V = \eta_{vw} V_w \tag{5-49}$$

9 度的一级抗震等级可不按式(5-49)调整,但应符合下式:

$$V = 1.1 \frac{M_{wua}}{M_w} V_w \tag{5-50}$$

式中: V——考虑地震作用组合的抗震墙墙肢底部加强部位截面的剪力设计值。

V_w——考虑地震作用组合的抗震墙墙肢底部加强部位截面的剪力设计值。

M_{wua}——考虑承载力抗震调整系数后的抗震墙墙肢正截面抗弯承载力。应按实际配筋面积和材料强度标准值和轴向力设计值确定,有翼墙时应计入两侧各 1 倍翼墙厚度范围内的纵向钢筋。

M_w——考虑地震作用组合的抗震墙墙肢截面的弯矩设计值。

η_{vw}——剪力增大系数,一级抗震等级时为 1.6,二级为 1.4,三级为 1.2。

对于其他部位,则均采用计算截面组合的剪力设计值。

采用增大的剪力设计值计算抗剪配筋可以使设计的受剪承载力大于受弯承载力,达到受弯钢筋首先屈服的目的。但是抗震墙对剪切变形比较敏感,多数情况下抗震墙底部都会出现斜裂缝,当钢筋屈服形成塑性铰区以后,还可能出现剪切滑移破坏、弯曲屈服后的剪切破坏,也可能出现抗震墙平面外的错断破坏。因此,抗震墙要做到完全的强剪弱弯,除了适当提高底部加强部位的抗剪承载力外,还需考虑本节讨论的其他加强措施。

2) 加强墙底塑性铰区,提高墙肢的延性

抗震墙一般都在底部弯矩最大,底截面可能出现塑性铰,底截面钢筋屈服以后由于钢筋和混凝土的粘结力破坏,钢筋屈服范围扩大而形成塑性铰区。塑性铰区也是剪力最大的部位,斜裂缝常常在这个部位出现,且分布在一定范围,反复荷载作用下就形成交叉斜裂缝,可

能出现剪切破坏。在塑性区要采取加强措施,称为抗震墙的底部加强。由试验可知,一般情况下,塑性铰发展高度为墙底截面以上墙肢高度 h_w 的范围。为安全起见,设计抗震墙时将加强部位适当扩大。因此,规范规定,抗震墙底部加强部位的范围应符合下列规定:

(1)底部加强部位的高度从地下室顶板算起。当结构嵌固于基础顶部时,底部加强部位尚宜向下延伸到地下部分的嵌固端。

(2)一般抗震墙结构底部加强部位的高度可取墙肢总高度的 1/10 和底部两层二者的较大值。

(3)房屋高度不大于 24m 时,可取底部一层。

为了迫使塑性铰发生在抗震墙的底部,以增加结构的变形和耗能能力,应加强抗震墙上部的受弯承载力,同时对底部加强区采取提高延性的措施。为此,《抗震规范》规定,一级抗震等级的抗震墙中的底部加强部位及其上一层,应按墙肢底部截面组合弯矩设计值采用;其他部位,墙肢截面的组合弯矩设计值应乘以增大系数,其值可采用 1.2。

3)限制墙肢轴压比,保证墙肢的延性

为了保证抗震墙的延性,避免截面上的受压区高度过大而出现小偏压情况,应当控制抗震墙加强区截面的相对受压区高度,抗震墙截面受压区高度与截面形状有关,实际工程中抗震墙截面复杂,设计时计算受压区高度会增加困难。为此,我国规范采用了简化方法。要求限制截面的平均轴压比。《抗震规范》规定,一、二、三级抗震等级的抗震墙,其重力荷载代表值作用下的轴压此不宜超过表 5-13 的限值。

表 5-13　墙肢轴压比限值

轴压比	抗震等级(抗震设防烈度)		
	一级(9 度)	一级(8 度)	二、三级
$N/(Af_c)$	0.4	0.5	0.6

注:N 为重力荷载代表值下抗震墙墙肢的轴向压力设计值;A 为抗震墙墙肢截面面积。

计算墙肢的轴压比时,《抗震规范》采用重力荷载代表值作用下的轴向压力设计值(不考虑地震作用组合),即考虑重力荷载代表值分项系数 1.3 后的最大轴力设计值,计算抗震墙的名义轴压比。应当说明的是,截面受压区高度不仅与轴压力有关,而且与截面形状有关,在相同的轴压力作用下,带翼缘的抗震墙受压区高度较小。延性相对较好,矩形截面最为不利。但为了简化设计,《抗震规范》未区分工形、T 形及矩形截面,在设计时,对矩形截面剪力墙墙肢应从严掌握其轴压比。

4)设置边缘构件,改善墙肢的延性

《抗震规范》规定,抗震墙的墙肢两端应设置边缘构件,抗震墙截面两端设置边缘构件是提高墙肢端部混凝土极限压应变、改善抗震墙延性的重要措施。边缘构件分为约束边缘构件和构造边缘构件两类。约束边缘构件是指用箍筋约束的暗柱、端柱和翼墙,其箍筋较多,对混凝土的约束较强;构造边缘构件的箍筋较少,对混凝土约束较差或没有约束。

试验表明,抗震墙在周期荷载反复作用下的塑性变形能力与截面纵向钢筋的配筋、端部边缘构件范围、端部边缘构件内纵向钢筋及箍筋的配置,以及截面形状、截面轴压比等因素有关,而墙肢的轴压比是更重要的影响因素。当轴压比较小时,即使在墙端部不设约束边缘构件,抗震墙也具有较好的延性和耗能能力;而当轴压比超过一定值时,不设约束边缘构件的抗震墙,其延性和耗能能力降低。因此,规范提出了根据不同的轴压比采用不同边缘构件的规定。

《抗震规范》规定,一、二级抗震等级的抗震墙底部加强部位及相邻的上一层应按规定设置约束边缘构件,以提供足够的约束,但墙肢底截面在重力荷载代表值作用下的轴压比小于表 5-14 的规定值时,可按规定设置构造边缘构件,以提供适度约束。

表 5-14　抗震墙设置构造边缘构件的最大轴压比

抗震等级(抗震设防烈度)	一级(9 度)	一级(7、8 度)	二、三级
轴压比	0.1	0.2	0.3

一、二级抗震等级抗震墙的其他部位以及三、四级抗震等级和非抗震设计的抗震墙墙肢端部均应按要求设置构造边缘构件。

(1) 约束边缘构件设计

抗震墙端部设置的约束边缘构件(暗柱、端柱、翼墙和转角墙)应符合下列要求(图 5-38);约束边缘构件沿墙肢的长度 l_c 及配箍特征值 λ 宜满足表 5-15 的要求,且一、二级抗震等级抗震墙设计时箍筋直径均不应小于 8mm、箍筋间距分别不应大于 100mm 和 150mm,箍筋的配置范围及相应的配箍特征值 λ_v 和 $\lambda_v/2$ 的区域如图 5-38 所示,其体积配筋率 ρ_v 应按下式计算:

$$\rho_v = \frac{f_c}{f_{yv}} \lambda_v \tag{5-51}$$

式中: λ_v ——约束边缘构件的配筋特征值,对图 5-38 中 $\lambda_v/2$ 的区域,可计入拉筋。

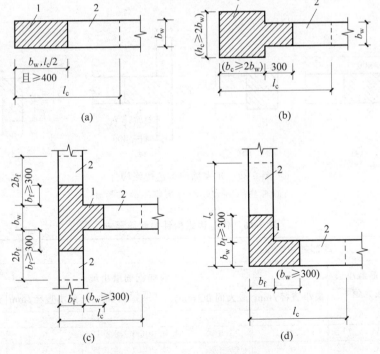

1—配箍特征值 λ_v 的区域;2—配箍特征值 $\lambda_v/2$ 的区域

图 5-38　抗震墙的约束边缘构件

(a) 暗柱;(b) 端柱;(c) 翼墙;(d) 转角墙

表 5-15　约束边缘构件沿墙肢的长度 l_c 及其配箍特征值 λ_v

项目名称	抗震等级（抗震设防烈度）					
	一级（9 度）		一级（7、8 度）		二、三级	
墙肢轴压比	≤0.2	>0.2	≤0.3	>0.3	≤0.4	>0.4
l_c 暗柱	$0.20h_w$	$0.25h_w$	$0.15h_w$	$0.20h_w$	$0.15h_w$	$0.20h_w$
l_c 翼墙或暗柱	$0.15h_w$	$0.20h_w$	$0.10h_w$	$0.15h_w$	$0.10h_w$	$0.15h_w$
λ_v	0.12	0.20	0.12	0.20	0.12	0.20

注：① 翼墙长度小于其厚度 3 倍时，视为无翼墙抗震墙；端柱截面边长小于墙厚 2 倍时，视为无端柱抗震墙；端柱有集中荷载时，配筋构造尚应满足与墙相同抗震等级框架柱的要求。
　　② 约束边缘构件沿墙肢长度 l_c 除满足本表的要求外，当有端柱、翼墙或转角墙时，尚应不小于翼墙厚度或端柱沿墙肢方向截面高度加 300mm。
　　③ 约束边缘构件的箍筋直径不应小于 8mm，箍筋间距对一级抗震等级不宜大于 100mm，对二级抗震等级不宜大于 150mm。
　　④ h_w 为抗震墙墙肢长度。

约束边缘构件纵向钢筋的配置范围不应小于图 5-38 中阴影面积，其纵向钢筋最小截面面积，一、二级抗震等级抗震墙设计时分别不应小于图中阴影面积的 1.2% 和 1.0%，并分别不应小于 6$\varnothing$16 和 6$\varnothing$14。

（2）构造边缘构件设计

抗震墙端部设置的构造边缘构件（暗柱、端柱、翼墙和转角墙）的范围，应按图 5-39 采用，构造边缘构件的纵向钢筋除应满足受弯承载力计算要求外，尚应符合表 5-16 构造边缘构件的配筋要求。其他部位的拉筋，水平间距不应大于纵向钢筋间距的 2 倍；转角处宜采用箍筋。当端柱承受集中荷载时，其纵向钢筋及箍筋应满足柱的相应要求。

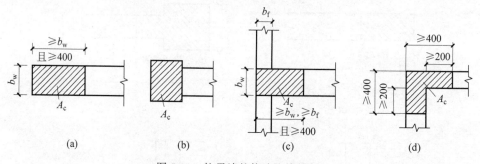

图 5-39　抗震墙的构造边缘构件
(a) 暗柱；(b) 端柱；(c) 翼墙；(d) 转角墙

表 5-16　构造边缘构件的配筋要求

抗震等级	底部加强部位			其他部位		
	纵向钢筋最小值（取较大值）	箍筋		纵向钢筋最小值（取较大值）	拉筋	
		最小直径/mm	最大间距/mm		最小直径/mm	最大间距/mm
一	$0.010A_c$，6$\varnothing$16	8	100	$0.008A_c$，6$\varnothing$14	8	150
二	$0.008A_c$，6$\varnothing$14	8	150	$0.006A_c$，6$\varnothing$12	8	200
三	$0.006A_c$，6$\varnothing$12	6	150	$0.005A_c$，4$\varnothing$12	6	200
四	$0.005A_c$，4$\varnothing$12	6	200	$0.004A_c$，4$\varnothing$12	6	250

注：A_c 为图 5-39 中所示的阴影部分截面面积，暗柱沿墙肢的长度不应小于墙肢厚度和 400mm。

5) 控制墙肢截面尺寸,避免过早剪切破坏

(1) 抗震墙截面的最小厚度

墙肢截面厚度除了应满足承载力要求外,还要满足稳定和避免过早出现剪切斜裂缝的要求。通常把稳定要求的厚度称为最小厚度,通过构造要求确定。在实际结构中,楼板是抗震墙的侧向支承,可防止抗震墙由于侧向变形而失稳,与抗震墙平面外相交的抗震墙也是侧向支承,也可防止抗震墙平面外失稳。因此,一般来说,抗震墙的最小厚度由楼层高度控制。

《抗震规范》规定,按一、二级抗震等级设计的抗震墙的截面厚度,底部加强部位不宜小于层高或无支长度的 1/16,且不应小于 200mm;其他部位不宜小于层高或无支长度的 1/20,且不应小于 160mm;按三、四级抗震等级设计的抗震墙的截面厚度,底部加强部位不宜小于层高或无支长度的 1/20,且不应小于 160mm;其他部位不宜小于层高或无支长度的 1/25,且不应小于 140mm。

(2) 高宽比限制

抗震墙结构若内纵墙很长,且连梁的跨高比小、刚度大,则墙的整体性好,在水平地震作用下,墙的剪切变形较大,墙肢的破坏高度可能超过底部加强部位的高度。在抗震设计中抗震墙结构应具有足够的延性,细高的抗震墙(高宽比大于 2)容易设计成弯曲破坏的延性剪力墙,从而可避免脆性的剪切破坏。当墙的长度很长时,为了满足每个墙段高宽比大于 2 的要求,可通过开设洞口将长墙分成长度较小、较均匀的联肢墙或整体墙,洞口连梁宜采用约束弯矩较小的弱连梁。弱连梁是指连梁刚度小、约束弯矩很小的连梁(其跨高比宜大于 6),目的是设置了刚度和承载力比较小的连梁后,地震作用下连梁有可能先开裂、屈服,使墙段成为抗震单元,因为连梁对墙肢内力的影响可以忽略,才可近似认为长墙分成以弯曲变形为主的独立墙段。

此外,墙段长度较小时,受弯产生的裂缝宽度较小,墙体的配筋能够较充分地发挥作用,因此墙段的长度(即墙段截面高度)不宜大于 8m。

(3) 剪压比限制

墙肢截面的剪压比是截面的平均剪应力与混凝土轴心抗压强度的比值。试验表明,墙肢的剪压比超过一定值时,将较早出现斜裂缝,增加横向钢筋并不能有效提高其受剪承载力,很可能在横向钢筋未屈服的情况下,墙肢混凝土发生斜压破坏,或发生受弯钢筋屈服后的剪切破坏。为了避免这些破坏,应按下列公式限制墙肢剪压比,剪跨比较小的墙(矮墙),限制更加严格。限制剪压比实际上是要求抗震墙墙肢的截面达到一定厚度。

有地震作用组合时,当剪跨比 $\lambda > 2.5$ 时,

$$V \leqslant \frac{1}{\gamma_{RE}}(0.20\beta_c f_c b_w h_{w0}) \tag{5-52a}$$

当剪跨比 $\lambda \leqslant 2.5$ 时,

$$V \leqslant \frac{1}{\gamma_{RE}}(0.15\beta_c f_c b_w h_{w0}) \tag{5-52b}$$

式中:V——墙肢端部截面组合的剪力设计值;

　　λ——计算截面处的剪跨比,$\lambda = M/(V h_w)$,M 和 V 取未调整的弯矩和剪力计算值。

6) 配置分布钢筋,提高墙肢的受力性能

墙肢应配置纵向和横向分布钢筋,分布钢筋的作用是多方面的:抗剪、抗弯、减少收缩

裂缝等。如果竖向分布钢筋过少,墙肢端部的纵向受力钢筋屈服后,裂缝将迅速开展,裂缝的长度大且宽度也大;如果横向分布钢筋过少,斜裂缝一旦出现,就会迅速发展成一条主要斜裂缝,抗震墙将沿斜裂缝被剪坏。因此,墙肢的竖向和横向分布钢筋的最小配筋率是根据限制裂缝开展的要求确定的。在温度应力较大的部位(如房屋顶层和端山墙、长矩形平面房屋的楼梯间和电梯间抗震墙、端开间的纵向抗震墙等)和复杂应力部位,分布钢筋要求也较多。

《抗震规范》规定,抗震墙分布钢筋的配置应符合下列要求:①一般抗震墙竖向和水平分布筋的配筋率,一、二、三级抗震等级设计时均不应小于 0.25%,四级抗震设计和非抗震设计时均不应小于 0.20%;②一般抗震墙竖向和水平分布钢筋间距均不应大于 300mm;分布钢筋直径均不应小于 8mm;③抗震墙竖向、水平分布钢筋的直径不宜大于墙肢截面厚度的 1/10;④房屋顶层抗震墙以及长矩形平面房屋的楼梯间和电梯间抗震墙、端开间的纵向抗震墙、端山墙的水平和竖向分布钢筋的最小配筋率不应小于 0.25%,钢筋间距不应大于 200mm。

为避免墙表面的温度收缩裂缝,同时使抗震墙具有一定的平面抗弯能力,墙肢分布钢筋不允许采用单排配筋。当抗震墙截面厚度不大于 400mm 时,可采用双排配筋;当厚度大于 400mm,但不大于 700mm 时,宜采用三排配筋;当厚度大于 700mm 时,宜采用四排配筋。受力钢筋可均匀分布成数排,各排分布钢筋之间的拉接筋间距不应大于 600mm,直径不应小于 6mm,在底部加强部位、约束边缘构件以外的拉接筋间距尚应适当加密。

抗震墙竖向及水平分布筋的搭接连接,一、二级抗震等级抗震墙的加强部位接头位置应错开,每次连接的钢筋数量不宜超过总数量的 50%,错开净距不宜小于 500mm;其他情况抗震墙的钢筋可在同一部位连接。抗震设计时,分布筋的搭接长度不应小于 $1.2l_{aE}$。

7) 加强墙肢平面外抗弯能力,避免平面外错断

抗震墙平面外错断主要发生在侧向支承的抗震墙中,错断通常发生在一字形抗震墙的塑性铰区,当混凝土在反复荷载作用下挤压破碎形成一个混凝土破碎带时,在竖向重力荷载作用下,纵筋和箍筋几乎没有抵抗平面外错断的能力,容易出现平面外的错断破坏。设置翼缘是改善抗震墙平面外性能的有效措施。

抗震墙的另一种平面外受力是来自与抗震墙垂直相交的楼面梁,抗震墙平面外刚度及承载力相对很小,当抗震墙与平面外方向的梁连接时,会造成墙肢平面外弯矩,而一般情况下并不验算墙肢的平面外刚度及承载力。因此,当抗震墙肢与其平面外方向的楼面梁连接时,应至少采取以下措施中的一个来减小梁端部弯矩对墙的不利影响:①沿梁轴线方向设置与梁相连的剪力墙,抵抗该墙肢平面外弯矩;②当不能设置与梁轴线方向相连的剪力墙时,宜在墙与梁相交处设置扶壁柱,扶壁柱宜按计算确定截面及配筋;③当不能设置扶壁柱时,应在墙与梁相交处设置暗柱,并宜按计算确定配筋;④必要时,剪力墙内可设置型钢。另外,对截面较小的楼面梁可设计为铰接或半刚接,减小墙肢平面外弯矩。铰接端或半刚接端可通过弯矩调幅或梁变截面来实现,此时应相应加大梁跨中弯矩。

2. 连梁

《抗震规范》规定,抗震墙开洞形成的跨高比小于 5 的梁,应按连梁的有关要求进行设计;当跨高比不小于 5 时,宜按框架梁进行设计。这是因为,跨高比小于 5 的连梁,竖向荷

载下的弯矩所占比例较小,水平荷载作用下产生的弯矩使它对剪切变形十分敏感,容易出现剪切裂缝,连梁应与抗震墙取相同的抗震等级。

设计连梁的特殊要求是,在小震和风荷载作用的正常使用状态下,它起到联系墙肢且加大抗震墙刚度的作用,不能出现裂缝;在中震作用下它应当首先出现弯曲屈服,耗散地震能量;在大震作用下,可能、也允许它剪切破坏。连梁的设计称为抗震墙结构抗震设计的重要环节。

1) 按强剪弱弯设计,尽量避免剪切破坏

为了实现连梁的强剪弱弯、推迟剪切破坏,连梁要求按"强剪弱弯"进行设计。《抗震规范》规定,有地震作用组合的一、二、三级抗震等级设计时,跨高比大于 2.5 的连梁的剪力设计值应按下式进行调整:

$$V_b = \eta_{vb}(M_b^l + M_b^r)/l_n + V_{Gb} \tag{5-53a}$$

抗震设防烈度 9 度时尚应符合:

$$V_b = 1.1(M_{bua}^l + M_{bua}^r)/l_n + V_{Gb} \tag{5-53b}$$

式中:V_b——连梁端截面的剪力设计值;

　　　l_n——连梁的净跨;

　　　V_{Gb}——连梁在重力荷载代表值(抗震设防烈度 9 度时还应包括竖向地震作用标准值)作用下,按简支梁分析的梁端截面剪力设计值;

　　　M_b^l、M_b^r——连梁左、右端截面顺时针或逆时针方向考虑地震作用组合的弯矩设计值,对一级抗震等级且两端弯矩均为负弯矩时,绝对值较小的弯矩应取零;

　　　M_{bua}^l、M_{bua}^r——连梁左、右端截面顺时针或逆时针方向实配的受弯承载力所对应的弯矩值,应按实配钢筋面积(计入受压钢筋)和材料强度标准值并考虑承载力抗震调整系数计算;

　　　η_{vb}——连梁端剪力增大系数,抗震等级为一级取 1.3,二级取 1.2,三级取 1.1。

2) 控制连梁截面尺寸,避免过早剪切破坏

虽然可以通过强剪弱弯设计使连梁的受弯钢筋先屈服,但是如果截面平均剪应力过大,在受弯钢筋屈服之后,连梁仍会发生剪切破坏。此时,箍筋并没有充分发挥作用。这种剪切破坏可称为剪切变形破坏,因为它并不是受剪承载力不足,而是剪切变形超过了混凝土变形极限而出现的剪坏,有一定延性,属于弯曲屈服后的剪坏。试验表明,在普通配筋的连梁中,改善屈服后剪切破坏性能、提高连梁延性的主要措施是控制连梁的剪压比,其次是多配一些箍筋,剪压比是主要因素,箍筋的作用是限制裂缝开展,推迟混凝土的破碎,推迟连梁破坏。因此,规范对连梁的截面尺寸提出了剪压比的限制要求,对小跨高比的连梁限制更加严格。

有地震作用组合时,连梁的截面尺寸应满足式(5-54)要求。

跨高比>2.5 时,

$$V_b = \frac{1}{\gamma_{RE}}(0.2\beta_c f_c b_b h_w) \tag{5-54a}$$

跨高比≤2.5 时,

$$V_b = \frac{1}{\gamma_{RE}}(0.15\beta_c f_c b_b h_w) \tag{5-54b}$$

式中:V_b——连梁剪力设计值;

　　　β_c——混凝土强度影响系数;

f_c——混凝土抗压强度设计值；

b_b——连梁截面宽度；

h_w——连梁截面有效高度。

3）调整连梁内力，满足抗震性能要求

抗震墙在水平荷载作用下，其连梁内通常产生很大的剪力和弯矩。由于连梁的宽度往往较小（通常与墙厚相同），这使得连梁的截面尺寸和配筋往往难以满足设计要求，即存在连梁截面尺寸不能满足剪压比限值、纵向受拉钢筋超筋、斜截面受剪承载力不足等问题。若加大连梁截面尺寸，则因连梁刚度的增加而导致其内力也增加。《抗震规范》规定，当连梁不满足剪压比的限制要求时，可采用下列方法来处理：

（1）减小连梁截面高度。

（2）抗震设计的剪力墙中连梁弯矩及剪力可进行塑性调幅，以降低其剪力设计值。但在内力计算时已经将连梁刚度进行折减，其调幅范围应当限制或不再继续调幅。当部分连梁降低弯矩设计值后，其余部位连梁和墙肢的弯矩设计值应相应提高。

连梁塑性调幅可采用两种方法，一是在内力计算前就将连梁刚度进行折减（《抗震规范》规定折减系数不宜小于 0.5）；二是在内力计算之后，将连梁弯矩和剪力组合值直接乘以折减系数。两种方法的效果都是减小连梁内力和配筋。无论用什么方法，连梁调幅后的弯矩、剪力设计值不应低于使用状况下的值，也不宜低于比抗震设防烈度低一度的地震作用组合所得的弯矩设计值，其目的是避免在正常使用条件下或较小的地震作用下连梁上出现裂缝。因此建议一般情况下，连梁调幅后的弯矩不小于调幅前弯矩（完全弹性）的 0.8 倍（抗震设防烈度 6～7 度）和 0.5 倍（抗震设防烈度 8～9 度）。在一些由风荷载控制设计的抗震墙结构中，连梁弯矩不宜折减。

（3）当连梁破坏对承受竖向荷载无明显影响时，可考虑在大震作用下该连梁不参与工作，按独立墙肢进行第二次多遇地震作用下结构内力分析，墙肢应按两次计算所得的较大内力进行配筋设计。这时就是抗震墙的第二道防线，这种情况往往使墙肢的内力及配筋加大，以保证墙肢的安全。

4）加强连梁配筋，提高连梁的延性

一般连梁的跨高比较小，容易出现剪切斜裂缝，为防止斜裂缝出现后的脆性破坏，除了采取限制其剪压比、加大箍筋配置的措施外，《抗震规范》规定了在构造上的一些特殊要求，如钢筋锚固、箍筋加密区范围、腰筋配置等，《抗震规范》规定，抗震设计时的连梁配筋应满足下列要求：

（1）抗震设计时，连梁顶面、底面纵向受力钢筋伸入墙内的锚固长度不应小于 l_{aE}。

（2）抗震设计时，沿连梁全长箍筋的构造应按框架梁梁端加密区箍筋的构造要求采用；非抗震设计时，沿连梁全长的箍筋直径不应小于 6mm，间距不应大于 150mm。

（3）顶层连梁纵向钢筋伸入墙体的长度范围内，应配置间距不大于 150mm 的构造箍筋，箍筋直径应与该连梁的箍筋直径相同。

（4）墙体水平分布钢筋应作为连梁的腰筋在连梁范围内拉通连续配置；当连梁截面高度大于 700mm 时，其两侧面沿梁高范围设置的纵向构造钢筋（腰筋）的直径不应小于 10mm，间距不应大于 200mm；对跨高比不大于 2.5 的连梁，梁两侧的纵向构造钢筋（腰筋）的面积配筋率不应小于 0.3%。

5.4.4　截面抗震验算

1.墙肢正截面偏心受压承载力验算

抗震墙墙肢在竖向荷载和水平荷载作用下属偏心受力构件,它与普通偏心受力柱的区别在于截面高度大、宽度小,有均匀的分布钢筋。因此,截面设计时应考虑分布钢筋的影响并进行平面外的稳定性验算。

偏心受压墙肢可分为大偏压和小偏压两种情况。当发生大偏压破坏时,位于受压区和受拉区的分布钢筋都可能屈服。但在受压区,考虑到分布钢筋直径小,受压易屈曲,因此设计中可不考虑其作用。受拉区靠近中和轴附近的分布钢筋,其拉应力较小,可不考虑,而设计中仅考虑距受压区边缘 $1.5x(x$ 为截面受压区高度)以外的受拉分布钢筋屈服。当发生小偏压破坏时,墙肢截面大部分或全部受压,因此可认为所有分布钢筋均受压易屈曲或部分受拉但应变很小而忽略其作用,故设计时可不考虑分布筋的作用,即小偏压墙肢的计算方法与小偏压柱完全相同,但需验算墙体平面外的稳定。大、小偏压墙肢的判别可采用与大、小偏压柱完全相同的判别方法。

建立在上述分析基础上,矩形、T 形、工形偏心受压墙肢的正截面受压承载力可分别按下式计算(图 5-40):

$$N \leqslant \frac{1}{\gamma_{RE}}(A'_s f'_y - A_s \sigma_s - N_{sw} + N_c) \tag{5-55}$$

$$N\left(e_0 + h_{w0} - \frac{h_w}{2}\right) \leqslant \frac{1}{\gamma_{RE}}\left[A'_s f'_y (h_{w0} - a'_s) - A_s \sigma_s - M_{sw} + M_c\right] \tag{5-56}$$

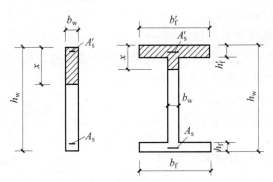

图 5-40　抗震墙截面

当 $x > h'_f$ 时,

$$N_c = \alpha_1 f_c b_w x + \alpha_1 f_c (b'_f - b_w) h'_f \tag{5-57a}$$

$$M_t = \alpha_1 f_c b_w x \left(h_{w0} - \frac{x}{2}\right) + \alpha_1 f_c (b'_f - b_w) h'_f \left(h_{w0} - \frac{h'_f}{2}\right) \tag{5-57b}$$

当 $x \leqslant h'_f$ 时,

$$N_c = \alpha_1 f_c b_w x \tag{5-58a}$$

$$M_c = \alpha_1 f_c b_w x \left(h_{w0} - \frac{x}{2}\right) \tag{5-58b}$$

当 $x \leqslant \xi_b h_{w0}$ 时，

$$\sigma_s = f_y \tag{5-59a}$$

$$N_{sw} = (h_{w0} - 1.5x) b_w f_{yw} \rho_w \tag{5-59b}$$

$$M_{sw} = (h_{w0} - 1.5x)^2 b_w f_{yw} \rho_w \tag{5-59c}$$

当 $x > \xi_b h_{w0}$ 时，

$$\sigma_s = \frac{f_y}{\xi_b - \beta_1} \left(\frac{x}{h_{w0}} - \beta_1 \right) \tag{5-60a}$$

$$N_{sw} = 0 \tag{5-60b}$$

$$M_{sw} = 0 \tag{5-60c}$$

$$\xi_b = \frac{\beta_1}{1 + f_y / (E_s \varepsilon_{cu})} \tag{5-60d}$$

式中：γ_{RE}——承载力抗震调整系数；

N_c——受压区混凝土受压合力；

M_c——受压区混凝土受压合力对端部受拉钢筋合力点的力矩；

σ_s——受拉区钢筋应力；

N_{sw}——受拉区分布钢筋受拉合力；

M_{sw}——受拉区分布钢筋受拉合力对端部受拉钢筋合力点的力矩；

f_y、f_y'、f_{yw}——抗震墙端部受拉、受压钢筋和墙体竖向分布钢筋强度设计值；

α_1、β_1——计算系数，当混凝土强度等级不超过 C50 时分别取 1.0 和 0.8；

f_c——混凝土轴向抗压强度设计值；

e_0——偏心距，$e_0 = M/N$；

h_{w0}——抗震墙截面有效高度，$h_{w0} = h_w - a_s'$；

a_s'——抗震墙受压区端部钢筋合力点到受压区边缘的距离；

ρ_w——抗震墙竖向分布钢筋配筋率；

ξ_b——界限相对受压区高度；

ε_{cu}——混凝土极限压应变。

2. 墙肢正截面偏心受拉承载力验算

抗震设计的双肢抗震墙中，墙肢不宜出现小偏心受拉。这是因为，墙肢小偏心受拉时，墙肢全截面可能会出现水平通缝、刚度降低，甚至失去抗剪能力，此时荷载产生的剪力将全部转移到另一个墙肢而导致其抗剪承载力不足，使之也破坏。当双肢抗震墙的一个墙肢为大偏拉时，墙肢易出现裂缝，使其刚度降低，剪力将在墙肢中重新分配，此时，可将另一受压墙肢的弯矩、剪力设计值乘以增大系数 1.25，以提高受弯、受剪承载力，推迟其屈服。

矩形截面偏心受拉墙肢的正截面承载力，建议按下式计算：

$$N \leqslant \frac{1}{\gamma_{RE}} \times \frac{1}{\dfrac{1}{N_u} + \dfrac{e_0}{M_{wu}}} \tag{5-61}$$

$$N_{0u} = 2A_s f_y + A_{sw} f_{yw} \tag{5-62a}$$

$$M_u = A_s f_y (h_{w0} - a'_s) + A_{sw} f_{yw} \frac{h_{w0} - a'_s}{2} \tag{5-62b}$$

式中：A_{sw}——抗震墙腹板竖向分布钢筋的全部截面面积。

3. 墙肢斜截面受剪承载力验算

在抗震墙设计时,通过构造措施防止其发生剪拉破坏或斜压破坏,通过计算确定墙中水平钢筋,防止发生剪切破坏。偏压构件中,轴压力有利于抗剪承载力,但压力增大到一定程度后,对抗剪的有利作用减小,因此需对轴力的取值加以限制。规范规定,偏心受压墙肢斜截面受剪承载力按下式计算：

$$V_w \leqslant \frac{1}{\gamma_{RE}} \left[\frac{1}{\lambda - 0.5} \left(0.4 f_t b_w h_{w0} + 0.1 N \frac{A_w}{A} \right) + 0.8 f_{yv} \frac{A_{sv}}{s} h_{w0} \right] \tag{5-63}$$

式中：N——考虑地震作用组合的抗震墙轴向压力设计值中的较小值,当 $N > 0.2 f_c b_w h_w$ 时,取 $N = 0.2 f_c b_w h_w$。

　　A——抗震墙全截面面积。

　　A_w——T 形或 I 形墙肢截面腹板面积,矩形截面时,取 $A_w = A$。

　　λ——计算截面处的剪跨比,$\lambda = M_w / (V_w h_{w0})$。当 $\lambda < 1.5$ 时,取 $\lambda = 1.5$,当 $\lambda > 2.2$ 时,取 $\lambda > 2.2$,此处 M_w 为与 V_w 相应的弯矩值,当计算截面与墙底之间的距离小于 $0.5 h_{w0}$ 时,λ 应按距墙底 $0.5 h_{w0}$ 处的弯矩值与剪力值计算。

　　A_{sv}——配置在同一截面内的水平分布钢筋截面面积之和。

　　f_{yv}——水平分布钢筋抗拉强度设计值。

　　s——水平分布钢筋间距。

偏拉构件中,考虑了轴向拉力的不利影响,轴力项用负值。《抗震规范》规定,偏心受拉墙肢斜截面受剪承载力按下式计算：

$$V_w \leqslant \frac{1}{\gamma_{RE}} \left[\frac{1}{\lambda - 0.5} \left(0.4 f_t b_w h_{w0} - 0.1 N \frac{A_w}{A} \right) + 0.8 f_{yv} \frac{A_{sv}}{s} h_{w0} \right] \tag{5-64}$$

4. 墙肢施工缝的抗滑移验算

抗震墙的施工是分层浇筑混凝土的,因而层间留有水平施工缝。唐山大地震灾害调查和抗震墙结构模型试验表明,水平施工缝在地震中容易开裂。《抗震规范》规定,按一级抗震等级设计的抗震墙,要防止水平施工缝处发生滑移。考虑了摩擦力的有利影响后,要验算通过水平施工缝的竖向钢筋是否足以抵抗水平剪力,已配置的端部和分布竖向钢筋不够时,可设置附加插筋,附加插筋在上、下层抗震墙中都要有足够的锚固长度。

《抗震规范》规定,一级抗震等级的剪力墙,其水平施工缝处的受剪承载力应符合下列规定。

当 N 为轴向压力时,

$$V_w \leqslant \frac{1}{\gamma_{RE}} (0.6 f_y A_s + 0.8 N) \tag{5-65}$$

当 N 为轴向拉力时，

$$V_w \leqslant \frac{1}{\gamma_{RE}}(0.6f_yA_s - 0.8N) \tag{5-66}$$

式中：V_w——水平施工缝处考虑地震作用组合的剪力设计值；

　　　N——考虑地震作用组合的水平施工缝处的轴向力设计值；

　　　A_s——抗震墙水平施工缝处全部竖向钢筋截面面积，包括竖向分布钢筋、附加竖向
　　　　　　插筋以及边缘构件（不包括两侧翼墙）纵向钢筋的总截面面积；

　　　f_y——竖向钢筋抗拉强度设计值。

5. 连梁正截面受弯和斜截面受剪承载力验算

连梁截面验算包括正截面受弯及斜截面受的承载力两部分。受弯验算与普通框架梁相同，由于一般连梁都是上下配相同数量钢筋，可按双筋截面验算，受压区很小，通常用受拉钢筋对受压钢筋取矩，就可得到受弯承载力，即

$$M \leqslant \frac{1}{\gamma_{RE}}f_yA_s(h_{b0} - a'_s) \tag{5-67}$$

连梁有地震作用组合时的斜截面受剪承载力，应按下式计算：

跨高比 >2.5 时，

$$V_w \leqslant \frac{1}{\gamma_{RE}}\left(0.42f_tb_bh_{b0} + f_{yv}\frac{A_{sv}}{s}h_{b0}\right) \tag{5-68a}$$

跨高比 $\leqslant 2.5$ 时，

$$V_w \leqslant \frac{1}{\gamma_{RE}}\left(0.38f_tb_bh_{b0} + 0.9f_{yv}\frac{A_{sv}}{s}h_{b0}\right) \tag{5-68b}$$

式中：b_b、h_{b0}——连梁截面的宽度和有效高度。

5.5　框架-抗震墙结构抗震设计

5.5.1　抗震性能

1. 框架-抗震墙的共同工作特性

框架-抗震墙结构是通过刚性楼盖使钢筋混凝土框架和抗震墙协调变形共同工作的。对于纯框架结构，柱轴向变形所引起的倾覆状的变形影响是次要的。由 D 值法可知，框架结构的层间位移与层间总剪力成正比，因层间剪力自上而下越来越大，故层间位移也是自上而下越来越大，这与悬臂梁的剪切变形一致，故称为剪切型变形。

对于纯抗震墙结构，其在各楼层处的弯矩等于外荷载在该楼面标高处的倾覆力矩，该力矩与抗震墙纵向变形的曲率成正比，其变形曲线凸向原始位移，这与悬臂梁的弯曲变形一致，故称为弯曲型变形。当框架与抗震墙共同作用时，二者变形必须协调一致，在下部楼层，抗震墙位移较小，它使得框架按弯曲型曲线变形，使之趋于减少变形，抗震墙协助框架工作，外荷载在结构中引起的总剪力将大部分由抗震墙承受；在上部楼层，抗震墙外倾，而框架内

收,协调变形的结果是框架协助抗震墙工作,顶部较小的总剪力主要由框架承担,而抗震墙仅承受来自框架的负剪力。上述共同工作结果对框架受力十分有利,其受力比较均匀。故其总的侧移曲线为弯剪型,见图 5-41。

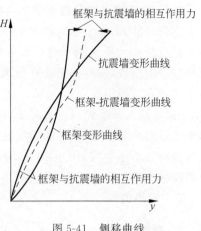

图 5-41 侧移曲线

2. 抗震墙的合理数量

一般来讲,多设抗震墙可以提高建筑物的抗震性能,减轻震害。但如果抗震墙超过了合理的数量,就会增加建筑物的造价。这是因为随着抗震墙的增加,结构刚度也随之增大,周期缩短,于是作用于结构的地震力也加大所造成的。这样,必有一个合理的抗震墙数量,能兼顾抗震性能和经济性两方面的要求。基于国内的设计经验,表 5-17 列出了底层结构截面面积(即抗震墙截面面积 A_w 和柱截面面积 A_c 之和)与楼面面积之比 A_f、抗震墙截面面积 A_w 与楼面面积 A_f 之比的合理范围。

表 5-17 底层结构截面面积与楼面面积之比

设 计 条 件	$(A_w + A_c)/A_f$	A_w/A_f
7 度、Ⅱ类场地	3%~5%	2%~3%
8 度、Ⅱ类场地	4%~6%	3%~4%

抗震墙纵横两个方向总量应在表 5-17 范围内,两个方向抗震墙的数量宜相近。抗震墙的数量还应满足对建筑物所提出的刚度要求。在地震作用下,一般标准的框架-抗震墙结构顶点位移与全高之比 u/H 不宜大于 1/700,较高装修标准时不宜超过 1/850。

5.5.2 抗震设计

1. 水平地震作用

对于规则的框架-抗震墙结构,采用底部剪力法来确定计算单元的总水平地震作用标准值 F_{Ek}、各层的水平地震作用标准值 F_i 和顶部附加水平地震作用标准值 ΔF_n,采用顶点位移法公式来计算框架-抗震墙结构的基本周期,其中,结构顶点假想位移 u_T(m)应为假想地把集中在各层楼层处的重力荷载代表值 G_i 按等效原则化为均匀水平荷载 q;考虑非结构墙体刚度影响的周期折减系数 Ψ_T 采用 0.7~0.8。

2. 内力与位移计算

框架-抗震墙结构在水平荷载作用下的内力与位移计算方法可分为电算法和手算法。采用电算法时,先将框架-抗震墙结构转换为壁式框架结构,然后采用矩阵位移法借助计算机进行计算,其计算结果较为准确。手算法,即微分方程法,该方法将所有框架等效为综合框架,所有抗震墙等效为综合抗震墙,所有连梁等效为综合连梁,并把它们移到同一平面内,通过自身平面内刚度为无穷大的楼盖的连接作用而协调变形共同工作。

　　框架-抗震墙结构是按框架和抗震墙协同工作原理来计算的,计算结果往往是抗震墙承受大部分荷载,而框架承受的水平荷载很小。工程设计中,考虑到抗震墙的间距较大,楼板的变形会使中间框架所承受的水平荷载有所增加;由于抗震墙的开裂、弹塑性变形的发展或塑性铰的出现,使得其刚度有所降低,致使抗震墙和框架之间的内力分配中,框架承受的水平荷载亦有所增加;另外,从多道抗震设防的角度来看,框架作为结构抗震的第二道防线(第一道防线是抗震墙),也有必要保证框架有足够的安全储备。故框架-抗震墙结构中,为考虑上述影响,框架所承受的地震剪力不应小于某一限值。为此,《抗震规范》规定,侧向刚度沿竖向分布基本均匀的框架-抗震墙结构,任一层框架部分的剪力值,不应小于结构底部总地震剪力的 20% 和按框架-抗震结构侧向刚度分配的框架部分各楼层地震剪力中最大值 1.5 倍中较小值。

3. 截面设计与构造措施

1) 截面设计的原则

框架-抗震墙结构的截面设计,框架部分按框架结构进行设计,抗震墙部分按抗震墙结构进行设计。

周边有梁柱的抗震墙(包括现浇柱、预制梁的现浇抗震墙),当抗震墙与梁柱有可靠连接时,柱可作为抗震墙的翼缘,截面设计按抗震墙墙肢进行设计。主要的竖向受力钢筋应配置在柱截面内。抗震墙上的框架梁不必进行专门的截面设计计算,钢筋可按构造配置。

2) 构造措施

框架-抗震墙墙板的抗震构造措施除采用框架结构和抗震墙结构的有关构造措施外,还应满足下列要求:

(1) 截面尺寸

框架-抗震墙墙板厚度不应小于 160mm 且不应小于层高的 1/20,底部加强部位的抗震墙厚度不应小于 200mm 且不应小于层高的 1/16。有端柱时,墙体在楼盖处应设置暗梁,暗梁的高度不宜小于墙厚和 400mm 的较大值;端柱截面宜与同层框架柱相同,并应满足对框架柱的要求;抗震墙底部加强部位的端柱和紧靠抗震墙洞口的端柱宜按柱箍筋加密区的要求沿全高加密箍筋。

(2) 分布钢筋

抗震墙的竖向和横向分布钢筋的配筋率均不应小于 0.25%,钢筋直径不宜小于 10mm,间距不宜大于 300mm,并应双排布置,双排分布钢筋间应设置拉筋。

习题

1. 多层混凝土结构的震害和抗震薄弱环节有哪些?在设计中应如何采取对策?
2. 框架结构、抗震墙结构、框架-抗震墙结构房屋的结构布置应着重解决哪些问题?
3. 混凝土结构房屋的抗震等级是如何确定的?划分结构的抗震等级的意义是什么?
4. 试简述框架结构抗震设计中内力和位移计算的方法和步骤。
5. 在钢筋混凝土框架内力分析中为什么要对梁进行调幅?

6. 如何进行框架结构抗震设计中的内力组合？

7. 框架结构抗震设计的基本原则是什么？

8. 如何进行框架梁、柱、节点抗震设计？

9. 框架梁、柱纵向受力钢筋的锚固和接头有何要求？箍筋锚固有何要求？

10. 抗震墙分为哪几种类型？

11. 抗震墙结构的抗震设计要点和抗震构造措施有哪些？

12. 框架-抗震墙结构的抗震设计要点和抗震构造措施有哪些？

第6章

多层砌体结构抗震设计

6.1 房屋震害

6.1.1 结构特性

传统砌体是由砂浆与砌块组成的复合体。砌体处于受拉状态时，主要表现出的破坏特征是沿齿缝破坏和沿水平通缝破坏，仅在砌块强度极低的情况下才会出现沿块体和竖向灰缝破坏的情况。砌体在抗剪时，主要发生沿水平灰缝、沿齿、沿阶梯形缝破坏的模式。由此可知，当砌体结构处于拉、弯、剪受力状态时，其强度来源都与砂浆性能直接相关。砂浆是砌体这一复合体中的薄弱环节，这导致了砌体处于拉、弯、剪受力状态时的性能不甚理想。

传统的砌体结构是以纵墙与横墙为主要的承重构件。当砌体结构承受水平地震荷载时，纵、横墙也是主要的抗侧力构件。在墙体的平面内主要依靠砌体的抗剪承载力抵抗水平地震作用。在墙体的平面外主要依靠砌体的抗弯承载力抵抗水平地震作用。因此，由于砌体结构的特性，未经抗震设防的多层砌体结构房屋在承受地震荷载时将产生较为严重的震害。

类似于钢筋混凝土结构，工程人员将钢筋与砌体相结合，则产生了有别于传统砌体结构的配筋砌体结构，如网状配筋砖砌体、组合砖砌体、小型空心砌块配筋砌体等结构形式。其中，小型空心砌块配筋砌体对砌体结构抗震性能的提升尤为显著。大量的研究资料表明，小型空心砌块配筋砌体剪力墙的抗震性能比较接近现浇钢筋混凝土剪力墙。

6.1.2 震害及分析

本小节将从墙体的震害特征与结构的震害特征两个层面分析砌体结构房屋的主要震害特点。

1. 墙体的震害特征

若水平地震作用的方向与墙体的延伸方向大致相同，即水平地震力作用在平面内。此时，墙体将主要发生剪切变形，当主拉应力超过限值之后将在墙体的内部产生一道显著的斜向主裂缝。在水平地震反复作用下，墙体上的斜裂缝将呈现交叉状态。若水平地震作用的方向与墙体的延伸方向大致垂直，即水平地震力作用在平面外。此时，墙体将主要发生弯曲变形,这将导致墙体向平面外倾倒。在竖向地震作用下,墙体则会在拉应力的作用下产生沿水平方向发展的裂缝。

在房屋的端部,由于地震作用引起的扭转效应较为显著,在纵横墙交接的墙角处引起严重的破坏。由于地震作用方向的任意性,常在房屋内部的纵横墙交接处引起竖向裂缝,若纵横墙间的连接不牢固,将导致纵墙的外闪甚至倒塌。对于窗间墙来说,由于高宽比较大,在水平地震作用下会出现水平裂缝或是弯-剪斜裂缝。

2. 结构的震害特征

墙体的破坏是导致砌体结构房屋破坏的主要因素。

就破坏现象来看:当结构中的墙体整体因超过自身抗剪强度时,房屋将丧失结构的特性,出现整体倒塌;当结构中个别墙体的抗剪能力被超越时,或是纵横墙连接处连接强度不足时,或是在较大的地震扭矩作用下引起房屋端部墙角处破坏时,房屋将产生局部倒塌,如图 6-1 所示。

(a)

(b)　　　　　　　　　(c)

图 6-1　震害破坏

(a) 唐山大地震中某三层客房外纵墙全部被甩落;(b) 墙角破坏;(c) 墙体破坏

就破坏程度来说,总体存在以下的特点:

(1) 由于墙体平面外力学性能远不如平面内的力学性能,加之横墙数量的影响,纵墙易在受到弯曲作用时发生倒塌,纵墙承重的砌体结构房屋震害重于横墙承重的砌体结构房屋震害。

(2) 与现浇楼板砌体结构房屋相比,采用预制楼板的砌体结构房屋,预制楼板的约束作用差、水平刚度弱,导致结构空间刚度减小,预制楼板砌体结构房屋的破坏较现浇楼板砌体结构房屋重。

（3）砌体结构的整体性差，抵抗不均匀沉降的能力弱，在软弱或是不均匀地基上的砌体结构房屋震害重于在坚实地基上的砌体结构房屋，地基土的液化对砌体结构房屋的影响十分显著。

（4）采用刚性楼盖的砌体结构房屋，下层墙体的破坏程度重于上层墙体破坏；采用柔性楼盖的砌体结构房屋，下层墙体的破坏程度轻于上层墙体破坏。

（5）对于砌体结构房屋楼梯间的墙体，沿墙体高度方向楼板的支撑作用被削弱，加之顶层楼梯间层高较高，在遭受地震作用时更容易被破坏。在楼盖（屋盖）与墙体的连接处，由于连接的强度弱，遭受地震作用时易出现水平裂缝，如图 6-2 所示。

图 6-2　墙体水平裂缝

6.2　抗震设计基本要求

在结构设计过程中，概念设计是非常重要的一环。良好的概念设计将有助于设计出受力合理、性能优良的结构。结构的选型与布置属于结构概念设计，因此要十分重视。

6.2.1　结构布置

采用纵墙承重方案的砌体结构房屋，横墙数量少，在遭受水平地震作用时纵墙很容易发生平面外的弯曲破坏，引起房屋的倒塌，在抗震设防时尽量不要选择纵墙承重方案，而是优先选择横墙承重方案或是纵横墙联合承重方案；砌体墙与钢筋混凝土墙体变形性能差异大，不易同时达到承载力的峰值，协同工作能力弱，同一结构中不应混合使用砌体墙与钢筋混凝土墙体；纵横墙的布置宜均匀对称，使整个结构的墙体受力基本均匀，避免结构薄弱部位的出现；纵横墙体在结构平面内宜对齐，竖向也应上下连续，使得结构的计算简图明确，传力路径清晰；结构中纵横墙的数量相差不宜过大，结构宽度中部应设置纵墙且开洞后累积长度不宜小于房屋总长度的 60%，但不计入高宽比大于 4 的墙段，以保证结构纵横向的动力特性不会相差过大。

为保证楼板对墙体的侧向支撑作用，尽量减轻楼板开洞对结构空间刚度的不利影响，楼板局部洞口尺寸不宜超过楼板宽度的 30%，且不应在墙体两侧同时开洞；房屋错层且楼板高差在 500mm 以上，若计算地震作用时仍按单一质点进行计算，则对错层处墙体的设计偏于不安全，进行计算时应算作两层且应对错层处的墙体采取加强措施；考虑到楼梯间对结构性能的削弱，在房屋的尽端或是转角处不宜设置楼梯间，防止楼梯间墙体侧向支撑不足后叠加地震扭矩的作用产生严重破坏。若必须设置在该处，则应采用设置钢筋混凝土构造柱等方式对楼梯间进行加强；窗洞口不应设置在房屋的转角处，避免墙上开洞削弱后叠加地震扭矩的作用产生严重破坏。

抗震设计时，必须注意房屋的平面布置，避免过大的凹凸尺寸致使震害集中发生在房屋的转角处。因此，《抗震规范》规定，房屋的平面轮廓凹凸尺寸，不应超过典型尺寸的 50%；

当超过典型尺寸的 25% 时,应在房屋转角处采取加强措施。在处理体形复杂的房屋时,可以通过设置防震缝将结构划分为若干体形相对简单、刚度相对均匀的结构单元。房屋有下列情况之一时宜设置防震缝,缝两侧均应设置墙体,缝宽可取 70～100mm:

　　(1) 房屋立面高差在 6m 以上;

　　(2) 房屋有错层,且楼板高差大于层高的 1/4;

　　(3) 各部分结构刚度、质量截然不同。

　　当房屋的横墙间距小时,排布紧密,房屋的空间刚度大,在遭受横向水平地震作用时表现出的性能好。同时,楼盖也必须有足够的水平刚度将地震荷载传递给横墙,防止楼盖出现过大变形引起纵墙平面外受弯倒塌。为此,多层砌体房屋的最大横墙间距应满足表 6-1 所列的限值。当房屋的横墙较少且跨度较大时,为增强房屋的空间刚度,宜采用钢筋混凝土现浇楼、屋盖。

表 6-1　多层砌体房屋最大横墙间距　　　　　　　　　　　m

楼、屋盖的形式	抗震设防烈度			
	6 度	7 度	8 度	9 度
现浇或装配整体式钢筋混凝土楼、屋盖	15	15	11	7
装配式钢筋混凝土楼、屋盖	11	11	9	4
木屋盖	9	9	4	—

注:① 多层砌体房屋的顶层,除木屋盖外的最大横墙间距应允许适当放宽,但应采取相应加强措施;

② 多孔砖抗震横墙厚度为 190mm 时,最大横墙间距应比表中数值减少 3m。

　　房屋不合理的窗洞设置可能造成窗间墙过窄,进一步削弱墙体的性能;门窗洞口设置过于接近房屋的端部,也会加重该部分震害。这些局部结构布置的不合理,都有可能引起房屋在地震荷载作用下整体结构的破坏甚至倒塌。因此,《抗震规范》规定,砌体结构房屋的局部尺寸宜符合表 6-2 中的规定。在同一轴线上的窗间墙宽度也应均匀,平行错位不超过 2 倍墙厚度的窗间墙也视为在同一轴线上;当窗间墙的布置满足表 6-2 规定的前提下,墙面洞口的立面面积,抗震设防烈度 6、7 度时不宜大于墙面总面积的 55%,8、9 度时不宜大于 50%。

表 6-2　房屋局部尺寸限值　　　　　　　　　　　m

部　　位	抗震设防烈度			
	6 度	7 度	8 度	9 度
承重窗间墙最小宽度	1.0	1.0	1.2	1.5
承重外墙尽端至门窗洞边的最小距离	1.0	1.0	1.2	1.5
非承重外墙尽端至门窗洞边的最小距离	1.0	1.0	1.0	1.0
内墙阳角至门窗洞边的最小距离	1.0	1.0	1.5	2.0
无锚固女儿墙(非出入口处)的最大高度	0.5	0.5	0.5	0.0

注:① 局部尺寸不足时,应采取局部加强措施弥补,且最小宽度不宜小于 1/4 层高和表列数据的 80%;

② 出入口处的女儿墙应锚固。

6.2.2　总高度和层数

　　我国《建筑与市政工程抗震通用规范》规定,多层砌体结构房屋的总高度与层数不应超过表 6-3 中的限值。大量震害统计表明,多层砌体结构房屋抗震性能除受到材料性能、横墙间距等因素的影响外,还受到房屋高度的影响。在不同烈度区域,随着多层砌体结构房屋层数的增加,房屋的震害呈现加重趋势。究其原因,应是随着房屋层数的增加,作用在底层的水平地震总剪力随之增加,砌体结构房屋底层墙体裂缝发展更加严重,进一步加重震害。因此,随着材料性能的劣化、墙体厚度的减小以及地震作用的增强,表 6-3 中对砌体结构房屋层数与总高度的限制更为严格,数值进一步降低。

表 6-3　多层砌体房屋的层数和总高度限值　　　　　　　　　　　　m

墙体材料	最小抗震墙厚度/mm	抗震设防烈度和设计基本地震加速度											
		6 度		7 度				8 度				9 度	
		0.05g		0.10g		0.15g		0.20g		0.30g		0.40g	
		高度	层数	高度	层数	高度	层数	高度	层数	高度	层数	高度	层数
普通砖	240	21	7	21	7	21	7	18	6	15	5	12	4
多孔砖	240	21	7	21	7	18	6	18	6	15	5	9	3
多孔砖	190	21	7	18	6	15	5	15	5	12	4	—	—
小砌块	190	21	7	21	7	18	6	18	6	15	5	9	3

注:① 乙类的多层砌体房屋应按规定层数减少 1 层,总高度应降低 3m;
　② 室内外高差大于 0.6m 时,房屋总高度应允许比表中的数据适当增加,但增加量应少于 1.0m。

对蒸压灰砂砖和蒸压粉煤灰砖及层高有特殊要求的房屋,《抗震规范》中还对房屋总高度与层数做了如下规定:

(1)横墙较少的砌体结构房屋或是蒸压灰砂砖和蒸压粉煤灰砖的砌体房屋的砌体抗剪强度仅达到普通黏土砖砌体的 70% 时,总高度应比表 6-3 的规定降低 3m,层数减少一层;各层横墙很少的多层砌体房屋,层数还应再减少一层。

(2)当抗震设防烈度 6、7 度时横墙较少的丙类多层砌体房屋按规定采取加强措施并满足抗震承载力要求时,当蒸压灰砂砖和蒸压粉煤灰砖砌体的抗剪强度达到普通黏土砖砌体的取值时,其高度和层数应允许按表 6-3 的规定采用(蒸压灰砂砖和蒸压粉煤灰砖砌体要求同普通黏土砖砌体)。

(3)多层砌体承载房屋的层高不应超过 3.6m;但当使用功能确有需要时,如教学楼,采用约束砌体等加强措施的普通砖房屋层高不应超过 3.9m。

6.2.3　房屋高宽比

高宽比大的多层砌体结构房屋墙体,可能出现整体弯曲变形,但现有方法给出的计算结果与工程事实不太相符。为保证砌体结构房屋在出现整体弯曲变形时不至倾覆,《抗震规范》规定多层砌体结构房屋一般不做整体弯曲验算,采用表 6-4 中的房屋最大高宽比的方法保证砌体结构墙体的稳定。

表 6-4　多层砌体房屋最大高宽比

抗震设防烈度	6 度	7 度	8 度	9 度
最大高宽比	2.5	2.5	2.0	1.5

注:① 单面走廊的总宽度不包括走廊宽度;
　② 建筑平面接近正方形时,其高宽比宜适当减小。

6.3　抗震设计

　　现阶段,常用的抗震设计手段是将地震作用在结构上产生的响应求出后,再按照一般静力设计的方式对结构进行计算分析。对一般的房屋结构来说,抗震分析的步骤可以归纳为:①选择合适的计算简图;②根据建设场地条件、当地抗震设防烈度以及建筑重要性分类,确定地震作用在结构上产生的响应;③依照结构力学的基本原理,求出构件上的内力;④依据内力计算结果对构件进行截面设计。针对具体的结构形式,则需要根据结构自身的特点执行上述步骤。值得注意的是,随着结构非线性分析方法的成熟,建筑抗震性能化设计已经具有实用价值,《抗震规范》也已经对性能化设计给出了相应规定,考虑到该方法在工程实际应用还不够成熟,本章只介绍常用的以力为基础的设计方法。对房屋抗震性能化设计感兴趣的读者可以查阅相关资料。

　　一般来说,多层砌体结构房屋层高有限,竖向地震作用不明显。扭转地震作用的效应在进行结构概念设计时需通过合理的结构布置加以限制。主要的设计重点是使得砌体结构房屋在水平地震作用下,结构中纵向和横向承重墙体的抗剪强度满足《抗震规范》中的要求。

6.3.1　计算简图

　　通过第 3 章的学习可以知道,一般进行弹性地震反应分析时,结构模型一般都简化为串联多自由度模型。对砌体结构房屋进行分析时,采用的是相同的分析模型。对一般多层砌体结构房屋进行分析时,按照以下的规则简化为图 6-3 所示的计算简图:

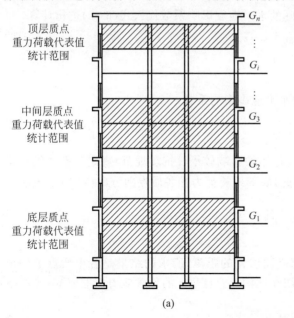
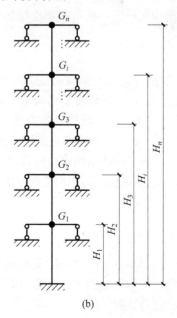

(a)　　　　　　　　　　　　　　　　　(b)

图 6-3　多层砌体房屋计算简图

(a) 多层砌体结构房屋;(b) 计算简图

（1）楼盖与屋盖作为质点所在的高度位置，各层的重量集中到各个质点上。需要说明的是，这里的重量不仅指结构构件的自重，它还包括在地震发生时可能出现在楼面（屋面）上的可变荷载。

（2）分析时使用重力荷载代表值来表征质点上的重量、重力荷载代表值的统计按楼盖与屋盖的全部自重，各楼层可变荷载的组合值，屋面的积灰荷载或雪荷载的组合值（不计入屋面活荷载），各楼层（屋面）上、下各一半高度范围内墙体的重量（包括门、窗、构造柱等）进行。

（3）墙体嵌固位置的选取应以该位置的嵌固条件是否满足固定支座的定义作为依据。当基础浅埋时取为基础顶面；当基础埋深较深时可取为室外地坪下 0.5m 处，这主要是考虑到地基对墙体的嵌固在这个深度上已经基本满足固定支座的条件；当设有刚度较大的地下室时，墙体的嵌固端可取为地下室顶板的顶部；对于刚度较小的地下室，地下室顶板顶部的嵌固作用不足，则墙体的嵌固端应视作在地下室室内地坪处，地下室应视为结构的一层参与分析。

6.3.2　地震作用

对多层砌体结构房屋进行水平地震作用分析时，要对两个主轴方向分别进行计算。第3章中介绍的地震作用的分析手段适用于对砌体结构房屋的分析，如振型分解反应谱法、底部剪力方法、时程分析法。一般的多层砌体结构房屋层数较低，质量与刚度的分布沿高度分布较为均匀，楼层间的变形以剪切变形为主，满足使用底部剪力法的前提条件。因此，可以采用这种计算资源消耗较少的方法得出较为合理的计算结果。砌体结构刚度较大，自振频率较高，第一振型的自振周期一般位于反应谱水平段的区间内，水平地震响应系数宜取最大值，按下式计算结构的总水平地震作用标准值，也可按照结构分析的一般方法，对多层砌体结构房屋第一振型周期进行估计后，将实际的水平地震影响系数代入式(6-1a)进行计算。

$$F_{Ek} = \alpha_1 G_{eq} \tag{6-1a}$$

$$\alpha_1 = \alpha_{max} \tag{6-1b}$$

式中：F_{Ek}——结构的底部地震剪力；

$\quad\quad\alpha_1$——相应于结构基本自振周期的水平地震影响系数；

$\quad\quad G_{eq}$——结构等效总重力荷载；

$\quad\quad\alpha_{max}$——水平地震影响系数最大值。

多层砌体结构周期较短，高阶振型地震作用的影响较小，《抗震规范》规定对砌体结构房屋，顶部附加地震作用系数可取为 0.0。因此，底部地震剪力在各质点的分配应按下式确定：

$$F_i = \frac{G_i H_i}{\sum\limits_{j=1}^{n} G_j H_j} F_{Ek}, \quad i = 1, 2, \cdots, n \tag{6-2}$$

如图 6-3 所示，H_i 是指质点离开底部嵌固位置的距离，所求的结果是各个质点上因地震作用引起的力的标准值，属于外力。作用在结构任意楼层 i 的地震剪力标准值 V_i 需按下式进行计算：

$$V_i = \sum_{j=i}^{n} F_j \tag{6-3}$$

采用底部剪力法对多层砌体结构房屋进行分析时,质点位移分布、水平地震作用分布以及各层所受地震剪力可依据图 6-4 理解。

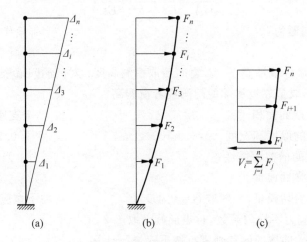

图 6-4　采用底部剪力法计算的多层砌体房屋位移、作用力与剪力
(a) 位移；(b) 作用力；(c) 剪力

对于屋顶间、女儿墙、楼梯间、电梯间等突出屋面部分,当采用底部剪力法进行分析时,宜将计算得到的地震效应乘以增大系数 3,地震作用增大的部分不向下传递。

6.3.3　剪力分配

采用图 6-3 的计算简图,是将结构各层的质量特征与刚度特征分别集中到了代表该楼层的质点以及与之相连的杆件上。由式(6-3)计算出的楼层剪力标准值是作用在各楼层的总的地震剪力。为了进行设计计算,需要将各楼层总的水平地震剪力分配到各个抗侧力墙体中去。由于门窗洞口将一道墙分为了若干的墙段,此时还需要将分配到该墙体上的水平地震剪力进一步分配到各个墙段上。

1. 墙体平面内侧移刚度

依据结构计算简图,在水平地震作用下,砌体结构房屋的各个质点只发生水平方向的平动,不发生转动。如图 6-5 所示,墙体的边界条件可以视为下端为固定端,全部自由度被约束；上端除沿地震作用方向的自由度外全部自由度被限制。墙体的侧移包含两个部分：其一是剪切变形产生的水平位移；其二是因墙体上、下端的弯曲产生的水平位移。在弹性阶段,无开洞墙体在单位力作用下产生的墙体水平侧移包含两个部分：

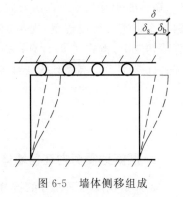

图 6-5　墙体侧移组成

弯曲变形

$$\delta_{b} = \frac{h^{3}}{12EI} = \frac{1}{Et} \cdot \frac{h^{3}}{b^{3}} \qquad (6\text{-}4)$$

剪切变形

$$\delta_s = \frac{\xi h}{GA} = \frac{\xi}{Gt} \cdot \frac{h}{b} = \frac{3}{Et} \cdot \frac{h}{b} \qquad (6-5)$$

墙体的总侧向变形为

$$\delta = \delta_s + \delta_b \qquad (6-6)$$

式中：h——对无洞墙体取墙高度；对窗间墙取窗洞高度；对门洞间墙取门洞高度；对房屋

尽端墙，取最靠近尽端的门洞或者窗洞高。

A——墙段横截面面积。

t、b——墙段的厚度和宽度。

I——对墙段的横截面惯性矩。

E——砌体的弹性模量。

G——砌体的剪切模量，一般取 $G = 0.4E$。

ξ——截面剪应力不均匀系数，对矩形截面取 1.2。

对于一般的情况，墙体的侧移刚度可按下式进行计算：

$$K = \frac{1}{\delta_s + \delta_b} = \frac{Et}{3\frac{h}{b} + \left(\frac{h}{b}\right)^3} = \frac{Et}{\frac{h}{b}\left[3 + \left(\frac{h}{b}\right)^2\right]} \qquad (6-7)$$

图 6-6 是分别用式(6-4)、式(6-5)、式(6-6)计算的在不同高宽比 h/b 时，墙体侧移总量由弯曲引起侧移量以及由剪切变形引起的侧移量。从图中不难发现，当墙体的高宽比较小的时候，总体侧移中弯曲变形引起侧移量所占比例很小，水平侧移主要由剪切变形引起。在高宽比小于 1 的区间上，由弯曲变形引起的水平侧移几乎可以忽略；高宽比在 1～4 的区间内，虽然弯曲引起的水平侧移已经占大多数，但是由剪切变形引起的侧移所占总侧移的比例还不能完全忽略；随着高宽比的增加，弯曲侧移增长速度高于剪切侧移的增速，当高宽比超过 4 之

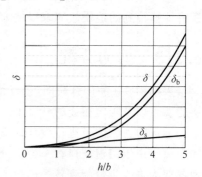

图 6-6 墙体侧移与高宽比的关系

后，墙体的侧移几乎全部由弯曲变形引起，剪切变形引起的水平侧移的影响已经非常弱。根据这个事实，《抗震规范》规定，对砌体结构墙体的侧移刚度计算：高宽比小于 1 时，可只计算剪切变形，按(6-8)计算；高宽比在 1～4 区间内时，应同时计算弯曲变形和剪切变形，按式(6-7)计算；高宽比大于 4 时，可取等效侧移刚度为 0.0。

$$K = \frac{Et}{3\frac{h}{b}} \qquad (6-8)$$

2. 层间地震剪力在各墙体间的分配

砌体结构墙体平面外的抗侧刚度很低，在进行抗震分析时，不考虑垂直于水平地震作用方向上墙体的贡献，横向地震作用全部由结构中的横墙承担；纵向地震作用全部由结构中的纵墙承担。

下面研究横向水平地震作用在横墙间的分配原则。对地震作用进行分析时，计算简图

采用楼盖的水平刚度无穷大的假定。在实际工程中不存在完全满足这一假定的楼盖,只有部分楼盖能近似满足。在对某楼层地震总剪力进行分配时,必须考虑楼盖刚度的影响。依据楼盖刚度将楼盖划分为刚性楼盖、柔性楼盖、中等刚性楼盖。

1)刚性楼盖

当横墙间距满足表 6-1 的要求且楼盖形式为现浇或装配整体式钢筋混凝土楼盖,在遭受水平地震作用时可以将楼盖视为刚性楼盖。如图 6-7(a)所示,在同一楼层中,各墙体及与墙体相连的楼盖的水平位移是相同的,横墙间的楼盖,没有弯曲变形。地震剪力通过楼盖向墙体传递的过程,如同一根刚度无穷大的横梁支撑在由横墙组成的弹性支座上,在这根刚度无穷大的横梁上任意一点,水平侧移都是相同的。根据这一变形协调条件容易推测到,横墙上所分配的地震剪力将与该横墙的侧移刚度直接相关。

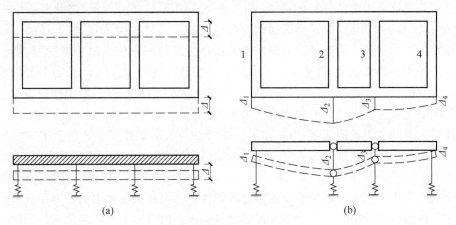

图 6-7　楼盖计算简图

(a)刚性楼盖;(b)柔性楼盖

若房屋共有 n 层,第 i 层有 m 道横墙,则第 i 层的地震总剪力 V_i 与第 j 道横墙所承担的剪力应有下式所示的关系:

$$V_i = \sum_{j=1}^{m} V_{ij} \tag{6-9}$$

在弹性阶段,第 i 层、第 j 道横墙承担的水平地震剪力与该墙自身的刚度有下式所示的关系:

$$V_{ij} = \Delta_i K_{ij} \tag{6-10}$$

将式(6-10)代入式(6-9)并整理可得下式:

$$\Delta_i = \frac{V_i}{\sum\limits_{j=1}^{m} K_{ij}} \tag{6-11}$$

将式(6-11)代入式(6-10),各横墙承担地震剪力可按下式分配:

$$V_{ij} = \frac{K_{ij}}{\sum\limits_{j=1}^{m} K_{ij}} V_i \tag{6-12}$$

式中:Δ_i——第 i 层在地震作用下的水平位移;

K_{ij}——第 i 层的第 j 道墙体抗侧刚度；

V_{ij}——第 i 层的第 j 道墙体承担的地震剪力。

若同一层横墙的材料相同、高度相同且高宽比小于 1，此时墙体侧向变形可只考虑剪切变形，式(6-12)可简化为式(6-13)。此时，各横墙承担的地震剪力按各横墙截面净面积与总横墙面积的比进行分配。

$$V_{ij} = \frac{A_{ij}}{\sum\limits_{j=1}^{m} A_{ij}} V_i \tag{6-13}$$

式中：A_{ij}——第 i 层的第 j 道墙体横截面净截面面积。

2）柔性楼盖

柔性楼盖是指采用柔性材料的楼盖，如木楼盖。如图 6-7(b)所示，这种楼盖水平刚度很小，遭受水平地震作用时，除了会引起作为弹性支座的横墙发生平移，楼盖还会因自身刚度不足而发生弯曲变形。两道横墙间的楼盖无法产生足够约束使横墙协调变形，楼盖犹如支撑在各道横墙上的简支梁，横墙可以相对独立地变形。在同一楼层上，楼盖各处的水平侧移量是不一致的，作为支座的各个横墙的水平侧移也是不相同的。因此，柔性楼盖房屋地震剪力的分配不能考虑变形协调的原则按横墙刚度进行。

通过第 3 章的学习我们知道，地震作用是以惯性力的形式作用于结构上的。作用的强弱程度与质点的质量有明确的相关性。在柔性楼盖房屋中，横墙间的联系较弱，能够相对独立地发生水平侧移。在地震作用下，单一轴线上的横墙可以视作相对独立的质点系统。横墙承受的地震作用可以视为该横墙及该横墙两侧各一半面积的楼盖上的重力荷载所产生的地震作用。各横墙所承担的地震剪力可按照该横墙承担的重力荷载代表值进行分配，即

$$V_{ij} = \frac{G_{ij}}{G_i} V_i \tag{6-14}$$

式中：G_{ij}——第 i 层、第 j 道墙体及该墙体左右相邻横墙间各一半楼盖面积上所承担的重力荷载代表值；

G_i——第 i 层楼盖上所承担的总重力荷载代表值。

当楼盖上重力荷载分布均匀时，横墙所承担地震剪力的分配还可采用下式按各横墙的从属面积进行：

$$V_{ij} = \frac{A'_{ij}}{A'_i} V_i \tag{6-15}$$

式中：A'_{ij}——第 i 层、第 j 道墙体及该墙体左右相邻横墙间各一半楼盖的面积和；

A'_i——第 i 层楼盖的总面积。

3）中等刚性楼盖

中等刚性楼盖指楼盖水平刚度介于刚性楼盖与柔性楼盖之间的楼盖类型，如装配式钢筋混凝土楼盖。因与墙体连接的方式，使得这种类型的楼盖对与其相连的横墙的约束不如刚性楼盖；但楼盖自身又有较强的刚度，约束能力又比柔性楼盖强，不能忽略。承受水平地震作用时，楼盖会发生弯曲变形，同时又能在一定程度上使得各横墙的水平侧移量保持协调。对于这种楼盖，可以采用所使用楼盖的精确参数利用计算机进行空间模型分析，进而得到各横墙所承担的地震剪力。这需要占用较多的计算资源。同时针对不同的楼盖，精确的

刚度计算参数也较难获取。对于一般的多层砌体结构房屋,采用按刚性楼盖计算及柔性楼盖计算后取平均值的方法进行计算:

$$V_{ij} = \frac{1}{2}\left(\frac{K_{ij}}{\sum\limits_{j=1}^{m} K_{ij}} + \frac{G_{ij}}{G_i}\right)V_i \tag{6-16}$$

若计算墙体满足式(6-13)或式(6-15)的适用条件,也可对式(6-16)中相应的部分进行替换。

对于纵墙的地震剪力分配,相比于纵墙间距,纵墙的长度一般都较大。无论房屋采用何种楼盖形式,纵墙间的楼板在沿着纵向地震作用方向上的水平刚度很大,变形很小,符合将楼盖考虑为水平刚度无穷大的条件。因此,纵墙承担的地震剪力可以采用刚性楼盖的分配方法按式(6-12)或式(6-13)进行计算。

3. 墙体各墙段间地震剪力的分配

对于存在门窗洞口的墙体,还需要将分配到该墙体上的地震剪力进一步分配给门窗洞口间的墙段。多层砌体结构房屋在水平地震作用下层间主要发生沿水平方向的平动,可以认为各墙肢的水平侧移是相等的。若第 j 道墙有 s 道墙肢,依据变形协调条件,仍可按照墙段刚度与该道墙体总刚度的比值进行分配,即

$$V_{jk} = \frac{K_{jk}}{\sum\limits_{k=1}^{s} K_{jk}} V_{ij} \tag{6-17}$$

式中: V_{jk}——第 j 道墙、第 k 道墙肢承担的地震剪力;

K_{jk}——第 j 道墙、第 k 道墙肢的抗侧刚度。

门窗洞口将墙肢切割为高宽比较大的墙体,墙体变形主要集中于门窗洞口间的墙段,在计算抗侧刚度时,要注意确定墙高度 h 的原则,根据实际高宽比采用式(6-7)或式(6-8)进行计算。

4. 开洞墙体的侧移刚度

本节开始采用的是无开洞墙体进行的刚度分析,但在实际工程中,会出现存在门窗洞口的墙体。由于洞口的存在,会削弱墙体的抗侧刚度,在分析时需要考虑这种削弱的影响。

对于开洞率不大于30%且设置有构造柱的小开口墙,《抗震规范》规定可在毛截面计算的墙体抗侧刚度的基础上,采用表 6-5 中所给出的影响系数对墙体毛截面刚度进行折减。

表 6-5 洞口影响系数

开洞率	0.1	0.2	0.3
影响系数	0.98	0.94	0.88

注: ① 开洞率为洞口水平截面积与墙段水平毛截面积之比,相邻洞口之间净宽小于 500mm 的墙段视为洞口。

② 洞口中线偏离墙段中线大于墙段长度的 1/4 时,表中影响系数折减 0.9;门洞的洞顶高度大于 80% 层高时,表中数据不适用;窗洞高度大于 50% 层高时,按门洞对待。

对于洞口面积较大的墙体来说,洞口将单面墙体大致分为三个部分,即洞口间的墙肢部分、洞口上方的墙体以及洞口下方的墙体。在进行刚度计算的时候遵循这样的原则:当被洞口分割的墙段沿水平方向排列,各墙体的水平位移相互影响,组成的是并联系统,墙体的总刚度可由各墙段的抗侧刚度叠加求得;当洞口分割的墙段沿竖向排列,各墙体的水平位移是总水平位移的组成部位,组成的是串联系统,墙体的总刚度可由各墙段的柔度叠加后再求倒数的方法求得。按照洞口开设形式,分为以下情况:

1)墙上洞口几何参数相同

几何参数相同是指洞口的尺寸和标高都相同的情况。现以图 6-8 所示的墙上仅开窗洞的情况进行说明。此时,窗洞口将整道墙分成三个部分,墙体在承受水平力时,三个部分各自的水平侧移组成了墙体总体的水平侧移,墙体属于串联系统,可以使用柔度叠加再转换为刚度的方法求得抗侧刚度。在单位力作用下,墙体的总侧移及各部分墙体的侧移存在式(6-18)所示的关系。注意到刚度是柔度的倒数,则可得此时墙体的刚度应按式(6-19)进行计算。对于仅有门洞口的墙体,情况是类似的。

$$\delta = \delta_1 + \delta_2 + \delta_3 \tag{6-18}$$

$$K = \frac{1}{\delta_1 + \delta_2 + \delta_3} = \frac{1}{\dfrac{1}{K_1} + \dfrac{1}{\displaystyle\sum_{i=1}^{5} K_{2i}} + \dfrac{1}{K_3}} \tag{6-19}$$

式中:K_{2i}——第 i 道墙肢的抗侧刚度。

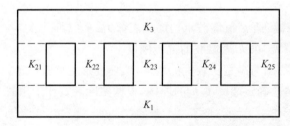

图 6-8 开有相同窗洞时墙段的划分

2)墙上洞口几何参数不同

几何参数不同指的是洞口尺寸不一致或标高不一致的情况。现以图 6-9 所示的墙上开有窗洞和门洞的情况进行说明。墙体可以整体视为两部分组成:第一部分为最上部无洞口的墙体;第二部分为中、下部存在开洞的墙体。两部分组成的是串联系统。对于第二部分的墙体,则由不规则洞口分割成了三个规则的墙段,三个墙段之间为并联系统。各个墙段的抗侧刚度则可由洞口参数相同的墙体计算方法求得。

$$K = \frac{1}{\dfrac{1}{\dfrac{1}{\left(\dfrac{1}{K_{21} + K_{22} + K_{23}} + \dfrac{1}{K_{11}}\right)} + \dfrac{1}{\left(\dfrac{1}{K_{24} + K_{25} + K_{26}} + \dfrac{1}{K_{12}}\right)} + K_4} + \dfrac{1}{K_3}} \tag{6-20}$$

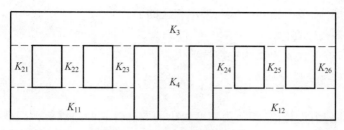

图 6-9　开有门窗洞墙段划分

6.3.4　强度验算

对构件进行内力计算之后,可以使用该内力对结构构件相应的强度进行计算。

对于砌体结构来说,主要利用的是墙体的抗剪强度,将剪力求出后即可对墙体的抗震抗剪强度进行验算。

在砌体结构中,对于抗剪强度的分析存在两种理论。第一是主拉应力强度理论,即认为当砌体结构中任意一点的主拉应力超过砌体结构的抗拉强度时,砌体将开裂并随之破坏;第二是剪切摩擦强度理论,砌体结构受剪破坏主要表现为沿水平通缝破坏或是沿阶梯形的裂缝破坏,两种破坏模式的最大剪应力分布线不同。两种强度理论都是半经验半理论的,有兴趣的同学可以查阅砌体结构相关的文献。为了统一设计方法,《抗震规范》采用下式对抗震时砌体结构抗剪强度设计值进行计算:

$$f_{vE} = \zeta_N f_v \tag{6-21}$$

式中: f_{vE}——抗震验算时砌体结构抗剪强度设计值;

f_v——非抗震验算时砌体结构抗剪强度设计值,可按我国砌体结构设计规范取用;

ζ_N——砌体抗震抗剪强度正应力影响系数,可按表 6-6 选用。

表 6-6　砌体强度的正应力影响系数

砌体类别	σ_0/f_v							
	0.0	1.0	3.0	5.0	7.0	10.0	12.0	≥16.0
普通砖、多孔砖	0.80	0.99	1.25	1.47	1.65	1.90	2.05	—
小砌块		1.23	1.69	2.15	2.57	3.02	3.32	3.92

注: σ_0 为对应于重力荷载代表值的砌体截面平均压应力。

普通砖、多孔砖砌体与混凝土小型空心砌块(小砌块)砌体存在一些区别。普通砖、多孔砖横截面积较大,在确定正应力影响系数时两种强度理论计算结果相差不大,为保证新老规范的延续性,现行《抗震规范》采用主拉应力强度理论计算了正应力影响系数;小砌块砌体,因具有较大的孔洞率,砌块间接触的净截面小,抗剪强度低, σ_0/f_v 较大,两种强度理论计算结果相差较大。依据试验结果,规范采用了剪切摩擦强度理论对正应力影响系数进行计算。

墙体的抗剪强度,普通砖、多孔砖砌体与小砌块砌体也有一定区别。普通砖、多孔砖砌体可以在砌块竖向间的砂浆缝配置钢筋对墙体抗剪强度进行加强;对于小砌块砌体,则多在砌块的空心孔洞内放置钢筋并浇筑混凝土形成芯柱进行加强。同时,两类砌体墙体都可采用钢筋混凝土构造柱进行加强,但计入构造柱加强效应的方式有所区别。在进行墙体抗震抗剪强度验算时,需要根据实际情况采用相应的公式。

1) 普通砖、多孔砖砌体

一般情况下,按下式验算墙体抗震抗剪强度:

$$V \leqslant \frac{f_{vE}A}{\gamma_{RE}} \tag{6-22}$$

式中:V——墙体剪力设计值,需将由本章给出的方法计算的地震剪力标准值按第 3 章给出的方法组合后算出;

A——墙体横截面面积;

γ_{RE}——承载力抗震调整系数,两端均有构造柱、芯柱的承重墙取为 0.9,其他承重墙取为 1.0,自承重墙体取为 0.75。

对配置有水平钢筋的墙体,应计入水平钢筋的影响,按式(6-23)验算墙体抗震抗剪强度:

$$V \leqslant \frac{1}{\gamma_{RE}}(f_{vE}A + \zeta_s f_{yh} A_{sh}) \tag{6-23}$$

式中:f_{yh}——水平钢筋抗拉强度设计值;

A_{sh}——层间墙体竖向截面水平钢筋的总面积;

ζ_s——钢筋参与工作系数,可按表 6-7 采用。

表 6-7　钢筋参与工作系数

高宽比	0.4	0.6	0.8	1.0	1.2
ζ_s	0.10	0.12	0.14	0.15	0.12

使用式(6-23)时,墙体竖向截面钢筋的配筋率应在 0.07%～0.17%。当截面配筋率过小时,因钢筋用量过少,对砌体墙体抗剪性能的提升不显著。砖砌体墙配置水平钢筋后,形成由砖、砂浆与钢筋组成的复合体,材料间需要良好的协同工作才能显著地提升复合体性能。当配筋率超过一定数值后,钢筋已经不能充分发挥作用,对墙体抗剪性能的进一步提升作用有限。因此将配筋率限制在这样一个区间内。

当经式(6-22)与式(6-23)验算后均不满足要求时,《抗震规范》规定可以按式(6-24)考虑基本均匀布置于墙段中部的构造柱对墙体抗震抗剪强度的提升作用。考虑时,芯柱必须满足:①截面不小于 240mm×240mm,当墙厚为 190mm 时不小于 240mm×190mm;②构造柱间距不大于 4m。

$$V \leqslant \frac{1}{\gamma_{RE}}[\eta_c f_{vE}(A - A_c) + \zeta_c f_t A_c + 0.08 f_{yc} A_{sc} + \zeta_s f_{yh} A_{sh}] \tag{6-24}$$

式中:f_t——构造柱混凝土轴心抗拉强度设计值。

f_{yc}——构造柱钢筋抗拉强度设计值。

A_c——中部构造柱横截面总面积。对横墙和内纵墙,$A_c > 0.15A$ 时,取 0.15A;对外纵墙,$A_c > 0.25A$,取 0.25A。

A_{sc}——中部构造柱纵向钢筋总面积。配筋率不应小于 0.6%,当配筋率大于 1.4% 时取 1.4%。

A_{sh}——层间墙体竖向截面水平钢筋的总面积,无水平钢筋时取 0.0。

ζ_c——中部构造柱参与工作系数,居中设置一根构造柱时取 0.5,多于一根构造柱时取 0.4。

η_c——墙体约束修正系数,一般情况取 1.0,构造柱间距不大于 3m 时取 1.1。

2) 小砌块砌体

小砌块砌体应按下式进行验算:

$$V \leqslant \frac{1}{\gamma_{RE}} \left[f_{vE} A + (0.3 f_t A_c + 0.05 f_y A_s) \zeta_c \right] \tag{6-25}$$

式中:f_t——芯柱混凝土轴心抗拉强度设计值;

f_y——芯柱钢筋抗拉强度设计值;

A_c——芯柱截面总面积;

A_s——芯柱钢筋截面总面积;

ζ_c——芯柱参与工作系数,可按表 6-8 采用。

表 6-8 芯柱参与工作系数

填孔率 ρ	$\rho<0.15$	$0.15 \leqslant \rho<0.25$	$0.25 \leqslant \rho<0.5$	$\rho \geqslant 0.5$
ζ_c	0.0	1.0	1.10	1.15

注:填孔率指芯柱根数(含构造柱和填实孔洞数量)与孔洞总数之比。

当小砌块砌体芯柱数量过少或是未设置芯柱时,不考虑芯柱对墙体抗剪承载力的贡献,计算方法与一般的普通砖、多孔砖砌体墙体没有区别。当小砌块砌体墙设置构造柱时,可将构造柱视为芯柱参与计算。此时,只需将芯柱截面积采用构造柱截面积代替,将芯柱纵向钢筋采用构造柱纵向钢筋代替即可使用式(6-25)进行抗震抗剪强度的验算。

【例题 6-1】 某四层砌体结构房屋,结构布置如图 6-10 所示。采用烧结普通砖 MU15,混合砂浆 M10,钢筋混凝土预制楼、屋盖;施工质量控制等级为 B 级;外墙厚 370mm,内墙厚 240mm,门洞高 2.4m,窗洞高 1.8m;建筑物所在场地,抗震设防烈度为 7 度,设计基本地震加速度为 0.15g,设计地震分组为第二组,场地类别为 Ⅱ 类。对该砌体结构房屋的抗震承载力进行验算。

【解】 1) 重力荷载代表值

本例主要展示抗震设计的步骤,荷载统计过程做了适当简化,实际设计时需根据工程情况进行。

屋面恒荷载标准值为 4.6kN/m²,雪荷载标准值为 0.4kN/m²;

楼面恒荷载标准值为 3.0kN/m²,楼面活荷载标准值为 2.0kN/m²;

取普通砖砌体的容重为 19kN/m³,240mm 厚墙体的自重为 4.56kN/m²,370mm 厚墙体自重为 7.03kN/m²;

门窗自重为 0.5kN/m²。因结构平面对称布置,取左半部分房屋进行计算。

(1) 屋面荷载

自重　　　　　　(4.6×12.6×13.2)kN=765.07kN

雪荷载　　　　　(0.5×0.4×12.6×13.2)kN=33.26kN

(按《抗震规范》,不考虑屋面活荷载,雪荷载组合值系数为 0.5)

合计:765.07kN+33.26kN=798.33kN。

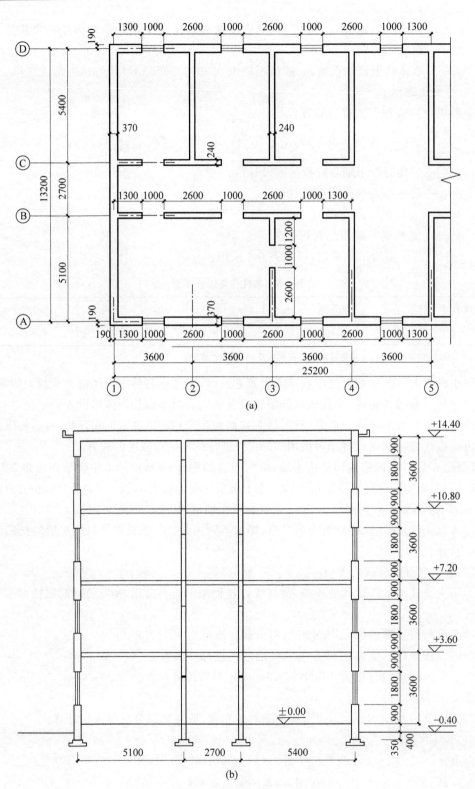

图 6-10 例题 6-1 砌体结构房屋结构布置

（a）平面；（b）剖面

（2）楼面荷载

自重　　　　　　　　（3.0×12.6×13.2）kN＝498.96kN

活荷载　　　　　　　（0.5×2.0×12.6×13.2）kN＝166.32kN

（取活荷载的一半参与计算）

合计：498.96kN＋166.32kN＝665.28kN。

（3）墙自重

2～4 层墙体：

① 轴横墙　　　　　　[（13.2－0.36）×7.03×3.6]kN＝324.95kN

② 轴横墙　　　　　　[（5.4－0.3）×4.56×3.6]kN＝83.72kN

③ 轴横墙

　｛[（5.4－0.3＋5.1－0.3）×3.6－（1×2.4）]×4.56＋（1×2.4）×0.5｝kN

　＝152.77kN

④ 轴横墙　　[（5.4－0.3＋5.1－0.3）×4.56×3.6]kN＝162.52kN

Ⓐ、Ⓓ轴纵墙

　｛[（12.6＋0.19）×3.6－（3.5×1×1.8）]×7.03＋3.5×1×1.8×0.5｝kN

　＝282.55kN

Ⓑ、Ⓒ轴纵墙

｛[（10.8－0.18＋0.12）×3.6－（3×1×2.4）]×4.56＋3×1×2.4×0.5｝kN

＝147.08kN

底层墙体：

① 轴横墙　　　　　　[（13.2－0.36）×7.03×4.35]kN＝392.65kN

② 轴横墙　　　　　　[（5.4－0.3）×4.56×4.35]kN＝101.16kN

③ 轴横墙

　｛[（5.4－0.3＋5.1－0.3）×4.35－（1×2.4）]×4.56＋（1×2.4）×0.5｝kN

　＝186.63kN

④ 轴横墙　　｛（5.4－0.3＋5.1－0.3）×4.56×4.35｝kN＝196.38kN

Ⓐ、Ⓓ轴纵墙

　｛[（12.6＋0.19）×4.35－（3.5×1×1.8）]×7.03＋3.5×1×1.8×0.5｝kN

　＝349.99kN

Ⓑ、Ⓒ轴纵墙

｛[（10.8－0.18＋0.12）×4.35－（3×1×2.4）]×4.56＋3×1×2.4×0.5｝kN

＝183.81kN

（4）各层重力荷载代表值

$$G_1 = \left[665.28 + \frac{1}{2} \times (392.65 + 101.16 + 186.63 + 196.38 + 2 \times 349.99 + 2 \times 183.81) + \right.$$

$$\left. \frac{1}{2} \times (324.95 + 83.72 + 157.77 + 162.52 + 2 \times 282.55 + 2 \times 147.08) \right] kN$$

$$= \left[665.28 + \frac{1}{2} \times 1944.41 + \frac{1}{2} \times 1583.22 \right] kN = 2429.10 kN$$

$$G_2 = G_3 = (665.28 + 1583.22)\text{kN} = 2248.50\text{kN}$$

$$G_4 = \left(798.33 + \frac{1}{2} \times 1583.22\right)\text{kN} = 1589.94\text{kN}$$

(5) 等效重力荷载代表值

$$G_E = (2429.10 + 2 \times 2248.50 + 1589.94)\text{kN} = 8516.04\text{kN}$$

$$G_{eq} = 0.85G_E = (0.85 \times 8516.04)\text{kN} = 7238.63\text{kN}$$

2) 各层水平地震剪力

考虑横向与纵向的水平地震作用,采用底部剪力法进行计算。依据场地条件,查表可得

$$\alpha_1 = 0.12$$

总水平地震作用标准值:

$$F_{Ek} = \alpha_1 \times G_{eq} = (0.12 \times 7238.63)\text{kN} = 868.64\text{kN}$$

各层的水平地震作用标准值及水平地震剪力标准值的计算结果列于表 6-9 各层地震剪力标准值中。

表 6-9 各层地震剪力标准值

层	G_i/kN	H_i/m	G_iH_i	$\dfrac{G_iH_i}{\sum G_iH_i}$	$F_i = \dfrac{G_iH_i}{\sum G_iH_i}F_{Ek}$/kN	V_i/kN
4	1589.94	15.15	24087.60	0.307	266.54	266.54
3	2248.50	11.55	25970.19	0.331	287.37	553.91
2	2248.50	7.95	17875.59	0.228	197.80	751.71
1	2429.10	4.35	10566.57	0.135	116.92	868.63
合计	8516.04	—	78499.95	—	868.63	—

3) 墙体抗震抗剪验算

选择承受竖向压力小、重力荷载从属面积大、承受剪力较大、受剪面积小的墙体进行验算。本例选取 1、4 层的③轴横墙及Ⓐ轴的纵墙。房屋采用预制钢筋混凝土楼、屋盖,属中等刚性,按式(6-16)对各层的地震总剪力进行分配。

房屋墙体的高宽比小于 1,材料相同,墙体高度相同且楼、屋盖上重力荷载分布均匀。

(1) 第 4 层③轴横墙抗震抗剪承载力验算

③ 轴横墙净面积

$$A_{43} = \{[(5.1 - 0.3 - 1) + (5.4 - 0.3)] \times 0.24\}\text{m}^2 = 2.14\text{m}^2$$

4 层横墙的总面积

$$A_4 = \{(13.2 - 0.36) \times 0.37 + [3 \times (5.4 - 0.3) + $$
$$(5.1 - 0.3 - 1) + (5.1 - 0.3)] \times 0.24\}\text{m}^2$$
$$= 10.49\text{m}^2$$

③轴横墙承担重力荷载的面积

$$A'_{43} = [(3.6 + 1.8) \times (5.1 + 1.35) + (1.8 + 1.8) \times (5.1 + 1.35)]\text{m}^2 = 58.05\text{m}^2$$

4 层横墙承担重力荷载的总面积

$$A'_4 = (13.2 \times 12.6)\text{m}^2 = 166.32\text{m}^2$$

第 4 层③轴横墙承担的地震剪力设计值为

$$V_{43} = \left[1.4 \times \frac{1}{2} \times \left(\frac{2.14}{10.49} + \frac{58.05}{166.32} \right) \times 266.54 \right] \text{kN} = 103.18 \text{kN}$$

③轴交Ⓐ～Ⓑ轴横墙(墙段 1)被门洞分为 a、b 两个部分。

a 部分高宽比

$$\frac{h}{b} = \frac{2.4}{1.2} = 2$$

b 部分高宽比

$$\frac{h}{b} = \frac{2.4}{2.6} = 0.92$$

因此,计算 a 部分抗侧刚度需考虑弯曲变形的影响。

$$K_a = \frac{Et}{2 \times (3 + 2^2)} = 0.071Et$$

$$K_b = \frac{Et}{3 \times 0.92} = 0.362Et$$

$$K_1 = K_a + K_b = 0.071Et + 0.362Et = 0.433Et$$

③轴交Ⓒ～Ⓓ轴横墙(墙段 2)

$$\frac{h}{b} = \frac{3.6}{(5.4 - 0.3)} = 0.71$$

$$K_2 = \frac{Et}{3 \times 0.71} = 0.469Et$$

③轴横墙的总刚度为

$$K = K_1 + K_2 = 0.433Et + 0.469Et = 0.902Et$$

各墙段承担的地震剪力设计值为

$$V_{43,a} = \left(\frac{0.071}{0.902} \times 103.18 \right) \text{kN} = 8.12 \text{kN}$$

$$V_{43,b} = \left(\frac{0.362}{0.902} \times 103.18 \right) \text{kN} = 41.41 \text{kN}$$

$$V_{43,2} = \left(\frac{0.469}{0.902} \times 103.18 \right) \text{kN} = 53.65 \text{kN}$$

对应于重力荷载代表值的第 4 层③轴横墙的平均压应力为

$$\sigma_{0,43} = \left(\frac{798.34 \times 10^3}{10.49 \times 10^6} + \frac{152.77 \times 10^3}{2 \times 2.14 \times 10^6} \right) \text{MPa} = 0.11 \text{MPa}$$

由《砌体结构设计规范》(GB 50003—2011)可知 $f_v = 0.17 \text{MPa}$

$$\frac{\sigma_{0,43}}{f_v} = \frac{0.11}{0.17} = 0.65$$

查表 6-6 可得 $\zeta_N = 0.92$,则

$$f_{vE} = (0.92 \times 0.17) \text{MPa} = 0.16 \text{MPa}$$

对 a 段墙体

$$\left(\frac{0.16 \times 240 \times 1200}{1.00} \right) \text{N} = 46.08 \text{kN} > 8.12 \text{kN}$$

对 b 段墙体

$$\left(\frac{0.16 \times 240 \times 2600}{1.00}\right)N = 99.84\text{kN} > 41.41\text{kN}$$

对 2 段墙体

$$\left(\frac{0.16 \times 240 \times (5400 - 300)}{1.00}\right)N = 195.84\text{kN} > 53.65\text{kN}$$

第 4 层③轴横墙抗震抗剪承载力满足要求。

（2）底层③轴横墙抗震抗剪承载力验算

底层③轴横墙承担的地震剪力设计值为

$$V_{13} = \left[1.4 \times \frac{1}{2} \times \left(\frac{2.14}{10.49} + \frac{58.05}{166.32}\right) \times 868.64\right]\text{kN} = 336.27\text{kN}$$

各墙段承担的地震剪力设计值为

$$V_{13,a} = \left(\frac{0.071}{0.902} \times 336.27\right)\text{kN} = 26.47\text{kN}$$

$$V_{13,b} = \left(\frac{0.362}{0.902} \times 336.27\right)\text{kN} = 134.96\text{kN}$$

$$V_{13,2} = \left(\frac{0.469}{0.902} \times 336.27\right)\text{kN} = 174.84\text{kN}$$

底层③轴横墙承担的重力荷载代表值为

$$\{[(4.6 + 0.5 \times 0.4) + 3 \times (3.0 + 0.5 \times 2.0)] \times 58.05 + 3 \times$$
$$152.77 + 0.5 \times 186.63\}\text{kN} = 1526.88\text{kN}$$

对应于重力荷载代表值的底层③轴横墙的平均压应力为

$$\sigma_{0,13} = \left(\frac{1526.88 \times 10^3}{2.14 \times 10^6}\right)\text{MPa} = 0.71\text{MPa}$$

由《砌体结构设计规范》可知 $f_v = 0.17\text{MPa}$，则有

$$\frac{\sigma_{0,13}}{f_v} = \frac{0.71}{0.17} = 4.18$$

查表 6-6 可得 $\zeta_N = 1.38$，则

$$f_{vE} = (1.38 \times 0.17)\text{MPa} = 0.23\text{MPa}$$

对 a 段墙体

$$\left(\frac{0.24 \times 240 \times 1200}{1.00}\right)N = 66.24\text{kN} > 26.47\text{kN}$$

对 b 段墙体

$$\left(\frac{0.24 \times 240 \times 2600}{1.00}\right)N = 143.52\text{kN} > 134.96\text{kN}$$

对 2 段墙体

$$\left[\frac{0.16 \times 240 \times (5400 - 300)}{1.00}\right]N = 281.52\text{kN} > 174.84\text{kN}$$

底层③轴横墙抗震抗剪承载力满足要求。

（3）第 4 层Ⓐ轴纵墙抗震抗剪承载力验算

验算纵墙时,楼盖视为刚性楼盖,层间地震剪力按墙体净截面面积比例进行分配。

Ⓐ轴纵墙横截面面积

$$A_{4A} = \{[(12.6+0.19) - (3.5 \times 1.0)] \times 0.37\}\text{m}^2 = 3.44\text{m}^2$$

第 4 层纵墙总面积

$$A_4 = \{2 \times 3.44 + 2 \times [(10.8-0.18+0.12) - (3 \times 1)] \times 0.24\}\text{m}^2 = 10.60\text{m}^2$$

第 4 层Ⓐ轴纵墙承担的地震剪力设计值为

$$V_{4A} = \left(1.4 \times \frac{3.44}{10.60} \times 266.54\right)\text{kN} = 121.10\text{kN}$$

端部墙肢高宽比为

$$\frac{h}{b} = \frac{1.8}{1.3+0.19} = 1.21$$

中间墙肢高宽比为

$$\frac{h}{b} = \frac{1.8}{2.6} = 0.69$$

墙肢刚度为

$$K_{\text{端}} = \frac{Et}{1.21 \times (3+1.21^2)} = 0.19Et$$

$$K_{\text{中}} = \frac{Et}{3 \times 0.69} = 0.48Et$$

$$K = K_{\text{端}} + 3K_{\text{中}} = 0.19Et + 3 \times 0.48Et = 1.63Et$$

各墙段承担的地震剪力设计值为

$$V_{\text{端}} = \left(\frac{0.19}{1.63} \times 121.10\right)\text{kN} = 14.12\text{kN}$$

$$V_{\text{中}} = \left(\frac{0.48}{1.63} \times 121.10\right)\text{kN} = 35.66\text{kN}$$

对应于重力荷载代表值的第 4 层Ⓐ轴纵墙的平均压应力为

$$\sigma_{0,4A} = \left(\frac{798.33 \times 10^3}{10.60 \times 10^6} + \frac{282.55 \times 10^3}{2 \times 3.44 \times 10^6}\right)\text{MPa} = 0.12\text{MPa}$$

$$\frac{\sigma_{0,4A}}{f_v} = \frac{0.12}{0.17} = 0.71$$

查表 6-6 可得 $\zeta_N = 0.93$,则

$$f_{vE} = (0.93 \times 0.17)\text{MPa} = 0.158\text{MPa}$$

对端墙肢

$$\left(\frac{0.158 \times 370 \times 1490}{1.00}\right)\text{N} = 87.11\text{kN} > 14.12\text{kN}$$

对中间墙肢

$$\left(\frac{0.158 \times 370 \times 2600}{1.00}\right)\text{N} = 152.00\text{kN} > 35.66\text{kN}$$

第 4 层Ⓐ轴纵墙抗震抗剪承载力满足要求。

（4）底层Ⓐ轴纵墙抗震抗剪承载力验算

底层Ⓐ轴纵墙承担的地震剪力设计值为

$$V_{4A} = \left(1.4 \times \frac{3.44}{10.60} \times 868.64\right) \mathrm{kN} = 394.66 \mathrm{kN}$$

各墙段承担的地震剪力设计值为

$$V_{端} = \left(\frac{0.19}{1.63} \times 394.66\right) \mathrm{kN} = 46.00 \mathrm{kN}$$

$$V_{中} = \left(\frac{0.48}{1.63} \times 394.66\right) \mathrm{kN} = 116.22 \mathrm{kN}$$

底层Ⓐ轴横墙承担的重力荷载代表值为

$$\left\{[(4.6 + 0.5 \times 0.4) + 3 \times (3.0 + 0.5 \times 2.0)] \times \frac{5.1}{2} \times \right.$$

$$\left. 12.6 + 3 \times 282.55 + 0.5 \times 349.99\right\} \mathrm{kN} = 1562.43 \mathrm{kN}$$

对应于重力荷载代表值的第1层③轴横墙的平均压应力为

$$\sigma_{0,1A} = \left(\frac{1562.43 \times 10^3}{3.44 \times 10^6}\right) \mathrm{MPa} = 0.45 \mathrm{MPa}$$

由《砌体结构设计规范》可知 $f_{\mathrm{v}} = 0.17 \mathrm{MPa}$，则有

$$\frac{\sigma_{0,1A}}{f_{\mathrm{v}}} = \frac{0.45}{0.17} = 2.65$$

查表6-6可得 $\zeta_{\mathrm{N}} = 1.20$，则

$$f_{\mathrm{vE}} = (1.20 \times 0.17) \mathrm{MPa} = 0.204 \mathrm{MPa}$$

对端墙肢

$$\left(\frac{0.204 \times 370 \times 1490}{1.00}\right) \mathrm{N} = 112.47 \mathrm{kN} > 46.00 \mathrm{kN}$$

对中间墙肢

$$\left(\frac{0.204 \times 370 \times 2600}{1.00}\right) \mathrm{N} = 196.25 \mathrm{kN} > 116.22 \mathrm{kN}$$

底层Ⓐ轴纵墙抗震抗剪承载力满足要求。

6.3.5　构造措施

在结构设计中，设计意图的实现、构件性能的充分发挥都需要由良好的构造措施来进行保证。对于结构计算无法顾及的部分，构造措施也是有效的补充。在抗震设计中，结构自弹性至倒塌过程中的中间设计状态很难被确定，"中震可修"的要求也是由良好的构造措施来实现。构造措施的重要性是不言而喻的。

本章介绍的墙体抗震抗剪验算方法针对的是结构遭受基本烈度的地震作用时的情况，保证的是"小震不坏"的要求，结构仍处于弹性阶段。相比钢筋混凝土结构或是钢结构等具有良好延性的结构体系，砌体结构材料具有明显的脆性性质。不经任何构造措施处理的砌体结构的延性是不甚理想的，当遭受罕遇地震时，砌体结构很难承担因地震作用产生的巨大变形，墙体会在地震作用下很快丧失功能，结构丧失整体性进而倒塌，"大震不倒"的设计要求难以实现。因此，砌体结构采用的构造措施的主要目的是增强砌体结构房屋的变形能力，

提升结构空间整体性与延性。

1. 圈梁与构造柱

设置圈梁与构造柱实质上是在砌体结构房屋中嵌套了内部框架。从能量输入的角度来看待地震作用,内部框架的约束作用限制了砌体墙体开裂之后的散落,利用钢筋混凝土结构良好的塑性变形能力协助砌体结构消耗地震输入的能量,增强砌体结构抗震性能。因此,在现代砌体结构设计中,设置圈梁与构造柱是基本要求,《抗震规范》对抗震设计时如何设置圈梁与构造柱做出了具体要求。

1) 圈梁

圈梁与砌体结构中的纵墙与横墙连接,增强了砌体结构的整体性,提升了砌体结构抵抗不均匀沉降的能力。圈梁还对与其相连的墙体产生约束作用,抑制裂缝的开展,在一定程度上限制了墙体沿平面外的变形,在降低墙体沿平面外倒塌的可能性的同时对墙体充分发挥其平面内的抗剪性能起到有利作用。与圈梁相连的楼盖也得益于圈梁的约束作用,提升了整体性与刚度,有利于结构空间刚度的增强。

现浇钢筋混凝土或装配整体式钢筋混凝土楼、屋盖,因现浇部分本身就起到了与圈梁相类似的作用,《抗震规范》规定当楼、屋盖与墙体有可靠连接的时候,应允许不另设圈梁,但楼板沿抗震墙体周边均应加强配筋并应与相应的构造柱钢筋可靠连接。

装配式钢筋混凝土楼、屋盖及木屋盖,应设置圈梁,圈梁的设置应满足表 6-10 多层砖砌体房屋现浇钢筋混凝土圈梁设置要求。纵墙承重时,抗震横墙上的圈梁间距应比表 6-10 多层砖砌体房屋现浇钢筋混凝土圈梁设置要求适当加密。当表 6-10 所规定的间距内未设置横墙时,应利用梁或者板缝中的配筋代替圈梁的作用。

表 6-10　多层砖砌体房屋现浇钢筋混凝土圈梁设置要求

墙　类	抗震设防烈度		
	6、7 度	**8 度**	**9 度**
外墙和内纵墙	屋盖处及每层楼盖处	屋盖处及每层楼盖处	屋盖处及每层楼盖处
内横墙	同上;屋盖处间距不应大于 4.5m;楼盖处间距不应大于 7.2m;构造柱对应部位	同上;各层所有横墙,且间距不应大于 4.5m;构造柱对应部位	同上;各层所有横墙

为了确保圈梁能发挥作用,圈梁应闭合,遇有洞口圈梁应上下搭接。在砖砌体结构房屋中圈梁的截面高度不应小于 120mm,配筋应满足表 6-11 多层砖砌体房屋圈梁配筋要求。多层小砌块房屋的圈梁应按表 6-10 设置,圈梁的宽度不应小于 190mm,截面配筋不应少于 4∅12,圈梁内箍筋间距不应大于 200mm。

表 6-11　多层砖砌体房屋圈梁配筋要求

配　筋	抗震设防烈度		
	6、7 度	**8 度**	**9 度**
最小纵筋	4∅10	4∅12	4∅14
箍筋最大间距/mm	250	200	150

当房屋建设在易产生不均匀沉降或其他不利影响的地基上而设置基础圈梁时,圈梁截面高度不应小于180mm,配筋不应少于4∅12。

对于圈梁与预制板沿高度方向的位置关系,《抗震规范》规定,圈梁宜与预制板设在同一标高处或紧靠底板。依据具体的实施方式,圈梁与板连接的节点构造可分为板底圈梁、板侧圈梁及高低圈梁(图6-11)。

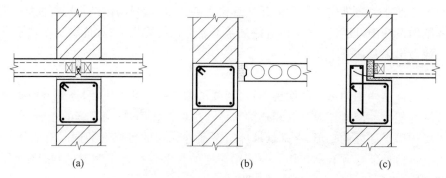

(a)　　　　　　　　　　(b)　　　　　　　　　　(c)

图 6-11　圈梁节点构造方式示意
(a) 板底圈梁;(b) 板侧圈梁;(c) 高低圈梁

2) 构造柱

大量的试验研究表明,构造柱能有效提升墙体的抗剪承载力,在构造柱设置满足一定要求的前提下,墙体的抗剪承载力可以计入构造柱的提高作用。连接可靠的构造柱,对墙体有明显约束作用,显著地提升了墙体的变形能力。

在砖砌体中,为了确保构造柱发挥作用,一般情况下构造柱的设置应满足表6-12的要求。

表 6-12　多层砖砌体房屋构造柱设置要求

项目	抗震设防烈度				设 置 部 位	
	6 度	**7 度**	**8 度**	**9 度**		
房屋层数	4、5	3、4	2、3		楼、电梯间四角,楼梯斜梯段上下端对应的墙体处;外墙四角和对应转角;错层部位横墙与外纵墙交接处;大房间内外墙交接处;较大洞口两侧	隔12m 或单元横墙与外纵墙交接处;楼梯间对应的另一侧内横墙与外纵墙交接处
	6	5	4	2		隔开间横墙(轴线)与外墙交接处;山墙与内纵墙交接处
	7	≥6	≥5	≥3		内墙(轴线)与外墙交接处;内墙的局部较小墙垛处;内纵墙与横墙(轴线)交接处

注:较大洞口,内墙指不小于2.1m的洞口;外墙在内外墙交接处已设置构造柱时应允许适当放宽,但洞侧墙体应加强。

针对一些特殊情况对砖砌体房屋抗震产生的不利影响,《抗震规范》以表6-12的规定为基础,通过增加房屋层数的方式来加强构造柱的设置。具体的措施如下:

(1)外廊式或单面走廊式的多层房屋,应在房屋原层数的基础增加1层后按表6-12设置构造柱,且单面走廊两侧的纵墙应按外墙处理。

(2)横墙较少的房屋,应在房屋原层数的基础增加1层后按表6-12设置构造柱。当横墙较少的房屋为外廊式或单面走廊式时,应按第1条规定设置构造柱;但抗震设防烈度6度不超过4层、7度不超过3层、8度不超过2层时,应按增加2层后对待。

（3）各层横墙很少的房屋,应在房屋原层数的基础增加 2 层后按表 6-12 设置构造柱。

（4）采用蒸压灰砂砖和蒸压粉煤灰砖的砌体房屋,当砌体的抗剪强度仅为普通黏土砖砌体的 70% 时,应在房屋原层数的基础增加 1 层后按表 6-12 及（1）～（3）的规定设置构造柱;但抗震设防烈度 6 度不超过 4 层、7 度不超过 3 层和 8 度不超过 2 层时,应按增加 2 层后对待。

（5）房屋高度和层数接近表 6-3 的限值时,横墙内构造柱间距不宜大于层高的 2 倍;下部 1/3 楼层的构造柱间距适当减小。外纵墙开间大于 3.9m,应另设加强措施;内纵墙的构造柱间距不宜大于 4.2m。

对于多层小砌块砌体结构房屋,芯柱的作用与构造柱类似,应按表 6-13 的要求设置钢筋混凝土芯柱。对于外廊式、单面走廊式、横墙较少的、各层横墙很少的房屋应依据前述（1）～（3）规定处理后按表 6-13 的要求设置芯柱。

表 6-13　多层小砌块房屋芯柱设置要求

项目	抗震设防烈度				设 置 部 位	设 置 数 量
	6 度	7 度	8 度	9 度		
房屋层数	4、5	3、4	2、3		外墙转角,楼、电梯间四角,楼梯斜梯段上下端对应的墙体处;大房间内外墙交接处;错层部位横墙与外纵墙交接处;隔 12m 或单元横墙与外纵墙交接处	外墙转角,灌实 3 个孔;内外墙交接处,灌实 4 个孔;楼梯斜段上下端对应的墙体处,灌实 2 个孔
	6	5	4		同上;隔开间横墙（轴线）与外纵墙交接处	
	7	6	5	2	同上;各内墙（轴线）与外纵墙交接处;内纵墙与横墙（轴线）交接处和洞口两侧	外墙转角,灌实 5 个孔;内外墙交接处,灌实 4 个孔;内墙交接处,灌实 4～5 个孔;洞口两侧各灌实 1 个孔
		7	≥6	≥3	同上;横墙内芯柱间距不大于 2m	外墙转角,灌实 7 个孔;内外墙交接处,灌实 5 个孔;内墙交接处,灌实 4～5 个孔;洞口两侧各灌实 1 个孔

注:外墙转角、内外墙交接处、楼电梯间四角等部位,应允许采用钢筋混凝土构造柱替代部分芯柱。

构造柱主要作用是对墙体施加约束进而提高砌体墙体的变形能力,这要求构造柱与墙体、圈梁或现浇钢筋混凝土楼板有良好的连接。构造柱截面虽无须进行设计,但为了保证构造柱的工作性能,截面尺寸与配筋也要满足最低要求。

《抗震规范》对构造柱的构造做出了以下规定:

（1）构造柱截面最小尺寸可采用 180mm×240mm,墙厚为 190mm 时为 180mm×190mm,对小砌块砌体中替代芯柱的构造柱不宜小于 190mm×190mm。构造柱纵筋宜采用 4∅12,箍筋间距不宜大于 250mm,并在构造柱上下两端适当加密增加延性。抗震设防烈度 6、7 度时房屋超过 6 层（替代芯柱的构造柱为 5 层）、8 度时超过 5 层（替代芯柱的构造柱为 4 层）和 9 度时,对砌体结构房屋的抗震性能要求进一步提高,构造柱纵筋宜采用 4∅14,箍筋间距不应大于 200mm。房屋四角处,受到扭转地震作用的影响,震害明显,构造柱的截面尺寸与配筋量应适当增加。

（2）构造柱与墙体连接的部位应砌筑马牙槎；对小砌块砌体中替代芯柱的构造柱，除砌筑马牙槎外，与该构造柱相邻的砌块孔洞，抗震设防烈度6度时宜填实，7、8、9度时应填实且8、9度时应插筋。沿墙高度方向每隔500mm设2∅6水平钢筋和∅4分布短钢筋平面内点焊组成的拉结网片或∅4点焊钢筋网片，每边伸入墙内不宜小于1m（图6-12）；抗震设防烈度6、7度时底部1/3楼层，8度时底部1/2楼层，9度时全部楼层，以上拉结钢筋网片应沿墙水平通长布置。小砌块砌体中替代芯柱的构造柱与砌块墙之间沿墙高度方向每隔600mm设∅4点焊钢筋网片，并沿墙体水平通长布置；抗震设防烈度6、7度时底部1/3楼层，8度时底部1/2楼层，9度时全部楼层，以上拉结钢筋网片沿墙高间距不大于400mm。

（3）构造柱与圈梁连接处，构造柱纵筋应从圈梁纵筋内侧穿过，保证构造柱纵筋上下贯通。

（4）构造柱可不单独设置基础，但应伸入室外地面下500mm或与埋深小于500mm的基础圈梁相连。

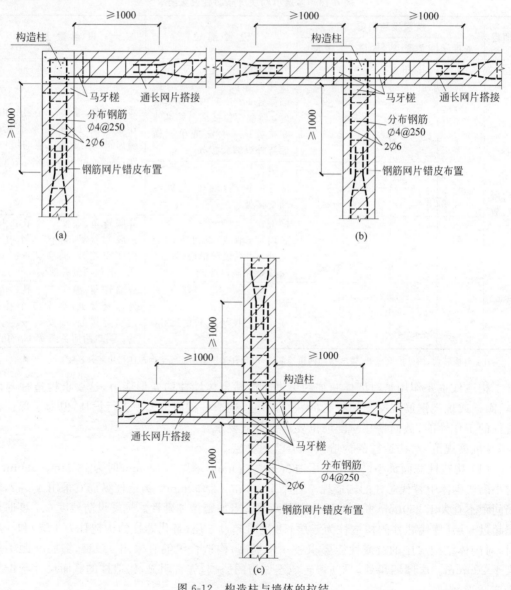

图 6-12　构造柱与墙体的拉结

（a）转角墙；（b）丁字墙；（c）十字墙

《抗震规范》对小砌块砌体芯柱的构造有以下规定：

（1）芯柱截面不宜小于120mm×120mm，应采用Cb20及以上的混凝土。

（2）芯柱的竖向插筋应贯通墙身且与圈梁连接；插筋不应小于1∅12，抗震设防烈度6、7度时超过5层、8度时超过4层和9度时，插筋不应小于1∅14。

（3）芯柱应伸入室外地面下500mm或与埋深小于500mm的基础圈梁相连。

（4）为提高抗震抗剪承载力而设置的芯柱，宜在墙体内均匀布置，最大净间距不宜大于2m。

（5）多层小砌块房屋墙体交接处或芯柱与墙体连接处应设置拉结钢筋网片，可采用直径4mm钢筋点焊而成并沿水平方向通长布置，沿墙高的间距不大于600mm；抗震设防烈度6、7度时底部1/3楼层，8度时底部1/2楼层，9度时全部楼层，以上拉结钢筋网片沿墙高间距不大于400mm。

2. 墙体的连接

在未设置构造柱的外墙转角处或是内外墙交接处，在遭受较大地震作用时，很容易因为连接的不可靠进一步加重震害，造成墙体的外闪，引起结构的破坏。建设在抗震设防烈度较高地区或是房间较大的砌体结构，墙体交接处需要采取加强措施。在抗震设防烈度6、7度区域且房间长度超过7.2m时，以及8、9度时的外纵墙转角处及内外墙交接处，应沿墙高每隔500mm设置2∅6的通长钢筋和∅4分布钢筋平面内点焊组成的拉结网片或∅4点焊网片（图6-13）。

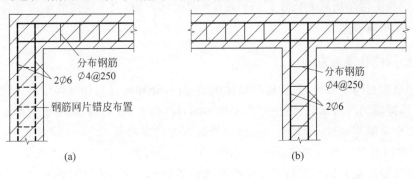

(a)　　　　　　　　　　　　　　(b)

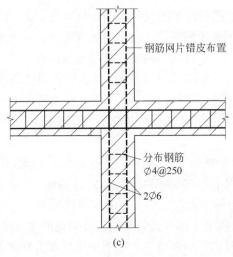

(c)

图6-13　墙体之间的拉结

(a) 转角墙；(b) 丁字墙；(c) 十字墙

3. 楼、屋盖的连接

楼、屋盖的刚度对地震作用在各墙体之间的分配有显著的影响,楼、屋盖的失效也会严重地削弱房屋的空间刚度,降低砌体结构的整体工作性能。现浇或装配整体式钢筋混凝土楼、屋盖与圈梁或梁的连接较易保证且连接可靠程度高;预制楼、屋盖,预制板板端与圈梁或梁的连接较为可靠,板侧并不伸入墙内,与构件的连接弱。正是基于这些特征,计算地震作用分配时,将现浇或装配整体式钢筋混凝土楼、屋盖视作刚性的,将装配式楼、屋盖视为半刚性的。装配式楼、屋盖,若连接质量不佳,还可能出现预制板整体掉落,不仅使与之连接的墙体约束条件减弱,还直接威胁到房屋内人员的安全,这样的事故屡见不鲜。楼、屋盖与主体结构良好的连接构造,是实现砌体结构抗震设计意图的重要保障,是保证砌体结构房屋抗震性能的重要措施。《抗震规范》规定,现浇钢筋混凝土楼、屋面板,伸入墙内的长度均不应小于 120mm;装配式钢筋混凝土楼、屋盖,圈梁与板不在同一标高上时,板端伸入外墙的长度不应小于 120mm,伸入内墙的长度不应小于 100mm 或采用硬架支模连接,在梁上不应小于 80mm 或采用硬架支模连接;板跨大于 4.8m 并与外墙平行时,靠外墙的预制板侧边应与墙或圈梁拉结;房屋端部大房间、抗震设防烈度 6 度时的屋盖和 7~9 度的房屋楼、屋盖,圈梁设置在板底时,钢筋混凝土预制板应相互拉结,并应与梁、墙或圈梁拉结。楼、屋盖上的钢筋混凝土梁或屋架,应与墙、柱、构造柱或圈梁可靠连接,其支承构件不得采用独立砖柱。当梁跨度不小于 6m 时,支承构件应采用组合砌体等加强措施并满足承载力的要求。

4. 楼梯间的构造要求

楼梯的踏步板与平台板,对楼梯间墙体的约束弱,楼梯间在砌体结构中属于较为空旷的部分,是结构抗震的薄弱部分,特别是顶层楼梯间,层高较一般层高,震害更为严重。楼梯间除不宜设置在房屋尽端外,顶层楼梯间墙体沿高度方向应每隔 500mm 设置 2∅6 的通长钢筋和 ∅4 分布钢筋平面内点焊组成的拉结网片或 ∅4 点焊网片;抗震设防烈度 7~9 度时其他各层楼梯间墙体应在休息平台或楼层半高处设置 60mm 厚、纵向钢筋不少于 2∅10 的钢筋混凝土带或配筋砖带;配筋砖带的设置要求:不少于 3 皮,每皮的钢筋不少于 2∅6,砂浆强度不应低于 M7.5 且不低于同层墙体的砂浆强度等级。大梁支承在楼梯间及门厅内墙阳角处的长度不应小于 500mm,且应与圈梁连接增强整体性。

对于装配式楼梯段,与主体结构连接弱,对抗震性能有更不利的影响。因此,在 8、9 度抗震设防烈度的地区不应采用装配式楼梯段;其他情况下使用装配式楼梯段,需与平台板的梁可靠连接;不应采用墙中悬挑式踏步或踏步竖肋插入墙体的楼梯,不应采用无筋砖砌栏板。

突出屋面的部分,由于鞭梢效应,地震作用被放大。因此,构造柱应伸入突出屋面部分的顶部并与顶部的圈梁可靠连接。突出屋面部分的墙体,应沿墙高每隔 500mm 设置 2∅6 的通长钢筋和 ∅4 分布钢筋平面内点焊组成的拉结网片或 ∅4 点焊网片。

值得注意的是,本章摘录了部分砌体结构抗震构造的主要措施,《抗震规范》中规定的其他抗震措施在进行设计时也需一并遵守。本书中未详尽介绍的构造措施做法,在设计时可查阅相应的国家标准图集。

6.4 底部框架-抗震墙房屋抗震设计

由于纵、横墙承重的体系,砌体结构房屋较难采用大空间设计。为获得较大的使用空间,人们在房屋底部采用框架结构获得灵活的空间布置,在房屋的上部采用砌体结构作为一般房屋使用。

在抗震设计中,侧向刚度不连续是需要竭力避免的竖向结构布置形式。当结构刚度出现突变时,结构的变形将集中在刚度薄弱的某层或某几层,地震作用下产生的震害也会集中发生在这些楼层。若刚度薄弱的楼层是结构的底层,底部过大的变形使得房屋有较大的概率整体倾覆。框架结构是一种柔性结构体系,它的刚度较弱,变形性能较好,易产生较大的层间位移。砌体结构因其主要构件截面较大,刚度较强,变形能力差。这两种结构体系如不经处理地结合在一起,层间刚度有较明显的突变,变形集中在底部,上部变形小,震害集中发生在底层的框架上。这样的结构体系对抗震是不利的。因此,底部纯框架、上部砌体的结构体系是不得采用的。

底部框架-抗震墙房屋在一定程度上平衡了底部大空间的需求与房屋抗震性能的要求。通过在底部框架中设置一定数量的钢筋混凝土剪力墙或是砌体抗震墙增强底层刚度,使得底部刚度与上部砌体部分刚度差别不致过大,房屋沿竖向刚度变化平缓,避免变形过度集中于底部(图6-14)。

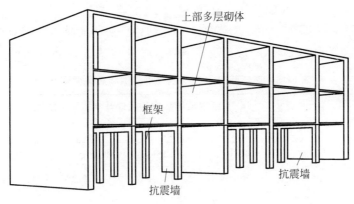

上部多层砌体

框架

抗震墙

抗震墙

图6-14 底部框架-抗震墙房屋

6.4.1 基本要求

底部框架-抗震墙结构,底层的刚度较上部砌体是较弱的,因此在设计中必须持谨慎态度。上部砌体墙体均应与底部的框架梁或是抗震墙对齐,楼梯间附近的墙体可以放宽要求。底部抗震墙的布置,应沿纵横两个方向均匀地设置一定数量的墙体,保证底层在两个方向上的刚度。随着抗震条件的愈发不利,抗震墙体形式也需要采用性能更好的结构形式,这体现在:抗震设防烈度6度且房屋总层数不大于4层时,应允许使用嵌砌于框架之间的约束普通砖或小砌块砌体抗震墙,且应计入砌体抗震墙对框架的附加剪力与轴力并进行底层的抗震验算;在同一方向上不应混用钢筋混凝土抗震墙与约束砌体抗震墙。抗震设防烈度6度且房屋层数大于4层及7度设防时，应采用钢筋混凝土抗震墙或配筋小砌块砌体抗震墙。抗震设防烈度8度时应采用钢筋混凝土抗震墙。抗震墙的基础应采用整体性好的基础形式。

为避免过大的刚度突变，房屋竖向结构布置时，必须谨慎地对结构沿竖向的刚度变化进行设计。在房屋纵横两个方向上，底部框架-抗震墙结构第二层计入构造柱影响的侧向刚度与底层侧向刚度的比值不应小于1.0，抗震设防烈度6、7度时不应大于2.5，8度时不应大于2.0；底部两层框架-抗震墙结构，底层与第二层的侧向刚度应接近，第三层计入构造柱影响的侧向刚度与第二层侧向刚度的比值不应小于1.0，6、7度时不应大于2.0，8度时不应大于1.5。为了保证结构的刚度，底部框架-抗震墙结构的横墙间距应满足表6-14的要求。表6-14的注解同表6-1。

表6-14　底部框架-抗震墙房屋最大横墙间距　　　　　　　　m

楼、屋盖的形式	抗震设防烈度			
	6度	7度	8度	9度
上部各层	同多层砌体房屋			—
底部或底部两层	18	15	11	—

结构中的钢筋混凝土部分，还要符合《抗震规范》中有关多、高层钢筋混凝土房屋的要求。框架部分的抗震等级，抗震设防烈度6、7、8度时分别为三、二、一级抗震等级；混凝土墙体部分的抗震等级，6、7、8度时分别为三、三、二级抗震等级。

甲、乙类建筑不应采用底部框架-抗震墙砌体结构。房屋的总高度与总层数的限值，与一般多层砌体结构有所区别，且不应超过表6-15的上限。表6-15的注解同表6-3。

表6-15　底部框架-抗震墙房屋的层数和总高度限值　　　　　　m

墙体材料	最小抗震墙厚度/mm	抗震设防烈度和设计基本地震加速度											
		6度		7度				8度				9度	
		0.05g		0.10g		0.15g		0.20g		0.30g		0.40g	
		高度	层数	高度	层数	高度	层数	高度	层数	高度	层数	高度	层数
普通砖多孔砖	240	22	7	22	7	19	6	16	5	—	—	—	—
多孔砖	190	22	7	19	6	16	5	13	4	—	—	—	—
小砌块	190	22	7	22	7	19	6	16	5	—	—	—	—

6.4.2　设计要点

弹性水平地震作用依然可以采用振型分解反应谱法或是底部剪力法求得，采用底部剪力法计算时，地震影响系数可取所在场地的最大值，也可根据近似方法求得的周期根据反应谱进行计算。

上部砌体部分的内力计算与本章所介绍的方法一致。对于底部框架-抗震墙，房屋底部刚度削弱后变形集中发生在该处。为考虑这种不利影响，将计算得到的底层地震剪力进行放大,即通过提高施加在结构上的作用,降低结构失效的可能。对于底部框架-抗震墙房屋底层的纵、横向水平地震作用,应乘以 1.2~1.5 的放大系数,第二层与底层刚度比大的应取大值;对于底部两层框架-抗震墙房屋底层与第二层,其纵、横向水平地震作用应乘以 1.2~1.5 的放大系数。第三层与第二层刚度比大的应取大值。

《抗震规范》中,对抗震墙与框架承担设计剪力的规定,实际上包含了多道防线的设计思想。在抗震墙处于弹性工作阶段时,底部或底部两层的纵横向水平地震作用全部由对应方向的抗震墙承担,作为结构抗震的第一道防线。抗震墙间的地震剪力分配按各抗震墙的刚度比例进行。抗震墙损伤之后,构件的滞回曲线不再以近似直线的方式反复,其刚度出现损失。结构底层的变形出现弹塑性的性质,框架部分作为第二道防线与抗震墙共同工作,抵抗地震作用。此时,水平地震剪力按照各抗侧力构件的有效抗侧刚度比例进行分配。在这个设计状态下,框架部分刚开始参与工作,仍处于弹性工作阶段,框架柱的有效抗侧刚度即为该柱的弹性抗侧刚度;抗震墙已经开裂,刚度下降,表现出一定的塑性,抗震墙的有效抗侧刚度应取为墙体开裂后的抗侧刚度。大量研究资料表明,钢筋混凝土抗震墙开裂后的刚度约为初始刚度的 30%,对于砖砌体抗震墙这一数值约为 20%。因此,当考虑底层框架部分承担地震剪力时,可按下式对框架柱承担的地震剪力进行计算:

$$V_c \leqslant \frac{K_c}{0.3 \sum K_w + 0.2 \sum K_{wm} + \sum K_c} V \qquad (6\text{-}26)$$

式中: V_c——框架柱分配到的地震剪力;

$\quad K_c$——单根钢筋混凝土框架柱的弹性抗侧刚度;

$\quad K_w$——单片钢筋混凝土抗震墙的弹性抗侧刚度;

$\quad K_{wm}$——单片砖砌体抗震墙的弹性抗侧刚度。

对于底层的框架柱,层间应以剪切变形为主,不发生整体的转动。根据结构力学的知识,其抗侧刚度为 $\frac{12EI_c}{h^3}$;对于抗震墙,则考虑墙体发生整体弯曲与剪切变形,抗侧刚度 K 按下式计算,式中的弹性模量根据墙体所用材料取用:

$$K = \frac{1}{\frac{1.2h}{GA} + \frac{h^3}{3EI}} \qquad (6\text{-}27)$$

底部框架-抗震墙结构的上部砌体重量与刚度均较底层框架部分大,地震作用下可能发生刚体的转动,产生倾覆力矩。倾覆力矩将在底层的框架柱上产生附加的轴力。计算总倾覆力矩 M 时,将上部砌体视为刚体,按下式计算:

$$M = \sum_{i=1}^{n} F_i H_i' \qquad (6\text{-}28)$$

式中: F_i——底部框架顶面以上第 i 层的水平地震作用;

$\quad H_i'$——底部框架顶面以上第 i 层到底部框架顶面的高度。

底部各轴线所分配的倾覆力矩,《抗震规范》考虑实际的可操作性,建议采用底部抗震墙与框架的有效抗侧刚度比进行近似的分配。值得注意的是,采用近似方法分配给框架的倾覆弯矩将略有减少。

底部各轴线所分配的倾覆力矩还可以根据底层各抗侧力构件转动时的变形协调原则进

行,若假定框架部分顶部的弯曲刚度无穷大,倾覆力矩也可按照抗侧力构件的转动刚度占结构底部总转动刚度的比值进行。

对于单片抗震墙,转动刚度 K_{wr} 按下式计算:

$$K_{wr} = \cfrac{1}{\cfrac{h}{EI} + \cfrac{1}{C_\varphi I_\varphi}} \tag{6-29}$$

对于单榀框架,转动刚度 K_{cr} 按下式计算:

$$K_{cr} = \cfrac{1}{\cfrac{h}{E \sum\limits_{i=1}^{n} A_i x_i^2} + \cfrac{1}{C_Z \sum\limits_{i=1}^{n} A'_i x_i^2}} \tag{6-30}$$

式中：C_φ——地基的抗弯刚度系数；

　　　C_Z——地基的抗压刚度系数；

　　　I_φ——基础底面的截面转动惯量；

　　　A_i、A'_i——单榀框架中第 i 根柱的水平截面面积和基础底面面积；

　　　x_i——单榀框架中第 i 根柱到该榀框架中和轴的距离。

作用在第 j 榀框架上的倾覆弯矩 M_j 在该框架内第 i 根柱的附加轴力 N'_{ci} 可按下式计算：

$$N'_{ci} = \pm \cfrac{A_i x_i}{\sum\limits_{i=1}^{n} A_i x_i^2} M_j \tag{6-31}$$

结构上部砌体部分构件的验算与一般多层砌体结构房屋一致。底部的框架-抗震墙部分采用钢筋混凝土结构的,则按照钢筋混凝土构件的分析方法与构造要求进行。本节主要介绍嵌砌在框架之间的普通砖或小砌块砌体抗震墙的分析方法。砌体墙在框架柱中引起的附加轴力与剪力,可按以下公式进行计算：

$$N_f = \frac{V_{wm} H_f}{l} \tag{6-32}$$

$$V_f = V_{wm} \tag{6-33}$$

式中：N_f——框架柱的附加轴力设计值；

　　　V_f——框架柱的附加剪力设计值；

　　　V_{wm}——砌体抗震墙承担的剪力设计值,柱两侧均有墙时取两者间的较大值；

　　　H_f——框架的高度；

　　　l——框架在与抗震墙一致方向上的跨度。

嵌砌在框架之间的砌体抗震墙,抗震抗剪承载力应考虑墙体两侧框架柱的贡献并按下式进行验算：

$$V \leqslant \frac{1}{\gamma_{REc}} \sum (M_{yc}^u + M_{yc}^l)/H_0 + \frac{1}{\gamma_{REw}} \sum f_{vE} A_{w0} \tag{6-34}$$

式中：V——嵌砌在框架之间的砌体抗震墙与两端框架柱的剪力设计值；

　　　M_{yc}^u、M_{yc}^l——底部框架柱上、下两端正截面抗弯承载力设计值,可按实际配筋情况计算；

　　　H_0——底部框架柱计算高度,两侧均有墙体的取柱净高的 2/3,其他情况取柱净高；

A_{w0}——普通砖或小砌块砌体抗震墙水平截面计算面积,对无洞口的墙体取实际面积的 1.25 倍,对有洞口墙体取截面净面积,但不计入宽度小于洞口高度 1/4 的墙肢的面积;

γ_{REc}——底部框架柱的承载力抗震调整系数,可取 0.8;

γ_{REw}——普通砖或小砌块砌体抗震墙的承载力抗震调整系数,可取 0.9。

上部未落地的砌体墙体,是承载在框架顶部的托墙梁上的(图 6-15)。

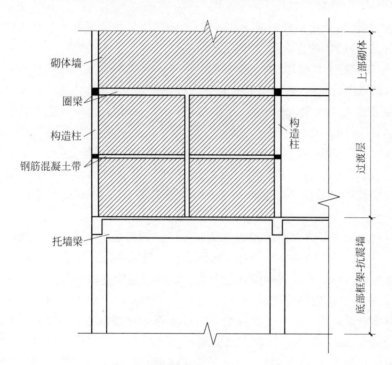

图 6-15　底部框架-抗震墙房屋竖向剖面

托墙梁的计算应采用合适的计算简图。较大地震作用下,托墙梁上的墙体会严重开裂,当考虑托墙梁与上部墙体的组合作用时,设计时应考虑墙体开裂的不利影响,按《抗震规范》规定调整相应的计算参数。

6.4.3　构造措施

底部框架-抗震墙房屋抗震性能较多层砌体结构房屋弱,因此在抗震构造措施上会更加严格。

1. 上部砌体

上部砌体的主要抗震构造措施是设置圈梁与构造柱,这点与多层砌体房屋是相同的,只不过要求更为严格。圈梁的构造要求与多层砌体结构相同,构造柱或芯柱的设置部位按 6.3.5 节中的要求执行;构造柱与芯柱的构造要求应符合 6.3.5 节的规定,在此基础上应按以下措施予以加强:

（1）砖砌体中构造柱的截面不宜小于 240mm×240mm（190mm 厚墙中为 190mm×240mm）；

（2）构造柱纵筋不宜少于 4∅14，箍筋最大间距不宜大于 200mm；

（3）芯柱内纵筋不应少于 1∅14 且芯柱间墙体应沿墙高每 400mm 设置 ∅4 焊接钢筋网片。

2. 底部框架-抗震墙

底部的抗震墙，可采用钢筋混凝土抗震墙、普通砖砌体抗震墙和小砌块砌体抗震墙。在构造要求上，这三种墙体的要求不尽相同。

1）对于钢筋混凝土抗震墙

（1）墙体周边应设置梁（或暗梁）与边框柱（或框架柱）组成的边框；边框梁的截面高度不宜小于墙板厚度的 1.5 倍，高度不小于墙板厚度的 2.5 倍；边框柱截面高度不宜小于墙板厚度的 2 倍。

（2）因墙体设置在底部，容易出现矮墙。相较于整体弯曲变形，剪切变形消耗的地震能量少，变形性能弱，对抗震有不利影响。因此，宜采用开设洞口的办法将墙体划分为若干高宽比不小于 2 的墙肢以增强变形性能。墙板的厚度不宜小于 160mm 且不应小于墙板净高的 1/20。

（3）墙内钢筋采用双排双向的布置方式；为保证钢筋能起到增强抗震墙延性的作用，双向的配筋率均不应小于 0.3%。墙内拉筋最小直径应为 6mm，间距不应大于 600mm。

（4）边缘构件的设置要求与一般钢筋混凝土抗震墙的构造措施相同。

2）对于约束普通砖砌体抗震墙

（1）仅当抗震设防烈度为 6 度且层数不超过 4 层时可以采用；墙厚不应小于 240mm，砂浆强度不应低于 M10，应先砌墙再浇筑框架。

（2）框架柱高度方向上，每隔 300mm 设置水平通长拉结钢筋网片以增强砌体墙与框架协同工作的能力，网片由 2∅8 与 ∅4 分布短钢筋平面内点焊形成；墙体半高处设置钢筋混凝土水平系梁并与框架柱相连。

（3）为增强砌体墙的变形能力，墙长超过 4m 或洞口两侧，应再增设钢筋混凝土构造柱。

3）对于约束小砌块砌体抗震墙

（1）仅当抗震设防烈度为 6 度且层数不超过 4 层时可以采用；墙厚不应小于 190mm，砂浆强度不应低于 Mb10，应先砌墙再浇筑框架。

（2）框架柱高度方向上，每隔 400mm 设置水平通长拉结钢筋网片增强砌体墙与框架协同工作的能力，网片由 2∅8 与 ∅4 分布短钢筋平面内点焊形成；墙体半高处设置钢筋混凝土水平系梁并与框架柱相连。

（3）系梁截面应至少为 190mm×190mm，纵筋应不少于 4∅12，箍筋最小直径应为 ∅6，箍筋间距应小于 200mm。

（4）墙长超过 4m 或门、窗洞口两侧应增设芯柱，其余位置宜设置钢筋混凝土构造柱；小砌块砌体墙中芯柱与构造柱的设置符合 6.3.5 节中相应的要求。

底部的框架，作为第二道防线，需要具备一定的强度与变形性能。对于框架来说，提升柱的变形能力有利于增强抗震性能。《抗震规范》对框架柱的构造有如下规定：

（1）柱截面不应小于 400mm×400mm，圆柱直径不应小于 450mm；当采用钢筋强度标准值低于 400MPa，抗震设防烈度 6、7 度时中柱纵筋配筋率不应小于 0.9%，边柱、角柱及钢筋混凝土墙端柱不应小于 1.0%；8 度时中柱纵筋配筋率不应小于 1.1%，边柱、角柱及钢筋混凝土墙端柱不应小于 1.2%，以保证框架柱的承载力。

（2）抗震设防烈度 6、7、8 度时，柱的轴压比分别不宜大于 0.85、0.75、0.65，以保证框架柱的变形能力。

（3）为保证框架柱在塑性阶段的延性，柱的箍筋应沿柱的全高加密，箍筋间距不大于 100mm；箍筋最小直径抗震设防烈度 6、7 度时不应小于 8mm，8 度时不应小于 10mm。

（4）柱的组合弯矩设计值应乘以放大系数，对于一、二、三级抗震等级框架应分别乘以 1.5、1.25、1.15。

框架顶部的托墙梁是极为重要的构件，它起到了承托上部砌体结构未落地的墙体并将墙体荷载传递给框架竖向构件的重要作用，具有构件截面大、承担荷载大、受力时上下层存在明显刚度差的特点。对托墙梁的构造要求更为严格，在《抗震规范》中属强制条款：

（1）梁的截面最小尺寸，宽度不应小于 300mm，高度不应小于跨度的 1/10。

（2）箍筋直径不应小于 8mm，间距不应大于 200mm；梁端部 1.5 倍梁高且不小于 1/5 净跨范围内、上部墙体洞口及洞口两侧各 500mm 范围内，梁箍筋应加密，间距不应大于 100mm。

（3）沿截面高度应至少设置 2∅14 且间距不大于 200mm 的腰筋。

（4）纵向受力钢筋应按受拉钢筋的要求锚固在柱内，支座上部纵向钢筋在柱内的锚固长度应符合钢筋混凝土框支梁的要求。

底部框架-抗震墙结构中一般层（砌体部分）楼盖的构造要求与多层砌体结构房屋相同，而过渡层的楼板上、下层之间结构体系出现转变，主要抗侧力构件的形式不同，为良好的传递水平地震剪力，对楼盖的整体性要求较高，因此应采用钢筋混凝土现浇楼盖，楼盖厚度不应小于 120mm；开洞降低了楼盖水平方向上的刚度，与过渡层楼盖设置的初衷背道而驰，因此应降低开洞率，尽量少开洞、开小洞；洞口尺寸超过 800mm 时，应在洞口周边设置边梁以降低洞口对楼板刚度的削弱。

通过对比可以发现，以上的构造要求显然比对多层砌体房屋的要求严格一些。究其原因是底部框架-抗震墙这一结构体系是在我国现有经济条件下特有的结构形式，本身杂糅了砌体与框架-抗震墙两个部分。而两部分刚度的不同，造成了"头重脚轻"的现象，竖向刚度有突变，薄弱层出现在底部。这些与生俱来的特征对抗震性能有不利影响。为保证抗震设计意图的实现，采用了更加严格的抗震措施与限制条件。通过两种结构体系抗震构造产生差异的原因分析，我们应该认识到构造措施的差异来源于各结构体系自身的受力特点与力学性能，其本质是保证设计意图实现的手段。在我国设计规范的发展过程中，关于各个结构体系的构造措施是在不断发展与完善的，它是在大量的工程经验、震害调查与试验研究的基础上总结的行之有效的方法。在初步学习抗震设计时，不仅要遵守现阶段《抗震规范》的规定，还要结合实际结构体系的特点理解构造措施所考虑的问题。同时，还要理解包括计算方法、构造措施都是随着土木工程学科的发展不断进步的。若要解决从未出现的新问题，必须对结构设计的相关知识融会贯通，灵活运用，从合理、合适、符合实际的角度分析新问题。

习题

1. 结合砌体结构的特性,分析多层砌体房屋震害的主要表现是什么?

2. 多层砌体房屋抗震验算的计算简图是什么? 砌体墙抗侧刚度的计算与计算简图的选取有什么关系?

3. 多层砌体房屋,地震剪力在层间墙体之间怎样分配? 底部框架-抗震墙房屋地震剪力在层间怎样分配?

4. 抗震验算时,多层砌体房屋与钢筋混凝土框架结构房屋有什么相同与不同之处? 不同之处的来源是什么?

5. 如何对多层砌体房屋墙体进行抗震承载力验算? 如何对底部框架-抗震墙房屋的砌体抗震墙进行抗震承载力验算?

6. 若例题 6-1 中的房屋所在场地,抗震设防烈度为 8 度,设计基本地震加速度为 $0.20g$,其他条件不变,试对②轴横墙的抗震承载力进行验算。

第7章
单层钢筋混凝土厂房抗震设计

7.1 厂房震害

我国的单层钢筋混凝土工业厂房大多采用排架结构,由屋盖系统、钢筋混凝土柱及柱间支撑、围护墙和隔墙等组成。而单层厂房在地震作用下的震害主要表现在:柱头与屋架连接节点、屋盖系统、钢筋混凝土柱以及围护结构等方面的破坏,如图7-1、图7-2所示。

单层工业厂房属于装配式结构体系,构件的连接点是单层工业厂房的抗震薄弱环节。地震时如果连接节点遭到破坏,整个结构的连续性和设计的传力途径遭到破坏产生的震害是十分严重的。厂房的重量主要集中于屋盖系统,屋盖系统所受的地震作用通过柱头与屋盖的连接节点向下传递,屋架与柱的连接节点是单层工业厂房的关键部位。如果屋架与柱的连接节点遭到破坏,则屋架有可能从柱端脱落造成整个屋盖体系的破坏且屋架的塌落会砸坏厂房的设备,影响整个厂房的正常使用。一般屋架与柱的连接破坏以焊缝切断、锚筋拔出、柱头压酥等形式出现。

屋盖系统是单层工业厂房的重要组成部分,主要由屋架、屋面板、天窗架及屋盖支撑等组成。屋盖系统的典型破坏形式有以下几种:

(1) 屋架破坏,主要震害是端头混凝土酥裂掉角,支撑大型屋面板的支墩折断,端节点上弦剪断等。屋盖的纵向地震作用是由屋架中部向两端传递的,因此屋架两端的地震剪力最大,特别是没有柱间支撑的跨间。屋架端头与屋面板连接处力最为集中,往往首先被剪坏。

(2) 屋面板错动掉落,大型屋面板端预埋件小,如果屋面板搁置长度不足、与屋架焊接不牢或预埋件锚固不足,地震时往往造成屋面板与屋架的拉脱、错动以至掉落。屋面板掉落容易砸坏厂房设备,造成较大的经济损失;而且屋面板大面积掉落会造成屋架失去上弦支撑而引起屋架平面外失稳破坏,严重的会造成屋架倒塌。

(3) 天窗架倾倒,天窗架是单层工业厂房纵向受力体系的薄弱部位,主要震害表现在支撑杆件压曲,支撑与天窗立柱连接节点被拉脱,天窗立柱根部开裂或折断等,从而使天窗纵向歪斜,严重者倒塌。天窗架震害如此严重因为所处的部位高,地震作用力大。

(4) 屋盖支撑震害,主要震害是失稳压曲,以天窗架竖向支撑最为严重。若支撑数量不足,布局不合理,在屋面板与屋架无可靠焊接的情况下,发生杆件压曲、焊缝撕开、锚筋拉断等现象,也有个别拉杆拉断,从而造成屋面破坏和倒塌。

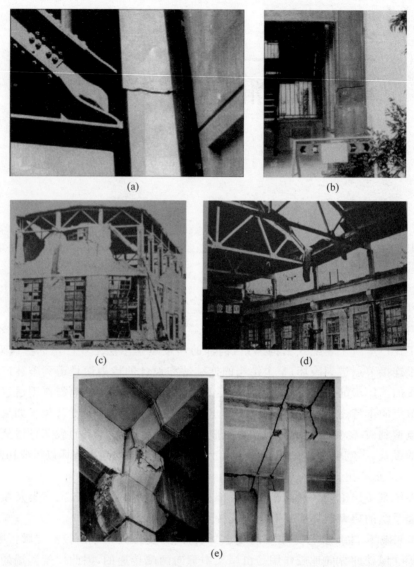

图 7-1　地震震害

（a）柱间支撑压屈；（b）母材断裂；（c）砖墙大部分倒塌；（d）局部屋面板掉落；（e）柱头与屋架连接破坏

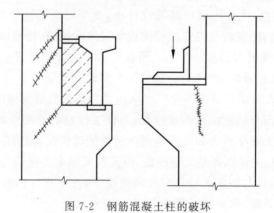

图 7-2　钢筋混凝土柱的破坏

钢筋混凝土柱作为主要的受力构件,从大量的震害现象看出:柱在抗震设防烈度小于10度的区域基本无震害,只有在超过10度的区域出现少数倒塌现象。

(1) 上柱根部或吊车梁顶标高处水平裂缝、酥裂或折断。该部位刚度突然变化、应力集中,对于高低跨厂房的中柱还有高振型的影响,内力较大,而上柱截面承载力较低,上柱折断多数是由于屋架破坏或倒塌。

(2) 柱间支撑压曲,厂房的纵向刚度主要取决于支撑系统,地震时普遍发生杆件压曲、节点板扭折、焊缝撕开等破坏。若柱间支撑数量不足或长细比过大时,支撑多被压曲。柱间支撑屈曲失效会使厂房的纵向抗震性能大减,严重者会造成主体结构倾倒。

(3) 下柱破坏,平腹杆双肢柱和开孔的预制腹板工字形开裂破坏前者由于刚度较小和腹杆构造单薄,多数在平腹杆两端有环形裂缝。后者多数在腹板孔间产生交叉裂缝。

(4) 柱与支撑连接部位破坏,设有柱间支撑厂房,在其连接部位,由于支撑的拉力作用和应力集中的影响,柱上多有水平裂缝出现,严重者也有柱间支撑把柱脚剪断的震害。

(5) 柱顶破坏,由于柱顶直接承受来自屋盖的强大纵横向及竖向地震作用,加上柱顶设计欠妥,如箍筋过稀、锚筋过细、锚固不足等,柱顶常发生剪裂、压酥、拉裂、锚筋拔出或钢筋弯折等震害。

围护结构的震害有纵墙、山墙的外闪或塌落破坏,一般从檐口、山尖处脱离主体结构开始,使整个墙体或上下两侧圈梁间的墙外闪或产生水平裂缝。严重时,局部脱落,甚至大面积倒塌。高低跨厂房的封墙更易外闪、倒塌,而且常常把低跨屋面结构砸坏。造成上述震害的主要原因是维护墙与屋盖和柱子拉接不牢,圈梁与柱子连接不强,布置不合理,加之高低跨厂房有高振型影响等。

经过对多次地震的震害情况调查,震害的主要特征可归纳如下:

(1) 从结构抗倒塌能力来看,钢结构厂房抗震性能良好,严重破坏的情况主要出现在10度及10度以上抗震设防烈度区;钢筋混凝土排架柱厂房在高烈度区震害严重,但设计合理的厂房仍能较好地抵抗地震作用,抗震设防烈度7度及7度以下的地区震害大都不重。

(2) 从受损构件破坏程度来看,钢结构厂房的震害主要在围护结构、支撑系统等部位;钢筋混凝土排架柱厂房中围护结构、屋面体系和支撑系统发生破坏现象较普遍;高烈度区内的厂房墙体完全破坏、屋架及屋面掉落的情况较多。

(3) 与轻型屋面相比,采用混凝土大型屋面板的工业厂房破坏严重,屋架的塌落主要是由屋面板坠落或被高跨构件砸落引起的。

(4) 与砖围护墙相比,轻型围护结构震害轻;人员伤亡和设备损失较小;砖墙顶部外闪、破坏和倒塌现象较为普遍。

(5) 厂房支撑被拉断或压屈的破坏比较普遍,并且很多支撑只发生节点破坏,支撑本身没有充分发挥其耗能能力。

(6) 钢柱和钢筋混凝土柱的破坏大都不会先于屋面体系和围护结构的破坏;钢筋混凝土排架柱的破坏主要集中在上柱柱顶及上柱底部等刚度突变部位。

(7) 部分厂房主体结构虽然震害不严重,但非结构构件的破坏坠落砸坏许多内部设备,造成严重的经济损失。

7.2 抗震设计

7.2.1 基本要求

厂房的布置应该尽量合理对称分布,当厂房为多跨厂房时宜设置高度等高和跨度等长,出现高低跨厂房时不宜采用一端开口的结构布置。厂房的贴建房屋和构筑物不宜布置在厂房角部和紧邻防震缝处。厂房体形复杂或有贴建房屋和构筑物时,宜设防震缝;在厂房纵横跨交接处、大柱网厂房或不设柱间支撑的厂房,防震缝宽度可采用 $100\sim150\mathrm{mm}$,其他情况可采用 $50\sim90\mathrm{mm}$。两个主厂房之间的过渡跨至少应有一侧采用防震缝与主厂房脱开。厂房内上起重机的铁梯不应靠近防震缝设置;多跨厂房各跨上起重机的铁梯不宜设置在同一横向轴线附近。厂房内的工作平台、刚性工作间宜与厂房主体结构脱开。厂房的同一结构单元内,不应采用不同的结构形式;厂房端部应设屋架,不应采用山墙承重;厂房单元内不应采用横墙和排架混合承重。厂房柱距宜相等,各柱列的侧移刚度宜均匀,当有抽柱时,应采取抗震加强措施。

天窗是为了增加厂房的透光和通风所设置的构件,天窗宜采用突出屋面较小的避风型天窗,有条件或者抗震设防烈度为 9 度时宜采用下沉式天窗。突出屋面的天窗宜采用钢天窗架;$6\sim8$ 度时,可采用矩形截面杆件的钢筋混凝土天窗架。天窗架不宜从厂房结构单元第一开间开始设置;8 度和 9 度时,天窗架宜从厂房单元端部第三柱间开始设置。历次重大的地震灾害表明天窗屋盖、端壁板和侧板采用轻型板材发生倒塌掉落概率较小,即使发生板材构件的脱落对地面的伤害也相对较轻;不应采用端壁板代替端天窗架。

厂房宜采用钢屋架或重心较低的预应力混凝土、钢筋混凝土屋架。跨度不大于 15m 时,可采用钢筋混凝土屋面梁。跨度大于 24m,或抗震设防烈度 8 度 Ⅲ、Ⅳ 类场地和 9 度时,应优先采用钢屋架。柱距为 12m 时,可采用预应力混凝土托架(梁);当采用钢屋架时,亦可采用钢托架(梁)。有突出屋面天窗架的屋盖不宜采用预应力混凝土或钢筋混凝土空腹屋架。抗震设防烈度 8 度(0.30g)和 9 度时,跨度大于 24m 的厂房不宜采用大型屋面板。

当抗震设防烈度达 8 度和 9 度时,宜采用矩形、工字形截面柱或斜腹杆双肢柱,不宜采用薄壁工字形柱、腹板开孔工字形柱、预制腹板的工字形柱和管柱。柱底至室内地坪以上 500mm 范围内和阶形柱的上柱宜采用矩形截面。

7.2.2 抗震计算

抗震设防烈度 7 度 Ⅰ、Ⅱ 类场地,柱高不超过 10m 且结构单元两端均有山墙的单跨和等高多跨厂房(锯齿形厂房除外);或者 7 度和 8 度(0.20g)Ⅰ、Ⅱ 类场地的露天吊车栈桥,当按照规范要求采取一定的抗震构造措施时,可不进行横向及纵向的截面抗震验算。

一般单层厂房都需要对抗侧力构件进行水平地震作用下横向和纵向抗震强度验算。对于混凝土无檩和有檩屋盖厂房的横向抗震计算,一般情况下,宜计及屋盖的横向弹性变形,按多质点空间结构分析;当符合《抗震规范》附录 J 的条件时,可按平面排架计算,并按附录 J 的规定对排架柱的地震剪力和弯矩进行调整。轻型屋盖厂房,柱距相等时,可按平面排架计算。对于混凝土无檩和有檩屋盖及有较完整支撑系统的轻型屋盖厂房的纵向抗震计算，①一般情况下，宜计及屋盖的纵向弹性变形，围护墙与隔墙的有效刚度，不对称时尚宜计及扭转的影响，按多质点进行空间结构分析；②柱顶标高不大于 15m 且平均跨度不大于 30m 的单跨或等高多跨的钢筋混凝土柱厂房，宜采用《抗震规范》附录 K.1 节规定的修正刚度法计算。纵墙对称布置的单跨厂房和轻型屋盖的多跨厂房，可按柱列分片独立计算。

两个主轴方向柱距均不小于 12m、无桥式起重机且无柱间支撑的大柱网厂房，柱截面抗震验算应同时计算两个主轴方向的水平地震作用，并应计入位移引起的附加弯矩。不等高厂房中，支承低跨屋盖的柱牛腿（柱肩）的纵向受拉钢筋截面面积，应按下式确定：

$$A_s \geqslant \left(\frac{N_G \alpha}{0.85 h_0 f_y} + 1.2 \frac{N_E}{f_y} \right) \gamma_{RE} \tag{7-1}$$

式中：N_G——柱牛腿面上重力荷载代表值产生的压力设计值；

　　　α——重力作用点至下柱近侧边缘的距离，当小于 $0.3 h_0$ 时采用 $0.3 h_0$；

　　　h_0——牛腿最大竖向截面的有效高度；

　　　N_E——柱牛腿面上地震组合的水平拉力设计值；

　　　f_y——钢筋抗拉强度设计值；

　　　γ_{RE}——承载力抗震调整系数，可采用 1.0。

柱间交叉支撑斜杆的地震作用效应及其与柱连接节点的抗震验算可按《抗震规范》附录 K.2 节的规定进行。下柱柱间支撑的下节点位置按《抗震规范》规定设置于基础顶面以上时，宜进行纵向柱列柱根的斜截面受剪承载力验算。

7.3　横向抗震计算

单层厂房抗震计算按照横向和纵向两个方向进行分析，首先讨论学习横向抗震计算。单层厂房在按照横向抗震计算时，一方面应考虑屋盖平面内的弹性变形，按照多质点空间结构进行计算，目前可以通过电算软件进行分析；另一方面是按照平面排架计算，为考虑空间工作和扭转需要对计算结果乘以相应的系数，这种方法属于简化计算，便于动手计算，以下主要介绍这种方法。

7.3.1　计算简图和重力荷载代表值

进行单层厂房横向抗震计算时，取一榀排架作为计算的基本单元。由于在计算自振周期和地震作用时所采用的简化假定不一样，故将在后面分别列出。

1. 确定自振周期时的计算简图和重力集中荷载

确定厂房的自振周期时，可根据厂房类型和质量分布的不同，将重力集中在不同标高的下端固定于基础顶面的竖直弹性杆顶端。对于单跨和等高排架可简化为单自由度体系，如图 7-3 所示。不等高排架根据不同高度处屋盖的数量和屋盖之间的连接方式，简化为多自由度体系，如图 7-4 不等高排架计算简图（两质点体系）、图 7-5 不等高排架计算简图（三质点体系）所示。在图 7-5 中，需要注意当 $H_1 = H_3$ 时，该体系仍为三质点体系。

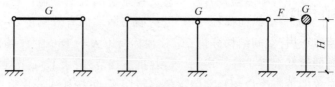

图 7-3　等高排架计算简图

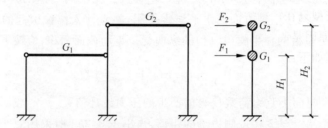

图 7-4　不等高排架计算简图（两质点体系）

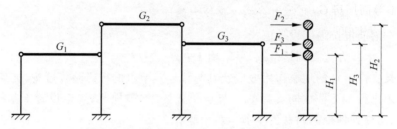

图 7-5　不等高排架计算简图（三质点体系）

1）等高厂房

图 7-3 中等高厂房 G 的计算式为

$$G = 1.0G_{屋盖} + 0.5G_{吊车梁} + 0.25G_{柱} + 0.25G_{纵墙} \tag{7-2}$$

2）不等高厂房

图 7-4 中不等高厂房 G_1 的计算式为

$$G_1 = 1.0G_{低跨屋盖} + 0.5G_{低跨吊车梁} + 0.25G_{低跨边柱} + 0.25G_{低跨纵墙} +$$

$$1.0G_{高跨吊车梁（中柱）} + 0.25G_{中柱下柱} + 0.5G_{中柱上柱} + 0.5G_{高跨封墙} \tag{7-3}$$

图 7-5 中不等高厂房 G_2 的计算式为

$$G_2 = 1.0G_{高跨屋盖} + 0.5G_{高跨吊车梁（边跨）} + 0.25G_{高跨边柱} +$$

$$0.25G_{高跨外纵墙} + 0.5G_{中柱上柱} + 0.5G_{高跨封墙} \tag{7-4}$$

上面各式中：$G_{低跨屋盖}$ 等均为重力荷载代表值（屋盖的重力荷载代表值包括作用于屋盖处的活荷载和檐墙的重力荷载代表值）。上面还假定高低跨交接柱上柱的各一半分别集中于低跨和高跨屋盖处。

高低跨交接柱的高跨吊车梁的质量可集中到低跨屋盖，也可集中到高跨屋盖，应以就近集中为原则。当集中到低跨屋盖时，如前所述，质量集中系数为 1.0；当集中到高跨屋盖时，质量集中系数为 0.5。

由实测分析和理论计算的比较可知，吊车桥架对排架的自振周期影响综合考虑后很小，故在计算自振周期过程中可不考虑其对质点质量的贡献，同时不考虑的情况下也是偏于安全的。

2. 计算地震作用时的计算简图和重力集中荷载

在计算厂房地震作用时,对于设有桥式起重机的厂房,除将厂房重力荷载按前述弯矩等效原则集中于屋盖标高处外,还应考虑吊车桥架的重力荷载;软钩起重机不考虑吊重,硬钩则应该考虑。一般是把某跨吊车桥架的重力荷载集中于该跨任一柱吊车梁的顶面标高处,如两跨不等高厂房均设有吊车,则在确定厂房地震作用时可按四个集中质点考虑(图7-6)。应注意的是此种模型只在计算地震作用时使用,在计算结构的动力特性(如周期等)时,并不能套用此模型,其原因是起重机桥架是局部质量,它不能有效地对整体结构动力特性产生有效影响。计算简图如下:

1) 等高厂房

图7-3 等高厂房 G 的计算式为

$$G = 1.0G_{屋盖} + 0.75G_{吊车梁} + 0.5G_{柱} + 0.5G_{纵墙} \tag{7-5}$$

2) 不等高厂房

图7-4 不等高厂房 G_1 的计算式为

$$G_1 = 1.0G_{低跨屋盖} + 0.75G_{低跨吊车梁} + 0.5G_{低跨边柱} + 0.5G_{低跨纵墙} +$$
$$1.0G_{高跨吊车梁(中柱)} + 0.5G_{中柱下柱} + 0.5G_{中柱上柱} + 0.5G_{高跨封墙} \tag{7-6}$$

图7-5 不等高厂房 G_2 的计算式为

$$G_2 = 1.0G_{高跨屋盖} + 0.75G_{高跨吊车梁(边跨)} + 0.5G_{高跨边柱} +$$
$$0.5G_{高跨外纵墙} + 0.5G_{中柱上柱} + 0.5G_{高跨封墙} \tag{7-7}$$

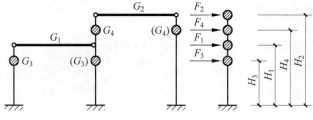

图7-6　吊车桥架计算简图

7.3.2　横向自振周期

1. 自振周期计算

在前面计算简图确定后,可用前面介绍过的方法计算基本自振周期。对单自由度体系,自振周期 T 为

$$T = 2\pi\sqrt{\frac{m}{k}} \tag{7-8}$$

式中: m——质量;

k——刚度。

对多自由体系,可用能量法计算基本自振周期

$$T_1 = 2\pi \sqrt{\dfrac{\sum\limits_{i=1}^{n} m_i u_i^2}{\sum\limits_{i=1}^{n} G_i u_i}} \qquad\qquad (7\text{-}9)$$

式中：m_i、G_i——第 i 质点的质量和重量；

　　　u_i——在全部 $G_i(i=1,2,\cdots,n)$ 沿水平方向作用下第 i 质点的侧移；

　　　n——自由度。

根据前面讲的《抗震规范》规定，按平面排架计算厂房的横向地震作用时，排架的基本自振周期应考虑纵墙及屋架与柱连接的固接作用。因此，按上述公式算出的自振周期还应进行如下调整：由钢筋混凝土屋架或钢屋架与钢筋混凝土柱组成的排架，有纵墙时取周期计算值的 80%，无纵墙时取 90%。

2. 排架地震作用计算

1）底部剪力法

单层厂房可按底部剪力法计算地震作用，总地震作用的标准值为

$$F_{Ek} = \alpha_1 G_{eq} \qquad\qquad (7\text{-}10)$$

式中：α_1——相应于基本周期 T_1 的地震影响系数。

　　　G_{eq}——等效重力荷载代表值，单质点体系取全部重力荷载代表值。多质点体系取全部重力荷载代表值的 85%。当为两质点体系时，由于较为接近单质点体系，G_{eq} 也可以取全部重力荷载代表值的 95%。

质点 i 的水平地震作用为

$$F_i = \dfrac{G_i H_i}{\sum\limits_{i=1}^{n} G_i H_i} F_{Ek} \qquad\qquad (7\text{-}11)$$

式中：G_i 和 H_i——第 i 质点的重力荷载代表值和至柱底的距离。

　　　n——体系的自由度。

求出各质点的水平地震作用后，就可用结构动力学方法求出相应的排架内力。底部剪力法是一种用静力学方法近似解决动力学问题的简易方法，不能反映材料自身的动力特性和结构物之间的动力响应，也较难反映高振型的影响。

2）振型分解法

对于复杂的厂房，如高低跨高度相差较大的厂房，采用底部剪力法计算，会导致误差较大，高低跨相交处柱牛腿的水平拉力主要由高振型引起，此拉力的计算是底部剪力法无法实现的。但采用振型分解法就可以较好地解决。

采用振型分解法时计算简图和前面讲到的底部剪力法相同，每个质点都有一个水平自由度。用前面介绍过的振型分解法的标准过程，就可求出各振型各质点处的水平地震作用，从而求出各振型的地震内力。总的地震内力则为各振型地震内力按平方和开方的组合。

对于两质点的高低跨排架，用柔度法计算较方便，相应的振型分解法的计算步骤如下：

（1）计算平面排架各振型的自振周期、振型幅值和振型参与系数

记两质点的水平位移坐标分别为 x_1 和 x_2，其质量分别为 m_1 和 m_2，第一、二振型的圆频率分别为 ω_1 和 ω_2，则有

$$\frac{1}{\omega_{1,2}^2} = \frac{1}{2} \left[(m_1 \delta_{11} + m_2 \delta_{22}) \pm \sqrt{(m_1 \delta_{11} - m_2 \delta_{22})^2 + 4 m_1 m_2 \delta_{12} \delta_{21}} \right] \quad (7\text{-}12)$$

取 $\omega_1 < \omega_2$，则第一、二自振周期分别为

$$T_1 = \frac{2\pi}{\omega_1}, \quad T_2 = \frac{2\pi}{\omega_2} \quad (7\text{-}13)$$

记第 i 振型第 j 质点的幅值为 $X_{ij}(i,j=1,2)$，则有

$$X_{11} = 1, \quad X_{12} = \frac{1 - m_1 \delta_{11} \omega_1^2}{m_2 \delta_{12} \omega_1^2} \quad (7\text{-}14)$$

$$X_{21} = 1, \quad X_{22} = \frac{1 - m_1 \delta_{11} \omega_2^2}{m_2 \delta_{12} \omega_2^2} \quad (7\text{-}15)$$

第一、二振型参与系数

$$\gamma_1 = \frac{m_1 X_{11} + m_2 X_{12}}{m_1 X_{11}^2 + m_2 X_{12}^2} \quad (7\text{-}16)$$

$$\gamma_2 = \frac{m_1 X_{21} + m_2 X_{22}}{m_1 X_{21}^2 + m_2 X_{22}^2} \quad (7\text{-}17)$$

(2) 计算各振型的地震作用和地震内力

记第 i 振型第 j 质点的地震作用为 F_{ij}，则有

$$F_{ij} = \alpha_i \gamma_i X_{ij} G_j, \quad i=1,2, \quad j=1,2 \quad (7\text{-}18)$$

即

$$F_{11} = \alpha_1 \gamma_1 X_{11} G_1$$
$$F_{12} = \alpha_1 \gamma_1 X_{12} G_2$$
$$F_{21} = \alpha_2 \gamma_2 X_{21} G_1$$
$$F_{22} = \alpha_2 \gamma_2 X_{22} G_2$$

然后按结构力学方法求出各振型的地震内力。

(3) 计算最终的地震内力

设某一内力 S 在第一振型的地震作用下的值为 S_1，在第二振型的地震作用下的值为 S_2，则该地震内力的最终值为

$$S_{最终} = \sqrt{S_1^2 + S_2^2} \quad (7\text{-}19)$$

3. 考虑空间工作和扭转影响时内力调整

显然，上述计算仅考虑了单个平面排架。当厂房的布置引起明显的空间作用或扭转影响时，应对前面求出的内力进行相应的调整。《抗震规范》规定，对于钢筋混凝土屋盖的单层钢筋混凝土柱厂房，按上述方法确定基本自振周期且按平面排架计算排架柱的地震剪力和弯矩，当符合下列要求时，可考虑空间工作和扭转影响：①抗震设防烈度 7 度和 8 度。②厂房单元屋盖长度与总跨度之比小于 8 或厂房总跨度大于 12（其中屋盖长度指山墙与山墙的间距，仅一端有山墙时，应取所考虑排架至山墙的距离；高低跨相差较大的不等高厂房，总跨度可不包括低跨）。③山墙的厚度不小于 240mm，开洞所占的水平截面面积不超过总面积的 50%，并与屋盖系统有良好的连接。④柱顶高度不大于 15m。

当符合上述要求时,为考虑空间作用和扭转影响,排架柱的弯矩和剪力应分别乘以相应的调整系数(高低跨交接处的上柱除外),调整系数可按表7-1采用。

表7-1 钢筋混凝土柱(除高低跨交接处上柱外)考虑空间工作和扭转影响的效应调整系数

屋盖	山墙		屋盖长度/m										
			≤30	36	42	48	54	60	66	72	78	84	90	96
钢筋混凝土无檩屋盖	两端山墙	等高厂房	—	—	0.75	0.75	0.75	0.8	0.8	0.8	0.85	0.85	0.85	0.9
		不等高厂房	—	—	0.85	0.85	0.85	0.9	0.9	0.9	0.95	0.95	0.95	1.0
	一端山墙		1.05	1.15	1.2	1.25	1.3	1.3	1.3	1.3	1.35	1.35	1.35	1.35
钢筋混凝土有檩屋盖	两端山墙	等高厂房			0.8	0.85	0.9	0.95	0.95	1.0	1.0	1.05	1.05	1.1
		不等高厂房	—		0.85	0.9	0.95	1.0	1.0	1.05	1.05	1.1	1.1	1.15
	一端山墙		1.0	1.05	1.1	1.1	1.15	1.15	1.15	1.2	1.2	1.2	1.25	1.25

4. 高低跨交接处上柱地震作用效应调整

当排架按第二主振型振动时,高跨横梁和低跨横梁的运动方向相反,使高低跨交接处上柱的两端之间产生了较大的相对位移 Δ(图7-7)。由于上柱的长度一般较短,侧移刚度较大,故此处产生的地震内力也较大。按底部剪力法计算时,由于主要反映了第一主振型的情况,算得的高低跨交接处上柱的地震内力偏小较多。因此,《抗震规范》规定,高低跨交接处的钢筋混凝土柱的支承低跨屋盖牛腿以上各截面,按底部剪力法求得的地震弯矩和剪力应乘以增大系数 η,其值可按下式采用:

$$\eta = \zeta\left(1 + 1.7\frac{n_b}{n_0} \cdot \frac{G_{El}}{G_{Eh}}\right) \tag{7-20}$$

式中:ζ——不等高厂房高低跨交接处的空间工作影响系数,可按表7-2采用;

n_b——高跨的跨数;

n_0——计算跨数,仅一侧有低跨时应取总跨数,两侧均有低跨时应取总跨数与高跨跨数之和;

G_{El}——集中于交接处一侧各低跨屋盖标高处的总重力荷载代表值;

G_{Eh}——集中于高跨柱顶标高处的总重力荷载代表值。

表7-2 高低跨交接处钢筋混凝土上柱空间工作影响系数 ζ

屋盖	山墙	屋盖长度/m										
		≤36	42	48	54	60	66	72	78	84	90	96
钢筋混凝土无檩屋盖	两端山墙	—	0.7	0.76	0.82	0.88	0.94	1.0	1.06	1.06	1.06	1.06
	一端山墙	1.25										
钢筋混凝土有檩屋盖	两端山墙	—	0.9	1.0	1.05	1.1	1.1	1.15	1.15	1.15	1.2	1.2
	一端山墙	1.05										

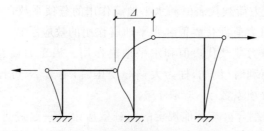

图 7-7　高低跨排架的第二振型

5. 吊车桥架引起的地震作用效应增大系数

吊车桥架是一个较大的移动质量,在地震时往往引起厂房的强烈局部振动。因此,应考虑吊车桥架自重引起的地震作用效应,并乘以效应增大系数。按底部剪力法等简化方法计算时,计算步骤如下:

(1) 计算一台吊车对一根柱子产生的最大重力荷载 G_c。

(2) 计算该吊车重力荷载对一根柱子产生的水平地震作用。此时有两种计算方法:

① 当桥架不作为一个质点时,该水平地震作用可近似按下式计算:

$$F_c = \alpha_1 G_c \frac{h_c}{H} \tag{7-21}$$

式中:F_c——吊车桥架引起的并作用于一根柱吊车梁顶面处的水平地震作用;

α_1——相应于排架基本周期 T_1 的地震影响系数;

h_c——吊车梁顶面高度;

H——吊车梁所在柱的高度。

② 当桥架作为一个质点时,该处的水平地震作用可直接由底部剪力法求出。

(3) 按结构力学求地震作用效应(内力)。

(4) 将地震作用效应乘以表 7-3 所示的增大系数。

表 7-3　吊车桥架引起的地震剪力和弯矩增大系数

屋盖类型	山墙	边柱	高低跨柱	其他中柱
钢筋混凝土无檩屋盖	两端山墙	2.0	2.5	3.0
	一端山墙	1.5	2.0	2.5
钢筋混凝土有檩屋盖	两端山墙	1.5	2.0	2.5
	一端山墙	1.5	2.0	2.0

6. 排架内力组合和构件强度验算

1) 内力组合

在抗震设计中,地震作用效应组合是指与地震作用同时存在的其他重力荷载代表值引起的荷载效应的不利组合。在单层厂房排架的地震作用效应组合中,一般不考虑风荷载效应,也不考虑吊车横向水平制动力引起的内力,不考虑竖向地震作用。从而可得单层厂房的地震作用效应组合的表达式为

$$S = \gamma_G C_G G_E + \gamma_{Eh} C_{Eh} E_{hk} \tag{7-22}$$

式中：γ_G 和 γ_{Eh}——重力荷载代表值和水平地震作用的分项系数；

$\qquad$ C_G 和 C_{Eh}——重力荷载代表值和水平地震作用的效应系数；

$\qquad$ G_E 和 E_{hk}——重力荷载代表值和水平地震作用。当重力荷载效应对构件的承载力有利时（例如，柱为大偏心受压时，轴力 N 可提高构件的承载力），其分项系数 γ_G 取 1.0。

这种地震荷载效应组合再与其他规定的荷载效应组合一起进行最不利组合。显然，当地震作用效应组合引起的内力小于非抗震荷载组合时的内力时，后者应控制设计。

2）柱的截面抗震验算

排架柱一般按偏心受压构件验算其截面承载力。验算的一般表达式为

$$S \leqslant \frac{R}{\gamma_{RE}} \tag{7-23}$$

式中：S——截面的作用效应；

$\qquad$ R——效应的承载力设计值；

$\qquad$ γ_{RE}——承载力抗震调整系数。

两个主轴方向柱均不小于 12m、无桥式吊车且无柱间支撑的大柱网厂房，柱截面验算时应同时计算两个主轴方向的水平地震作用，并应计入位移引起的附加弯矩。

抗震设防烈度 8 度和 9 度时，高大山墙的抗风柱应进行平面外的截面抗震验算。

3）支承低跨屋盖牛腿的水平受拉钢筋抗震验算

为防止高低跨交接处支承低跨屋盖的牛腿在地震中竖向拉裂（图 7-8），应按下式确定牛腿的水平受拉钢筋截面面积：

$$A_s = \left(\frac{N_G a}{0.85 h_0 f_y} + 1.2 \frac{N_E}{f_y} \right) \gamma_{RE} \tag{7-24}$$

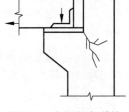

图 7-8　牛腿竖向裂缝

式中：N_G——柱牛腿面上重力荷载代表值产生的压力设计值；

$\qquad$ a——牛腿面上重力作用点至下柱近侧边缘的距离，当小于 $0.3h_0$ 时采用 $0.3h_0$；

$\qquad$ h_0——牛腿根部截面（最大竖向截面）的有效高度；

$\qquad$ N_E——柱牛腿面上地震组合的水平拉力设计值；

$\qquad$ γ_{RE}——承载力抗震调整系数，其值可采用 1.0。

4）其他部位的抗震验算

当抗风柱与屋架下弦相连时，连接点应设在下弦横向支撑的节点处，并且应对下弦横向支撑杆件的截面和连接节点进行抗震承载力验算。

当工作平台和刚性内隔墙与厂房主体结构连接时，应采用与厂房实际受力相适应的计算简图，并计入工作平台和刚性内隔墙对厂房的附加地震作用影响。

7. 突出屋面天窗架横向抗震计算

实际震害表明，突出屋面的钢筋混凝土天窗架，其横向的损坏并不明显。计算分析表明，常用的钢筋混凝土带斜撑杆的三铰拱式天窗架的横向刚度很大，其位移与屋盖基本相同，故可把天窗架和屋盖作为一个质点（其重力为 $G_{屋盖}$，其中包括天窗架质点的重量 $G_{天窗}$）按底部剪力法计算。设算的作用在 $G_{屋盖}$ 上的地震作用为 $F_{屋盖}$，则天窗架所受的地震作

用力为

$$F_{天窗} = \frac{G_{天窗}}{G_{屋盖}} F_{屋盖}　　　　　　(7-25)$$

当抗震设防烈度 9 度时或天窗架跨度大于 9m 时,天窗架部分的惯性力将有所增大。这时若仍把天窗和屋盖作为一个质点按底部剪力法计算,则天窗架的横向地震作用效应宜乘以增大系数 1.5,以考虑高振型的影响。

对钢天窗架的横向抗震计算也可采用底部剪力法。

对其他情况下的天窗架,可采用振型分解反应谱法计算其横向水平地震作用。

7.4　纵向抗震计算

前面已经提及,单层厂房受纵向地震力作用时的震害是较严重的。因此,对单层厂房的纵向必须进行抗震计算。纵向抗震计算的目的在于:确定厂房纵向的动力特性和地震作用,验算厂房纵向抗侧力构件,如柱间支撑、天窗架纵向支撑等在纵向水平地震力作用下的承载力。

《抗震规范》规定,钢筋混凝土无檩和有檩屋盖及有较完整支撑系统的轻型屋盖厂房,其纵向抗震验算可采用下列方法:①一般情况下,宜考虑屋盖的纵向弹性变形、围护墙与隔墙的有效刚度以及扭转的影响,按多质点进行空间结构分析;②柱顶标高不大于 15m 且平均跨度不大于 30m 的单跨或等高多跨的钢筋混凝土柱厂房,宜采用修正刚度法计算;③纵向质量和刚度基本对称的钢筋混凝土屋盖等高厂房,可不考虑扭转的影响,采用振型分解反应谱法计算。

《抗震规范》还规定,纵墙对称布置的单跨厂房和轻型屋盖的多跨厂房,可按柱列分片独立计算。

《抗震规范》规定,对于钢柱厂房,当采用轻质墙板或与柱柔性连接的大型墙板时,其纵向可采用底部剪力法计算。此时,各柱列的地震作用应按以下原则分配:①采用钢筋混凝土无檩屋盖时,可按柱列刚度比例分配;②采用轻型屋盖时,可按柱列承受的重力荷载代表值的比例分配;③采用钢筋混凝土有檩屋盖时,可取上述两种分配结果的平均值。

1. 空间分析法

空间分析法适用于任何类型的厂房。屋盖模型化为有限刚度的水平剪切梁,各质量均堆聚成质点,堆聚的程度视结构的复杂程度以及需要计算的内容而定。一般需用计算机进行数值计算。同一柱列的柱顶纵向水平位移相同,且仅考虑纵向水平位移时,可对每一纵向柱列只取一个自由度,把厂房连续分布的质量分别按周期等效原则(计算自振周期时)和内力等效原则(计算地震作用时)集中至各柱列柱顶处,并考虑柱、柱间支撑、纵墙等抗侧力构件的纵向刚度和屋盖的弹性变形,形成"并联多质点体系"的简化空间结构计算模型,如图 7-9 所示。

一般的空间结构模型,其结构特性由质量矩阵 M、代表各自由度处位移的位移向量 X 和相应的刚度矩阵 K 完全表示。可用前面讲过的振型分解法求解其他地震作用。

下面对图 7-9 所示的简化空间结构计算模型,给出其用振型分解法求解的步骤。

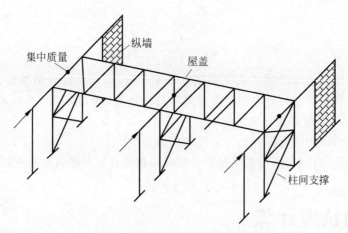

图 7-9　简化的空间结构计算模型

1）柱列的侧移刚度

$$K_i = \sum_{j=1}^m K_{cij} + \sum_{j=1}^n K_{bij} + \psi_k \sum_{j=1}^q K_{wij} \tag{7-26}$$

式中：K_i——第 i 柱列的柱顶纵向侧移刚度；

　　　K_{cij}——第 i 柱列第 j 柱的纵向侧移刚度；

　　　K_{bij}——第 i 柱列第 j 柱柱间支撑的侧移刚度；

　　　K_{wij}——第 i 柱列第 j 柱间纵墙的纵向侧移刚度；

　　　m、n、q——第 i 柱列中柱、柱间支撑、柱间纵墙的数目；

　　　ψ_k——贴砌砖墙的刚度降低系数，抗震设防烈度为 7、8 度和 9 度，ψ_k 可分别取 0.6、
　　　　　0.4 和 0.2。

（1）柱的侧移刚度

等截面柱的侧移刚度 K_c 为

$$K_c = \mu \frac{3E_c I_c}{H^3} \tag{7-27}$$

式中：E_c——柱混凝土的弹性模量；

　　　I_c——柱在所考虑方向的截面惯性矩；

　　　H——柱的高度；

　　　μ——屋盖、吊车梁等纵向构件对柱侧移刚度的影响系数，无吊车梁时，$\mu=1.1$；有吊
　　　　　车梁时，$\mu=1.5$。

变截面柱侧移刚度的计算公式参见有关设计手册，但需注意考虑 μ 的影响。

（2）纵墙的侧移刚度

对于砌体墙，若弹性模量为 E，厚度为 t，墙的高度为 H，墙的宽度为 B，并取 $\rho=H/B$，同时考虑弯曲和剪切变形，则对其顶部作用水平力的情况下，相应的刚度为

$$K_w = \frac{Et}{\rho^3 + 3\rho} \tag{7-28}$$

对于有窗洞墙，洞口把砖墙分为侧移刚度不同的若干层。在计算各层墙体的侧移刚度时，对无窗洞的层可只考虑剪切变形（也可同时考虑弯曲变形）。只考虑剪切变形时，式（7-28）

变为

$$K_w = \frac{Et}{3\rho} \tag{7-29}$$

对有窗洞的层，各窗间墙的侧移刚度可按式(7-28)计算，即第 i 层第 j 段窗间墙的侧移刚度为

$$K_{wij} = \frac{Et_{ij}}{\rho_{ij}^3 + 3\rho_{ij}} \tag{7-30}$$

式中：t_{ij} 和 ρ_{ij}——墙的厚度和高宽比。

第 i 层墙的刚度为 $K_{wi} = \sum\limits_j K_{wij}$，该层在单位水平力作用下的相对侧移为 $\delta_i = 1/K_{wi}$。因此，墙体在单位水平力作用下的侧移等于有关各层砖墙的侧移之和，从而可得

$$\delta_{11} = \sum_{i=1}^{n} \delta_i \tag{7-31}$$

$$\delta_{22} = \delta_{21} = \delta_{12} = \sum_{i=2}^{n} \delta_i \tag{7-32}$$

对此柔度矩阵求逆，即可得相应的刚度矩阵。

(3) 柱间支撑侧移刚度

柱间支撑桁架系统是由型钢斜杆和钢筋混凝土柱和吊车梁等组成，是超静定结构。为简化计算，通常假定各杆相交处均为铰接，从而得到静定铰接桁架的计算简图。同时略去截面应力较小的竖杆和水平杆的变形，只考虑型钢斜杆的轴向变形。在同一高度的两根交叉斜杆，一根受拉，另一根受压；受压斜杆与受拉斜杆的应力比值因斜杆的长细比不同而不同。当斜杆的长细比 $\lambda > 200$ 时，压杆将较早地受压失稳而退出工作，所以此时可仅考虑拉杆的作用。当 $\lambda \leqslant 200$ 时，压杆与拉杆的应力比值将是 λ 的函数；显然，λ 越小，压杆参加工作的程度就越大。

因此，在计算上可认为：$\lambda > 150$ 时为柔性支撑，此时不计压杆的作用；$40 \leqslant \lambda \leqslant 150$ 时为半刚性支撑，此时可以认为压杆的作用是使拉杆的面积增大为原来的 $(1+\varphi)$ 倍，并且除此之外不再计算压杆的其他影响，其中 φ 为压杆的稳定系数；$\lambda < 40$ 时为刚性支撑，此时压杆与拉杆的应力相同。据此，考虑柱间支撑有 n 层(图 7-10 示出三层的情况)，设柱间支撑所在柱间的净距为 L，从上面数起第 i 层的斜杆长度为 L_i，斜杆面积为 A_i，斜杆的弹性模量为 E，斜压杆的稳定系数为 φ_i，则可得出如下的柱间支撑系统的柔度和刚度的计算公式。

① 柔性支撑的柔度和刚度($\lambda > 150$)

如图 7-10 所示，此时斜压杆不起作用。相应于力 F_1 和 F_2 作用处的坐标(F_1 和 F_2 分别作用在顶层和第二层的顶面)，第 i 层拉杆的力为 $P_i = L_i/L$，从而可得支撑系统的柔度矩阵各元素为

$$\delta_{11} = \frac{1}{EL^2} \sum_{i=1}^{n} \frac{L_i^3}{A_i} \tag{7-33}$$

$$\delta_{22} = \delta_{21} = \delta_{12} = \frac{1}{EL^2} \sum_{i=2}^{n} \frac{L_i^3}{A_i} \tag{7-34}$$

相应的刚度矩阵可由柔度矩阵求逆可得。

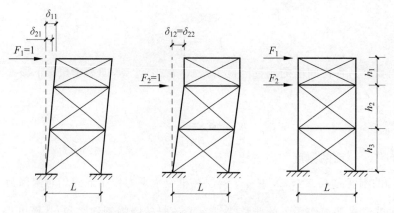

图 7-10　柱间支撑的柔度和刚度

② 半刚性支撑($40 \leqslant \lambda \leqslant 150$)

此时斜拉杆等效面积为$(1+\varphi_i)A_i$倍,除此之外,表现上不再计算斜压杆的影响。在顶部单位水平力作用下,显然有

$$\delta_{11} = \frac{1}{EL^2} \sum_{i=1}^{n} \frac{L_i^3}{(1+\varphi_i)A_i} \tag{7-35}$$

$$\delta_{22} = \delta_{21} = \delta_{12} = \frac{1}{EL^2} \sum_{i=2}^{n} \frac{L_i^3}{(1+\varphi_i)A_i} \tag{7-36}$$

③ 刚性支撑($\lambda < 40$)

此时有$\varphi=1$,故一个柱间支撑系统的柔度矩阵元素为

$$\delta_{11} = \frac{1}{2EL^2} \sum_{i=1}^{n} \frac{L_i^3}{A_i} \tag{7-37}$$

$$\delta_{22} = \delta_{21} = \delta_{12} = \frac{1}{2EL^2} \sum_{i=2}^{n} \frac{L_i^3}{A_i} \tag{7-38}$$

(4) 屋盖的纵向水平剪切刚度

$$k_i = k_{i0} \frac{L_i}{l_i} \tag{7-39}$$

式中:k_i——第i跨屋盖的纵向水平剪切刚度;

k_{i0}——单位面积(1m^2)屋盖沿厂房纵向的水平等效剪切刚度基本值,当无可靠数据时,对钢筋混凝土无檩屋盖可取$2 \times 10^4 \text{kN/m}$,对钢筋混凝土有檩屋盖可取$6 \times 10^3 \text{kN/m}$;

L_i——厂房第i跨部分的纵向长度或防震缝区段长度;

l_i——第i跨屋盖的跨度。

2) 结构的自振周期和振型

结构按某一振型振动时,其振动方程为

$$-\omega^2 \boldsymbol{m} \boldsymbol{X} + \boldsymbol{K} \boldsymbol{X} = 0 \tag{7-40}$$

或写成下列形式:

$$K^{-1}mX = \lambda X$$

式中：$X = \{X_1, X_2, \cdots, X_n\}$——质点纵向相对位移幅值列向量，$n$ 为质点数；

$\quad\quad m = \mathrm{diag}[m_1, m_2, \cdots, m_n]$——质量矩阵；

$\quad\quad \omega$——自振圆频率；

$\quad\quad \lambda = 1/\omega^2$——矩阵 $K^{-1}m$ 特征值；

$\quad\quad K$——刚度矩阵。

刚度矩阵 K 可表示为

$$K = \bar{K} + k \tag{7-41}$$

$$\bar{K} = \mathrm{diag}[K_1, K_2, \cdots, K_n]$$

$$k = \begin{bmatrix} k_1 & -k_1 & & & & 0 \\ -k_1 & k_1 + k_2 & -k_2 & & & \\ & & \ddots & \ddots & \ddots & \\ & & & -k_{n-2} & k_{n-2} + k_{n-1} & -k_{n-1} \\ 0 & & & & -k_{n-1} & k_{n-1} \end{bmatrix}$$

式中：K_i——第 i 柱列（于第 i 质点相应的）所有柱的纵向侧移刚度之和；

$\quad\quad \bar{K}$——由柱列侧移刚度 K_i 组成的刚度矩阵；

$\quad\quad k$——由屋盖纵向水平剪切刚度 k_i 组成的刚度矩阵。

求解式(7-40)即可得自振周期向量 T 和振型矩阵 X：

$$T = 2\pi\left\{\sqrt{\lambda_1}, \sqrt{\lambda_2}, \cdots, \sqrt{\lambda_n}\right\} \tag{7-42}$$

$$X = [X_1, X_2, \cdots, X_n] = \begin{bmatrix} X_{11} & X_{21} & \cdots & X_{n1} \\ X_{12} & X_{22} & \cdots & X_{n2} \\ \vdots & \vdots & & \vdots \\ X_{1n} & X_{2n} & \cdots & X_{nn} \end{bmatrix} \tag{7-43}$$

3) 各阶振型的水平地震作用

各阶振型的质点水平地震作用可用矩阵 F 表示：

$$F = gmX\alpha\gamma \tag{7-44}$$

式中：g——重力加速度；

$\quad\quad \alpha = \mathrm{diag}[\alpha_1, \alpha_2, \cdots, \alpha_s]$，$\alpha_i$ 为相应于自振周期 T_i 的地震影响系数，s 为需要组合的振型数；

$\quad\quad \gamma = \mathrm{diag}[\gamma_1, \gamma_2, \cdots, \gamma_s]$，$\gamma_j$ 为各振型的振型参与系数：

$$\gamma_j = \frac{\sum\limits_{i=1}^{n} m_i X_{ji}}{\sum\limits_{i=1}^{n} m_i X_{ji}^2} \tag{7-45}$$

在式(7-43)中，X 的表达式为

$$X = [X_1, X_2, \cdots, X_n] = \begin{bmatrix} X_{11} & X_{21} & \cdots & X_{s1} \\ X_{12} & X_{22} & \cdots & X_{s2} \\ \vdots & \vdots & & \vdots \\ X_{1n} & X_{2n} & \cdots & X_{sn} \end{bmatrix} \tag{7-46}$$

所以，F 的第 i 个列向量为第 i 振型各质点的水平地震作用，$i = 1, 2, \cdots, s$。

4）各阶振型的质点侧移

各阶振型的质点侧移显然可表示为

$$\Delta = K^{-1} F \tag{7-47}$$

式中：Δ ——第 i 个列向量为第 i 振型各质点的水平侧移，$i = 1, 2, \cdots, s$。

5）柱列脱离体上各阶振型的柱顶地震力

各阶振型的质点侧移求出后，由各构件或各部分构件的刚度，就可求出该构件或该部分构件所受的地震力。例如，各柱列中由柱所承受的地震力

$$\bar{F} = \bar{K} \Delta \tag{7-48}$$

其中，$\bar{F}$ 的第 i 行第 j 列的元素为第 j 振型第 i 质点柱列中所有柱承受的水平地震作用。

6）各柱列柱顶处的水平地震力

把所考虑的各振型的地震力进行组合（用平方和开方的方法），即得最后所求的柱列柱顶处的纵向水平地震力。

对于常见的两跨或三跨对称厂房，可以利用结构的对称性把自由度数目减少，从而可用手算进行纵向抗震分析。

其他基于振型分解法的方法，与上述基本相似。

2. 修正刚度法

此法是把厂房纵向视为一个单自由度体系，求出总地震作用后，再按各柱列的修正刚度，把总地震作用分配到各柱列。此法适应于单跨或等高多跨钢筋混凝土无檩和有檩屋盖厂房。

1）厂房纵向的基本自振周期

（1）按单质点系确定

把所有的重力荷载代表值按周期等效原则集中到柱顶得结构的总质量。把所有的纵向抗侧力构件的刚度加在一起得厂房纵向的总侧向刚度。再考虑屋盖的变形，引入修正系数 ψ_T，得计算纵向基本自振周期为

$$T_1 = 2\pi \psi_T \sqrt{\frac{\sum\limits_{i=1}^{n} G_i}{g \sum\limits_{i=1}^{n} K_i}} \approx 2\psi_T \sqrt{\frac{\sum\limits_{i=1}^{n} G_i}{\sum\limits_{i=1}^{n} K_i}} \tag{7-49}$$

式中：i ——柱列序号；

G_i ——第 i 柱列集中到柱顶标高处的等效重力荷载代表值；

K_i ——第 i 柱列侧移刚度；可按式（7-26）计算；

ψ_T ——厂房的自振周期修正系数，按表 7-4 采用。

G_i 的表达式为

$$G_i = 1.0 G_{屋盖} + 0.25 (G_{柱} + G_{山墙}) + 0.35 G_{纵墙} + 0.5 (G_{吊车梁} + G_{吊车桥}) \tag{7-50}$$

表 7-4 厂房纵向自振周期修正系数 ψ_T

房屋类型	钢筋混凝土无檩屋盖		钢筋混凝土有檩屋盖	
	边跨无天窗	边跨有天窗	边跨无天窗	边跨有天窗
砖、墙	1.45	1.50	1.60	1.65
无墙、石棉瓦、挂板	1.0	1.0	1.0	1.0

（2）按《抗震规范》方法计算

《抗震规范》规定，在计算单跨或等高多跨的钢筋混凝土柱厂房纵向地震作用时，在柱顶标高不大于 15m 且平均跨度不大于 30m 时，纵向基本周期 T_1 可按下列公式确定。

① 砖围护墙厂房，可按下式进行计算：

$$T_1 = 0.23 + 0.00025\psi_1 l \sqrt{H^3} \tag{7-51}$$

式中：ψ_1——屋盖类型系数，对大型屋面板钢筋混凝土屋架可取 1.0，对钢屋架可取 0.85；

l——厂房跨度，单位：m，多跨厂房可取各跨的平均值；

H——基础顶面到柱顶的高度，单位：m。

② 敞开、半敞开或墙板与柱子柔性连接的厂房，可按式（7-51）进行计算并乘以下列围护墙影响系数

$$\psi_2 = 2.6 - 0.002l \sqrt{H^3} \tag{7-52}$$

当算出 $\psi_2 < 1.0$ 时应采用 1.0。

2）柱列地震作用的计算

自振周期算出后，即可按底部剪力法求出总地震作用：

$$F_{Ek} = \alpha_1 G_{eq} \tag{7-53}$$

然后，把 F_{Ek} 按各柱列的刚度进行分配。这时，为考虑屋盖变形的影响，需将侧移较大的中柱列的刚度乘以大于 1 的调整系数，将侧移较小的边柱列刚度，乘以小于 1 的调整系数。这些调整系数是根据对多种屋盖、跨度、跨数、有无砖墙等工况的对比计算结果确定的；并且在大致保持原结构总刚度不变的前提下，对中柱列偏于安全地加大了刚度调整系数，对边柱列则考虑到砖围护墙的潜力较大，适当减小了刚度调整系数。因此，对等高多跨钢筋混凝土屋盖的厂房，各纵向柱列的柱顶标高处地震作用标准值为

$$F_i = F_{Ek} \frac{K_{ai}}{\sum\limits_{i=1}^{n} K_{ai}} \tag{7-54}$$

$$K_{ai} = \psi_3 \psi_4 K_i \tag{7-55}$$

在上面各式中：F_i——第 i 柱列柱顶标高处的纵向地震作用标准值；

α_1——相应于厂房纵向基本自振周期的水平地震影响系数；

G_{eq}——厂房单元柱列总等效重力荷载代表值；

K_{ai}——第 i 柱列柱顶的调整侧移刚度；

ψ_3——柱列侧移刚度围护墙影响系数（可按表 7-5 采用，有纵向砖围护墙的 4 跨或 5 跨厂房，由边柱列数起的第 3 柱列可按表内相应数值的 1.15 倍采用）；

ψ_4——柱列侧移刚度的柱间支撑影响系数（纵向为砖围护墙时，边柱列可采用 1.0，中柱列可按表 7-6 采用）。

表 7-5　柱列侧移刚度围护墙影响系数

围护墙类别和抗震设防烈度		柱列和屋盖类别				
		边柱列	中柱列			
			无 檩 屋 盖		有 檩 屋 盖	
240mm 砖墙	370mm 砖墙		边跨无天窗	边跨有天窗	边跨无天窗	边跨有天窗
—	7 度	0.85	1.7	1.8	1.8	1.9
7 度	8 度	0.85	1.5	1.6	1.6	1.7
8 度	9 度	0.85	1.3	1.4	1.4	1.5
9 度		0.85	1.2	1.3	1.3	1.4
无墙、石棉瓦或挂板		0.90	1.1	1.1	1.2	1.2

表 7-6　中柱列柱间支撑影响系数

厂房单元内设置下柱支撑的柱间数	中柱列下柱支撑斜杆的长细比					中柱列无支撑
	≤40	41~80	81~120	121~150	>150	
一柱间	0.9	0.95	1.0	1.1	1.25	1.4
二柱间	—	—	0.9	0.95	1.0	1.4

厂房单元柱列总等效重力荷载代表值 G_{eq}，应包括屋盖的重力荷载代表值、70%纵墙自重、横墙与山墙自重之和的 50% 及折算的柱自重(有吊车时采用 10% 柱自重,无吊车时采用 50% 柱自重)。用公式表示时,对无吊车厂房,

$$G_{eq} = 1.0G_{屋盖} + 0.5G_{柱} + 0.7G_{纵墙} + 0.5(G_{山墙} + G_{横墙}) \qquad (7\text{-}56)$$

对有吊车厂房,

$$G_{eq} = 1.0G_{屋盖} + 0.1G_{柱} + 0.7G_{纵墙} + 0.5(G_{山墙} + G_{横墙}) \qquad (7\text{-}57)$$

有吊车的等高多跨钢筋混凝土屋盖厂房,根据地震作用沿厂房高度呈倒三角分布的假定,柱列各吊车梁顶标高处的纵向地震作用标准值,可按下式确定:

$$F_{ci} = \alpha_1 G_{ci} \frac{H_{ci}}{H_i} \qquad (7\text{-}58)$$

式中: F_{ci}——第 i 柱列吊车梁顶标高处的纵向地震作用标准值;

H_{ci}——第 i 柱列吊车梁顶高度;

H_i——第 i 柱列柱顶高度;

G_{ci}——集中于第 i 柱列吊车梁顶标高处的等效重力荷载代表值,其计算式为

$$G_{ci} = 0.4G_{柱} + 1.0(G_{吊车梁} + G_{吊车桥}) \qquad (7\text{-}59)$$

3）构件地震作用的计算

柱列的地震作用计算后,就可以将此地震作用按刚度比例分配给柱列中的各个构件。

（1）作用在柱列柱顶高度处水平地震作用的分配

按式(7-54)算出的第 i 柱列柱顶高度处的水平地震作用 F_i,可按刚度分配给该柱列中的各柱、支撑和砖墙。前面已算出柱列 i 的总刚度为 K_i,则可得如下公式。

在第 i 柱列中,刚度为 K_{cij} 的柱 j 所受的地震力为

$$F_{cij} = \frac{K_{cij}}{K_i} F_i \qquad (7\text{-}60)$$

刚度为 K_{bij} 的第 j 柱间支撑所受的地震力为

$$F_{bij} = \frac{K_{bij}}{K_i} F_i \tag{7-61}$$

刚度为 K_{wij} 的第 j 柱间纵墙所受的地震力为

$$F_{wij} = \frac{\psi_k K_{wij}}{K_i} F_i \tag{7-62}$$

式中：ψ_k——贴砌砖墙的刚度降低系数。

（2）柱列吊车梁顶标高处的纵向水平地震作用分配

第 i 柱列作用于吊车梁顶标高处的纵向水平地震作用 F_{ci}，因偏离砖墙较远，故不计砖墙的贡献，并认为主要由柱间支撑承担。为简化计算，对中小型厂房，可近似取相应的柱刚度之和等于 0.1 倍柱间支撑刚度之和。由此可得如下公式。

对于第 i 柱列，一根柱子所分担的吊车梁顶标高处的纵向水平地震作用 F_{ci1} 为（n 为柱子的根数，并且认为各柱所分得的值相同）

$$F_{ci1} = \frac{1}{11n} F_{ci} \tag{7-63}$$

刚度为 K_{bj} 的一片柱间支撑所分担的吊车梁顶标高处的纵向水平地震作用 F_{bi1} 为

$$F_{bi1} = \frac{K_{bj}}{1.1 \sum_{j=1}^{n} K_{bj}} F_{ci} \tag{7-64}$$

式中：$\sum K_{bj}$——第 i 柱列所有柱间支撑的刚度之和。

3. 柱列法

对纵墙对称布置的单跨厂房和采用轻型屋盖的多跨厂房，可用柱列法计算。此法以跨度中线划界，取各柱列分别进行分析，使计算得到简化。

第 i 柱列沿厂房纵向的基本自振周期为

$$T_{i1} = 2\psi_T \sqrt{\frac{G_i}{K_i}} \tag{7-65}$$

式中：ψ_T——考虑厂房空间作用的周期修正系数，对单厂房，取 $\psi_T = 1.0$；对多跨厂房按表 7-7 采用；G_i 和 K_i 的定义与前述相同，即 G_i 可按式(7-50)计算，K_i 可按式(7-26)计算。

表 7-7　柱列法自振周期修正系数 ψ_T

围 护 墙	天窗或支撑		边 柱 列	中 柱 列
石棉瓦、挂板或无墙	有支撑	边跨无天窗	1.3	0.9
		边跨有天窗	1.4	0.9
	无柱间支撑		1.15	0.85
砖墙	有支撑	边跨无天窗	1.60	0.9
		边跨有天窗	1.65	0.9
	无柱间支撑		2	0.85

作用于第 i 柱列柱顶的纵向水平地震作用标准值 F_i 可按底部剪力法计算

$$F_i = \alpha_1 \bar{G}_i \tag{7-66}$$

式中：α_1——相应于 T_{i1} 的地震影响系数；

$\overline{G}_i$——按内力等效原则而集中于第 i 柱列柱顶的重力荷载代表值，其计算式为

$$\overline{G}_i = 1.0G_{\text{屋盖}} + 0.5(G_{\text{柱}} + G_{\text{山墙}}) + 0.7G_{\text{纵墙}} + 0.75(G_{\text{吊车梁}} + G_{\text{吊车桥}}) \quad (7\text{-}67)$$

F_i 算出后，即可按该柱列各抗侧力构件的刚度比例，把 F_i 分配到各构件，相应的计算方法可查阅前述内容。

4. 拟能量法

对于不等高的钢筋混凝土屋盖厂房，由于结构形式多样，目前还没有恰当的实测周期公式，需提供简化的周期公式。虽然不等高厂房存在高度不一致的情况，但厂房在地震作用下还是整体进行振动，运用能量法的原则，就可以近似地求得厂房的基本自振周期和相应的地震作用，再通过对多种高度、跨度、跨数等的各种不同形式的不等高厂房，按空间结构剪扭动力学模式，利用计算机分析得出的杆件地震内力与能量法计算结果对比后，提出对周期与柱列质量予以调整，从而得到精度较好的"拟能量法"。

1）基本自振周期计算

首先可按能量法计算基本自振周期。以一个防震缝区段作为计算单元，各个不同的柱顶高度处作为质量的集中点，对有较大吨位的厂房，还应在支承吊车梁顶面标高处增设一个质点。以各跨的中心线作为划分质量的分界线，墙柱等支承结构的重量换算集中到各柱列的柱顶标高处。基本周期 T_1 的计算公式为

$$T_1 = 2\psi_{\text{T}} \sqrt{\dfrac{\sum\limits_{i=1}^{n} G_{ai} u_i^2}{\sum\limits_{i=1}^{n} G_{ai} u_i}} \quad (7\text{-}68)$$

式中：ψ_{T}——周期折减系数，可按前面的方法取值；

G_{ai}——第 i 质点的等效重力荷载，单位：N；

u_i——在全部 G_{ai} 的纵向水平作用下（$i = 1, 2, \cdots, n$）质点 i 的纵向水平位移，单位：m。

计算 G_{ai} 时，应按下列方法进行调整。对于靠边跨的第一中柱列柱顶高度处的质点，应取

$$G_{a1} = \psi_i G_{1f} \quad (7\text{-}69)$$

式中：ψ_i——靠边跨第一中柱列重量调整系数，按表 7-8 取值；

G_{1f}——相应调整前的等效重力荷载。

表 7-8　柱列质点重量调整系数

围护墙类别和抗震设防烈度		钢筋混凝土无檩屋盖		钢筋混凝土有檩屋盖	
240mm 砖墙	370mm 砖墙	边跨无天窗	边跨有天窗	边跨无天窗	边跨有天窗
—	7 度	0.55	0.60	0.65	0.70
7 度	8 度	0.65	0.70	0.75	0.80
8 度	9 度	0.70	0.75	0.80	0.85
9 度	—	0.75	0.80	0.85	0.90
无墙、石棉瓦、瓦楞铁或挂板		0.90	0.90	1.00	1.00

对于边柱列柱顶高度处质点,应取

$$G_{ai} = G_1 + (1 - \psi_i)G_{1f} \tag{7-70}$$

式中:G_1——该处调整前的等效重力荷载。

2) 柱列地震作用

(1) 作用于第 i 柱列柱顶标高处的纵向水平地震作用:

一般柱列

$$F_i = \alpha_1 G_{ai} \tag{7-71}$$

高低跨柱列

① 高跨质点处:

$$F_{i高} = \alpha_1 (G_{ai高} + G_{ai低}) \frac{G_{ai高} H_{i高}}{G_{ai高} H_{i高} + G_{ai低} H_{i低}} \tag{7-72}$$

② 低跨质点处:

$$F_{i低} = \alpha_1 (G_{ai高} + G_{ai低}) \frac{G_{ai低} H_{i低}}{G_{ai高} H_{i高} + G_{ai低} H_{i低}} \tag{7-73}$$

(2) 对于有起重吊车的厂房,作用于第 i 柱列吊车梁顶标高处的纵向水平地震作用:

$$F_i = \alpha_1 g_i \frac{h_i}{H_i} \tag{7-74}$$

$$g_i = 0.4G_{柱} + 1.0(G_{起重机梁} + G_{起重机}) \tag{7-75}$$

式中:g_i——确定地震作用换算集中到第 i 柱列吊车梁标高处的等效重力荷载,单位:kN;

h_i——第 i 柱列左、右吊车所在跨的吊车梁顶高度;

H_i——第 i 柱列的柱顶高度。

5. 柱间支撑抗震验算及设计

柱间支撑的截面验算是单层厂房纵向抗震设计计算的主要目的。《抗震规范》规定,斜杆长细比不大于 200 的柱间支撑在单位侧向力作用下的水平位移,可按下式确定:

$$u = \sum_{i=1}^{n} \frac{1}{1 + \varphi_i} u_{ti} \tag{7-76}$$

其中,u——单位侧向力作用点的侧向位移;

φ_i——第 i 节间斜杆的轴心受压稳定系数(可按现行的《钢结构设计标准》(GB 50017—2017)采用);

u_{ti}——在单位侧向力作用下第 i 节间仅考虑拉杆受力的相对位移。

对于长细比小于 200 的斜杆截面,可仅按抗拉要求验算,但应考虑压杆的卸载影响。验算公式为

$$N_{bi} \leqslant A_i f / \gamma_{RE} \tag{7-77}$$

$$N_{bi} = \frac{l_i}{(1 + \varphi_i \psi_c)L} V_{bi} \tag{7-78}$$

式中:N_{bi}——第 i 节间支撑斜杆抗拉验算时的轴向拉力设计值;

l_i——第 i 节间斜杆的全长;

ψ_c——压杆卸载系数(压杆长细比为 60、100 和 200 时,可分别采用 0.7、0.6 和 0.5);

V_{bi}——第 i 节间支撑承受的地震剪力设计值；

L——支撑所在柱间的净距。

无贴砌墙的纵向柱列，上柱支撑与同行下柱支撑宜等强设计。

柱间支撑端节点预埋板的锚件宜采用角钢加端板。此时，其截面抗震承载力宜按下列公式验算：

$$N \leqslant \frac{0.7}{\gamma_{RE}\left(\dfrac{\sin\theta}{V_{u0}} + \dfrac{\cos\theta}{\psi N_{u0}}\right)} \tag{7-79}$$

$$V_{u0} = 3n\zeta_r\sqrt{W_{min}bf_af_c} \tag{7-80}$$

$$N_{u0} = 0.8nf_aA_s \tag{7-81}$$

式中：N——预埋板的斜向拉力，可采用按全截面屈服强度计算的支撑斜杆轴向力的 1.05 倍；

γ_{RE}——承载力抗震调整系数，可采用 1.0；

θ——斜向拉力与其水平投影的夹角；

n——角钢根数；

b——角钢肢宽；

W_{min}——与剪力方向垂直的角钢最小截面模量；

A_s——单根角钢的截面面积；

f_a——角钢抗拉强度设计值。

柱间支撑端点预埋件的锚件也可采用锚筋。此时，其截面抗震承载力宜按下列公式验算

$$N \leqslant \frac{0.8f_yA_s}{\gamma_{RE}\left(\dfrac{\cos\theta}{0.8\zeta_m\psi} + \dfrac{\sin\theta}{\zeta_r\zeta_v}\right)} \tag{7-82}$$

$$\psi = \frac{1}{1 + \dfrac{0.6e_0}{\zeta_r s}} \tag{7-83}$$

$$\zeta_m = 0.6 + 0.25\frac{t}{d} \tag{7-84}$$

$$\zeta_v = (4 - 0.8d)\sqrt{\frac{f_c}{f_y}} \tag{7-85}$$

式(7-82)～式(7-85)中：A_s——锚筋总截面面积；

e_0——斜向拉力对锚筋合力作用线的偏心距，应小于外排锚筋之间距离的 20%，单位：mm；

ψ——偏心影响系数；

s——外排锚筋之间的距离，单位：mm；

ζ_m——预埋板弯曲变形影响系数；

t——预埋板厚度，单位：mm；

d——锚筋直径，单位：mm；

ζ_r——验算方向锚筋排数的影响系数，2、3 排和 4 排可分别采用 1.0、0.9 和 0.85；

ζ_v——锚筋的受剪影响系数，大于 0.7 时应采用 0.7。

6. 突出屋面天窗架纵向抗震计算

突出屋面天窗架的纵向抗震计算,一般情况下可采用空间结构分析法,并计及屋盖平面弹性变形和纵墙的有效刚度。

对柱高不超过 15m 的单跨和等高多跨钢筋混凝土无檩屋盖厂房突出屋面的天窗架,可采用底部剪力法计算其地震作用,但此地震作用效应应乘以效应增大系数。效应增大系数 η 取值如下:

(1) 对单跨、边跨屋盖或有纵向内隔墙的中跨屋盖,取

$$\eta = 1 + 0.5n \tag{7-86}$$

式中:n——厂房跨数,超过 4 跨时取 4 跨。

(2) 对其他中跨屋盖,取

$$\eta = 0.5n \tag{7-87}$$

7.5 抗震构造措施

有檩屋盖构件的连接及支撑布置,檩条应与混凝土屋架(屋面梁)焊牢,并应有足够的支承长度。双脊模应在跨度 1/3 处相互拉结。压型钢板应与檩条可靠连接,瓦楞铁、石棉瓦等应与檩条拉结。支撑布置宜符合表 7-9 的要求。

表 7-9 有檩屋盖的支撑设置

支 撑 名 称		抗震设防烈度		
		6、7 度	8 度	9 度
屋架支撑	上弦横向支撑	单元端开间各设一道	单元端开间及单元长度大于 66m 的柱间支撑开间各设一道;天窗开洞范围的两端各增设局部支撑一道	单元端开间及单元长度大于 42m 的柱间支撑开间各设一道;天窗开洞范围的两端各增设局部上弦横向支撑一道
	下弦横向支撑	同非抗震设计		
	跨中竖向支撑			
	端部竖向支撑	屋架端部高度大于 900mm 时,单元端开间及柱间支撑开间各设一道		
天窗架支撑	上弦横向支撑	单元天窗端开间各设一道	单元天窗端开间及每隔 30m 各设一道	单元天窗端开间及每隔 18m 各设一道
	两侧竖向支撑	单元天窗端开间及每隔 36m 各设一道		

无檩屋盖构件的连接及支撑布置,大型屋面板应与屋架(屋面梁)焊牢,靠柱列的屋面板与屋架(屋面梁)的连接焊缝长度不宜小于 80mm。抗震设防烈度 6 度和 7 度时有天窗厂房单元的端开间,或 8 度和 9 度时各开间,宜将垂直屋架方向两侧相邻的大型屋面板的顶面彼此焊牢。抗震设防烈度 8 度和 9 度时,大型屋面板端头底面的预埋件宜采用角钢并与主筋焊牢。非标准屋面板宜采用装配整体式接头,或将板四角切掉后与屋架(屋面梁)焊牢。屋架(屋面梁)端部顶面预埋件的锚筋,抗震设防烈度 8 度时不宜少于 $4\varnothing10$,9 度时不宜少于 $4\varnothing12$。

　　无檩屋盖的支撑设置宜符合表 7-10 的要求,有中间井式天窗时宜符合表 7-11 的要求;抗震设防烈度 8 度和 9 度跨度不大于 15m 的厂房屋盖采用屋面梁时,可仅在厂房单元两端各设竖向支撑一道;单坡屋面梁的屋盖支撑布置,宜按屋架端部高度大于 900mm 的屋盖支撑布置执行。

表 7-10　无檩屋盖的支撑设置

支 撑 名 称			抗震设防烈度		
			6、7 度	8 度	9 度
屋架支撑	上弦横向支撑		屋架跨度小于 18m 时同非抗震设计,跨度不小于 18m 时在厂房单元端开间各设一道	单元端开间及柱间支撑开间各设一道,天窗开洞范围的两端各增设局部支撑一道	
	上弦通长水平系杆		同非抗震设计	沿屋架跨度不大于 15m 设一道,但装配整体式屋面可仅在天窗开洞范围内设置;围护墙在屋架上弦高度有现浇圈梁时,其端部处可不另设	沿屋架跨度不大于 12m 设一道,但装配整体式屋面可仅在天窗开洞范围内设置;围护墙在屋架上弦高度有现浇圈梁时,其端部处可不另设
	下弦横向支撑			同非抗震设计	同上弦横向支撑
	跨中竖向支撑				
	两端竖向支撑	屋架端部高度≤900mm		单元端开间各设一道	单元端开间及每隔 48m 各设一道
		屋架端部高度>900mm	单元端开间各设一道	单元端开间及柱间支撑开间各设一道	单元端开间、柱间支撑开间及每隔 30m 各设一道
天窗架支撑	天窗两侧竖向支撑		厂房单元天窗端间及每隔 30m 各设一道	厂房单元天窗端开间及每隔 24m 各设一道	厂房单元天窗端开间及每隔 18m 各设一道
	上弦横向支撑		同非抗震设计	天窗跨度≥9m 时,单元天窗端开间及柱间支撑开间各设一道	单元端开间及柱间支撑开间各设一道

表 7-11　中间井式天窗无檩屋盖支撑布置

支 撑 名 称		抗震设防烈度		
		6、7 度	8 度	9 度
上弦横向支撑		厂房单元端开间各设一道	厂房单元端开间及柱间支撑开间各设一道	
下弦横向支撑				
上弦通常水平系杆		天窗范围内屋架跨中上弦节点处设置		
下弦通常水平系杆		天窗两侧及天窗范围内屋架下弦节点处设置		
跨中竖向支撑		有上弦横向支撑开间设置,位置与下弦通长系杆对应		
两端竖向支撑	屋架端部高度≤900mm	同非抗震设计		有上弦横向支撑开间,且间距不大于 48m
	屋架端部高度>900mm	厂房单元端开间各设一道	有上弦横向支撑开间,且间距不大于 48m	有上弦横向支撑开间,且间距不大于 30m

天窗开洞范围内,在屋架脊点处应设上弦通长水平压杆;抗震设防烈度 8 度Ⅲ、Ⅳ类场地和 9 度时,梯形屋架端部上节点应沿厂房纵向设置通长水平压杆。屋架跨中竖向支撑在跨度方向的间距,6~8 度时不大于 15m,9 度时不大于 12m;当仅在跨中设一道时,应设在跨中屋架屋脊处;当设两道时,应在跨度方向均匀布置。屋架上、下弦通长水平系杆与竖向支撑宜配合设置。柱距不小于 12m 且屋架间距 6m 的厂房,托架(梁)区段及其相邻开间应设下弦纵向水平支撑。屋盖支撑杆件宜用型钢。突出屋面的混凝土天窗架,其两侧墙板与天窗立柱宜采用螺栓连接。

混凝土屋架的截面和配筋,屋架上弦第一节间和梯形屋架端竖杆的配筋,抗震设防烈度 6 度和 7 度时不宜少于 4∅12,8 度和 9 度时不宜少于 4∅14。梯形屋架的端竖杆截面宽度宜与上弦宽度相同。拱形和折线形屋架上弦端部支撑屋面板的小立柱截面不宜小于 200mm×200mm,高度不宜大于 500mm,主筋宜采用Ⅱ形,6 度和 7 度时不宜少于 4∅12,8 度和 9 度时不宜少于 4∅14,箍筋可采用∅6,间距不宜大于 100mm。厂房柱子的箍筋,应符合下列要求:①柱头,取柱顶以下 500mm 并不小于柱截面长边尺寸;②上柱,取阶形柱自牛腿面至起重机梁顶面以上 300mm 高度范围内;③牛腿(柱肩),取全高;④柱根,取下柱柱底至室内地坪以上 500mm;⑤柱间支撑与柱连接节点和柱变位受平台等约束的部位,取节点上、下各 300mm。加密区箍筋间距不应大于 100mm,箍筋肢距和最小直径应符合表 7-12 的规定。

表 7-12　柱加密区箍筋最大肢距和最小箍筋直径

抗震设防烈度与场地类别		6 度和 7 度Ⅰ、Ⅱ类场地	7 度Ⅲ、Ⅳ类场地和 8 度Ⅰ、Ⅱ类场地	8 度Ⅲ、Ⅳ类场地和 9 度
箍筋最大肢距/mm		300	250	200
箍筋最小直径	一般柱头与柱根	∅6	∅8	∅8(∅10)
	角柱柱头	∅8	∅10	∅10
	上柱牛腿和有支撑的柱根	∅8	∅8	∅10
	有支撑的柱头和柱变位受约束部位	∅8	∅10	∅12

注:括号内数值用于柱根。

厂房柱侧向受约束且剪跨比不大于 2 的排架柱,柱顶预埋钢板和柱箍筋加密区的构造尚应符合下列要求:①柱顶预埋钢板沿排架平面方向的长度,宜取柱顶的截面高度,且不得小于截面高度的 1/2 及 300mm。②屋架的安装位置,宜减小在柱顶的偏心,其柱顶轴向力的偏心距不应大于截面高度的 1/4。③柱顶轴向力排架平面内的偏心距在截面高度的 1/6~1/4 范围内时,柱顶箍筋加密区的箍筋体积配筋率:抗震设防烈度 9 度不宜小于 1.2%;8 度不宜小于 1.0%;6、7 度不宜小于 0.8%。④加密区箍筋宜配置四肢箍,肢距不大于 200mm。大柱网厂房柱的截面宜采用正方形或接近正方形的矩形,边长不宜小于柱全高的 1/18~1/16。重屋盖厂房地震组合的柱轴压比,6、7 度时不宜大于 0.8,8 度时不宜大于 0.7,9 度时不应大于 0.6。纵向钢筋宜沿柱截面周边对称配置,间距不宜大于 200mm,角部宜配置直径较大的钢筋。柱头和柱根的箍筋应加密,并应符合下列要求:加密范围,柱根取基础顶面至室内地坪以上 1m,且不小于柱全高的 1/6;柱头取柱顶以下 500mm,且不小于柱截面长边尺寸。

山墙抗风柱柱顶以下 300mm 和牛腿(柱肩)面以上 300mm 范围内的箍筋,直径不宜小于 6mm,间距不应大于 100mm,肢距不宜大于 250mm。抗风柱的变截面牛腿(柱肩)处,宜设置纵向受拉钢筋。

一般情况下,厂房柱间支撑的布置应在厂房单元中部设置上、下柱间支撑,且下柱支撑应与上柱支撑配套设置;有吊车或抗震设防烈度 8 度和 9 度时,宜在厂房单元两端增设上柱支撑;厂房单元较长或 8 度Ⅲ、Ⅳ类场地和 9 度时,可在厂房单元中部 1/3 区段内设置两道柱间支撑。柱间支撑应采用型钢,支撑形式宜采用交叉式,其斜杆与水平面的交角不宜大于 55°。支撑杆件的长细比,不宜超过表 7-13 的规定。

表 7-13　交叉支撑斜杆的最大长细比

位置	抗震设防烈度			
	6 度和 7 度Ⅰ、Ⅱ类场地	7 度Ⅲ、Ⅳ类场地和 8 度Ⅰ、Ⅱ类场地	8 度Ⅲ、Ⅳ类场地和 9 度Ⅰ、Ⅱ类场地	9 度Ⅲ、Ⅳ类场地
上柱支撑	250	250	200	150
下柱支撑	200	150	120	120

下柱支撑的下节点位置和构造措施应保证将地震作用直接传给基础;当抗震设防烈度 6 度和 7 度(0.10g)不能直接传给基础时,应计及支撑对柱和基础的不利影响采取加强措施。交叉支撑在交叉点应设置节点板,其厚度不应小于 10mm,斜杆与交叉节点板应焊接,与端节点板宜焊接。8 度时跨度不小于 18m 的多跨厂房中柱和 9 度时多跨厂房各柱,柱顶宜设置通长水平压杆,此压杆可与梯形屋架支座处通长水平系杆合并设置,钢筋混凝土系杆端头与屋架间的空隙应采用混凝土填实。

屋架(屋面梁)与柱顶的连接,抗震设防烈度 8 度时宜采用螺栓,9 度时宜采用钢板铰,亦可采用螺栓;屋架(屋面梁)端部支承垫板的厚度不宜小于 16mm。柱顶预埋件的锚筋,8 度时不宜少于 4∅14,9 度时不宜少于 4∅16;有柱间支撑的柱子,柱顶预埋件尚应增设抗剪钢板。山墙抗风柱的柱顶应设置预埋板,使柱顶与端屋架的上弦(屋面梁上翼缘)可靠连接。连接部位应位于上弦横向支撑与屋架的连接点处,不符合时可在支撑中增设次腹杆或设置型钢横梁,将水平地震作用传至节点部位。支承低跨屋盖的中柱牛腿(柱肩)的预埋件,应与牛腿(柱肩)中按计算承受水平拉力部分的纵向钢筋焊接,且焊接的钢筋,6 度和 7 度时不应少于 2∅12,8 度时不应少于 2∅14,9 度时不应少于 2∅16。

柱间支撑与柱连接节点预埋件的锚件,抗震设防烈度 8 度Ⅲ、Ⅳ类场地和 9 度时,宜采用角钢加端板,其他情况可采用不低于 HRB335 级的热轧钢筋,但锚固长度不应小于 30 倍锚筋直径或增设端板。厂房中的起重机走道板、端屋架与山墙间的填充小屋面板、天沟板、天窗端壁板和天窗侧板下的填充砌体等构件应与支承结构有可靠连接。

7.6　抗震设计实例

三跨不等高钢筋混凝土厂房,其尺寸如图 7-11 所示。低跨柱上柱的高度为 $H_1=3$m,低跨柱的全高为 $H_2=8.5$m;高跨柱上柱的高度为 $H_3=3.7$m,低跨柱的全高为 $H_4=12.5$m;

$\Delta H = H_4 - H_2 = 4\text{m}$。图中各惯性矩的值为 $I_1 = 2.13 \times 10^9 \text{mm}^4$，$I_2 = 5.73 \times 10^9 \text{mm}^4$，$I_3 = 4.16 \times 10^9 \text{mm}^4$，$I_4 = 15.8 \times 10^9 \text{mm}^4$。混凝土的弹性模量 $E = 2.55 \times 10^4 \text{N/mm}^2$。柱距为 6m，两端有山墙（墙厚 240mm），山墙间距为 60m，屋盖为钢筋混凝土无檩屋盖。高跨各跨均设有一台 15/3t 吊车，中级工作制。每台吊车的总重为 350kN，吊车轮距为 4.4m。低跨设有一台 5t 吊车，该吊车总重为 127.1kN，吊车的轮距为 3.5m。

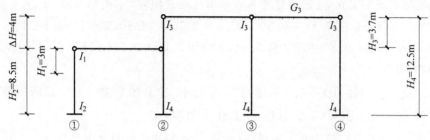

图 7-11 不等高排架计算

各项荷载如下：

屋盖自重：低跨 2.5kN/m^2；高跨 3.0kN/m^2。

雪荷载：0.3kN/m^2。

积灰荷载：0.3kN/m^2。

①轴纵墙：每 6m 柱距 101.1kN；①轴柱：23.4kN/根。

②轴封墙：每 6m 柱距 46.6kN；②轴上柱：11.5kN/根。

④轴纵墙：每 6m 柱距 147.7kN；②轴下柱：37.4kN/根。

③～④轴柱：48.9kN/根。

吊车梁：高跨（梁高 1m）：53.3kN/根。

　　　　低跨（梁高 0.8m）：38.6kN/根。

厂房位于一区，设计烈度为 8 度，场地类别为 Ⅱ 类，试用底部剪力法求横向地震内力。

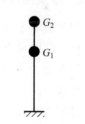

图 7-12 计算简图

【解】 抗震计算简图为二质点体系，如图 7-12 所示，G_1 为集中在低跨柱顶的重力，G_2 为集中在高跨柱顶的重力。

1. 柱顶质点处重力荷载

1）计算自振周期时

$G_1 = 0.25$（柱①＋柱②下柱）＋0.25 纵墙①＋

　　　0.5 低跨吊车梁＋1.0 柱②高跨一侧吊车梁＋

　　　1.0（低跨屋盖＋0.5 雪＋0.5 积灰）＋0.5（柱②上柱＋封墙）

　　　＝[$0.25 \times (23.4 + 37.4) + 0.25 \times 101.1 + 0.5 \times 38.6 \times 2 + 1.0 \times 53.3 +$

　　　$1.0 \times (2.5 + 0.5 \times 0.3 + 0.5 \times 0.3) \times 6 \times 15 + 0.5 \times (11.5 + 46.6)$]kN

　　　＝413.43kN

$G_2 = 0.25$（柱③＋柱④）＋0.25 纵墙④＋0.5 柱③④ 吊车梁＋

　　　1.0（高跨屋盖＋0.5 雪＋0.5 积灰）＋0.5（柱②上柱＋封墙）

$$= [0.25 \times (48.9 \times 2) + 0.25 \times 147.7 + 0.5 \times (53.3 \times 3) +$$
$$1.0 \times (3.0 + 0.5 \times 0.3 + 0.5 \times 0.3) \times 6 \times 48 + 0.5 \times (11.5 + 46.6)] \text{kN}$$
$$= 1120.78 \text{kN}$$

2) 计算地震作用时

$$\overline{G}_1 = 0.5(\text{柱①} + \text{柱②下柱}) + 0.5 \text{纵墙①} + 0.75 \text{低跨吊车梁} + 1.0 \text{柱②高跨一}$$
$$\text{侧吊车梁} + 1.0 \times (\text{低跨屋盖} + 0.5 \text{雪} + 0.5 \text{积灰}) + 0.5(\text{柱②上柱} + \text{封墙})$$
$$= [0.5 \times (23.4 + 37.4) + 0.5 \times 101.1 + 0.75 \times 38.6 \times 2 + 1.0 \times 53.3 +$$
$$1.0 \times (2.5 + 0.5 \times 0.3 + 0.5 \times 0.3) \times 6 \times 15 + 0.5 \times (11.5 + 46.6)] \text{kN}$$
$$= 473.2 \text{kN}$$

$$\overline{G}_2 = 0.5(\text{柱③} + \text{柱④}) + 0.5 \text{纵墙④} + 0.75 \text{柱③④吊车梁} + 1.0(\text{高跨屋盖} +$$
$$0.5 \text{雪} + 0.5 \text{积灰}) + 0.5(\text{柱②上柱} + \text{封墙})$$
$$= [0.5 \times (48.9 \times 2) + 0.5 \times 147.7 + 0.75 \times (53.3 \times 3) + 1.0 \times$$
$$(3.0 + 0.5 \times 0.3 + 0.5 \times 0.3) \times 6 \times 48 + 0.5 \times (11.5 + 46.6)] \text{kN}$$
$$= 1222.13 \text{kN}$$

在 G_1 和 G_2 中未包括吊车桥架的重量,这是因为吊车桥架自重是局部荷载,它对厂房横向自振周期的影响很小。在 $\overline{G}_1$ 和 $\overline{G}_2$ 中也未包括吊车桥架荷载,这是由于吊车桥架地震效应有其独立的效应调整系数,只能独立开另行计算。由于同样的原因,吊车梁也不便与吊车桥架合并计算地震效应。本例为简化计算,将吊车梁自重折算至屋盖标高处,和屋盖自重等合并计算其地震作用效应。

2. 排架侧移柔度系数

把单位水平力分别作用在低跨柱顶(坐标编号为 1)和高跨柱顶(坐标编号为 2)处。柱③和柱④此时可合并为一个柱。把低跨横杆在坐标 1 和坐标 2 处作用单位水平力时的内力分别记为 X_{11} 和 X_{12},把高跨横杆在坐标 1 和坐标 2 处作用单位水平力时的内力分别记为 X_{21} 和 X_{12}。

对图 7-13(a)可列出力法方程组:

$$\begin{cases} \delta_a (1 - X_{11}) = \delta_b X_{11} - \delta_{bc} X_{21} \\ \delta_{cb} X_{11} - \delta_c X_{21} = \delta_d X_{21} \end{cases}$$

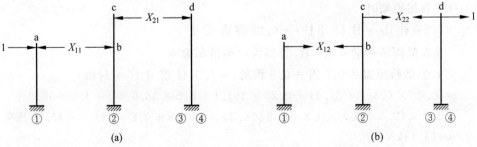

图 7-13 求柔度矩阵

(a) 坐标 1 处作用单位水平力;(b) 坐标 2 处作用单位水平力

对图 7-13(b)可列出力法方程组：

$$\begin{cases} \delta_a X_{12} = -\delta_b X_{12} + \delta_{bc} X_{22} \\ -\delta_{cb} X_{12} + \delta_c X_{22} = \delta_d (1 - X_{22}) \end{cases}$$

在上两式中：δ_a 为在 a 点作用单位水平力时相应的位移；δ_{bc} 为在 c 点作用单位水平作用力时 b 点的水平位移；余类推。此处这些单柱的柔度均取正值，其值可按以下公式算出：

$$\delta_a = \frac{H_1^3}{3EI_1} + \frac{H_2^3 - H_1^3}{3EI_2}$$

$$= \left(\frac{3000^3}{3 \times 2.55 \times 10^4 \times 2.13 \times 10^9} + \frac{8500^3 - 3000^3}{3 \times 2.55 \times 10^4 \times 5.73 \times 10^9} \right) \text{mm/N}$$

$$= 0.001505 \text{mm/N} = 0.001505 \text{m/kN}$$

$$\delta_b = \frac{H_2^3}{3EI_4} = \left(\frac{8500^3}{3 \times 2.55 \times 10^4 \times 15.8 \times 10^9} \right) \text{mm/N} = 0.0005081 \text{m/kN}$$

$$\delta_{cb} = \delta_{bc} = \frac{H_2^3}{3EI_4} + \frac{H_2^2 \cdot \Delta H}{2EI_4}$$

$$= \left[\frac{1}{2.55 \times 10^4 \times 15.8 \times 10^9} \left(\frac{8500^3}{3} + \frac{8500^2 \times 4000}{2} \right) \right] \text{mm/N} = 0.0008667 \text{m/kN}$$

$$\delta_c = \frac{H_3^3}{3EI_3} + \frac{H_4^3 - H_3^3}{3EI_4}$$

$$= \left[\frac{3700^3}{3 \times 2.55 \times 10^4 \times 4.16 \times 10^9} + \frac{12500^3 - 3700^3}{3 \times 2.55 \times 10^4 \times 15.8 \times 10^9} \right] \text{mm/N}$$

$$= 0.001733 \text{m/kN}$$

$$\delta_d = \frac{1}{2} \left[\frac{H_3^3}{3EI_3} + \frac{H_4^3 - H_3^3}{3EI_4} \right] = \frac{1}{2} \delta_c = 0.0008666 \text{m/kN}$$

把上面求出的单柱的柔度系数代入力法方程组，可解得

$$X_{11} = \frac{\delta_a}{\delta_a + \delta_b - \delta_{bc} \delta_{cb} / (\delta_c + \delta_d)}$$

$$= \frac{0.001505}{0.001505 + 0.0005081 - 0.0008667^2 / (0.001733 + 0.0008666)} = 0.8729$$

$$X_{21} = \frac{\delta_{cb}}{\delta_c + \delta_d} X_{11} = \frac{0.0008667}{0.001733 + 0.0008666} \times 0.8729 = 0.2910$$

$$X_{22} = \frac{\delta_d}{\delta_c + \delta_d - \delta_{bc} \delta_{cb} / (\delta_a + \delta_b)}$$

$$= \frac{0.0008666}{0.001733 + 0.0008666 - 0.0008667^2 / (0.001505 + 0.0005081)} = 0.3892$$

$$X_{12} = \frac{\delta_{bc}}{\delta_a + \delta_b} X_{22} = \frac{0.0008667}{0.001505 + 0.0005081} \times 0.3892 = 0.1676$$

从而可得出排架对应于坐标 1 和坐标 2 的柔度系数为

$$\delta_{11} = \delta_a(1 - X_{11}) = [0.001505 \times (1 - 0.8729)] \text{m/kN} = 0.0001913 \text{m/kN}$$

$$\delta_{21} = \delta_d X_{21} = [(0.0008666 \times 0.2910)] \text{m/kN} = 0.0002522 \text{m/kN}$$

$$\delta_{12} = \delta_a X_{12} = (0.001505 \times 0.1676) \text{m/kN} = 0.0002522 \text{m/kN}$$

$$\delta_{22} = \delta_d(1 - X_{22}) = [0.0008666 \times (1 - 0.3892)] \text{m/kN} = 0.0005293 \text{m/kN}$$

3. 按底部剪力法计算排架地震内力

1) 基本周期(周期折减系数 $\phi_\gamma = 0.8$)

由式(7-9),并考虑周期折减系数,可得基本周期 T_1 的计算式为

$$T_1 = 2\pi\phi_\gamma \sqrt{\frac{\sum\limits_{i=1}^{2} G_i u_i^2}{g \sum\limits_{i=1}^{2} G_i u_i}}$$

式中:g——重力加速度;

u_i——在全部水平力 G_i 的作用下($i=1,2$)第 i 质点的水平位移。可得出

$$u_1 = \delta_{11}G_1 + \delta_{12}G_2 = (0.0001913 \times 413.43 + 0.0002522 \times 1120.78)\text{m} = 0.3617\text{m}$$

$$u_2 = \delta_{21}G_1 + \delta_{22}G_2 = (0.0002522 \times 413.43 + 0.0005293 \times 1120.78)\text{m} = 0.6975\text{m}$$

从而

$$T_1 = \left(2\pi \times 0.8 \times \sqrt{\frac{413.43 \times 0.3617^2 + 1120.78 \times 0.6975^2}{9.8 \times (413.43 \times 0.3617 + 1120.78 \times 0.6975)}}\right)\text{s} = 1.2881\text{s}$$

2) 一般重力荷载引起的水平地震作用和内力

(1) 底部总地震剪力

一区,Ⅱ类场地,可通过查表得场地的特征周期为 $T_g = 0.35\text{s}$。$T_1/T_g = 1.2881/0.35 = 3.6804$。抗震设防烈度为 8 度,可查表 3-3 得水平地震影响系数最大值为 $\alpha_{max} = 0.16$。从而可得

$$\alpha_1 = \left(\frac{T_g}{T_1}\right)^{0.9} \alpha_{max} = \left(\frac{0.35}{1.2881}\right)^{0.9} \times 0.16 = 0.04953$$

底部总地震剪力 F_{Ek} 为

$$F_{Ek} = 0.85\alpha_1 \sum \bar{G}_i = 0.85 \times 0.04953 \times (473.2 + 1222.13)\text{kN} = 71.374\text{kN}$$

(2) 各质点处的地震作用

$$\sum \bar{G}_i H_i = 473.2 \times 8.5 + 1222.13 \times 12.5 = 19298.83\text{kN} \cdot \text{m}$$

$$F_1 = \frac{\bar{G}_1 H_1}{\sum \bar{G}_i H_i} F_{Ek} = \left(\frac{4022.2}{19298.83} \times 71.374\right)\text{kN} = 14.876\text{kN}$$

$$F_2 = \frac{\bar{G}_2 H_2}{\sum \bar{G}_i H_i} F_{Ek} = \left(\frac{15276.63}{19298.83} \times 71.374\right)\text{kN} = 56.498\text{kN}$$

(3) 横杆内力(以拉为正)

按计算简图,低跨横杆的内力为

$$X_1 = -X_{11}F_1 + X_{12}F_2 = (-0.8729 \times 14.876 + 0.1676 \times 56.498)\text{kN} = -3.5162\text{kN}$$

高跨横杆的内力为

$$X_2 = -X_{21}F_1 + X_{22}F_2 = (-0.2910 \times 14.876 + 0.3892 \times 56.498)\text{kN} = 17.6601\text{kN}$$

（4）排架柱内力

根据题意，本例厂房符合空间工作的条件，故按底部剪力法计算的平面排架地震内力应乘以相应的调整系数。由表 7-1 可查得，除高低跨交接处上柱以外的钢筋混凝土柱，其截面地震内力调整系数为 $\eta' = 0.9$。高低跨交接处上柱的内力调整系数 η 为（式（7-20））

$$\eta = 0.88 \times \left(1 + 1.7 \times \frac{2}{3} \times \frac{473.2}{1222.13}\right) = 1.2662$$

从而可得各柱控制截面的内力如下。

柱①：上柱底：

剪力：$V_1' = (F_1 + X_1)\eta' = [(14.876 - 3.5162) \times 0.9]\text{kN} = 10.224\text{kN}$

弯矩：$M_1' = (10.224 \times 3)\text{kN} \cdot \text{m} = 30.672\text{kN} \cdot \text{m}$

下柱底：

剪力：$V_1 = 10.224\text{kN}$

弯矩：$M_1 = (10.224 \times 8.5)\text{kN} \cdot \text{m} = 86.904\text{kN} \cdot \text{m}$

柱②：上柱底：

剪力：$V_2' = X_2\eta = (17.6601 \times 1.2662)\text{kN} = 22.3612\text{kN}$

弯矩：$M_2' = (22.3612 \times 3.7)\text{kN} \cdot \text{m} = 82.7364\text{kN} \cdot \text{m}$

下柱底：

剪力：$V_2 = (X_2 - X_1)\eta' = [(17.6601 + 3.5162) \times 0.9]\text{kN} = 19.0587\text{kN}$

弯矩：$M_2 = [(17.6601 \times 12.5 + 3.5162 \times 8.5) \times 0.9]\text{kN} \cdot \text{m} = 225.5751\text{kN} \cdot \text{m}$

柱③：上柱底：

剪力：$V_3' = 0.5(F_2 - X_2)\eta' = [0.5 \times (56.498 - 17.6601) \times 0.9]\text{kN} = 17.4771\text{kN}$

弯矩：$M_3' = (17.4771 \times 3.7)\text{kN} \cdot \text{m} = 64.6653\text{kN} \cdot \text{m}$

下柱底：

剪力：$V_3 = 17.4771\text{kN}$

弯矩：$M_1 = (17.4771 \times 12.5)\text{kN} \cdot \text{m} = 218.4638\text{kN} \cdot \text{m}$

柱④：同柱③。

3）吊车桥自重引起的水平地震作用与内力

（1）一台吊车对一根柱产生的最大重力荷载

低跨：$G_{c1} = \left[\frac{127.1}{4} \times \left(1 + \frac{6 - 3.5}{6}\right)\right]\text{kN} = 45.015\text{kN}$

高跨：$G_{c2} = \left[\frac{350}{4} \times \left(1 + \frac{6 - 4.4}{6}\right)\right]\text{kN} = 110.833\text{kN}$

（2）一台吊车对一根柱产生的水平地震作用

低跨：$F_{c1} = \alpha_1 G_{c1} \dfrac{h_2}{H_2} = \left[0.04953 \times 45.015 \times \dfrac{8.5 - 3 + 0.8}{8.5}\right]\text{kN} = 1.6525\text{kN}$

高跨：$F_{c2} = \alpha_1 G_{c2} \dfrac{h_4}{H_4} = \left(0.04953 \times 110.833 \times \dfrac{12.5 - 3.7 + 1.0}{12.5}\right)\text{kN} = 4.3038\text{kN}$

（3）吊车水平地震作用产生的地震内力

吊车水平地震作用是局部荷载，故可近似假定屋盖为柱的不动铰支座，并且算出的上柱截面内力还应乘以相应的增大系数。

柱①的支座反力

$$R_1 = C_5 F_{c1}$$

下面计算 C_5。柱①的有关参数为

$$n = I_{上柱} / I_{下柱} = I_1 / I_2 = 2.13/5.73 = 0.3717$$

$$\lambda = H_1 / H_2 = 3/8.5 = 0.3529$$

水平地震作用力至柱顶的距离记为 y，则

$$\frac{y}{H} = \frac{3 - 0.8}{3} = 0.7333$$

由《建筑结构静力计算实用手册》，可算出相应的 $C_5 = 0.5846$，从而可得

$$R_1 = (0.5846 \times 1.6525) \text{kN} = 0.9661 \text{kN}$$

由表 7-3 可查得，对柱①，相应的效应增大系数为 $\eta_c = 2.0$。乘以此增大系数后，柱①由吊车桥引起的各控制截面的弯矩为：

集中水平力作用处弯矩为

$$M'_{1F} = -R_1 y \eta_c = (-0.9661 \times 2.2 \times 2) \text{kN} \cdot \text{m} = -4.2508 \text{kN} \cdot \text{m}$$

上柱底部的弯矩为

$$M'_{1c} = [-R_1 H_1 + F_{c1}(H_1 - y)] \eta_c$$

$$= [-0.9661 \times 3 + 1.6525 \times (3 - 2.2)] \times 2 \text{kN} \cdot \text{m} = -3.1526 \text{kN} \cdot \text{m}$$

柱底部的弯矩为

$$M_{1c} = -R_1 H_2 + F_{c1}(H_2 - y)$$

$$= (-0.9661 \times 8.5 + 1.6525 \times (8.5 - 2.2)) \text{kN} \cdot \text{m} = 2.1989 \text{kN} \cdot \text{m}$$

取柱②的上杆截面的惯性矩为 I_3，下杆截面的惯性矩为 I_4。由表 7-3 可查得，对柱②，相应的效应增大系数为 $\eta_c = 2.5$。

柱③的计算方法与柱①相同。其计算简图也为下端固定上端铰支。此柱有两台吊车施加水平地震作用，上端铰支支座的反力为

$$R_3 = 2C_5 F_{c2}$$

柱③的相关参数为

$$n = I_{上柱} / I_{下柱} = I_3 / I_4 = 4.16/15.8 = 0.263$$

$$\lambda = H_3 / H_4 = 3.7/12.5 = 0.2960$$

水平地震作用力至柱顶的距离记为 y，则

$$\frac{y}{H_3} = \frac{3.7 - 1}{3.7} = 0.7297$$

由《建筑结构静力计算实用手册》，可算出相应的 $C_5 = 0.6419$。从而可得

$$R_3 = (2 \times 0.6419 \times 4.3038) \text{kN} = 5.5252 \text{kN}$$

由表 7-3 可查得，对柱③，相应的效应增大系数为 $\eta_c = 3.0$。乘以此增大系数后，柱③由吊车桥引起的各控制截面的弯矩如下：

集中水平力作用处弯矩为
$$M'_{3F} = -R_3 y \eta_c = (-5.5252 \times 2.7 \times 3) \text{kN} \cdot \text{m} = -44.7541 \text{kN} \cdot \text{m}$$

上柱底部的弯矩为
$$M'_{3c} = [-R_3 H_3 + 2F_{c2}(H_3 - y)] \eta_c$$
$$= [-5.5252 \times 3.7 + 2 \times 4.3038 \times (3.7 - 2.7)] \times 3 \text{kN} \cdot \text{m} = -35.5069 \text{kN} \cdot \text{m}$$

柱底部的弯矩为
$$M_{3c} = -R_3 H_4 + 2F_{c2}(H_4 - y)$$
$$= [-5.5252 \times 12.5 + 2 \times 4.3038 \times (12.5 - 2.7)] \text{kN} \cdot \text{m} = 15.2895 \text{kN} \cdot \text{m}$$

柱④只有一台吊车作用在其上,柱顶不动铰反力系数同柱③,且④是边柱,故增大系数为 $\eta_c = 2.0$,得柱顶不动铰反力为
$$R_4 = C_5 F_{c2} = (0.6419 \times 4.3038) \text{kN} = 2.7626 \text{kN}$$

集中水平力作用处弯矩为
$$M'_{4F} = -R_4 y \eta_c = (-2.7626 \times 2.7 \times 2) \text{kN} \cdot \text{m} = -14.9180 \text{kN} \cdot \text{m}$$

上柱底部的弯矩为
$$M'_{4c} = [-R_4 H_3 + F_{c2}(H_3 - y)] \eta_c$$
$$= \{[-2.7626 \times 3.7 + 4.3038 \times (3.7 - 2.7)] \times 2\} \text{kN} \cdot \text{m} = -11.8356 \text{kN} \cdot \text{m}$$

柱底部的弯矩为
$$M_{4c} = -R_4 H_4 + F_{c2}(H_4 - y)$$
$$= \{-2.7626 \times 12.5 + 4.3038 \times (12.5 - 2.7)\} \text{kN} \cdot \text{m} = 7.6447 \text{kN} \cdot \text{m}$$

至此,在地震作用下的全部内力已求出。按规定的方式进行内力组合后即可进行截面设计。

习题

1. 单层厂房主要有哪些地震破坏现象?
2. 单层厂房质量集中的原则是什么?
3. 在什么情况下需要考虑吊车桥架的质量,在什么情况下不予考虑,为什么?
4. 在哪种情况下可不进行厂房的横向和纵向的截面抗震验算?
5. 单层厂房横向抗震计算一般采用什么计算模型?
6. 单层厂房横向抗震计算应考虑哪些因素进行内力调整?
7. 单层厂房纵向抗震计算有哪些方法?试简述各种方法的步骤与适应范围。
8. 柱列的刚度如何计算?其中采用哪些假定?
9. 简述厂房柱间支撑的抗震设置要求。
10. 为什么要控制柱间支撑交叉斜杆的最大长细比?
11. 屋架或屋面梁与柱顶的连接有哪些形式?各有什么特点?
12. 厂房墙与柱如何连接?其中考虑了哪些因素?

第8章

钢结构房屋抗震设计

8.1 震害现象

　　钢材是一种非常适宜于建造抗震结构的建筑材料,具体表现在以下方面:钢材具有轻质高强的特性,从而可减轻结构自身重量,并减轻结构遭受的地震作用;钢材的材质均匀,强度易于保证,故结构的可靠性高;钢材的延性良好,故钢结构具有较强的变形能力,即使在很大的变形下仍然不会倒塌,从而可保证结构的安全性。但是,若钢结构房屋设计或制造不当,在地震作用下,仍有可能发生构件失稳、材料脆性破坏及连接破坏,使其优良的材料性能得不到充分发挥,结构未必具有较高的承载力与良好的延性。

　　震害调查表明,钢结构较少出现整体倒塌破坏的情况,主要震害表现为构件破坏、节点破坏及基础连接锚固破坏等。

8.1.1 结构体系破坏

　　造成结构体系破坏的主要原因是出现薄弱层。薄弱层的形成与楼层屈服强度系数沿高度分布不均匀、P-Δ 效应较大与竖向压力较大等因素密切相关。比如,在 1995 年的日本阪神大地震中,不少多层钢结构首层发生整体破坏,图 8-1 为某四层钢结构房屋因斜撑失稳导致整体倒塌,还有些多层钢结构在中间层发生整体破坏。其原因主要为楼层屈服强度系数沿高度分布不均匀,造成底层或中间某层形成薄弱层,从而引发薄弱层的整体破坏现象。

图 8-1　钢结构房屋因斜撑失稳导致整体倒塌

8.1.2　构件破坏

在以往地震中,梁柱构件的局部破坏较多。框架柱的破坏主要表现在翼缘的局部屈曲、拼接处的裂缝、节点焊缝处裂缝所引起的柱翼缘的层状撕裂,以及框架柱的脆性断裂。框架梁的破坏主要表现在翼缘和腹板屈曲、裂缝与截面扭转屈曲等破坏形式。框架柱或框架梁的局部屈曲是由于地震的反复作用、构件截面尺寸和局部构造,如构件长细比与板件宽厚比的设计不合理造成的;柱的水平断裂是由地震作用造成的倾覆拉力较大、动应变速率较高与材料性能变脆造成的。

支撑的破坏形式主要是轴向受压整体失稳与局部失稳,如图 8-2 所示。主要原因是由于支撑构件为结构提供较大的侧向刚度,当地震动强度较大时,所承受的轴向力(反复拉压)增加,若支撑的长度和局部加劲板构造与主体结构的连接构造等设计不周,就会造成破坏或失稳。

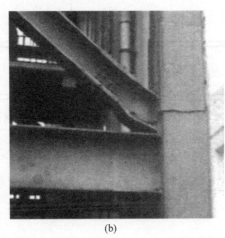

(a)　　　　　　　　　　(b)

图 8-2　支撑失稳

(a) 整体失稳;(b) 局部失稳

8.1.3　节点破坏

节点破坏是地震中最为常见的一种破坏形式,因节点传力集中、构造复杂、施工难度大,从而易造成应力集中现象,再加上可能出现的焊缝缺陷与构造缺陷,就更容易发生节点破坏。

节点连接破坏主要有支撑连接处破坏与梁柱连接破坏两种形式,如图 8-3 所示。

梁柱连接破坏也是钢结构震害的常见形式。例如,1994 年美国 Northridge 地震与 1995 年日本阪神大地震中不少梁柱刚性连接发生破坏(图 8-4)。震害调查表明,梁柱刚性连接的破坏发生的部位往往出现在梁的下翼缘,上翼缘的破坏相对较少,分析原因可能有两种:①梁的下翼缘应力因楼板与梁共同变形而增大;②因腹板下翼缘不易焊接从而使得焊接发生中断,造成下翼缘存在焊缝缺陷。根据在现场观察到的梁柱节点破坏,节点的主要破坏模式可分为 8 类,如图 8-5 所示。

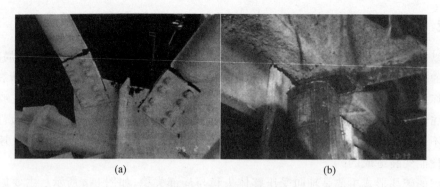

图 8-3　节点连接破坏

（a）支撑连接处断裂；（b）梁柱连接破坏

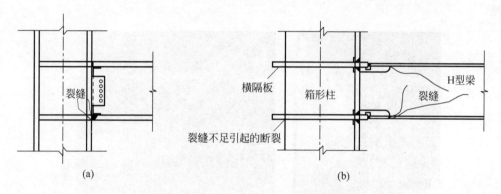

图 8-4　梁柱刚性连接的典型震害现象

（a）美国 Northridge 地震；（b）日本阪神大地震

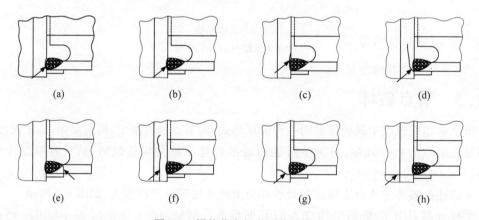

图 8-5　梁柱节点的主要破坏模式

（a）焊缝与柱翼缘完全撕裂；（b）焊缝与柱翼缘部分撕裂；（c）柱翼缘完全撕裂；（d）柱翼缘部分撕裂；
（e）焊趾处翼缘断裂；（f）柱翼缘层状撕裂；（g）柱翼缘断裂；（h）柱翼缘和腹板部分断裂

8.1.4　基础连接锚固破坏

钢构件与基础的连接锚固破坏主要表现为螺栓拉断、混凝土锚固失效、连接板断裂等。主要是设计构造、材料质量与施工质量等方面的原因所致。

尽管钢结构具有优良的抗震性能，但震害现象也复杂多样。原因可归结为结构设计、构造措施、材料质量、施工质量与维护情况等。为防止上述震害现象的发生，钢结构房屋抗震设计应符合以下几节中的相关设计规定和抗震构造措施。

8.2　多、高层钢结构房屋抗震设计

8.2.1　结构体系

常见的钢结构房屋体系包括框架结构体系、框架-支撑结构体系、框架-抗震墙板结构体系、筒体结构体系以及巨型框架结构体系等。

1. 框架结构体系

框架结构具有构造简单、传力明确、制作安装方便、建筑平面布置及窗的开设等有较大的灵活性等特点。在水平荷载作用下，当楼层较少时，结构的侧向变形主要表现为剪切变形，即主要由框架柱的弯曲变形与节点的转角引起；而当层数较多时，由框架柱轴向变形引起结构整体弯曲而产生的侧移明显增大，结构的侧向变形表现为弯剪型。故纯框架结构的抗侧移能力主要由框架柱与梁的抗弯能力决定。当层数较多时，通过加大柱与梁的截面尺寸来提高结构的抗侧移刚度，结构会变得不经济，故该种结构体系适合建造 20 层以下的中低层房屋建筑。

2. 框架-支撑结构体系

框架结构抗侧移刚度较小，建筑高度受限。为了增加框架结构的建筑高度，必须提高抗侧移刚度。而通过增大截面尺寸提高框架结构抗侧移刚度的方法，不但会浪费材料，而且还会导致承载力过大。一种比较经济的做法是在框架的一部分开间中沿结构的纵、横两个方向均匀布置一定数量的支撑来提高其抗侧移刚度，由此得到一种新的结构体系，即框架-支撑结构体系。该体系中框架变形表现为剪切型，层间位移大的部位出现在结构底部；而支撑的变形则表现为弯曲型，层间位移大的部位出现在结构上部，两者并联，可显著减小建筑物下部层间位移。

框架-支撑结构体系中支撑的类型选择与布置是需要重点考虑的问题。支撑类型分为中心支撑与偏心支撑两种，支撑类型选择主要取决于是否抗震、建筑的层高、柱距及建筑使用要求等因素，而支撑的布置主要取决于结构功能及建筑要求等，常布置在端框架中及电梯井周围等处。

1）中心支撑

中心支撑是框架-支撑结构体系中常用的支撑类型之一，该体系中斜杆、横梁及柱汇交

于一点,或两根斜杆与横杆汇交于一点,抑或两根斜杆与柱子汇交于一点。不管何种形式汇交,均无偏心距。根据斜杆的不同布置形式,可以形成 X 形支撑、单斜支撑、人字形支撑、K形支撑及 V 形支撑等类型,如图 8-6 所示。中心支撑可有效减小结构的水平位移,并改善结构内力分布,原因在于支撑能有效增大结构的侧向刚度。

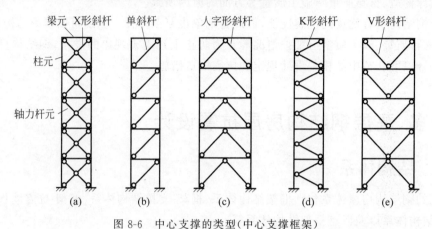

图 8-6　中心支撑的类型(中心支撑框架)

(a) X 形支撑;(b) 单斜支撑;(c) 人字形支撑;(d) K 形支撑;(e) V 形支撑

2) 偏心支撑

偏心支撑是指支撑斜杆的两端,至少有一端与梁相交(不在柱节点处),另一端可在梁与柱交点处连接,或偏离另一根支撑斜杆一段长度与梁连接,并在支撑斜杆杆端与柱之间构成一消能梁段,或在两根支撑斜杆之间构成一消能梁段的支撑。图 8-7 为常见的五种偏心支撑形式。

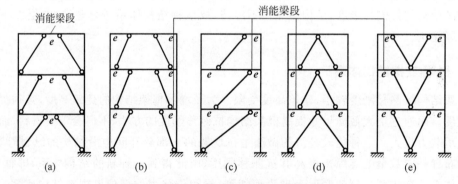

图 8-7　偏心支撑的类型(偏心支撑框架)

(a) 门架式 1;(b) 门架式 2;(c) 单斜杆;(d) 人字形;(e) V 字形

偏心支撑适用于高烈度地区。与中心支撑相比,偏心支撑具有较大的延性、良好的消能能力及较高的承载力。原因在于中心支撑受压时会屈曲,从而降低了原结构的承载力,而偏心支撑框架则可通过偏心梁段的剪切屈服来阻碍支撑受压屈曲,从而可改变整个结构体系,即支撑斜杆与消能梁段的屈服先后顺序。尤其发生罕遇地震时,消能梁段首先进入弹塑性阶段,这样就可通过消能梁段的非弹性变形来消耗能量,从而可有效保护支撑斜杆不屈曲或屈曲在后。实践表明,偏心支撑具有弹性阶段刚度接近于中心支撑框架、弹塑性阶段的延性与消能能力接近于延性框架的特点,偏心支撑结构体系是一种良好的抗震结构。

3. 框架-抗震墙板结构体系

框架-抗震墙板结构体系以钢框架为主体,并配置一定数量的抗震墙板。抗震墙板包括带竖缝剪力墙板、内藏钢板支撑混凝土墙板及钢抗震墙板等。

(1)带竖缝剪力墙板在弹性阶段具有较大的抗侧移刚度,在强震作用下可进入屈服阶段并耗散能量,如图8-8所示。该结构体系具有多道抗震防线,与实体剪力墙板相比,具有刚度退化过程平缓、整体延性好的特点。

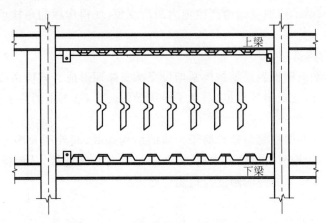

图 8-8 带竖缝剪力墙板与框架的连接

(2)内藏钢板支撑混凝土墙板是以钢板为基本支撑,外包钢筋混凝土墙板的预制构件,如图8-9所示。内藏钢板支撑可以采用中心支撑也可以采用偏心支撑体系,但在高烈度地区,宜采用偏心支撑。预制墙板仅在钢板支撑斜杆的上下端节点处与钢框架梁相连,除该节点部位外与钢框架的梁或柱均不相连,留有间隙,故内藏钢板支撑抗震墙仍为一种受力明确的钢支撑。因钢支撑有外包混凝土,所以可不考虑平面内与平面外的屈曲。墙板对提高框架结构的承载力、刚度与在强震时吸收地震能量方面均有重要作用。

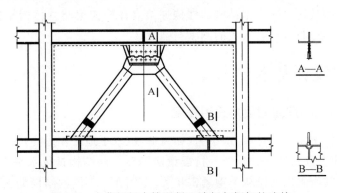

图 8-9 内藏钢板支撑混凝土墙板与框架的连接

(3)钢抗震墙板是指用钢板或带有加劲肋的钢板制成的墙板,其上、下两边缘与左、右两边缘可以分别与框架梁和框架柱连接。

4．筒体结构体系

筒体结构体系具有较大的刚度、较强的抗侧移能力，并能形成较大的使用空间，对于超高层建筑是一种经济有效的结构形式。根据筒体的布置、组成、数量的不同，筒体结构体系可以分为钢框架筒、桁架筒、筒中筒、束筒体系等。

1）钢框架筒结构体系

钢框架筒结构体系的外围框架由密柱深梁组成，形成一个筒体来抵抗水平荷载，结构内部的柱子只考虑承受重力荷载而不考虑其抗侧力作用。框架筒作为悬臂的筒体结构，在水平荷载作用下，因横梁的弯曲变形会产生剪力滞后现象，使得房屋的角柱承受比中柱更大的轴力。

2）桁架筒结构体系

桁架筒结构体系由钢框架筒结构体系增设交叉支撑而形成。该体系可极大提高结构的空间刚度，剪力主要由支撑斜杆承担，避免了横梁受剪变形，基本上消除了剪力滞后现象。

3）筒中筒结构体系

筒中筒结构是集外围框筒与核心筒于一体的结构形式，其外围大多为密柱深梁的钢框筒，核心筒则为钢结构构成的筒体。内筒、外筒通过楼盖系统连接，从而保证了筒体协同工作。筒中筒结构具有很大的侧向刚度与抗侧力能力。

4）束筒结构体系

束筒结构体系指将多个单元框架筒体相连而形成的组合筒体，是一种抗侧刚度很大的结构体系。这些单元筒体本身就有很大的刚度，它们可在平面与立面上组合成各种形状，且各个筒体可终止于不同的高度。既可形成丰富的建筑立面效果，又不会增加结构的复杂性。

5．巨型框架结构体系

巨型框架结构体系由柱距较大的立体桁架柱与立体桁架梁构成。立体桁架梁沿纵横向布置，形成空间桁架层，在两层空间桁架层之间再设置次框架结构来承担空间桁架层之间的各层楼面荷载，并将其通过次框架结构的柱传递给立体桁架梁与立体桁架柱。该种体系能在建筑中提供特大空间，且具有很大的刚度与强度。

8.2.2　抗震设计基本要求

1．多、高层钢结构房屋的最大适用高度

多、高层钢结构房屋在设计时，水平力（如风荷载、水平地震作用等）往往起控制作用，其中地震作用的大小往往取决于建筑物的抗震设防烈度。而结构抵抗水平力的能力（主要为抗侧移能力）则与其所采用的结构类型紧密相关，原因在于不同的结构类型因结构组成不同而表现出不同的抗侧移刚度。故多、高层钢结构房屋适用的最大高度主要取决于两个因素：结构类型与抗震设防烈度。

《抗震规范》规定，钢结构民用房屋的结构类型和最大高度应符合表 8-1 的规定。若平面和竖向均为不规则钢结构，适用的最大高度宜适当降低。

表 8-1 钢结构房屋适用的最大高度 m

结 构 类 型	6、7 度 (0.10g)	7 度 (0.15g)	8 度		9 度 (0.40g)
			(0.20g)	(0.30g)	
框架	110	90	90	70	50
框架-中心支撑	220	200	180	150	120
框架-偏心支撑(延性墙板)	240	220	200	180	160
筒体(框筒、筒中筒、桁架筒、束筒)和巨型框架	300	280	260	240	180

注:① 房屋高度指室外地面到主要屋面板板顶的高度(不包括局部突出屋顶部分);
② 超过表内高度的房屋,应进行专门研究和论证,采取有效的加强措施;
③ 表内的筒体不包括混凝土筒。

2. 多、高层钢结构房屋的高宽比限制

结构的高宽比对结构的整体稳定性有着重要的影响,故需对其进行严格限制,以免结构因整体失稳而发生倒塌破坏。另外,结构的稳定性与其所遭受的荷载也有很大关系,承受的荷载越大,则结构失稳的可能性亦越大。故在抗震区水平地震作用起控制作用的多、高层钢结构房屋,其高宽比限制取决于抗震设防烈度,具体规定见表 8-2。

表 8-2 钢结构民用房屋适用的最大高宽比

抗震设防烈度	6、7 度	8 度	9 度
最大高宽比	6.5	6.0	5.5

注:塔形建筑的底部有大底盘时,高宽比可按大底盘以上计算。

3. 多、高层钢结构房屋抗震等级的确定

确定抗震等级是多、高层钢结构房屋进行抗震设计时必须考虑的一个重要因素,因抗震等级与地震作用的确定、构造措施等密切相关。《抗震规范》规定,钢结构房屋应根据设防分类、烈度和房屋高度采用不同的抗震等级,并应符合相应的计算和构造措施要求。丙类建筑的抗震等级应按表 8-3 确定。

表 8-3 钢结构房屋的抗震等级

房 屋 高 度	抗震设防烈度			
	6 度	7 度	8 度	9 度
≤50m	—	四	三	二
>50m	四	三	二	一

注:① 高度接近或等于高度分界时,应允许结合房屋不规则程度和场地、地基条件确定抗震等级;不同的抗震等级,体现不同的延性要求。
② 一般情况,构件的抗震等级应与结构相同;当某个部位各构件的承载力均满足 2 倍地震作用组合下的内力要求时,抗震设防烈度 7~9 度的构件抗震等级应允许按降低一度确定。按抗震设计等能量的概念,当构件的承载力明显提高,能满足烈度高一度的地震作用的要求时,延性要求可适当降低,故允许降低其抗震等级。

4. 多、高层钢结构房屋的结构布置原则

(1) 钢结构房屋需要设置防震缝时，缝宽应不小于相应钢筋混凝土结构房屋的 1.5 倍。

(2) 一、二级(本章"一、二、三、四级"为"抗震等级为一、二、三、四级"的简称)的钢结构房屋，宜设置偏心支撑、带竖缝钢筋混凝土抗震墙板、内藏钢支撑钢筋混凝土墙板、屈曲约束支撑等消能支撑或筒体。采用框架结构时，甲、乙类建筑和高层的丙类建筑不应采用单跨框架，多层的丙类建筑不宜采用单跨框架。

(3) 采用框架-支撑结构的钢结构房屋应符合下列规定：

① 支撑框架在两个方向的布置均宜基本对称，支撑框架之间楼盖的长宽比不宜大于 3。

② 三、四级且高度不大于 50m 的钢结构宜采用中心支撑，也可采用偏心支撑、屈曲约束支撑等消能支撑。优先采用交叉支撑，它可按拉杆设计，较经济。若采用受压支撑，其长细比及板件宽厚比应符合有关规定。

③ 中心支撑框架宜采用交叉支撑的形式，亦可采用人字支撑或单斜杆支撑形式，不宜采用 K 形支撑；支撑轴线宜汇交于梁柱构件轴线的交点，偏离交点时的偏心距不应超过支撑杆件的宽度，并且应计入由此产生的附加弯矩。当中心支撑采用仅能受拉的单斜杆体系时，应该同时设置不同倾斜方向的两组斜杆，并且每组中不同方向单斜杆的截面面积在水平方向的投影面积之差不应该大于 10%。

④ 偏心支撑框架的每根支撑应至少有一端与框架梁连接，并在支撑与梁交点和柱之间或同一跨内另一支撑与梁交点之间形成消能梁段。偏心支撑框架的设计原则是强柱、强支撑与弱消能梁段，即在大震作用时消能梁段屈服形成塑性铰，且具有稳定的滞回消能，即使消能梁段进入了应变硬化阶段，支撑斜杆、柱与其余梁段仍然能保持弹性。故每根斜杆只能一端与消能梁段相连接，如果两端均与消能梁段相连接，则可能出现一端消能梁段屈服而另一端消能梁段不屈服的现象，这样就会使得偏心支撑的承载力与消能能力降低。

⑤ 采用屈曲约束支撑时，宜采用人字支撑、成对布置的单斜杆支撑等，不应该采用 K 形或 X 形支撑，支撑与柱的夹角宜在 35°~55°。当屈曲约束支撑受压时，其设计参数、性能检验与作为一种消能部件的计算方法可按照相关要求进行设计。

屈曲约束支撑由芯材、约束芯材屈曲的套管与位于芯材和套管之间的无粘结材料以及填充材料构成。受拉时与普通支撑相同；而当受压时，承载力与受拉时相当，并且具有某种消能机制。当采用斜杆布置的方式时宜成对设置。在多遇地震作用下，屈曲约束支撑不会发生屈曲，可按照中心支撑进行设计。

(4) 钢框架-筒体结构，必要时可以设置由筒体外伸臂或外伸臂与周边桁架组成的加强层，其目的是为了加强整体性，这样利于在水平力作用下更好地协同工作。

(5) 钢结构房屋的楼盖除直接承受竖向荷载并且将其传递给竖向构件之外，另外还有其他多种功能，比如还能起到横隔等作用。在多、高层房屋中，楼盖的工程量大，楼盖的设计不仅会影响到房屋的整体性能，还可能会影响到施工进度，进而会影响到整个工程的经济效益。故钢结构房屋楼盖的设计除了需要遵循建筑设计要求、自重较小与方便施工外，还需要有足够的整体刚度，具体规定如下：

① 宜采用压型钢板现浇钢筋混凝土组合楼板或钢筋混凝土楼板，并应与钢梁有可靠连接。

② 对抗震设防烈度 6、7 度不超过 50m 的钢结构,可采用装配整体式钢筋混凝土楼板,亦可采用装配式楼板或其他轻型楼盖体系;但是应该将楼板预埋件和钢梁焊接,或者采取其他能保证楼盖整体性的措施。

③ 对于转换层楼盖或者楼板有大洞口等情况,必要时可以设置水平支撑。

(6) 钢结构房屋的地下室设置,应该符合以下要求:

① 设置地下室时,框架-支撑(抗震墙板)结构中竖向连续布置的支撑(抗震墙板)应该延伸至基础;钢框架柱应该至少延伸至地下一层,其竖向荷载应该直接传递至下部基础。支撑桁架沿竖向连续布置时,可以使层间刚度的变化比较均匀。支撑桁架需要延伸至地下室,不可因为建筑方面的需求而在地下室移动位置。多层钢结构与高层钢结构不同,根据工程情况可设置或不设置地下室。当设置地下室时,房屋一般较高,钢框架柱宜伸至地下一层。

② 超过 50m 的钢结构房屋应该设置地下室。基础埋置深度,当采用天然地基时,不宜小于房屋总高度的 1/15;当采用桩基时,桩承台埋深不宜小于房屋总高度的 1/20。

8.2.3　钢结构房屋抗震计算

1. 阻尼比的确定

钢结构抗震计算时所采用的阻尼比在《抗震规范》中有如下规定:

(1) 多遇地震作用下的计算,高度≤50m 时可取为 0.04;50m＜高度＜200m 时,可取为 0.03;高度≥200m 时,宜取为 0.02。

(2) 当偏心支撑框架部分承担的地震倾覆力矩大于结构总地震倾覆力矩的 50% 时,阻尼比可以比(1)中相应增加 0.005。

(3) 在罕遇地震作用下的弹塑性分析,阻尼比可取为 0.05。

2. 地震作用下钢结构的内力与变形计算

多、高层钢结构房屋的抗震设计同样采用两阶段设计法,即第一阶段多遇地震作用下的设计与第二阶段罕遇地震作用下的设计。

1) 多遇地震作用

第一阶段的抗震设计是将按多遇地震烈度对应的地震作用效应与其他荷载效应进行组合,依此来验算结构构件的承载力与结构的弹性变形,其中地震作用效应的计算可以根据不同情况,采取弹性方法,常用的计算方法包括底部剪力法、振型分解反应谱法及时程分析法等。高层民用建筑钢结构宜采用振型分解反应谱法;对质量和刚度不对称、不均匀的结构以及高度超过 100m 的高层民用建筑钢结构应采用考虑扭转耦联振动影响的振型分解反应谱法;高度不超过 40m、以剪切变形为主且质量和刚度沿高度分布比较均匀的高层民用建筑钢结构,可采用底部剪力法。

2) 罕遇地震作用

第二阶段的抗震设计是按照罕遇地震烈度对应的地震作用效应来验算结构的弹塑性变形。其中地震作用效应的计算应该采用静力弹塑性分析方法或弹塑性时程分析法,计算模型可以根据不同情况采用杆系模型、剪切型层模型、剪弯型层模型或剪弯协同工作模型等。

结构时程分析时,应符合下列规定：应按建筑场地类别和设计地震分组,选取实际地震记录和人工模拟的加速度时程曲线,其中实际地震记录的数量不应少于总数量的 2/3,多组时程曲线的平均地震影响系数曲线应与振型分解反应谱法所采用的地震反应谱曲线在统计意义上相符。进行弹性时程分析时,每条时程曲线计算所得结构底部剪力不应小于振型分解反应谱法计算结果的 65%,多条时程曲线计算所得结构底部剪力平均值不应小于振型分解反应谱法计算结果的 80%；地震波的持续时间不宜小于建筑结构基本自振周期的 5 倍和 15s,地震波的时间间距可取 0.01s 或 0.02s。

3）其他规定

钢结构在地震作用下的内力与变形分析应该符合以下规定：

（1）钢结构在地震作用下的重力附加弯矩(即任一楼层以上全部重力荷载与该楼层地震平均层间位移的乘积)大于初始弯矩(即该楼层地震剪力与楼层层高的乘积)的 10% 时,应计入重力二阶效应的影响。进行二阶效应的弹性分析时,按照现行《钢结构设计标准》(GB 50017—2017)(简称《钢结构标准》)第 5 章"结构分析与稳定性设计"规定,需计入构件初始缺陷(初倾斜、初弯曲、残余应力等)对内力的影响,其影响程度可通过在框架每层柱顶作用有附加的假想水平力来体现。

（2）框架梁可按梁端截面的内力设计。对工字形截面柱,宜计入梁柱节点域剪切变形对结构侧移的影响。考虑节点域剪切变形对层间位移角的影响,可近似将所得层间位移角与由节点域在相应楼层设计弯矩下的剪切变形角平均值相加求得；对于箱形截面,柱节点域变形较小,其对框架位移的影响可略去不计。

（3）钢框架-支撑结构的斜杆可以按照端部铰接杆来进行计算；框架部分按刚度分配计算得到的地震层剪力应该乘以调整系数,达到不小于结构底部总地震剪力的 25% 与框架部分计算最大层剪力 1.8 倍两者较小值。依据多道防线的概念设计,框架-支撑体系中,支撑框架是第一道防线,在强烈地震中支撑先屈服,内力重分布使框架部分承担的地震剪力增大,二者之和应该大于弹性计算的总剪力；若调整的结果框架部分承担的地震剪力不适当增大,则不是"双重体系"而是按刚度分配的结构体系。

（4）当中心支撑框架的斜杆轴线偏离梁柱轴线交点不超过支撑杆件的宽度时,仍然可以按照中心支撑框架进行分析,但是应该计入由此所产生的附加弯矩。

（5）对于偏心支撑框架,与消能梁段相连构件的内力设计值,应该按照下列的要求进行调整：

① 支撑斜杆的轴力设计值,应该取与支撑斜杆相连接的消能梁段达到受剪承载力时支撑斜杆轴力与增大系数的乘积；其增大系数,一级不应小于 1.4,二级不应小于 1.3,三级不应小于 1.2。

② 位于消能梁段同一跨的框架梁内力设计值,应该取消能梁段达到受剪承载力时框架梁内力与增大系数的乘积；其增大系数,一级不应小于 1.3,二级不应小于 1.2,三级不应小于 1.1。

③ 框架柱的内力设计值,应该取消能梁段达到受剪承载力时柱内力与增大系数的乘积；其增大系数,一级不应小于 1.3,二级不应小于 1.2,三级不应小于 1.1。

（6）内藏钢支撑钢筋混凝土墙板与带竖缝钢筋混凝土墙板应该按照有关规定进行计算,带竖缝钢筋混凝土墙板可以仅承受水平荷载产生的剪力,而不承受竖向荷载所产生的压力。

（7）钢结构转换构件下的钢框架柱,地震内力应该乘以增大系数,其值可取 1.5。

3. 构件的内力组合与设计原则

1）内力组合

在抗震设计中，钢结构构件内力组合的方法以及相关计算公式详见现行《钢结构标准》。此外，规范规定：在高层钢结构抗震设计中，一般可以不考虑风载以及竖向地震的作用，但是对于高度大于 60m 的高层钢结构则必须考虑风载，在抗震设防烈度 9 度区还必须考虑竖向地震的作用。

2）设计原则

框架梁、柱截面按弹性设计，设计时应该注意以下要求：

（1）第二阶段设计时，须保证构件具有足够的延性而结构不发生倒塌，原因在于罕遇地震作用下结构将进入塑性工作阶段。

（2）梁柱的板件宽厚比不应超过其在塑性设计时的限值，这样可防止梁柱在塑性变形时发生局部与整体失稳。

（3）应该将框架设计成强柱弱梁的延性体系，使框架在形成倒塌机构时塑性铰仅出现于梁上，这样可使框架具有较大的消能能力与延性。

（4）应该采取必要的构造措施保证柱的承载力，防止在柱端出现塑性铰。若塑性铰出现在柱上，结构易形成不稳定的机构，柱的破坏可能引起结构整体倒塌。

4. 侧移控制

多、高层钢结构房屋抗震验算的另一个重要内容是进行抗震变形验算，即对其侧移进行控制，使其不超过一定数值。因过大的层间变形会使非结构构件发生破坏，在罕遇地震下（弹塑性阶段），过大的变形则会造成结构的破坏甚至倒塌。

（1）在多遇地震作用下（第一阶段设计），抗震变形验算以弹性层间位移角来表示。根据规范规定、震害经验总结与试验研究结果，采用层间位移角作为衡量结构变形能力从而判断是否满足建筑功能要求的指标是合理可行的。《抗震规范》规定，多、高层钢结构楼层内最大的弹性层间位移值应该不超过该层层高的 1/250。在计算弹性层间位移时，除了以弯曲变形为主的高层建筑之外，可以不扣除结构的整体弯曲变形；应该计入扭转变形，各作用分项系数均应取 1.0。

（2）在罕遇地震作用下（第二阶段设计），抗震变形验算采用薄弱层的弹塑性层间位移进行控制。大量实践表明，如果建筑结构中存在着薄弱层或薄弱部位，在强震作用下，因结构薄弱部位产生弹塑性变形，结构构件将发生严重破坏甚至引发结构的整体倒塌。我国《抗震规范》规定，多、高层钢结构薄弱层（部位）的弹塑性层间位移应不超过该层层高的 1/50。多、高层钢结构房屋在罕遇地震下薄弱层（部位）弹塑性变形的计算可以通过静力弹塑性分析法或弹塑性时程分析法等进行计算。规则结构的计算模型则可采用弯剪层模型或平面杆系模型进行计算，但不规则的结构需采用空间结构模型进行计算。

8.2.4　构造措施

为了充分发挥钢结构延性与最大耗能能力，避免在强震作用下结构尚未形成塑性机构以前便发生倒塌，须对钢结构主要构件（如梁、柱、支撑与连接等）进行合理的抗震设计，并且需采取相应的构造措施。

1. 钢梁

钢梁是组成多、高层钢结构房屋的主要构件之一,以承受弯矩为主,主要破坏形式包括局部失稳与侧向整体失稳。在抗震设计中,为防止钢梁发生破坏,要求其必须具有足够的强度与良好的延性,主要取决于板件的宽厚比、侧向支承的长度、弯矩梯度与节点构造等。

1) 梁的强度

钢梁承载力计算与静载作用下的钢结构相同,计算时截面塑性发展系数取 $\gamma_x = 1.0$,取承载力抗震调整系数 $\gamma_{RE} = 0.75$。尽管钢梁的极限承载力在反复荷载作用下将比单调荷载作用时小,但楼板的约束作用又会提高钢梁的承载力。

2) 梁的整体稳定

钢梁的整体稳定验算公式与在静载作用下的钢结构相同,承载力抗震调整系数取值为 $\gamma_{RE} = 0.75$。

当钢梁设有侧向支撑时,并且符合《钢结构标准》规定的受压翼缘自由长度与其宽度之比的规定时,可以不进行整体稳定性计算。对于 7 度及 7 度以上抗震设防烈度的高层钢结构,梁受压翼缘侧向支承点间的距离与梁翼缘宽度二者的比值应符合该规范关于塑性设计时的长细比规定。

3) 板件宽厚比

在钢结构的抗震设计中,要求强震作用下塑性铰出现于梁端,且在整个结构未形成机构之前,该塑性铰能够不断转动来消耗能量。为使钢梁在转动过程中始终保持极限抗弯能力,不但要求避免板件发生局部失稳,而且要求其避免发生侧向弯扭失稳。防止板件失稳最为有效的方法是限制其宽厚比,《抗震规范》规定,框架梁板件的宽厚比不应超过表 8-4 的规定。

表 8-4　框架梁、柱板件宽厚比限值

板 件 名 称		抗 震 等 级			
		一级	二级	三级	四级
柱	工字形截面翼缘外伸部分	10	11	12	13
	工字形截面腹板	43	45	48	52
	箱形截面壁板	33	36	38	40
梁	工字形截面和箱形截面翼缘外伸部分	9	9	10	11
	箱形截面翼缘在两腹板之间部分	30	30	32	36
	工字形截面和箱形截面腹板	$72-120N_b$ $/(Af) \leqslant 60$	$72-100N_b$ $/(Af) \leqslant 60$	$80-110N_b$ $/(Af) \leqslant 70$	$85-120N_b$ $/(Af) \leqslant 75$

注:① 表中所列数值适用于 Q235 钢,采用其他牌号钢材时,应乘以 $\sqrt{235/f_y}$。
② $N_b/(Af)$ 为梁轴压比,N_b 表示梁的轴力。

值得注意的是,从抗震设计的角度,对于板件宽厚比的要求,主要是地震作用下构件端部可能的塑性铰范围,非塑性铰范围的构件宽厚比可以有所放宽。

2. 钢柱

钢柱是多、高层钢结构房屋的主要构件之一,其主要承受结构的竖向荷载,并且将荷载有效传递到下部基础。钢柱的主要破坏形式是失稳,且钢柱的失稳破坏往往会产生严重的后果,甚至有可能引起整个结构的倒塌。故多、高层建筑抗震设计应该遵循"强柱弱梁"的设计原则,即在地震作用下,塑性铰应该出现于梁端而不应该出现在柱端,这样使框架具有较大的内力重分布与消耗能量的能力。故在设计时,柱端应该比梁端具有更大的承载力储备能力。

抗震设计时,在框架的任一节点处,框架柱的截面模量与梁的截面模量需满足如下要求:

等截面梁

$$\sum W_{pc}\left(f_{yc}-\frac{N}{A_c}\right) \geqslant \eta \sum W_{pb} f_{yb} \tag{8-1}$$

端部翼缘变截面梁

$$\sum W_{pc}\left(f_{yc}-\frac{N}{A_c}\right) \geqslant \sum \left(\eta \sum W_{pb1} f_{yb} + V_{pb}s\right) \tag{8-2}$$

式中:W_{pc}、W_{pb}——汇交于节点的柱和梁的塑性截面模量;

W_{pb1}——梁塑性铰所在截面的截面模量;

N——地震组合的柱轴力;

A_c——柱截面面积;

f_{yc}、f_{yb}——柱和梁的钢材屈服强度设计值;

η——强柱系数,一级取 1.15,二级取 1.10,三级取 1.05;

V_{pb}——梁塑性铰剪力;

s——塑性铰至柱面的距离,塑性铰可取梁端部变截面翼缘的最小处。

当符合下列情况之一时,可不按式(8-1)或式(8-2)进行验算:

(1) 柱所在楼层的抗剪承载力比相邻上一层的抗剪承载力高出 25%。

(2) 柱轴压比不超过 0.4,或 $N_2 \leqslant \varphi A_c f$($N_2$ 为 2 倍地震作用下的组合轴力设计值,φ 为轴心受压构件的稳定系数)。

(3) 与支撑斜杆相连的节点。

为了防止钢柱发生局部失稳,《抗震规范》规定,框架柱板件的宽厚比不应该超过表 8-4 所规定的限值。

框架柱在多遇地震组合下的稳定性计算中,其计算长度系数 μ 按如下取值:

(1) 纯框架体系按照《钢结构标准》中有侧移时的 μ 值进行取用,详见《钢结构标准》中的附录 E"柱的计算长度系数"。

(2) 对于有支撑或剪力墙的体系,当层间位移不超过层高的 1/250 时,取 $\mu=1.0$。

(3) 纯框架体系以及有支撑或剪力墙体系,当层间位移不超过层高的 1/10000 时,按《钢结构标准》附录 E"柱的计算长度系数"中无侧移时的 μ 值确定。

3. 节点域

钢结构进行抗震设计时另一非常重要的原则是强节点、弱构件,因节点域破坏或变形过大,梁、柱构件就不再能形成抗侧力结构,故在设计时要求保证节点域的承载力与抵抗变形能力等,使之不过早发生破坏。

1）节点域的屈服承载力

为了较好地发挥节点域的消能作用，节点域的屈服承载力应符合

$$\psi(M_{pb1} + M_{pb2})/V_p \leqslant \frac{4}{3} f_{yv} \tag{8-3}$$

式中：M_{pb1}、M_{pb2}——分别为节点域两侧梁的全塑性受弯承载力；

V_p——节点域的体积，按式(8-4)、式(8-5)或式(8-6)计算；

f_{yv}——钢材的屈服抗剪强度，取钢材屈服强度的 0.58 倍；

ψ——折减系数；三、四级取 0.6，一、二级取 0.7。研究表明，节点域既不能太厚，又不能太薄，太厚会使节点域不能发挥其消能作用，太薄则将使框架侧向位移太大，故规范使用折减系数来进行设计。

工字形截面柱

$$V_p = h_{b1} h_{c1} t_w \tag{8-4}$$

箱形截面柱

$$V_p = 1.8 h_{b1} h_{c1} t_w \tag{8-5}$$

圆管截面柱

$$V_p = \frac{\pi}{2} h_{b1} h_{c1} t_w \tag{8-6}$$

式中：t_w——柱在节点域的腹板厚度；

h_{b1}、h_{c1}——梁翼缘厚度中心间的距离和柱翼缘（或钢管直径线上管壁）厚度中点间的距离。

2）节点域的稳定及受剪承载力验算

大震作用时为避免柱与梁连接的节点域腹板发生局部失稳，为吸收与耗散地震能量，节点域柱应设置加劲肋，其设置与梁上下翼缘位置对应。同时节点域柱腹板的厚度，既要求满足腹板局部稳定的规定，还需要满足节点域的抗剪规定。工字形截面柱与箱形截面柱的节点域应该按如下公式进行验算：

$$t_w \geqslant \frac{h_{b1} + h_{c1}}{90} \tag{8-7}$$

$$(M_{b1} + M_{b2})/V_p \leqslant \frac{4}{3} \frac{f_v}{\gamma_{RE}} \tag{8-8}$$

式中：M_{b1}、M_{b2}——节点域两侧梁的全塑性受弯承载力；

f_v——钢材的抗剪强度设计值，取钢材屈服强度的 0.58 倍；

γ_{RE}——节点域承载力抗震调整系数，取 0.75；

h_{b1}、h_{c1}——梁腹板高度和柱腹板高度；

t_w、V_p——柱在节点域的腹板厚度、节点域的体积。

当节点域的腹板厚度不满足式(8-7)、式(8-8)时，应该通过加厚柱腹板或贴焊补强的手段来提高腹板的稳定性与抗剪承载力。补强板的厚度及其焊缝的设计应该按传递补强板所分担剪力的要求进行设计。

3）框架柱的长细比

框架柱的长细比直接影响钢构件及结构的整体稳定性，柱的长细比越大，结构就越易发

生整体失稳。故进行抗震设计时,框架柱的长细比不宜过大,应该符合如下规定:一级不应大于 $60\sqrt{235/f_y}$,二级不应大于 $80\sqrt{235/f_y}$,三级不应大于 $100\sqrt{235/f_y}$,四级不应大于 $120\sqrt{235/f_y}$。

4）梁、柱构件的侧向支承

为提高梁与柱的稳定性,侧向支承应该符合如下要求:

（1）梁柱构件受压翼缘应该根据需要设置侧向支承。当梁上翼缘与楼板有可靠连接时,简支梁可不设置侧向支承,固端梁下翼缘在梁端 0.15 倍梁跨附近宜设置隅撑。

（2）梁柱构件出现塑性铰的截面,上下翼缘均应该设置侧向支承。梁端采用梁端扩大、加盖板或骨形连接时,应在塑性区外设置竖向加劲肋,隅撑与偏置的竖向加劲肋相连。梁端翼缘宽度较大,对梁下翼缘侧向约束较大时,也可不设隅撑。

（3）相邻两侧向支承点之间的构件长细比,应该符合《钢结构标准》中 10.4 节"容许长细比和构造要求"的规定。

4. 中心支撑

1）支撑斜杆受压承载力

中心支撑构件的力学性能与钢材材性、构件截面形状、杆件初始缺陷（初弯曲与残余应力等）、杆件长细比、板件宽厚比与构件端部约束支承条件等因素均有关。《抗震规范》规定,中心支撑框架中支撑斜杆的受压承载力验算应该符合如下要求:

$$\frac{N}{\varphi A_{br}} \leqslant \frac{\psi f}{\gamma_{RE}} \tag{8-9}$$

$$\psi = \frac{1}{1 + 0.35\lambda_n} \tag{8-10}$$

$$\lambda_n = \frac{\lambda}{\pi}\sqrt{\frac{f_y}{E}} \tag{8-11}$$

式中：N——支撑斜杆的轴向力设计值;

　　　A_{br}——支撑斜杆截面面积;

　　　φ——轴心受压构件的稳定系数;

　　　ψ——受循环荷载时的强度降低系数;

　　　λ、λ_n——支撑斜杆的长细比和正则化长细比;

　　　E——支撑斜杆材料的弹性模量;

　　　f、f_y——钢材强度设计值和屈服强度;

　　　γ_{RE}——支撑稳定破坏承载力抗震调整系数。

中心支撑的斜杆可以按照端部铰接的杆件进行计算。当斜杆轴线偏离梁柱轴线交点不超过支撑杆件的宽度时,仍然可以按中心支撑框架计算,但是应当考虑由此产生的附加弯矩。人字形支撑与 V 形支撑的地震作用组合内力设计值应当乘以增大系数,其值可取为 1.4。

此外,当人字形支撑的腹杆在大震下受压屈曲后,其承载力将下降,导致横梁在支撑处出现向下的不平衡集中力,可能引起横梁破坏与楼板下陷,并在横梁两端出现塑性铰;此不平衡集中力取受拉支撑的竖向分量减去受压支撑屈曲压力竖向分量的 30%。V 形支撑情况类似,仅当斜杆失稳时楼板不是下陷而是向上隆起,不平衡力与前种情况相反。故人字形支撑与 V 形支撑的横梁在支撑连接处应该保持连续,并且按照不计入支撑支点作用的梁验算重力荷载和支撑屈曲时不平衡力作用下的承载力;不平衡力应该按照受拉支撑的最小屈曲承载力与受压支撑最大屈曲承载力的 0.3 倍计算。必要时,人字形支撑与 V 形支撑可以沿竖向交替设置或者采用拉链柱。但顶层与出屋面房间的梁可以不执行本规定。

2) 中心支撑结构的抗震构造措施

支撑杆件在轴向往复荷载的作用下,抗压与抗拉承载力都会有不同程度的降低,并且在弹塑性屈曲后,抗压承载力的退化更为严重。长细比直接影响支撑杆件的力学性能,当杆件长细比较大时,承载力降低、刚度退化、消能能力降低;当杆件长细比较小时,则力学性能稳定、消能性能好。究其原因,长细比较大的杆件通常仅能受拉,受压性能差,受压后极易发生失稳,而长细比小的杆件则工作性能稳定、滞回曲线丰满、消能性能好。但是支撑的长细比并非越小越好,支撑长细比越小,支撑框架的刚度就会越大,其不但承受的地震作用越大,并且在某些情况下动力分析所得出的层间位移亦越大。

板件的宽厚比直接影响构件的局部屈曲,进而会影响到支撑杆件的承载力与消能能力,这是因为杆件在反复荷载作用下比单向静载作用下更加容易发生失稳。故与非抗震设防相比,有抗震设防要求时板件宽厚比的限值更加严格。另外,板件宽厚比需与支撑杆件长细比匹配,对于长细比小的支撑杆件,宽厚比应该严格一些,对长细比大的支撑杆件,宽厚比可以放宽。

《抗震规范》对中心支撑的杆件长细比与板件宽厚比限值有如下规定:

(1) 支撑的长细比,按压杆设计时,不应大于 $120\sqrt{235/f_y}$;一、二、三级中心支撑不得采用拉杆设计,四级采用压杆设计时,其长细比不应大于 180。

(2) 支撑杆件的板件宽厚比,不应大于表 8-5 规定的限值。采用节点板连接时,需注意节点板的强度和稳定。

表 8-5　钢结构中心支撑板件宽厚比限值

板 件 名 称	一级	二级	三级	四级
翼缘外伸部分	8	9	10	13
工字形截面腹板	25	26	27	33
箱形截面壁板	18	20	25	30
圆管外径与壁厚比	38	40	40	42

注:表中所列数值适用于 Q235 钢,采用其他牌号钢材应乘以 $\sqrt{235/f_y}$,圆管应乘以 $235/f_y$。

5. 偏心支撑

1) 消能梁段的设计

偏心支撑框架的设计是为了使消能梁段进入塑性状态,而其他构件仍然处于弹性状态。合理的偏心支撑框架设计是除柱脚有可能出现塑性铰外,其他塑性铰都出现于梁段上。设计时,应该使得偏心支撑框架的每根支撑至少一端与梁连接,并且在支撑与梁交点和柱之间或同一跨内另一支撑与梁交点之间形成消能梁段。

消能梁段的受剪承载力应按下列规定验算:

当 $N \leqslant 0.15Af$ 时,

$$V \leqslant \frac{\phi V_1}{\gamma_{RE}} \tag{8-12}$$

式中：V_1——腹板屈服时的剪力 $V_1 = 0.58A_w f_y$ 或梁段两端形成塑性铰时的剪力 $V_1 = 2M_{lp}/a$，取两者中较小值；$A_w = (h - 2t_f)t_w$；$M_{lp} = fW_p$。

当 $N > 0.15Af$ 时，需降低梁段的受剪承载力，以保证该梁段具有稳定的滞回性能：

$$V \leqslant \frac{\phi V_{lc}}{\gamma_{RE}} \tag{8-13}$$

式中：$V_{lc} = 0.58A_w f_y \sqrt{1 - [N/(Af)]^2}$ 或 $V_{lc} = 2.4M_{lp}[1 - N/(Af)]/a$，取两者中较小值。

式(8-12)或式(8-13)中：ϕ——系数，可取 0.9；

V、N——消能梁段的剪力设计值和轴力设计值；

V_1、V_{lc}——消能梁段的受剪承载力和考虑轴力影响的受剪承载力；

M_{lp}——消能梁段的全塑性受弯承载力；

a、h——消能梁段的净长、截面高度；

t_w、t_f——消能梁段的腹板厚度和翼缘厚度；

A、A_w——消能梁段的截面面积和腹板截面面积；

W_p——消能梁段的塑性截面模量；

f、f_y——消能梁段钢材的抗压强度设计值和屈服强度；

γ_{RE}——消能梁段承载力抗震调整系数，取 0.75。

消能梁段的屈服强度越高，则屈服后的延性越差、消能能力越小，故消能梁段的钢材屈服强度不应大于 345MPa。为使支撑斜杆能承受消能梁段的梁端弯矩，支撑与梁段的连接应设计成刚接。

2）支撑斜杆的设计

支撑斜杆的强度为

$$N_{br}\varphi A_{br} \leqslant f/\gamma_{RE} \tag{8-14}$$

式中：A_{br}——支撑的截面面积；

φ——根据支撑长细比确定的轴压构件稳定系数；

N_{br}——支撑的轴力设计值。

为了承受平面外扭转，消能梁段的上下翼缘应该设置侧向支撑，支撑轴力设计值不得小于消能梁段翼缘轴向承载力设计值的 6%，即 $0.06b_f t_f f$；与消能梁段处于同一跨内的框架梁，同样承受轴力和弯矩，为保持其稳定，偏心支撑框架梁的非消能梁段的上下翼缘，也应该设置侧向支撑，支撑轴力设计值不得小于梁段翼缘轴向承载力设计值的 2%，即 $0.02b_f t_f f$。

3）偏心支撑结构的抗震构造措施

（1）支撑杆件的长细比不应大于 $120\sqrt{235/f_y}$，支撑杆件的板件宽厚比不应超过现行《钢结构标准》规定的轴心受压构件在弹性设计时的宽厚比限值。

（2）偏心支撑框架消能梁段的钢材屈服强度不应大于 345MPa。消能梁段及与消能梁段同一跨内的非消能梁段，其板件的宽厚比不应大于表 8-6 规定的限值。

表 8-6　偏心支撑框架梁的板件宽厚比限值

板 件 名 称		宽厚比限值
翼缘外伸部分		8
腹板	$N/(Af) \leqslant 0.14$	$90[1-0.65N/(Af)]$
	$N/(Af) > 0.14$	$33[2.3-N/(Af)]$

注：表中所列数值适用于 Q235 钢,当材料为其他钢号时应乘以 $\sqrt{235/f_y}$,$N/(Af)$ 为梁轴压比。

4) 消能梁段的构造要求

为使消能梁段在反复荷载作用下具有良好的滞回性能,需采取合适的构造并加强对腹板的约束。

(1) 当 $N > 0.16Af$ 时,消能梁段的长度应符合下列规定:

当 $\rho(A_w/A) < 0.3$ 时,

$$a < \frac{1.6M_{lp}}{V_1} \tag{8-15}$$

当 $\rho(A_w/A) \geqslant 0.3$ 时,

$$a \leqslant \frac{1.6[1.15-0.5\rho(A_w/A)]M_{lp}}{V_1} \tag{8-16}$$

式中：a——消能梁段的长度；

ρ——消能梁段轴向力设计值与剪力设计值之比,即 $\rho=N/V$。

支撑斜杆轴力的水平分量成为消能梁段的轴向力,当此轴向力较大时,除降低此梁段的受剪承载力之外,还需要减少该梁段的长度,从而保证它具有良好的滞回性能。

(2) 由于腹板上贴焊的补强板不能进入弹塑性变形,故消能梁段的腹板不得贴焊补强板；腹板上开洞也会影响其弹塑性变形能力,故其不得开洞。

(3) 消能梁段与支撑斜杆的连接处,应该在梁腹板的两侧配置加劲肋,以传递梁段的剪力并防止梁腹板屈曲。加劲肋的高度应取为梁腹板高度,一侧的加劲肋宽度不应小于 $b_f/2-t_w$。厚度不应小于 $0.75t_w$ 和 10mm 的较大值。

(4) 消能梁段应按下列要求在腹板上配置中间加劲肋:

① 当 $a \leqslant 1.6M_{lp}/V_1$ 时,加劲肋间距不宜大于 $30t_w-h/5$。

② 当 $1.6M_{lp}/V_1 < a \leqslant 2.6M_{lp}/V_1$ 时,中间加劲肋的间距宜在上述两者之间线性插入。

③ 当 $2.6M_{lp}/V_1 < a \leqslant 5M_{lp}/V_1$ 时,应在距消能梁段端部 $1.5b_f$ 处配置中间加劲肋,且加劲肋间距不应大于 $52t_w-h/5$。

④ 当 $a > 5M_{lp}/V_1$ 时,可不配置中间加劲肋。

⑤ 中间加劲肋应与消能梁段的腹板等高,当消能梁段截面高度不大于 640mm 时,可配置单侧加劲肋；当消能梁段截面高度大于 640mm 时,应在两侧配置加劲肋,一侧加劲肋的宽度不应小于 $b_f/2-t_w$,厚度不应小于 t_w 和 10mm。

消能梁段腹板的中间加劲肋,需按梁段的长度区别对待,较短时为剪切屈服型,加劲肋间距小些；较长时为弯曲屈服型,需在距端部 1.5 倍的翼缘宽度处配置加劲肋；中等长度时需同时满足剪切屈服型和弯曲屈服型的要求。

　　偏心支撑的斜杆中心线与梁中心线的交点,一般在消能梁段的端部,也允许在消能梁段内,此时将产生与消能梁段端部弯矩方向相反的附加弯矩,从而减少消能梁段和支撑杆的弯矩,对抗震有利;但交点不应在消能梁段以外,因此时将增大支撑与消能梁段的弯矩,于抗震不利。

8.2.5　构件连接

1. 构件连接的抗震计算

多、高层钢结构抗侧力构件的抗震计算,应符合下列要求:

(1) 钢结构抗侧力构件连接的极限承载力应大于相连构件的屈服承载力。

(2) 钢结构抗侧力构件连接的承载力设计值,不应小于相连构件的承载力设计值;高强螺栓连接不得发生滑移,高强度螺栓滑移对钢结构连接的弹性设计是不允许的。

(3) 梁与柱刚性连接的极限承载力,应验算为

$$M_u^j \geqslant \eta_j M_p \tag{8-17}$$

$$V_u^j \geqslant 1.2(2M_p/l_n) + V_{Gb} \tag{8-18}$$

框架梁一般为弯矩控制,剪力控制的情况很少,其设计剪力应采用与梁屈服弯矩相应的剪力。式(8-18)中的系数 1.2 是考虑梁腹板的塑性变形小于翼缘的变形要求较多,当梁截面受剪力控制时,该系数宜适当加大。

(4) 支撑与框架连接和梁、柱、支撑的拼接极限承载力,应按下列公式进行验算:

支撑连接与拼接

$$N_{ubr}^j \geqslant \eta_j A_{br} f_v \tag{8-19}$$

梁的拼接

$$M_{ub,sp}^j \geqslant \eta_j M_p \tag{8-20}$$

柱的拼接

$$M_{uc,sp}^j \geqslant \eta_j M_{pc} \tag{8-21}$$

(5) 柱脚与基础的连接极限承载力,验算为

$$M_{u,base}^j \geqslant \eta_j M_{pc} \tag{8-22}$$

式中: M_p、M_{pc}——梁的塑性受弯承载力和考虑轴力影响时柱的塑性受弯承载力;

M_u^j、V_u^j——连接的极限受弯、受剪承载力;

l_n——梁的净跨;

V_{Gb}——梁在重力荷载代表值(抗震设防烈度 9 度时高层建筑尚应包括竖向地震作用标准值)作用下,按简支梁分析的梁端截面剪力设计值;

A_{br}——支撑杆件的截面面积;

N_{ubr}^j、$M_{ub,sp}^j$、$M_{uc,sp}^j$——支撑连接和拼接、梁、柱拼接的极限受压(拉)、受弯承载力;

$M_{u,base}^j$——柱脚的极限受弯承载力;

η_j——连接系数,包括了超强系数和应变硬化系数,参考日本建筑学会《钢结构连接设计指南》,按表 8-7 取值。连接系数随钢种的性能提高而递减,也随钢材的强度等级递增而递减。

表 8-7　钢结构抗震设计的连接系数

母材牌号	梁 柱 连 接		支撑连接、构件拼接		柱　　脚	
	焊接	螺栓连接	焊接	螺栓连接		
Q235	1.40	1.45	1.25	1.30	埋入式	1.2
Q345	1.30	1.35	1.20	1.25	外包式	1.2
Q345GJ	1.25	1.30	1.15	1.20	外露式	1.1

注：① 屈服强度高于 Q345 的钢材,按 Q345 的规定采用;

② 屈服强度高于 Q345GJ 的 GJ 钢材,按 Q345GJ 的规定采用;

③ 翼缘焊接腹板螺栓连接时,连接系数分别按表中连接形式取用。螺栓是指高强度螺栓,极限承载力计算时按承压型连接考虑。

2. 构件连接的构造措施

1) 梁与柱的连接

(1) 框架梁和柱的连接宜采用柱贯通型。

(2) 柱在两个互相垂直的方向均与梁刚性连接时宜采用箱形截面,并且在梁翼缘连接处设置隔板;当隔板采用电渣焊时,柱壁板的厚度不宜小于 16mm,当小于 16mm 时可以改用工字形柱或采用贯通式隔板。当柱仅在一个方向与梁刚接时,宜采用工字形截面,并且将柱腹板置于刚接框架平面内。

(3) 工字形柱(绕强轴)与箱形柱与梁刚接时(图 8-10),需符合如下规定:

① 梁翼缘和柱翼缘间应该采用全熔透坡口焊缝;一、二级时,应当检验 V 形切口的冲击韧性指标,其夏比冲击韧性在 −20℃ 时不低于 27J。

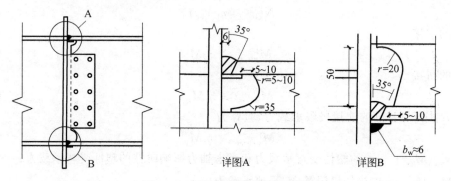

图 8-10　框架梁和柱的现场连接

② 柱在梁翼缘对应位置应该设置横向加劲肋(隔板),其厚度不应小于梁翼缘的厚度,强度与梁翼缘相同。

③ 梁腹板宜采用摩擦型高强度螺栓与柱连接板连接(经工艺试验合格能确保现场焊接质量时,可用气体保护焊进行焊接);腹板角部应该设置焊接孔,孔形应当使其端部与梁翼缘和柱翼缘间的全熔透坡口焊缝完全隔开。

④ 腹板连接板和柱的焊接,当板厚不大于 16mm 时应该采用双面角焊缝,焊缝的有效厚度需满足等强度要求,并且不小于 5mm;板厚大于 16mm 时,采用 K 形坡口对接焊缝。该焊缝宜采用气体保护焊,并且板端应该绕焊。

⑤ 一级、二级时,宜采用能将塑性铰自梁端外移的端部扩大形连接、梁端加盖板或骨形连接。

(4) 框架梁采用悬臂梁段和柱刚性连接时(图 8-11),悬臂梁段与柱应该采用全焊接连接,此时上下翼缘焊接孔的形式应相同;梁的现场拼接可以采用翼缘焊接腹板螺栓连接或全部螺栓连接。

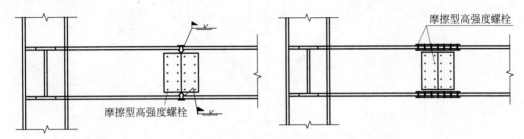

图 8-11　框架梁与柱翼缘的刚性连接

(5) 箱形柱在与梁翼缘对应位置设置的隔板,应该采用全熔透对接焊缝与壁板相连。工字形柱的横向加劲肋与柱翼缘,应该采用全熔透对接焊缝连接,与腹板可以采用角焊缝连接。

(6) 梁与柱刚性连接时,柱在梁翼缘上下各 500mm 节点范围内,柱翼缘与柱腹板间或箱形柱壁板之间的连接焊缝应该采用全熔透坡口焊缝。

2) 柱与柱的连接

钢框架宜采用工字形柱或箱形柱,箱形柱宜为焊接柱,其角部的组装焊缝应采用部分熔透的 V 形或 U 形焊缝,抗震设防时,焊缝厚度不小于板厚的 1/2,并且不应当小于 14mm。当梁与柱刚接时,在主梁上、下至少 600mm 的范围内,应当采用全熔透焊缝。

抗震设防时,柱的拼接应位于框架节点塑性区之外,并且按照等强度原则进行设计。

3) 梁与梁的连接

梁的连接主要用于柱带悬臂梁段与梁的连接,可以采用如下形式:翼缘采用全熔透焊缝连接,腹板采用摩擦型高强度螺栓连接;翼缘与腹板采用摩擦型高强度螺栓连接;翼缘与腹板则采用全熔透焊缝连接。

抗震设防时,为防止框架横梁的侧向屈曲,在节点塑性区段应该设置侧向支撑构件。因梁上翼缘与楼板连接在一起,故只需在相互垂直的横梁下翼缘上设置侧向隔撑,这样隔撑就可起到支承两根横梁的作用(图 8-12)。隔撑应当设置在距离柱轴线 1/10～1/8 梁跨处,其长细比不得大于 $130\sqrt{235/f_y}$。

侧向隔撑的轴向力计算表达式为

$$N = \frac{A_f f}{850 \sin\alpha} \sqrt{\frac{f_y}{235}} \qquad (8\text{-}23)$$

式中:A_f——梁受压翼缘的截面面积;

f——梁翼缘抗压强度设计值;

α——隔撑与梁轴线的夹角。

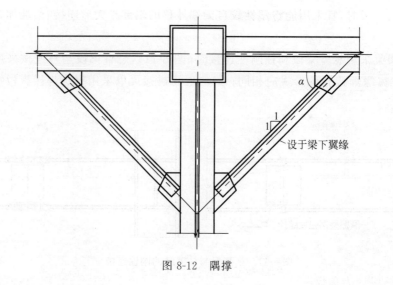

图 8-12 隅撑

4）钢柱脚与基础的连接

钢结构的刚接柱脚宜采用埋入式，亦可采用外包式；抗震设防烈度 6、7 度并且高度不超过 50m 时，亦可采用外露式。

5）中心支撑结构

中心支撑节点的抗震构造应符合下列要求：

（1）一、二、三级，支撑应采用 H 型钢制作，两端与框架可采用刚接构造，梁柱与支撑连接处应设置加劲肋。考虑到双重抗侧力体系对高层建筑抗震很重要，且梁与柱铰接将使结构位移增大，故规定一、二、三级不应铰接；一级和二级采用焊接工字形截面支撑时，其翼缘与腹板的连接宜采用全熔透连续焊缝。

（2）支撑与框架连接处，支撑杆端宜做成圆弧。

（3）梁在其与 V 形支撑或人字支撑相交处，应设置侧向支撑；该支承点与梁端支承点间的侧向长细比（λ_y）及支承力，应符合现行《钢结构标准》关于塑性设计的规定。

（4）若支撑和框架采用节点板连接，应符合现行《钢结构标准》关于节点板在连接杆件的每侧有不小于 30°的规定；一、二级时，支撑端部至节点板最近嵌固点（节点板与框架构件连接焊缝的端部）在沿支撑杆件轴线方向的距离，不应小于节点板厚度的 2 倍。支撑与节点板嵌固点保留一个小距离，可使节点板在大震时产生平面外屈曲，从而减轻对支撑的破坏。

6）偏心支撑结构

偏心支撑的轴线与消能梁段轴线的交点宜交于消能梁段的端点（图 8-13(a)），也可交于消能梁段之内（图 8-13(b)），可使支撑的连接设计更加灵活一些，但是不得将交点设置于消能梁段以外。支撑与梁的连接应该设计为刚性连接，支撑直接焊于梁段的节点连接形式十分有效。

钢框架-偏心支撑结构中，消能梁段和柱的连接应该符合如下要求：

（1）消能梁段和柱连接时，其长度不得大于 $1.6M_{lp}/V_b$，并且应该满足相关规定。

（2）消能梁段翼缘与柱翼缘之间应该设计为坡口全熔透对接焊缝连接，消能梁段腹板

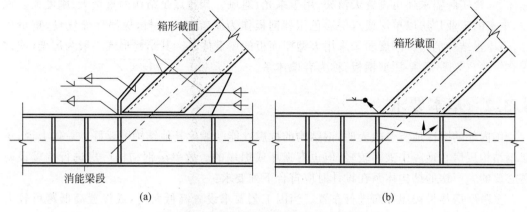

图 8-13　支撑和消能梁段轴线交点的位置
(a) 消能梁段端点；(b) 消能梁段之内

和柱之间应该设计为角焊缝(气体保护焊)连接；角焊缝的承载力不得小于消能梁段腹板的轴力、剪力与弯矩共同作用时的承载力。

（3）消能梁段与柱腹板相连时，消能梁段翼缘和横向加劲板之间应该设为坡口全熔透焊缝，其腹板和柱连接板之间应当设计为角焊缝(气体保护焊)连接；角焊缝的承载力不得小于消能梁段腹板的轴力、剪力与弯矩共同作用时的承载力。

此外，《抗震规范》规定，框架-中心支撑结构及框架-偏心支撑结构的框架部分，当房屋的高度不高于100m且框架部分按照计算分配的地震剪力不大于结构底部总地震剪力的25%时，一、二、三级抗震构造措施可以按照框架结构降低一级的相应要求取用。其他抗震构造措施，宜符合框架结构抗震构造措施相关规定。

8.3　单层钢结构厂房抗震设计

8.3.1　厂房结构体系

单层钢结构厂房的结构体系通常可分为横向结构(跨度方向)与纵向结构(柱距方向)。因工艺要求，横向结构通常为柱-梁体系或柱-屋架体系，纵向结构则为柱-联系梁-支撑体系。单层钢结构厂房也有采用柱子-网架体系的。

横向结构按照跨数可分为单跨与多跨；按照结构形式可分为排架体系与刚架体系。在排架体系中，柱脚采用刚接形式，而屋架与柱顶采用铰接形式。在刚架体系中，柱脚可以做成刚接或铰接，屋架或实腹式钢梁与柱顶刚接连接；当多跨结构采用实腹式钢梁时，钢梁与柱顶的连接允许部分刚接、部分铰接，但至少其中的两根柱子应该在柱顶与梁刚接。

纵向结构一般采用支撑-铰接框架形式，柱脚与基础按照铰接进行设计，柱子与纵向联系梁、吊车梁、支撑构件也按照铰接进行设计。在大柱距的工业厂房中，纵向通常还设有托架结构。

通常重型工业厂房的屋盖结构采用屋架-支撑-钢筋混凝土大型屋面板体系，又称为无檩体系,视实际需求还可设置天窗架,用于采光、通风。其特点是结构的重量大、刚度大。现在,更多的工业厂房以单层或双层彩色压型钢板作为屋盖覆面材料,保温性能优良,重量也轻,但屋盖结构的整体刚度弱于采用大型屋面板的屋盖体系。其结构形式一般为屋架(或实腹式钢梁)-支撑-檩条-压型钢板,称为有檩体系。

8.3.2 基本要求

国内外的多次地震经验表明,钢结构的抗震性能一般比其他结构的要好。总体上说,单层钢结构厂房在地震中破坏较轻,但也有损坏或坍塌的。故单层钢结构厂房进行抗震设防是必要的。厂房的结构体系在设计时应符合下列要求:

多跨厂房尽量按照等高进行布置。当因工艺要求设置高低跨时,或设置高低跨可较大幅度地降低建造费用与使用费用时等,厂房可布置为各跨不等高。但是,在地震中低跨屋盖高度处的惯性力会给连接高低跨的柱子施加横向作用,钢柱在设计时需要进行考虑。

厂房的横向抗侧力体系,可采用刚接框架、铰接框架、门式刚架或其他结构体系。厂房纵向抗侧力体系,抗震设防烈度 8、9 度应采用柱间支撑;6、7 度宜采用柱间支撑,也可采用刚接框架。

厂房内设有桥式吊车时,吊车梁系统的构件与厂房框架柱的连接应该能够可靠地传递纵向水平地震的作用。

屋盖应该设置完整的屋盖支撑系统。屋盖横梁与柱顶进行铰接时,宜采用螺栓连接。

单层钢结构厂房的平面、竖向布置的抗震设计要求是使结构的刚度与质量分布均匀,受力合理且变形协调。厂房各柱列的侧移刚度宜均匀。结构上相互联系的车间,其平面宜规整,平面的突然改变处往往易遭受破坏。

厂房体形复杂时,宜设置防震缝。在厂房纵横跨的交界处、大柱网厂房或不设柱间支撑的厂房,防震缝宽度可以采用 100～150mm,其他情况可以采用 50～90mm。钢结构厂房的侧向刚度小于混凝土柱厂房,其防震缝缝宽要大于混凝土柱厂房。当设置防震缝时,其缝宽不宜小于单层混凝土柱厂房防震缝宽度的 1.5 倍;当抗震设防烈度高或厂房较高时,或当厂房坐落于较软弱场地土或者有扭转效应时,需增加防震缝的宽度。

厂房内上吊车的爬梯应避开防震缝。另外,多跨厂房各跨上吊车的爬梯不应该布置在同一横向轴线的附近。爬梯的位置决定了吊车的停靠位置,若多跨厂房的吊车集中停靠在某一轴线的附近,则受地震作用时,该处惯性力将显著高于其他轴线处的框架,故应避免。

厂房的围护墙板应符合《抗震规范》13.3 节"建筑非结构构件的基本抗震措施"的相关规定。

8.3.3 抗震计算

1. 计算模型

厂房结构进行抗震计算时,根据屋盖高差与吊车的设置情况,可以分别采用单质点、双质点或多质点的结构计算模型。

不设吊车的单跨或多跨等高排架结构,通常可简化为单质点的悬臂柱(图 8-14)。不设吊车的单跨或多跨刚架等高结构,也可以简化为单质点的悬臂柱,但是在设定等效柱的抗侧刚度时,需考虑柱顶刚接梁对柱顶的约束作用。

图 8-14　单质点模型

厂房设置吊车时,吊车梁的位置受到较大的重力荷载以及水平地震作用,通常可作为双质点模型进行考虑(图 8-15)。高低跨厂房结构也可以按照类似原则进行考虑。

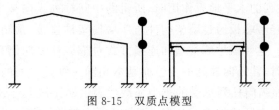

图 8-15　双质点模型

就结构刚度而言,单层钢结构厂房均可简化为简单的力学模型;但因不同跨、不同柱子上质量分布的高度与大小不一,简化为简单的力学模型进行地震作用计算时,需要考虑结构特征值的等效与惯性力作用的等效,否则会得出与实际相差较大的结果。而如今的结构分析程序或设计软件均可方便地实现多质点模型的固有频率计算、地震作用计算与内力分析,故单层钢结构厂房可按比较符合实际的情况建立多质点分析模型。当然,除前述非常简单情况之外,作为对单层钢结构厂房的定性分析与全局把握,单质点或双质点的简化模型及其计算结果,仍有现实意义。

通常设计时,单层钢结构厂房的阻尼比与混凝土柱厂房相同。考虑到轻型围护的单层钢结构厂房,在弹性状态工作的阻尼比较小,故阻尼比按屋盖与围护墙的类型进行区别对待。单层厂房的阻尼比,可依据屋盖和围护墙的类型,取 0.045～0.05。

2. 围护墙体的自重与刚度

单层钢结构厂房的围护墙类型丰富多样,围护墙的自重与刚度主要取决于类型、与厂房柱的连接,故为使厂房的抗震计算更加合理,围护墙体的自重与刚度的取值应该结合其类型,并考虑与厂房柱的连接进行确定。《抗震规范》规定,围护墙体的自重与刚度应该按照如下原则取值:

(1)轻型墙板或与柱柔性连接的预制钢筋混凝土墙板,应计入墙体的全部自重,但不应计入其刚度。

(2)柱边贴砌且与柱有拉接的砌体围护墙,应该计入其全部自重;对于与柱贴砌的普通砖墙围护厂房,除了需要考虑墙体的侧移刚度之外,尚应该考虑墙体开裂而对其侧移刚度退化的影响。当为外贴式砖砌纵墙,抗震设防烈度 7、8、9 度设防时,其等效系数分别可取 0.6、0.4、0.2。

3. 厂房的横向、纵向抗震计算

1)厂房的横向抗震计算

单层钢结构厂房的地震作用计算,应该根据厂房的竖向布置(等高或不等高)、吊车设置、屋盖类别等情况,采用能够反映出厂房地震反应特点的单质点、双质点与多质点计算模型。总体上,单层钢结构厂房地震作用计算的单元划分、质量集中等,均可参考钢筋混凝土柱厂房执行。平面规则、抗侧刚度均匀的轻型屋盖厂房,可按平面框架进行计算。等高厂房可采用底部剪力法;但是对于不等高的单层钢结构厂房,不能采用底部剪力法进行计算,而应该采用多质点模型振型分解反应谱法进行计算。

2) 厂房纵向抗震计算

采用轻型板材围护墙或者与柱柔性连接的大型墙板的厂房,可以采用底部剪力法进行计算,但是计算纵向柱列的水平地震作用时,所得的中间柱列纵向基本周期偏长,可以利用周期折减予以修正。轻型墙板通过墙架构件与厂房框架柱连接,预制混凝土大型墙板可与厂房框架柱柔性连接。这些围护墙类型和连接方式对框架柱纵向侧移的影响较小,即当各柱列的刚度基本相同时,其纵向柱列的变位亦基本相同。纵向柱列的地震作用分配原则如下:轻型屋盖可以按照纵向柱列承受的重力荷载代表值的比例进行分配;钢筋混凝土无檩屋盖可以按照纵向柱列刚度比例进行分配;钢筋混凝土有檩屋盖可以取上述两种分配结果的均值。

设置柱间支撑的柱列应当计入支撑杆件屈曲后的地震作用效应。单层钢结构厂房纵向主要通过柱间支撑来抵抗水平地震作用,是震害多发部位。在地震作用下,柱间支撑可能屈曲,也有可能不屈曲。柱间支撑处于屈曲状态或不屈曲状态,对与支撑相连的框架柱的受力差异较大,故针对支撑杆件是否屈曲的两种状态,需分别验算设置支撑的纵向柱列的受力。而目前所采用轻型围护结构的单层钢结构厂房,当风荷载较大时,柱间支撑杆件在抗震设防烈度 7、8 度也可以处于不屈曲状态。这种情况可以不进行支撑屈曲后状态的验算。

4. 厂房屋盖构件抗震计算

屋盖竖向支承桁架包括支承天窗架的竖向桁架与竖向支撑桁架等。屋盖竖向支撑桁架承受的作用包括屋盖自身地震力,并将其传递给主框架。故竖向支撑桁架的腹杆应能够承受并传递屋盖的水平地震作用,其连接的承载力应该大于腹杆的承载力,并且满足相关构造要求。屋盖的横向水平支撑、纵向水平支撑的交叉斜杆都可以按照拉杆进行设计,并且取相同的截面面积。因为屋盖水平支撑交叉斜杆,在地震的作用下,考虑受压斜杆失稳而需要按拉杆进行设计,因此其连接的承载力不应小于支撑杆的全塑性承载力。

抗震设防烈度 8、9 度时,支承跨度大于 24m 的屋盖横梁的托架系直接传递地震竖向作用的构件,应考虑屋架传来的竖向地震作用。对于厂房屋面设置荷重较大的设备等情况,不论厂房跨度大小,都应对屋盖横梁进行竖向地震作用验算。

5. 支撑与连接节点抗震计算

单层钢结构厂房的柱间支撑一般采用中心支撑。X 形柱间支撑用料省、抗震性能好,应首先考虑采用。但单层钢结构厂房的柱距,往往比单层混凝土柱厂房的基本柱距(6m)要大几倍,V 或 Λ 形也是常用的几种柱间支撑形式。柱间 X 形支撑、V 形或 Λ 形支撑应该考虑拉压杆的共同作用,其地震作用与验算可以按照拉杆进行计算,并且计及相交受压杆的影响,但是压杆卸载系数宜取值为 0.30。

交叉支撑端部的连接,对于单角钢支撑应该计入强度折减,抗震设防烈度 8、9 度时不得采用单面偏心连接;交叉支撑有一杆中断时,交叉节点板应该予以加强,其承载力不小于1.1 倍的杆件承载力。另外,支撑杆件的应力比,不宜大于 0.75。

6. 厂房结构构件连接的承载力计算

框架上柱的拼接位置应该选择弯矩较小的区域,其承载力不应该小于按照上柱两端呈全截面塑性屈服状态计算的拼接处的内力,而且不得小于柱全截面受拉屈服承载力的 0.5倍。受运输条件限制,较高厂房柱有时需在上柱拼接接长,有条件时可采用等强度拼接接长。

刚接框架屋盖横梁的拼接,当位于横梁最大应力区以外时,宜按与被拼接截面等强度设计。梁柱拼接的极限承载力验算及相应的构造措施,应针对单层刚架厂房的受力特征与遭遇强震时可能形成的极限机构进行。一般情况下,单跨横向刚架的最大应力区在梁底上柱截面,多跨横向刚架在中间柱列处也可出现在梁端截面。这是钢结构单层刚架厂房的特征。柱顶和柱底出现塑性铰是单层刚架厂房的极限承载力状态之一,故可放弃"强柱弱梁"的抗震概念。

刚接框架横梁的最大应力区,可以按照距梁端 1/10 梁净跨与 1.5 倍梁高中的较大者进行确定。实际工程中,受构件运输条件限制,梁的现场拼接往往在梁端附近,即最大应力区,此时,其极限承载力验算应与梁柱刚性连接相同。

实腹屋面梁与柱的刚性连接、梁端梁与梁的拼接,应当采用地震组合内力进行弹性阶段设计。梁柱刚性连接、梁与梁拼接的极限受弯承载力验算以及相应构造措施,应该针对单层刚架厂房的受力特征与遭遇强震时可能形成的极限机构进行,并且应该符合如下规定:

(1) 通常,可以按照《抗震规范》第 8.2.8 条关于钢结构梁柱刚接、梁与梁拼接的规定来考虑连接系数进行验算。当最大应力区在上柱时,全塑性受弯承载力应当取实腹梁、上柱两者中的较小值。

(2) 当屋面梁采用钢结构弹性设计阶段的板件宽厚比时,梁柱刚性连接和梁与梁拼接,应当能够可靠地传递抗震设防烈度地震组合内力或按上述规定进行验算。

(3) 刚接框架的屋架上弦与柱相连的连接板,在设防地震下不宜出现塑性变形。

柱间支撑与构件的连接,不应小于支撑杆件塑性承载力的 1.2 倍。

8.3.4　构造措施

1. 屋盖的构造措施

屋盖支撑系统的布置与构造应当满足如下功能要求:保证屋盖的整体性与屋盖横梁平面外的稳定性,保证屋盖与山墙水平地震作用传递路线的合理简洁,而且不中断。

无檩屋盖的支撑布置,宜符合表 8-8 的要求。一般情况下,屋盖横向支撑应对应于上柱柱间支撑布置,故其间距取决于柱间支撑间距。无檩屋盖(重型屋盖)是指通用的 1.5m×6.0m 预制大型屋面板。大型屋面板与屋架的连接需保证三个角点牢固焊接,才能起到上弦水平支撑的作用。

屋架的主要横向支撑应设置在传递厂房框架支座反力的平面内,即当屋架为端斜杆上承式时，应以上弦横向支撑为主；当屋架为端斜杆下承式时，以下弦横向支撑为主。当主要横向支撑设置在屋架的下弦平面区间内时，宜对应地设置上弦横向支撑；当采用以上弦横向支撑为主的屋架区间内时，一般可不设置对应的下弦横向支撑。

表 8-8　钢结构厂房无檩屋盖的支撑布置

支 撑 名 称			抗震设防烈度		
			6、7 度	8 度	9 度
屋架支撑	上、下弦横向支撑		屋架跨度小于 18m 时同非抗震设计；屋架跨度不小于 18m 时，在厂房单元端开间各设一道	厂房单元端开间及上柱支撑开间各设一道；天窗开洞范围的两端各增设局部上弦支撑一道；当屋架端部支承在屋架上弦时，其下弦横向支撑同非抗震设计	
	上弦通长水平系杆			在屋脊处、天窗架竖向支撑处、横向支撑节点处和屋架两端处设置	
	下弦通长水平系杆			屋架竖向支撑节点处设置；当屋架与柱刚接时，在屋架端节间处按控制下弦平面外长细比不大于 150 设置	
	竖向支撑	屋架跨度小于 30m	同非抗震设计	厂房单元两端开间及上柱支撑各开间屋架端部各设一道	同 8 度，且每隔 42m 在屋架端部设置
		屋架跨度大于或等于 30m		厂房单元的端开间，屋架 1/3 跨度处和上柱支撑开间内的屋架端部设置，并于上、下弦横向支撑相对应	同 8 度，且每隔 36m 在屋架端部设置
纵向天窗架支撑	上弦横向支撑		天窗架单元两端开间各设一道	天窗架单元端开间及柱间支撑开间各设一道	
	竖向支撑	跨中	跨度不小于 12m 时设置，其道数与两侧相同	跨度不小于 9m 时设置，其道数与两侧相同	
		两侧	天窗架单元端开间及每隔 36m 设置	天窗架单元端开间及每隔 30m 设置	天窗架单元端开间及每隔 24m 设置

有檩屋盖的支撑布置，宜符合表 8-9 的要求。有檩屋盖（轻型屋盖）主要是指彩色涂层压型钢板、硬质金属面夹芯板等轻型板材与高频焊接薄壁型钢檩条组成的屋盖。在轻型屋盖中，高频焊接薄壁型钢等型钢檩条一般都可兼作上弦系杆，故在表 8-9 中未列入。

对于有檩屋盖，宜将主要横向支撑设置在上弦平面，水平地震作用通过上弦平面传递，相应的，屋架亦应采用端斜杆上承式。在设置横向支撑开间的柱顶刚性系杆或竖向支撑、屋面檩条应加强，使屋盖横向支撑能通过屋面檩条、柱顶刚性系杆或竖向支撑等构件可靠地传递水平地震作用。但是当采用下沉式横向天窗时，应该在屋架下弦平面设置封闭的屋盖水平支撑系统。

表 8-9 钢结构厂房有檩屋盖的支撑系统布置

支 撑 名 称		抗震设防烈度		
		6、7 度	8 度	9 度
屋架支撑	上弦横向支撑	厂房单元端开间及每隔 60m 各设一道	厂房单元端开间及上柱柱间支撑开间各设一道	同 8 度，且天窗开洞范围的两端各增设局部上弦横向支撑一道
	下弦横向支撑	同非抗震设计；当屋架端部支承在屋架下弦时，同上弦横向支撑		
	跨中竖向支撑	同非抗震设计		屋架跨度大于或等于 30m 时，跨中增设一道
	两侧竖向支撑	屋架端部高度大于 900mm 时，厂房单元端开间及柱间支撑开间各设一道		
	下弦通长水平系杆	同非抗震设计	屋架两端和屋架竖向支撑处设置；与柱刚接时，屋架端节间处按控制下弦平面外长细比不大于 150 设置	
纵向天窗架支撑	上弦横向支撑	天窗架单元两端开间各设一道	天窗架单元两端开间及每隔 54m 各设一道	天窗架单元两端开间及每隔 48m 各设一道
	两侧竖向支撑	天窗架单元端开间及每隔 42m 各设一道	天窗架单元端开间及每隔 36m 各设一道	天窗架单元端开间及每隔 24m 各设一道

当轻型屋盖采用实腹屋面梁、柱刚性连接的刚架体系时，屋盖水平支撑可以布置在屋面梁的上翼缘平面。屋面梁下翼缘应当设置隅撑侧向支承，隅撑的另一端可以与屋面檩条连接。屋盖横向支撑、纵向天窗架支撑的布置可以参照表 8-8 或表 8-9 的要求进行。

屋盖纵向水平支撑的布置，尚应符合如下规定：

（1）当采用托架支承屋盖横梁的屋盖结构时，应该沿厂房单元全长设置纵向水平支撑。

（2）对于高低跨厂房，在低跨屋盖横梁端部支承部位，应该沿屋盖全长设置纵向水平支撑。

（3）纵向柱列局部柱间采用托架支承屋盖横梁时，应该沿托架的柱间以及向其两侧至少各延伸一个柱间设置屋盖纵向水平支撑。

（4）当设置沿结构单元全长的纵向水平支撑时，应该与横向水平支撑形成封闭的水平支撑体系。多跨厂房屋盖纵向水平支撑的间距不宜超过 2 跨，且不得超过 3 跨；高跨与低跨宜按照各自的标高组成相对独立的封闭支撑体系。

支撑杆宜采用型钢；设置交叉支撑时，支撑杆的长细比限值取为 350。

2. 柱、梁的构造措施

单层钢结构厂房的最大柱顶位移限值、吊车梁顶面标高处的位移限值，一般已可控制出现长细比过大的柔韧厂房。但结合我国现行钢结构设计标准的规定与设计习惯，按轴压比大小对厂房框架柱的长细比限值适当调整。厂房框架柱的长细比，轴压比小于 0.2 时不宜大于 150；轴压比不小于 0.2 时，不宜大于 $120\sqrt{235/f_y}$。

梁、柱的板件宽厚比，是保证厂房框架延性的关键指标，也是影响单位面积耗钢量的关键指标。厂房框架柱、梁的板件的宽厚比，应符合如下要求：

（1）重屋盖厂房，板件宽厚比限值可以按照表 8-4 的规定进行选取，抗震设防烈度 7、8、9 度的抗震等级可以分别按照四、三、二级采用。

（2）轻屋盖厂房，塑性消能区板件宽厚比限值可以根据其承载力的高低按照性能目标进行确定。塑性消能区之外的板件宽厚比限值，可以参考《钢结构标准》弹性设计阶段的板件宽厚比限值。腹板的宽厚比，可以通过设置纵向加劲肋予以减小。

柱脚应能可靠地传递柱身的承载力，可以采用埋入式、插入式或者外包式柱脚，抗震设防烈度 6、7 度时也可以采用外露式柱脚。柱脚设计时应当符合如下要求：

（1）实腹式钢柱采用埋入式、插入式柱脚的埋入深度，应当通过计算确定，并且不得小于钢柱截面高度的 2.5 倍。

（2）格构式柱采用插入式柱脚的埋入深度，应当通过计算确定，其最小插入深度不得小于单肢截面高度（或外径）的 2.5 倍，并且不得小于柱总宽度的 0.5 倍。

（3）当采用外包式柱脚时，实腹 H 形截面柱的钢筋混凝土外包高度不宜小于 2.5 倍的钢结构截面高度，箱形截面柱或圆管截面柱的钢筋混凝土外包高度不宜小于 3.0 倍的钢结构截面高度或圆管截面直径。外包式柱脚的力学性能主要取决于外包钢筋混凝土的力学性能。故外包短柱的钢筋应予以加强，特别是顶部箍筋，并且确保外包混凝土的厚度。

（4）当采用外露式柱脚时，柱脚承载力不宜小于柱截面塑性屈服承载力的 1.2 倍。当柱脚承受的地震作用大时，采用外露式不经济，也不合适。采用外露式柱脚时，与柱间支撑连接的柱脚，不论计算是否需要，都必须设置剪力键，以可靠抵抗水平地震作用。

3. 柱间支撑的构造措施

柱间支撑对整个厂房的纵向刚度、频率以及塑性铰部位均有影响，抗震设计时应符合如下要求：

（1）屋盖平面内，应设置横向水平支撑。屋盖平面内的横向水平支撑不仅是减少实腹式钢梁或钢屋架弦杆平面外计算长度所必需的，也是将屋盖平面内的水平地震作用有效地传递至钢柱所必需的。采用钢屋架的结构中，必要时应设置竖向支撑，竖向支撑保持屋架高度范围内的稳定性，同时将屋架上弦的地震水平作用传递至柱子。

采用钢屋架的屋盖结构，如遇下列情况，还需要布置纵向水平支撑：屋架间距大于或等于 12m 时；厂房内有特重级桥式吊车、壁行吊车或双层桥式吊车时；有超重量较大的中级或重级工作制吊车时；厂房内有较大振动设备时；要求厂房具有较大空间刚度时；设有托架时，在托架处局部设置纵向支撑。一般情况下，纵向水平支撑布置在屋架下弦平面内。单跨结构沿厂房纵向两侧各布置一道；多跨结构则布置数道。

（2）纵向结构平面内，无特殊原因的应设置柱间支撑。纵向平面长度大，可能有较大吨位的吊车运行，为减少不均匀沉降等引起的不利影响，设计时力图减少超静定次数，纵向杆件如吊车梁、联系梁等与柱的连接多采用铰接连接；厂房柱的强轴弯曲方向一般在横向框架平面内，纵向是抗弯刚度的弱轴方向，该方向柱脚也就通常按铰接处理，所以支撑系统是该方向有效抵抗水平地震作用所必需的。只有当条件限制确实无法采用支撑时，才考虑通过刚性框架的方式抵抗地震作用，且仅限于 6、7 度区。

有吊车的厂房，应在厂房纵向结构的单元中部设置上下柱间支撑，并应在单元两端设上柱支撑；采用轻质屋盖和墙板的厂房，温度应力一般不会成为控制因素，如有需要，端部单元也可设置下柱支撑。抗震设防烈度 7 度时，结构单元长度大于 120m，或 8、9 度时单元长度大于 90m 时（采用轻型围护材料时为 120m），宜在单元中部 1/3 区段内设置两道上下柱支撑。

（3）柱间支撑杆件的长细比限值，应当符合《钢结构标准》的规定。

（4）柱间支撑宜采用整根型钢，当热轧型钢超过材料最大长度规格时，可以采用拼接等强接长。

8.4　多层钢结构厂房抗震设计

8.4.1　厂房结构体系

多层钢结构房屋一般采用框架体系与框架-支撑体系。根据工程情况可以设置或不设置地下室，当设置地下室时，房屋一般较高，钢结构宜延伸至地下室。

框架-支撑结构体系的竖向支撑宜采用中心支撑，有条件时也可以采用偏向支撑等消能支撑。中心支撑宜采用交叉支撑，也可以采用人字形支撑或单斜杆支撑，采用单斜杆支撑时，应符合有关规定。厂房的支撑宜布置在荷载较大的柱间，并且在同一柱间上下贯通；当条件限制必须错开布置时，应该在紧邻柱间连续布置，并宜适当增加相近楼层、屋面的水平支撑或柱间支撑搭接一层，确保支撑承担的水平地震作用可靠传递至基础。有抽柱的结构，应该适当增加相近楼层、屋面的水平支撑，并且在相邻柱间设置竖向支撑。当各榀框架的侧向刚度相差较大且柱间支撑布置不规则时，采用钢铺板的楼盖，应该设置楼盖水平支撑。

框排架结构应该设置完整的屋盖支撑，排架的屋盖横梁与多层框架的连接支座的标高，宜与多层框架相应楼层标高一致，并且应该沿单层与多层相连柱列全长设置屋盖纵向水平支撑；高跨与低跨宜按各自的标高组成相对独立的封闭支撑体系。

厂房的楼盖宜采用现浇混凝土的组合楼板，亦可以采用装配整体式楼盖或钢铺板，混凝土楼盖应与钢梁有可靠的连接，当楼板开设孔洞时，应该有可靠的措施保证楼板传递地震的作用。

多层民用房屋尚可采用装配式楼板或其他轻型楼盖，但是应该将楼板预埋件与钢梁焊接，或者采取其他保证楼盖整体性的措施。

8.4.2　基本要求

（1）多层钢结构厂房抗震设计时，应该尽量使厂房的体形规则、均匀、对称，刚度中心与质量中心应尽量重合；厂房的竖向布置应避免质量与刚度沿高度突变，从而可保证厂房结构沿竖向变形协调并且受力均匀。

（2）平面形状复杂、各部分构架高度差异大或者楼层荷载相差悬殊时，应该设置防震缝或者采取其他措施。当设置防震缝时，缝宽不应小于相应混凝土结构房屋的 1.5 倍。

（3）重型设备宜低位布置。

（4）当设备重量直接由基础承受，并且设备竖向需要穿过楼层时，厂房楼层应该与设备分开。设备与楼层之间的缝宽，不得小于防震缝的宽度。

（5）楼层上的设备不应该跨越防震缝布置；当运输机、管线等长条设备必须穿越防震缝布置时，设备应该具有适应地震时结构变形的能力或者防止断裂的措施。

（6）厂房内的工作平台结构与厂房框架结构宜采用防震缝脱开布置。当与厂房结构连接成整体时，平台结构的标高宜与厂房框架的相应楼层标高一致。

8.4.3　抗震计算

1. 地震作用计算与作用效应

对多层钢结构进行抗震验算时，一般只需考虑水平地震作用，并在结构的两个主轴方向分别验算，各方向的水平地震作用应该全部由该方向的抗震构件承担。水平地震作用可以采用底部剪力法或者振型分解反应谱法进行计算。计算时，在多遇地震作用下，阻尼比可以采用 0.03～0.04；在罕遇地震作用下，阻尼比可采用 0.05。

计算地震作用时，重力荷载代表值的计算除了和多层钢结构房屋一样，应取结构与构配件自重标准值和各可变荷载组合值之和外，还应该根据行业的特点，考虑楼面的检修荷载、成品或原料堆积楼面荷载、设备与料斗及管道内的物料等，并且采用相应的组合值系数进行计算。

震害调查表明，设备或材料的支撑结构破坏将危及下层的设备与人身安全，故直接支撑设备与料斗的构件及其连接，除振动设备计算动为荷载之外，还应该计入其重力支撑构件及其连接的地震作用。设备与料斗对支撑构件及其连接的水平地震作用，按照下式进行确定：

$$F_s = \alpha_{\max}\left(1.0 + \frac{H_x}{H_n}\right)G_{eq} \tag{8-24}$$

式中：F_s——设备或料斗重心处的水平地震作用标准值；

$\alpha_{\max}$——水平地震影响系数最大值；

G_{eq}——设备或料斗的重力荷载代表值；

H_x——基础至设备或料斗重心的距离；

H_n——基础底部至建筑物顶部的距离。

此水平地震作用对支撑构件产生的弯矩、扭矩，取设备或者料斗重心至支撑构件形心距计算。

2. 构件与节点的抗震承载力验算

根据式（8-1）～式（8-6）验算节点左右梁端与上下柱端的全塑性承载力时，框架柱的强柱系数，一级与地震作用控制时，取 1.25；二级与 1.5 倍地震作用控制时，取 1.20；三级与 2 倍地震作用控制时，取 1.0。

下列情况可不满足式（8-1）～式（8-6）的要求：

（1）单层框架的柱顶或多层框架顶层的柱顶。

（2）不满足式（8-1）～式（8-6）的框架柱沿验算方向的受剪承载力总和小于该楼层框架受剪承载力的 20%；并且该楼层每一柱列不满足式（8-1）～式（8-6）的框架柱的受剪承载力总和小于本柱列全部框架柱受剪承载力总和的 33%。

柱间支撑杆件设计内力与其承载力设计值之比不宜大于 0.8；当柱间支撑承担不小于 70% 的楼层剪力时，不宜大于 0.65。

8.4.4 构造措施

1. 框架柱、支撑的长细比与构件的板件宽厚比

多层厂房框架柱的长细比不宜大于 150；当轴压比大于 0.2 时，不宜大于 $125[1-0.8N/(Af)]\sqrt{235/f_y}$。多层框架部分的柱间支撑，宜与框架横梁组成 X 形或其他有利于抗震的形式，其长细比不宜大于 150。

多层厂房框架柱的板件宽厚比，对单层部分和总高度不大于 40m 的多层部分，可按单层钢结构厂房的规定执行；多层部分总高度大于 40m 时，可按表 8-10 的规定执行。柱间支撑杆件的宽厚比应该符合单层钢结构厂房的要求。

表 8-10 有檩屋盖的支撑系统布置

抗震等级	一	二	三	四
长细比	60	80	100	120

注：表中所列数值适用于 Q235 钢，其他牌号应乘以 $\sqrt{235/f_y}$。

2. 框架梁、柱的翼缘

框架梁、柱的最大应力区，不得突然改变翼缘截面，其上下翼缘均应该设置侧向支撑，此支承点与相邻支承点之间应符合《钢结构标准》中塑性设计的有关要求。

3. 框架梁的拼接

框架梁采用高强度螺栓摩擦型拼接时，其位置宜避开最大应力区（1/10 梁净跨和 1.5 倍梁高的较大值）。梁翼缘拼接时，在平行于内力方向的高强度螺栓不宜少于 3 排，拼接板的截面模量应大于被拼接截面模量的 1.1 倍。

4. 厂房柱脚

厂房柱脚应该能够保证传递柱的承载力，宜采用埋入式、插入式或外包柱脚，并按单层钢结构厂房的规定执行。

习题

1. 钢结构房屋在地震中有何破坏特点？并分析其原因。
2. 在多高层钢结构的抗震设计中，为何宜采用多道抗震防线？
3. 偏心支撑框架体系有何优缺点？
4. 钢结构抗震计算时，阻尼比如何确定？
5. 高层钢结构在第一阶段设计和第二阶段设计验算中，阻尼比有何不同？为什么？
6. 钢结构抗震设计中，"强柱弱梁"的设计原则是如何实现的？
7. 支撑长细比大小对钢结构的动力反应有何影响？

8. 多遇地震作用下,支撑斜杆的抗震验算如何进行?

9. 抗震设防的多高层钢结构连接节点最大承载力应该满足什么要求?

10. 梁的侧向隔撑有什么作用? 应当如何进行设计?

11. 单层钢结构厂房抗震设计时,围护墙的自重和刚度应如何取值?

12. 单层厂房质量集中的原则是什么?

13. 什么情况下可不进行厂房横向和纵向的截面抗震验算?

14. 单层厂房横向抗震计算一般采用什么计算模型?

15. 多层钢结构厂房的结构体系应满足哪些要求?

第9章

桥梁结构抗震设计

9.1 桥梁震害

9.1.1 震害现象

据统计,世界上由于地震灾害而毁坏的桥梁数量远多于风振、船撞等其他原因而破坏的桥梁。国内外学者与地震工作者十分重视震害给桥梁结构带来的破坏,桥梁抗震设计理论发展的历史也是人类对桥梁震害认识的历史。

桥梁震害多反映在结构的各个部位,主要包括桥梁上部结构、支座及伸缩装置、下部结构和基础的破坏。

1. 上部结构的破坏

桥梁上部结构由于受到墩台、支座等的隔离作用,在地震中直接受惯性力作用而破坏的实例较少。由于下部结构破坏而导致上部结构破坏,则是桥跨结构破坏的主要形式,其常见的形式有以下几种。

(1)墩台位移使梁体由于预留搁置长度偏少或支座处抗剪承载力不足,使得桥跨的纵向位移超出支座长度而引起落梁破坏,这是最为常见的桥梁震害之一。例如,1976年唐山大地震中,滦河桥35孔22m跨径的混凝土T形简支梁桥,就有23孔落梁,均为活动支承端落下河床,固定端仍搁置在残墩上。简支钢桥也有同样的遭遇,美国旧金山奥克兰海湾桥在地震中也发生了落梁破坏,尽管桥上的活动支座处安装了约束螺栓,但仍难以抵抗纵向的相对位移,如图9-1所示。1995年日本阪神大地震中,西宫港大桥钢系杆拱主跨(跨径252m)的东连接第一跨引桥脱落,为支座连接构件失效引起,如图9-2所示。

(2)桥墩部位两跨梁端相互撞击的破坏,特别是用活动支座隔开的相邻桥跨结构的运动可能是异相的,这就增加了撞击破坏的机会。1999年中国台湾集集地震中,东丰大桥曾发生梁端相互撞击而导致的梁端混凝土的压碎与剥落。

(3)由于地基失效引起的上部结构震害。强烈地震中的地裂缝、滑坡、泥石流、砂土液化、断层等地质原因,均会导致桥梁结构破坏;地基液化会使基础丧失基本的稳定性和承载力,软土通常会放大结构的振动反应使落梁受损的可能性增加,断层、滑坡和泥石流更是撕裂桥跨的直接原因。

图 9-1　美国旧金山奥克兰海湾桥在地震中落梁　　　　图 9-2　日本阪神大地震中西宫港大桥连接跨落梁

（4）墩柱失效引起的落梁破坏。由于墩台延性设计不足导致桥梁倒塌的现象屡见不鲜。例如，中国台湾集集地震中，名竹桥由于桥墩严重倾斜或折断引起的落梁。另一典型的事例是在日本阪神大地震中，日本阪神高速公路一座高架桥共有 18 根独柱墩同时被剪断，致使 500m 左右长的梁体向一侧倾倒。

2. 支座及伸缩装置的破坏

桥梁支座通常被认为是桥梁结构体系中抗震性能较薄弱的部位，历次大地震中，支座的震害都较为普遍。例如，1995 年日本阪神大地震中，支座损坏的比例达到调查总数的 28%。支座的破坏形式一般表现为支座位移，锚固螺栓拔出、剪断，活动支座脱落以及支座本身构造上的破坏等。其主要原因是支座设计没有充分考虑抗震的要求，连接与支挡等构造措施不足，以及某些支座形式和材料本身的缺陷。

支座的破坏会引起结构的传力路径改变，甚至是中断，从而对其他结构部位的抗震产生影响，严重的则会导致落梁，进一步加重结构震害。因此，支座的震害需要特别关注。另外，地震中伸缩装置的破坏也很常见。

在我国，板式橡胶支座在公路桥梁中的应用非常广泛，而在 2008 年的汶川地震中，这种支座的震害现象非常多见，主要表现为移位震害，如图 9-3 所示。由于板式橡胶支座一般直

(a)　　　　　　　　　　　　　　　　　　(b)

图 9-3　汶川地震板式橡胶支座的移位震害

(a) 滑出垫石外；(b) 支座脱落

接放置在支座垫石上,然后将主梁直接放置在支座之上,支座与主梁以及垫石之间缺少必要的锚固连接,因此,支座与主梁以及垫石之间的水平抗力主要依赖接触面的摩擦力,在地震作用下,大量支座产生移位震害,其中相当一部分甚至滑出垫石外,造成支座脱落。

此外,当支座与上部结构之间的连接强度不足或者支座自身强度不足时,也会发生相应的锚固破坏或构造破坏,如图 9-4、图 9-5 所示。

图 9-4 汶川地震盆式橡胶支座震害   图 9-5 日本阪神大地震辊轴支座辊轴脱落

3.下部结构和基础的破坏

下部结构和基础遭到严重破坏时会引起桥梁倒塌,并在震后难以修复使用。除了地基毁坏的情况,桥梁墩台和基础的震害是由于受到较大的水平地震力,瞬时反复振动在相对薄弱的截面产生破坏而引起的。

桥梁结构中普遍采用钢筋混凝土墩柱,其破坏形式主要有弯曲破坏和剪切破坏。弯曲破坏是延性的,多表现为开裂、混凝土剥落压溃、钢筋裸露和弯曲等,并会产生很大的塑性变形;剪切破坏是脆性的,伴随着强度和刚度的急剧下降,较高柔的桥墩多为弯曲型破坏,矮粗的桥墩多为剪切破坏;介于两者之间的,为混合型破坏。另外,桥梁墩柱的基脚破坏也是一种可能的破坏形式。

1) 墩柱的弯曲破坏

桥梁墩柱的弯曲破坏较为常见,在历次的大地震中都不少发生,究其原因,主要是约束箍筋配置不足、纵向钢筋的搭接或焊接不牢等引起的墩柱的延性不足。

图 9-6 所示为日本阪神大地震中,阪神高速线上一个墩柱发生弯曲破坏,从而引起桥梁严重倒塌的震害实例。这一震害现象主要是由于约束箍筋不足,以及纵向主筋的焊接接头破坏引起的。

图 9-7 所示为 2008 年汶川地震中龙尾大桥的墩柱震害,可见框架式桥墩在柱顶部出现的塑性铰,产生较大变形致使桥墩发生严重倾斜。

2) 墩柱的剪切破坏

桥梁墩柱的剪切破坏也是十分常见的。由于剪切破坏是脆性的,往往会造成墩柱以及上部结构的倒塌,震害较为严重。

图 9-6　日本阪神大地震墩柱倒塌

图 9-7　龙尾大桥地震墩柱震害

图 9-8 所示为 2008 年汶川地震中百花大桥的墩柱弯剪混合破坏实例,破坏的主要原因是墩柱的箍筋配置不足;图 9-9 所示为 2008 年汶川地震中小鱼洞大桥的桁架拱构件剪切破坏。

图 9-8　汶川地震百花大桥墩柱弯曲破坏

图 9-9　汶川地震小鱼洞大桥的桁架拱
构件剪切破坏

3)墩柱的基脚破坏

墩柱基脚的震害比较少见,一旦出现,则可能导致墩梁倒塌的严重后果。桥梁墩柱震害中除了混凝土墩柱震害外还有钢桥墩的震害,图 9-10 为日本阪神大地震中的钢桥墩震害。

4)框架墩的震害

城市高架桥中常见的框架墩,在地震中也有不少震害的例子。在 1989 年美国洛马·普里埃塔地震中,就出现了大量框架墩毁坏的实例;在 1995 年日本阪神大地震中,经过大阪、神户两市的新干线铁路高架桥的框架桥墩也多处发生断裂和剪切破坏。

图 9-10　日本阪神大地震矩形
钢桥墩被压溃

框架墩的震害主要表现为:盖梁的破坏、墩柱的破坏以及节点的破坏。盖梁的破坏形式主要有:剪切强度不足(当地震力和重力叠加时)引起的剪切破坏,盖梁负弯矩钢筋的过早截断引起的弯曲破坏,以及盖梁钢筋的锚固长度不够引起的破坏。墩柱的破坏形式与其他墩柱类似,而节点的破坏主要是剪切破坏。图9-11为2008年汶川地震中百花大桥一个框架墩在系梁与墩柱节点区域发生破坏的实例,系梁端部和墩柱局部发生剪切破坏。图9-12为1995年日本阪神大地震中钢框架墩桩的震害。

图9-11　汶川地震百花大桥墩柱
连梁节点区域震害

图9-12　日本阪神大地震钢框架墩柱
局部失稳变形破坏

5) 桥台的震害

在历年的地震中,桥台的震害较为常见。除了地基丧失承载力(如砂土液化)等引起的桥台滑移外,桥台的震害主要表现为台身与上部结构(桥梁)的碰撞破坏,以及桥台向后倾斜。图9-13是1999年中国台湾集集地震中桥台向后倾斜的震害实例,这一震害和桥台后填土的不够密实有关。

6) 基础的震害

桥梁基础破坏是国内外许多地震的重要震害现象之一。大量震害资料表明:地基失效(如土体滑移和砂土液化)是桥梁基础产生震害的主要原因。例如,在1964年美国的阿拉斯加地震和日

图9-13　中国台湾集集地震桥台的震害

本的新潟地震,以及1975年中国的海城地震和1976年的中国唐山地震中,都有大量地基失效引起桥梁基础震害的实例。需要指出的是,桩基震害有极大的隐蔽性,许多桩基的震害是通过上部结构的震害体现出来的。

9.1.2　震害分析

1. 地裂缝

由于地下断层错动在地表上形成构造地裂缝,或由于地表土质松软及不同地貌在地震作用下而形成重力地裂缝。前者的走向与地下断裂带的走向一致,带长可延续几公里甚至几十公里;后者的规模较小且走向与地下断裂带走向无直接关系。地裂缝是使路面产生开裂、路基破坏的重要原因之一;此外对土质松软的地层或密度小的地基,在地震时会产生塌陷,从而造成路面下沉及桥梁墩台倾斜、沉陷等;地基不均匀下沉也是导致桥梁破坏的重

要原因之一。

2. 地基失稳或失效

地基或土坡失稳会造成滑坡塌方现象,特别是山区公路地基及河岸更容易产生此类现象。当此类现象发生时,会造成路基路面断裂,桥台向河心滑动而导致桥梁破坏。

3. 结构布局不合理

在地震中发生破坏的某些桥梁,其结构布局不合理,导致结构受力不均衡,从而形成某些薄弱环节,引发震害。

4. 结构强度不足

前述震害,均发生在高烈度地区,其中有些桥梁设计上没有考虑抗震设防,有些虽然有所考虑,但对地震作用的大小估计不足,致使桥梁产生强度破坏,产生裂缝、断裂、倒塌等现象。

5. 结构丧失整体稳定性

桥梁的上、下部结构通过支座连接,采用的支座大多不适应抗震要求。地震时,桥梁结构先是上下跳动,然后左右摇晃,活动支座首先脱落、固定支座销钉剪断,因此桥梁的上、下部结构之间的相互联系被破坏,丧失了结构的整体稳定性。

9.2　抗震设计原则

9.2.1　基本要求

通过研究历次桥梁震害,总结以下在桥梁抗震设计时应遵循的原则。

1) 选择对抗震有利的地段布设线路和选定桥位

根据工程需要和工程地质的有关资料,综合评价地震活动情况,选择公路工程建设场地。选择场地以有利地段为宜,尽量避开不利地段及危险地段。

对抗震有利的地段,如坚硬土或开阔、平坦、均匀、密实的中硬土等地段;不利地段,如孤突的山梁、软弱黏性土及可液化土层、高差较大的台地边缘等地段;危险地段,是指发震断层及其邻近地段和地震时可能发生大规模滑坡、崩塌等不良地质地段。

路线及桥位宜避开如下地段:地震时可能发生滑坡、崩塌的地段;地震时可能倒塌而严重中断公路交通的各种构造物;地震时可能塌陷的暗河、岩洞等岩溶地段和地下已采空的矿穴地段;河床内基岩具有倾斜河槽的构造软弱面被深切河槽所切割的地段等。

当桥位无法避开发震断层时,宜将全部墩台布置在断层的同一盘(最好是下盘)上。

对河谷两岸在地震时可能发生滑坡、崩塌而造成堵河成湖的地方,应估计其淹没和堵塞体溃决的影响范围,合理确定路线的标高和选定桥位。当可能因发生滑坡、崩塌而改变河流方向,影响岸坡和桥梁墩台以及路基的安全时,应采取适当的防护措施。

2) 避免或减轻在地震影响下因地基变形或地基失效造成的破坏

地震作用会使土的力学性质发生变化,特别是使一些土的承载力降低。例如,松散的饱和砂土液化,会造成地基失效,使桥梁基础严重位移和下沉,严重的会导致桥梁垮塌。另外,地基变形的影响也不容忽视。

一般来说,最好避开地震时可能发生地基失效的松软场地。基岩、坚实的碎石类地基、硬黏土地基是理想的桥址场地;而饱和松散粉细砂、人工填土和极软的黏土地基或不稳定的坡地及其影响范围内的场地都是抗震不利地段。

在地基稳定的条件下,还应考虑结构与地基的振动特性,力求避免共振影响;在软弱地基上,设计时应采用深基础,并重视基础的抗震设计。

3) 基于减轻震害和便于修复(抢修)的原则,确定合理的设计方案

在确定路线的总走向和主要控制点时,应尽量避开基本烈度较高的地区和震害危险性较大的地段;在路线设计中,要合理利用地形,正确掌握标准,尽量采用浅挖低填的设计方案,以减少对自然平衡条件的破坏。

对于地震区的桥型选择,一般按下列几个原则进行:加强地基的调整和处理,以减小地基变形和防止地基失效;尽量减轻结构的自重和降低其重心,以减小结构物的地震作用和内力,提高稳定性;力求使结构物的质量中心与刚度中心重合,以减小在地震中因扭转引起的附加地震作用;应协调结构物的长度和高度,以减小各部分不同性质的振动所造成的危害作用。

4) 提高结构构件的强度和延性,避免脆性破坏

桥梁墩柱应具有足够的延性,以利用塑性铰消能。但要充分发挥预期塑性铰部位的延性能力,必须防止墩柱发生脆性的剪切破坏。

此外,在桥梁抗震设计中,还要加强桥梁结构的整体性,在设计中提出保证施工质量的要求和措施等。

9.2.2 设防要求

《公路桥梁抗震设计细则》(简称《桥梁抗震》)将桥梁抗震设防类别分为A、B、C类和D类。各抗震设防类别桥梁的抗震设防目标应符合表9-1的规定。一般情况下,桥梁抗震设防分类应根据各桥梁抗震设防类别的适用范围按表9-2的规定确定。但对抗震救灾以及在经济、国防上具有重要意义的桥梁或破坏后修复(抢修)困难的桥梁,可按国家批准权限,报请批准后,提高设防类别。

表 9-1 各设防类别桥梁的抗震设防目标

桥梁抗震设防类别	设防目标	
	E1 地震作用	E2 地震作用
A 类	一般不受损坏或不需要修复可继续使用	可发生局部轻微损伤,不需修复或经简单修复可继续使用
B 类	一般不受损坏或不需要修复可继续使用	应保证不致倒塌或产生严重结构损伤,经临时加固后可供维持应急交通使用
C 类	一般不受损坏或不需要修复可继续使用	应保证不致倒塌或产生严重结构损伤,经临时加固后可供维持应急交通使用
D 类	一般不受损坏或不需要修复可继续使用	—

表 9-2　各桥梁抗震设防类别适用范围

桥梁抗震设防类别	适 用 范 围
A 类	单跨跨径超过 150m 的特大桥
B 类	单跨跨径不超过 150m 的高速公路、一级公路上的桥梁,单跨跨径不超过 150m 的二级公路上的特大桥、大桥
C 类	二级公路上的中桥、小桥,单跨跨径不超过 150m 的三、四级公路上的特大桥、大桥
D 类	三、四级公路上的中桥、小桥

A 类、B 类和 C 类桥梁必须进行 E1 地震作用和 E2 地震作用下的抗震设计。D 类桥梁只需进行 E1 地震作用下的抗震设计。A 类桥梁的抗震设防目标是 E1 地震作用(重现期约为 475 年)下不应发生损伤,E2 地震作用(重现期约为 2000 年)下可产生有限损伤,但地震后应能立即维持正常交通通行;B 类、C 类桥梁的抗震设防目标是 E1 地震作用(重现期为 50～100 年)下不应发生损伤,E2 地震作用(重现期为 475～2000 年)下不致倒塌或产生严重结构损伤,经临时加固后可供维持应急交通使用;D 类桥梁的抗震设防目标是 E1 地震作用(重现期约为 25 年)下不应发生损伤。因此,规范实质上是采用两水平设防、两阶段设计。对于 A 类、B 类、C 类桥梁采用两水平设防、两阶段设计;D 类桥梁采用一水平设防、一阶段设计。第一阶段的抗震设计采用弹性抗震设计;第二阶段的抗震设计采用延性抗震设计方法,并引入能力保护设计原则。通过第一阶段的抗震设计,即对应 E1 地震作用的抗震设计,可达到和原规范基本相当的抗震设防水平。通过第二阶段的抗震设计,即对应 E2 地震作用的抗震设计,来保证结构具有足够的延性能力,通过验算,确保结构的延性能力大于延性需求。通过引入能力保护设计原则,确保塑性铰只在选定的位置出现,并且不出现剪切破坏等破坏模式。通过抗震构造措施设计,确保结构具有足够的位移能力。

抗震构造措施是在总结国内外桥梁震害经验的基础上提出来的设计原则。历次大地震的震害表明,抗震构造措施可以起到有效减轻震害的作用,而且其所耗费的工程代价往往较低。因此,《桥梁抗震》对抗震构造措施提出了更高和更细致的要求,对 A、B 类桥梁,抗震措施均按提高一度或更高的要求设计。

抗震设防烈度为 6 度地区的 B、C 类和 D 类桥梁,可只进行抗震措施设计。各类桥梁在不同抗震设防烈度下的抗震设防措施等级按表 9-3 确定。各类桥梁的抗震重要性系数 C_i 可按表 9-4 确定。立体交叉的跨线桥梁,抗震设计不应低于下线桥梁的要求。

表 9-3　各类公路桥梁抗震设防措施等级

桥梁分类	抗震设防烈度					
	6 度	7 度		8 度		9 度
	0.05g	0.1g	0.15g	0.2g	0.3g	0.4g
A 类	7	8	9	9	更高,专门研究	
B 类	7	8	8	9	9	≥9
C 类	6	7	7	8	8	9
D 类	6	7	7	8	8	9

注:g 为重力加速度。

表 9-4　各类桥梁的抗震重要性系数 C_i

桥 梁 分 类	E1 地震作用	E2 地震作用
A 类	1.0	1.7
B 类	0.43(0.5)	1.3(1.7)
C 类	0.34	1.0
D 类	0.23	—

注：高速公路和一级公路上单跨跨径不超过 150m 的大桥、特大桥，其抗震重要系数取 B 类括号内的值。

9.3　抗震计算分析

我国《公路工程抗震规范》(JTG B02—2013,简称《公路抗震》)对桥梁抗震计算是以反应谱法为基础制定的,适用于跨径不超过 150m 的钢筋混凝土和预应力混凝土桥梁或钢筋混凝土拱桥的抗震设计。

9.3.1　设计反应谱

为便于计算地震作用,将单自由度体系的地震最大绝对加速度反应与其自振周期 T 的关系定义为地震加速度反应谱,或简称地震反应谱。我国《公路抗震》中反应谱所概括的,是不同周期的结构在各种地震动输入下加速度放大的最大值,并用放大系数 β 来定义:

$$\beta(T,\xi) = \frac{|\ddot{x} + \ddot{x}_g|_{\max}}{|\ddot{x}_g|_{\max}} \tag{9-1}$$

式中：$|\ddot{x}_g|_{\max}$——地面最大加速度绝对值；

$|\ddot{x} + \ddot{x}_g|_{\max}$——质点上最大绝对加速度的绝对值。

我国《公路抗震》给出的反应谱如图 9-14 所示,它是根据 900 多条国内外地震加速度记录反应谱的统计分析;确定了四类场地上的反应谱曲线(临界阻尼比为 0.05),同时又根据 150 多条数字强震仪加速度记录的反应谱分析,对上述反应谱的长周期部分进行修正。

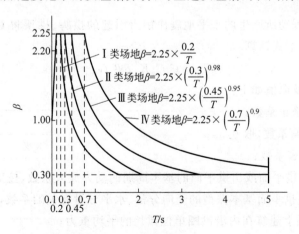

图 9-14　动力放大系数 β

其中，Ⅰ类场地土为岩石，紧密的碎石土。

Ⅱ类场地土为中密、松散的碎石土，密实、中密的砾、粗、中砂，地基土容许承载力$[\sigma_0]>$250kPa 的黏性土。

Ⅲ类场地土为松散的砾、粗、中砂，密实、中密的细、粉砂，地基土容许承载力$[\sigma_0]\leqslant$250kPa 的黏性土和$[\sigma_0]\geqslant$130kPa 的填土。

Ⅳ类场地土为淤泥质土，松散的细、粉砂，新近沉积的黏性土，地基容许承载力$[\sigma_0]<$130kPa 的填土。

对于多层土，当构造物位于Ⅰ类土上时，即属于Ⅰ类场地；位于Ⅱ、Ⅲ、Ⅳ类土上时，则按构造物所在地表以下 20m 范围内的土层综合评定为Ⅱ、Ⅲ类或Ⅳ类场地。对于桩基础，可根据上部土层影响较大，下部土层影响较小，厚度大的土层影响较大，厚度小的土层影响较小的原则进行评定。对于其他基础，可着重考虑基础下的土层并按上述原则进行评定。对于深基础，则考虑的深度应适当加深。

9.3.2　拱桥地震作用计算

单孔拱桥的地震作用应按在拱平面和出拱平面两种情况分别进行计算。

1. 在拱平面

顺桥向水平地震动所产生的竖向地震作用力引起的拱脚、拱顶和 1/4 拱跨截面处的弯矩、剪力或轴力应按下式计算：

$$S_{va}=C_iC_zK_h\beta\gamma_v\Psi_vG_{ma} \tag{9-2}$$

顺桥向水平地震动所产生的水平地震作用力引起的拱脚、拱顶和 1/4 拱跨截面处的弯矩、剪力或轴力应按下式计算：

$$S_{ha}=C_iC_zK_h\beta\gamma_h\Psi_hG_{ma} \tag{9-3}$$

2. 出拱平面

横桥向水平地震动所产生的水平地震作用力引起的拱脚、拱顶和 1/4 拱跨截面处的弯矩、剪力或轴力应按下式计算：

$$S_{za}=C_iC_zK_h\beta\Psi_zG_{ma} \tag{9-4}$$

式中各参数的意义及取值如下：

C_i——重要性修正系数；

C_z——综合影响系数，取 0.35；

K_h——水平地震系数；

β——相应于在拱平面或出拱平面的基本周期的动力放大系数，按反应谱曲线取值；

γ_v、γ_h——与在拱平面基本振型的竖向分量、水平分量有关的系数，按表 9-5 采用；

G_{ma}——包括拱上建筑在内沿拱圈单位弧长的平均重力；

Ψ_v、Ψ_h、Ψ_z——拱桥地震内力系数，按表 9-6 采用。

表 9-5　系数 γ_v 与 γ_h 的值

系数	矢　跨　比					
	1/4	1/5	1/6	1/7	1/8	1/10
γ_v	0.70	0.67	0.63	0.58	0.53	0.45
γ_h	0.46	0.35	0.27	0.21	0.17	0.12

表 9-6　拱桥地震内力系数 Ψ_h、Ψ_v 和 Ψ_z 的值

f/L	截面	Ψ_h			Ψ_v			Ψ_z		
		m	n	q	m	n	q	m	n	t
1/3	拱顶	0.0000	0.0000	0.09296	0.0000	0.0000	0.0.9918	0.3720	0.0000	0.0000
	1/4	0.0131	0.26484	0.02790	0.01345	0.04712	0.05252	0.00784	0.27190	0.00847
	拱脚	0.03018	0.37555	0.34228	0.01884	0.17265	0.13063	0.08765	0.33333	0.01345
1/4	拱顶	0.0000	0.0000	0.08044	0.0000	0.0000	0.10180	0.03346	0.0000	0.0000
	1/4	0.01145	0.26103	0.02302	0.01412	0.04561	0.05162	0.00649	0.27190	0.00773
	拱脚	0.0262	0.40563	0.3022	0.02013	0.15344	0.14902	0.08650	0.33333	0.01067
1/5	拱顶	0.0000	0.0000	0.06926	0.0000	0.0000	0.10380	0.03443	0.0000	0.0000
	1/4	0.00993	0.25791	0.01905	0.01480	0.04542	0.05087	0.00505	0.27190	0.00706
	拱脚	0.02261	0.42915	0.26417	0.02121	0.13482	0.16347	0.08517	0.33333	0.00827
1/6	拱顶	0.0000	0.0000	0.0602	0.0000	0.0000	0.10519	0.03546	0.0000	0.0000
	1/4	0.00868	0.25556	0.01604	0.01522	0.04631	0.05030	0.00367	0.27190	0.00649
	拱脚	0.01967	0.44573	0.23201	0.02194	0.11885	0.17373	0.08382	0.33333	0.00640
1/7	拱顶	0.0000	0.0000	0.05296	0.0000	0.0000	0.10616	0.03647	0.0000	0.0000
	1/4	0.00766	0.25377	0.01377	0.01552	0.04788	0.04989	0.00242	0.27190	0.00601
	拱脚	0.01731	0.45728	0.20556	0.02245	0.10562	0.18096	0.08255	0.33333	0.00499
1/8	拱顶	0.0000	0.0000	0.04716	0.0000	0.0000	0.10685	0.03740	0.0000	0.0000
	1/4	0.00684	0.25235	0.01201	0.01573	0.04986	0.04959	0.00129	0.21790	0.00559
	拱脚	0.0154	0.46542	0.18386	0.02281	0.09469	0.18614	0.08319	0.33333	0.00393
1/9	拱顶	0.0000	0.0000	0.04242	0.0000	0.0000	0.10735	0.03825	0.0000	0.0000
	1/4	0.00616	0.25117	0.01061	0.01589	0.05205	0.04937	0.00031	0.27190	0.00522
	拱脚	0.01384	0.47124	0.16591	0.02307	0.08562	0.18993	0.08036	0.33333	0.00312
1/10	拱顶	0.0000	0.0000	0.03851	0.0000	0.0000	0.10772	0.03900	0.0000	0.0900
	1/4	0.0056	0.25016	0.00947	0.01601	0.05433	0.04920	0.00055	0.27190	0.00489
	拱脚	0.01255	0.47547	0.15091	0.02327	0.07803	0.19277	0.07946	0.33333	0.00251

注:表中 f/L 为矢跨比;m 为截面弯矩系数,求弯矩时应将表值乘以 L^2;n 为截面轴力系数,求轴力值时应将表值乘以 L;q 为截面剪力系数,求剪力值时应将表值乘以 L;t 为截面扭矩系数,求扭矩值时应将表值乘以 L^2。

9.3.3　地震作用组合

　　前面讨论了应用振型分解反应谱法求解各振型地震内力计算的一般公式,需要注意的是按各振型独立求解的地震反应最大值,一般不会同时出现。因此,几个振型综合起来时的地震力最大值一般并不等于每个振型中该地震力最大值之和。目前,国内外学者提出了多种反应谱组合方法,应用较广的是基于随机振动理论提出的各种组合方法,如 CQC 法(完整二次项组合法)、SRSS 法(平方和开方法)等。

当求出各阶振型下的最大地震作用效应 S_i 时,CQC 法为

$$S_{\max} = \sqrt{\sum_{i=1}^{n} \sum_{j=1}^{n} \rho_{ij} S_{i,\max} S_{j,\max}} \tag{9-5}$$

式中: ρ_{ij} ——振型组合系数。

对于所考虑的结构,若地震动可看成宽带随机过程,则

$$\rho_{ij} = \frac{8 \sqrt{\xi_i \xi_j}(\xi_i + \gamma\xi_j)\gamma^{3/2}}{(1+\gamma^2)^2 + 4\xi_i\xi_j\gamma(1+\gamma^2) + 4(\xi_i^2 + \xi_j^2)} \tag{9-6}$$

其中 $\gamma = \omega_j / \omega_i$。若采用等阻尼比,即 $\xi_i = \xi_j = \xi$,则

$$\rho_{ij} = \frac{8\xi^2(1+\gamma)\gamma^{3/2}}{(1+\gamma^2)^2 + 4\xi^2(1+\gamma^2) + 8\xi^2\gamma^2} \tag{9-7}$$

体系的自振周期相隔越远,则 ρ_{ij} 值越小。如当

$$\gamma > \frac{\xi + 0.2}{0.2}$$

则 $\rho_{ij} < 0.1$,便可认为 ρ_{ij} 近似为零,可采用 SRSS 方法,即

$$S_{\max} = \sqrt{\sum_{i=1}^{n} S_{i,\max}^2} \tag{9-8}$$

通常在地震引起的内力中,前几阶段振型对内力的贡献比较大,高振型的影响渐趋减少,实际设计中一般仅取前几阶振型。

在多方向地震动作用下,还涉及空间组合问题,即各个方向输入引起的地震反应的组合。《公路抗震》指出,在计算桥梁地震作用时,应分别考虑顺桥和横桥两个方向的水平地震作用;对于位于基本烈度为 9 度区的大跨径悬臂梁桥,还应考虑上、下两个方向竖向地震作用和水平地震作用的不利组合。

对各种桥梁结构,目前主要还是采用经验方法组合,如:

(1) 各分量反应最大值绝对值之和(SUM),给出反应最大值的上限估计值。

(2) 各分量反应最大值平方和的平方根(SRSS)。

(3) 各分量反应最大值中的最大者加上其他分量最大值乘以一个小于 1 的系数。

一般来说,梁式桥等中小跨度桥梁一般可采用 SRSS 方法组合;大跨度桥梁一般可采用 CQC 法。

9.3.4　桥梁抗震设计过程

除求解桥梁地震作用的一般公式和过程,还应进行桥梁结构承载力和稳定性验算。

以极限状态法表达的钢筋混凝土和预应力混凝土桥梁抗震验算要求的一般表达式为

$$S_d\left(\gamma_g \sum G; \gamma_q \sum Q_d\right) \leqslant \gamma_b R_d\left(\frac{R_c}{\gamma_c}; \frac{R_s}{\gamma_s}\right) \tag{9-9}$$

式中: S_d ——荷载效应系数;

R_d ——结构抗力效应函数;

γ_g ——荷载安全系数,对钢筋混凝土与预应力混凝土结构取 1.0;

G ——非地震作用效应;

Q_d ——地震作用效应;

R_c——混凝土设计强度；

R_s——预应力钢筋或非预应力钢筋设计强度；

γ_c——混凝土安全系数；

γ_s——预应力钢筋或非预应力钢筋安全系数；

γ_b——构件工作条件系数，矩形截面取 0.95，圆形截面取 0.68。

除了以地震组合验算桥梁的极限承载力状态以外，还应进行地基土的允许应力验算，承载力计算，桥梁墩、台的抗滑动、抗倾覆稳定性验算等。此外，对板式橡胶支座，还要进行支座厚度验算、支座抗滑稳定性验算。

将按反应谱法进行桥梁抗震设计的基本步骤总结如下。

第一步：对桥梁结构进行简化，建立合理的抗震计算模型。

第二步：计算地震力及其最不利组合。

(1) 根据地质勘察报告，综合确定场地类型。

(2) 分析模型的基本周期(频率)、振型，根据情况取前一阶或前几阶。

(3) 根据场地类型和基本周期确定动力放大系数。

(4) 根据《公路抗震》，计算振型参与系数，计算桥梁结构所受地震作用。

(5) 根据地震作用计算地震作用效应，如弯矩、轴力、剪力等。

(6) 对各振型下的地震作用效应进行组合，求最大地震反应。

(7) 在考虑多方向地震作用时，还需进行多方向最不利作用效应组合。

第三步：进行地震组合下的桥梁结构(包括支座)的承载力和稳定性验算。

第四步：结合前面的抗震计算结果，进行桥梁的抗震构造设计，《公路抗震》分别按抗震设防烈度 7、8 度和 9 度给出抗震构造设计规定。

反应谱方法通过反应谱的建立将动力问题转化为静力问题，概念简单，计算方便，可以用较少的计算量获得结构的最大反应值，因此，目前世界上各国规范都把它作为一种基本的分析手段。

但是，反应谱方法只是弹性范围内的概念，它不能描述结构在强烈地震作用下的塑性工作状态；其次，它不能反映桥梁在地震作用过程中，结构内力、位移等随时间的反应历程；再者，它不能体现结构的延性对地震作用的抵抗。此外，规范反应谱本身的通用性，对于能否反映在随机地震波下的某个具体结构物的最大反应，也常受到质疑。

因此，桥梁结构的时程分析以及延性设计都应该是桥梁抗震设计的重要内容。

9.4　抗震延性设计

20 世纪 60 年代，以纽马克(New Mark)为首的学者基于结构的非线性地震反应研究，提出用"延性"的概念来概括结构物超过弹性阶段后的抗震能力。他们认为在抗震设计中，除了强度与刚度之外，还必须重视加强结构延性。

目前，抗震设计方法正在从传统的强度理论向延性抗震理论过渡，大多数地震灾害频繁的国家的桥梁抗震设计规范已采纳了延性抗震理论。延性抗震理论不同于强度理论，它是通过结构选定部位的塑性变形(形成塑性铰)来抵抗地震作用的。利用选定部位的塑性变形,不仅能消耗地震能量,还能延长结构周期,从而减小地震反应。

9.4.1 设计理论

材料、构件或结构的延性定义为在初始强度没有明显退化情况下的非弹性变形能力。包含两个方面:①承受较大的非弹性变形,同时强度没有明显下降(国际上一般以不低于85%控制)的能力;②利用滞回特性吸收能量的能力。

桥梁震害调查加深了人们对延性设计的重要性的认识。目前,人们已经广泛认同桥梁抗震设计必须从单一的承载力设防转入承载力和延性双重设防。在利用延性概念设计抗震结构时,首先需要确定度量延性的量化指标。衡量延性的量化设计指标,最常用的为曲率延性系数和位移延性系数。

1. 曲率延性系数

钢筋混凝土延性构件的非弹性变形能力,来自塑性铰区截面的塑性转动能力,因此可以采用截面的曲率延性系数来反映。曲率延性系数定义为截面的极限曲率与屈服曲率之比,即

$$\mu_\phi = \frac{\phi_u}{\phi_y} \tag{9-10}$$

式中:ϕ_u、ϕ_y——塑性铰区截面的极限曲率和屈服曲率,如图 9-15 所示。

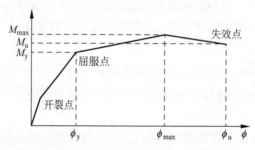

图 9-15 截面弯矩-曲率关系示意

对钢筋混凝土构件,塑性铰区截面的屈服曲率,一般指截面最外层受拉钢筋初始屈服时的曲率(适筋构件)或截面混凝土受压区最外层纤维初次达到峰值应变值时的曲率(超筋构件或高轴压比构件,轴压比为截面所受的轴力与其名义抗压强度之比)。

按不同的屈服曲率定义,计算得到的延性指标一般不同,这一点一直被认为是延性设计理论中的一个缺陷。实际上,只要在计算延性需求和评估延性能力时,基于同样的屈服点定义,这个问题就显得次要了。

钢筋混凝土延性构件塑性铰区截面的极限曲率,通常定义为一旦满足以下两个条件即可达到极限曲率状态:

(1)被箍筋约束的核心区混凝土达到极限压应变;

(2)临界截面的抗弯能力下降到最大弯矩值的 85%。

2. 位移延性系数

位移延性系数是反映结构或构件的另一个指标,钢筋混凝土构件的位移延性系数定义为构件的极限位移与屈服位移之比,即

$$\mu_d = \frac{\Delta_u}{\Delta_y} \tag{9-11}$$

式中：Δ_u、Δ_y——延性构件的极限位移和屈服位移。

3. 延性、位移延性系数与变形能力

构件或结构的延性、位移延性系数与变形能力,这三者之间既存在密切的联系,但又有一定的区别。

材料、构件或结构的变形能力是指其达到破坏极限状态时的最大变形;延性指其非弹性变形的能力;而位移延性系数则是指最大位移与屈服位移之比。因此,这三者都是与变形有关的量。图 9-16 以图示方式显示这三者的不同定义。

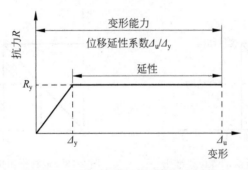

图 9-16　延性、位移延性系数与变形能力

需要指出的是,一个结构或构件可能有较大的变形能力,但它实际可利用的延性却可能较低。与刚度较大的矮墩相比,柔性高墩的变形能力相对较大,但由于其受允许变形值的限制,实际可利用的延性可能会较低。另外,一个结构或构件可能有较大的延性,但最大位移延性系数却可能较低。如柔性高墩与刚性矮墩相比,延性较高,但位移延性系数却较低。

4. 桥梁结构整体延性与构件局部延性的关系

桥梁具有"头重脚轻"的特点,质量基本集中在上部结构,因此,在很多时候,桥梁结构的地震反应可以近似采用单自由度系统计算。而桥梁结构的延性系数,通常也就定义为上部结构质量中心处的极限位移与屈服位移之比。桥梁结构的整体延性与桥墩的局部延性密切相关,但并不意味着桥梁中有一些延性很高的桥墩,其整体延性就一定高。实际上,如果设计不合理,即使个别构件延性很高,但桥梁结构的整体延性却可能相当低。在桥墩屈服后直到达到极限状态为止,桥墩的变形能力主要来自墩底塑性铰区的塑性转动。因此,当考虑支座弹性变形和基础柔度影响时,结构的延性系数比桥墩的延性小,而且支座和基础的附加柔度越大,结构的延性系数越小。

9.4.2　延性要求

在实用抗震设计中,对于具有延性的结构构件,可以利用弹性反应谱求得弹性反应的地震作用,然后对其地震作用进行折减。定义弹性地震作用折减系数 q 为单自由度弹性系统的最大地震惯性力 F_e 与相应的延性系统的屈服力 F_y 之比,即

$$q = \frac{F_e}{F_y} \tag{9-12}$$

目前,世界上很多国家的规范都采用等位移准则(长周期结构)和等能量准则(中等周期结构)来确定地震作用折减系数。

对于长周期结构(一般认为 $T>0.7s$),结构的最大位移反应与完全弹性的最大位移反应在统计平均意义上相等,这就是等位移准则。根据图 9-17 所示关系,有

$$q = \frac{F_e}{F_y} = \frac{\Delta_u}{\Delta_y} = \mu_d \tag{9-13}$$

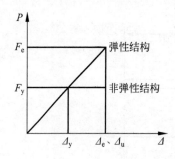

图 9-17　地震作用折减的等位移准则

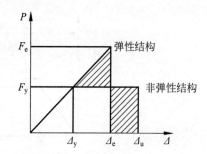

图 9-18　地震作用折减的等能量准则

对于中等周期结构,设定弹性系统在最大位移时所储存的变形能力与弹塑性系统达到最大位移时的耗能相等,这就是等能量准则。根据图 9-18 所示关系,有

$$\frac{1}{2}(F_e - F_y)(\Delta_e - \Delta_y) = F_y(\Delta_u - \Delta_e) \tag{9-14}$$

$$\frac{F_e}{F_y} = \frac{\Delta_e}{\Delta_y} \tag{9-15}$$

由上两式可推得

$$q = \frac{F_e}{F_y} = \sqrt{2\mu_d - 1} \tag{9-16}$$

欧洲规范规定的弹性地震作用折减系数取值如下:

对于长周期范围($T>0.7s$),$q = \mu_d$;

对于中等周期结构(小于弹性反应谱峰值所对应的周期),$q = \sqrt{2\mu_d - 1}$;

对于刚性结构($T \approx 0$),$q = 1$。

欧洲规范对桥梁中的延性构件,给出了所对应的 q 最大值,见表 9-7,可供设计时参考。

表 9-7　弹性地震作用折减系数 q 的最大值

延 性 构 件		非弹性特性	
		有 限 延 性	延　　　性
钢筋混凝土墩	垂直受弯墩	1.5	3.5
	斜受弯支撑	1.2	2.0
	矮墩	1.0	1.0
钢墩	垂直受弯墩	1.5	3.0
	斜受弯支撑	1.2	2.0
	带普通系杆墩	1.5	2.5
桥台		1.0	1.0
拱		1.2	2.0

我国《公路抗震》中的水平地震作用综合影响系数 C_z，其基本计算公式就是弹性地震力折减系数 q 的倒数，即

$$C_z = \frac{1}{q} = \frac{1}{\sqrt{2\mu_d - 1}} \tag{9-17}$$

规范在取值时，除反映结构的弹塑性动力特征外，还考虑了计算图式的简化、结构阻尼和几何非线性等影响。

9.4.3　能力设计

1. 能力设计原理

新西兰学者提出结构延性设计中的一个重要原理——能力设计原理（philosophy of capacity design），其思想是：在结构体系中的延性构件和能力保护构件（脆性构件以及不希望发生非弹性变形的构件，统称为能力保护构件）之间建立承载力安全等级差异，以确保结构不会发生脆性的破坏模式。

与常规的承载力设计方法相比，能力设计方法强调进行可以控制的延性设计。表 9-8 对基于这两种设计方法设计的结构的抗震性能进行比较。

表 9-8　常规设计方法与能力设计方法比较

结构抗震性能	常规设计方法	能力设计方法
塑性铰出现位置	不明确	预定的构件部位
塑性铰的布局	随机	预先选择
局部延性需求	难以估计	与整体延性需求直接联系
结构整体抗震性能	难以预测	可以预测
防止结构倒塌破坏概率	有限	概率意义上的最大限度

总的来说，能力设计方法是抗震概念设计的一种体现，它的主要优点是设计人员可对结构在屈服时、屈服后的形状给予合理的控制，即结构屈服后的性能是按照设计人员的意图出现的，这是传统抗震设计方法所达不到的。此外，根据能力设计方法设计的结构具有很好的延性，能最大限度地避免结构倒塌，同时也降低了结构对许多不确定因素的敏感性。

采用能力设计方法进行延性抗震设计的步骤可以总结如下：

（1）在概念设计阶段，选择合理的结构布局。

（2）确定地震中预期出现的弯曲塑性铰的合理位置，并保证结构能形成一个适当的塑性耗能机制。

（3）对潜在塑性铰区，通过计算分析或估算建立截面"弯矩-转角"之间的对应关系。然后利用这些关系确定结构的位移延性和塑性铰区截面的预期抗弯承载力。

（4）对选定的塑性耗能构件进行抗弯设计。

（5）估算塑性铰区截面在发生设计预期的最大延性范围内的变形时，其可能达到的最大抗弯承载力（弯曲超强承载力），以此来考虑各种设计因素的变异性。

（6）按塑性铰区截面的弯曲超强承载力，进行塑性耗能构件的抗剪设计以及能力保护构件的承载力设计。

（7）对塑性铰区域进行细致的构造设计，以确保潜在塑性铰区截面的延性能力。

在很多情况下，上述能力的设计过程并不需要复杂精细的动力分析技巧，而只在粗略的估算条件下，即可确保结构具有预知的和满意的延性性能。这是因为按能力设计方法设计的结构，可形成希望的塑性铰机构或非线性变形模式。结合相应的延性构造措施，能力设计依靠合理选择的塑性铰机构，使结构达到优化的能量耗散。这样设计的结构将特别能适应未来的大地震对延性的需求。

2. 延性构件与能力保护构件的选择

延性抗震设计的第一步，是选择合适的延性构件，要求既能切实使结构在强震下通过整体延性来减轻地震损害、避免倒塌，同时又能使桥梁的功能要求以及结构的自身安全得到最大的保障。因此，选择延性构件时，应综合考虑结构的预期性能以及结构体系的受力特点，分析各个构建的重要性，发生损伤后检查、（抢）修复的难易程度，是否可进行更换，损伤的过程是否为延性可控，以及是否会引发结构连锁倒塌等诸多因素。

一座常规的梁桥通常由主梁、支承连接构件（支座）、盖（帽）梁、桥墩、基础等几部分组成。在地震作用下，主梁产生水平惯性力，并通过支承连接构件传递给盖梁以及桥墩，进一步传递给基础，最终传递给地基承受。在抗震设计时，必须保证这条传力路径不中断，而且还应保证震后桥梁的行车功能。震害调查表明，上部结构很少会因直接的地震动作用而破坏，而下部结构则常常因遭受巨大的水平地震惯性力作用而导致破坏。因此，作为支撑车辆通行主要构件的主梁，若发生损伤，难免会影响桥梁的可通行性，不适宜选择为延性构件；延性抗震体系中的支座一般表现为脆性破坏，破坏后会造成原有的传力路径丧失，导致梁体位移过大甚至发生落梁震害，应选择作为能力保护构件设计；盖（帽）梁是支撑主梁的关键构件，若发生地震损伤势必会影响桥梁的可通行性，甚至会进一步造成落梁震害，也应视为能力保护构件设计。而桥墩在地震作用下，主要负责将上部结构传递过来的惯性力向基础传递，进入延性后会形成结构整体的延性机制，而且发生损伤后也易于检查和修复，当发生的损伤较大且场地条件允许的情况下还可以进行置换。一般情况下，长宽比大于2.5的悬臂墩以及长宽比大于5的双柱墩，在水平力作用下较容易形成塑性铰，因此适宜作为延性构件设计。但对于长宽比较小的墩柱，则较容易发生脆性的剪切破坏，墩柱难以形成整体延性机制，则不宜作为延性构件设计，应进行强度设计。钢筋混凝土构件的剪切破坏属于脆性破坏,会大大降低结构的延性能力,应采用能力保护设计方法进行延性墩柱的抗剪设计。对于桥梁基础,由于一般属于隐蔽工程,发生损伤后,难以检查和修复,所以通常选择作为能力保护构件进行设计。

3. 潜在塑性铰位置的选择

桥梁结构的质量大部分集中在上部结构,上部结构的设计主要受恒荷载、活荷载、温度等控制,地震惯性力对上部结构的内力影响不大,但是这种地震惯性力对桥梁墩、柱和基础等下部结构的作用却是巨大的。因此,在结构的能力设计中,桥梁下部设计地震惯性力可以小于地震所产生的弹性惯性力,从而使下部结构产生塑性铰并消耗掉一部分能量。

选择桥梁可能出现的塑性铰位置时,应能使结构获得最优的耗能,并尽可能使塑性铰出现在易于发现和修复的结构部位。在下部结构中,由于基础通常埋置于地下,一旦出现损坏,修复的难度和代价比较高,也不利于震后迅速发现,因而通常不希望在基础中出现塑性铰。塑性铰可能出现的位置通常在墩柱的上端或下端,把钢筋混凝土桥墩设计成延性构件,把其余部位的构件按能力保护构件设计。

9.4.4　桥墩延性设计

1. 钢筋混凝土桥墩延性性能

钢筋混凝土桥墩的延性设计,主要就是根据设计预期的位移延性水平,确定桥墩塑性铰区范围内所需要的约束箍筋用量,以及约束箍筋的配置方案。

大量研究表明,钢筋混凝土墩柱的延性与以下因素有关。

(1) 轴压比:轴压比对延性影响很大,轴压提高,延性下降,当轴压较大时(如轴压比达到或超过 25%),延性下降幅度较大。

(2) 箍筋用量:适当加密箍筋,可以大幅提高延性。

(3) 箍筋形状:螺旋箍筋与矩形箍筋相比有更好的约束效果,方形箍筋与矩形箍筋相比约束效果差别不大。

(4) 混凝土强度:混凝土强度对柱的延性有一定影响,强度越高,柱的延性越低。

(5) 保护层厚度:保护层厚度的增大对延性不利。

(6) 纵向钢筋:纵向钢筋的增加会改变截面的中性轴位置,从而改变截面的屈服曲率和极限曲率,总体上对延性有不利的影响。

(7) 截面形式:空心截面与相应的实心截面相比具有更好的延性,圆形截面与矩形截面相比具有更好的延性。

2. 横向箍筋配置

横向箍筋在延性桥墩中有三个重要作用,即约束塑性铰区混凝土,提供抗剪能力,以及防止纵向钢筋压屈。因此,各国规范对延性桥墩中横向箍筋的有关规定也是最多的。我国现行的《桥梁抗震》规定,位于 7 度和 7 度以上抗震设防烈度地区的桥梁,桥墩箍筋加密区段的螺旋箍筋间距不大于 10cm,直径不小于 10mm;对矩形箍筋,潜在塑性铰区域内加密箍筋的最小体积配箍率不低于 0.4%。

3. 塑性铰区长度

桥墩塑性铰区长度用于确定实际施工中延性桥墩加密段的长度,各国规范都对延性桥墩的塑性铰区长度作了明确的规定,Galtrans 规范为 $\max(b_{max} 1/6h_e, 610\text{mm})$,$b_{max}$ 为横截面最大尺寸,h_e 为桥墩净高。我国《桥梁抗震》规定位于 7 度和 7 度以上抗震设防烈度地区的桥梁,加密区的长度不应小于弯曲方向截面墩柱高度的 1.0 倍或墩柱上弯矩超过最大极限弯矩 80% 的范围;当墩柱的高度与横截面高度之比小于 2.5 时,墩柱加密区的长度应取全高。扩大基础的柱式桥墩和排架桩墩应布置在柱(桩)的顶部和底部,其布置高度取柱(桩)的最大横截面尺寸或 1/6 柱(桩)高,且不小于 50cm。

4. 纵向钢筋的配筋率

一般来说,延性桥墩中的纵向钢筋的含量不宜太低,也不宜太高,对纵向钢筋配筋率的规定:Galtrans 规范为 0.01~0.04,《桥梁抗震》要求不少于 0.006,不应超过 0.04。为了能提供更好的约束效果,还规定纵筋之间的最大间距不得超过 20cm,至少每隔一根宜用箍筋或拉筋固定。

5. 钢筋的锚固搭接

为了保证桥墩的延性能力,对塑性铰区截面内钢筋的锚固和搭接细节都必须加以仔细考虑。各国现行规范对这方面也都作了明确的规定,Galtrans 规范规定纵向钢筋不应在塑性铰区内搭接,箍筋接头必须焊接;我国《桥梁抗震》规定所有箍筋都应采用等强度焊接来闭合,或者在端部弯过纵向钢筋到混凝土核心,角度至少为 135°。

9.5 抗震构造措施

1. 基础抗震措施

结合岩土工程勘察报告,对存在液化土层的地基。根据桥梁的抗震设防分类以及地基的液化等级(液化土层深度和厚度),采取全部消除或部分消除、减轻液化影响的基础设计形式。当采用长桩基时,应保证桩端伸入液化深度以下稳定土层中的长度;当采用深基础时,基础底面应埋入液化深度以下的稳定土层中(深度≥2m);当采用加密法或换土法处理时,在基础边缘以外的处理宽度,应超过基础底面处理深度的 1/2 且大于或等于基础宽度的 1/5。通过选择合适的基础埋置深度、调整基础底面积、减少基础偏心、加强基础整体性和刚性、减轻荷载、增强上部结构的整体刚度和均匀对称性等设计措施,提高桥梁结构基础的抗震能力。

2. 桥台抗震措施

桥台胸墙应适当加强,并增加配筋,在梁与梁之间和梁与桥台胸墙之间应设置弹性垫块,以缓和地震的冲击力。采用浅基的小桥和通道应加强下部的支撑梁板或做满河床铺砌,使结构尽量保持四铰框架的结构,以防止墩台在地震时滑移。

当桥位难以避免液化土或软土地基时，应使桥梁中线与河流正交，并适当增加桥长，使桥台位于稳定的河岸上。桥台高度宜控制在8m以内；当台位处的路提高度大于8m时，桥台应选择在地形平坦、横坡较缓、离主沟槽较远且地质条件相对较好的地段通过，并尽量降低高度，将台身埋置在路堤填方内，台周路堤边坡脚设置浆砌片石或混凝土挡墙进行防护，桥台基础酌留富余量。

如果地基条件允许，应尽量采用整体性强的T形、U形或箱形桥台，对于桩柱式桥台，宜采用爆置式。对柱式桥台和肋板式桥台，宜先填土压实，再钻孔或开挖，以保证填土的密实度。为防止砂土在地震时液化，台背宜用非透水性填料，并逐层夯实，要注意防水和排水措施。

3. 桥墩抗震措施

通常情况下，桥梁桥墩的设置都比较高，因而面临很大的危险性。提高结构延性在桥墩抗震设计中是一种比较常见的加固措施，在山区开展高桥墩设计工作时需要充分借助钢混结构并采用空心截面，或者将系梁设置在横向墩柱之间，既能促进结构之间连接性的不断增加，又可结合受力情况适当增大柱的直径。另外，为促进结构延性、抗剪性能的进一步提高，可以将加密箍筋增设到桩柱的连接位置和墩柱的端部位置，这对于其抗震能力的提高至关重要。而桥台不仅可以采用与桥墩相同的措施，而且为了缓冲地震作用下所造成的结构变形，还可以将弹性垫块增设到梁与挡块连接处及梁与桥台连接处，为提高其抗剪能力，可以通过增设桩柱的方式，这对于有效规避抗震所造成的风险和促进结构安全性能的提高至关重要。

4. 上部结构抗震措施

落梁震害极为常见。实践证明，加强上部结构的整体性、限制其位移，是提高桥梁上部结构抗震能力的有效措施，预防措施主要有以下几种：

（1）通常在梁（板）底部加焊钢板，或采用纵、横向约束装置限制梁的位移，如拉杆、钢筋混凝土挡块、锚杆等，梁与墩帽用锚栓连接，T形梁在端横隔板之间螺栓连接，曲梁桥应采用上、下部之间用锚栓连接的方式。桥梁的支座锚栓、销钉、剪力键等应有足够的强度。

（2）梁端至墩台帽或盖梁边缘的距离，以及挂梁与悬臂的搭接长度必须满足地震时位移的要求。

（3）桥梁跨径较大时，可用连续梁替代简支梁以减少伸缩缝，宜采用箱形截面。

（4）当采用多跨简支梁时，应加强梁（板）之间的纵、横向连系，将桥面做成连续，或采用先简支后结构连续的构造措施。

（5）采用真空压浆方法，保证预应力管道水泥浆饱满，提高预应力桥梁的强度和刚度。

5. 节点抗震措施

桥梁节点区域一旦受损将难以修复。城市高架桥墩柱的节点、桥墩与盖梁的节点、桥墩与基础的节点等，是保证桥梁整体工作的重要构件。在桥梁抗震设计中，除了保证墩、梁有足够的承载力和延性外，还要保证桥梁节点有足够的承载力，避免节点过早破坏，即"强节点，弱构件"。

6. 加固主梁

首先,应该将现浇横向悬臂挑梁结构设计到墩顶位置上的两端开孔两侧,然后需要进行预制微弯板的安装施工,最后是进行挑梁悬臂结构部分的人行横道梁体结构的施工。两侧桥孔必须要和人行横道梁体的结构尺寸是相同的,桥墩上部应该合理的布置支撑结构形式,而另外一侧需要合理使用支撑挑梁的结构形式,这样就能够避免进行桥台的加宽施工。人行导梁内侧凸缘的布置应该在没有进行加固施工的桥面结构位置上,加宽结构部分需要根据具体的施工条件做好浇筑施工,对于加宽结构应该根据要求铺设钢筋网,从而可以保证该结构部分的整体性能得到提升。挑梁顶中心的桥面伸缩缝需要直接延伸到人行横道的位置上,保证桥梁的搭接尺寸合格,从而可以消除受温度影响出现的收缩变形问题。

7. 应用减隔震支座

隔震装置的设计可以从隔震支座的布置、各隔震装置的直径、水平位移、阻尼等方面进行。可选用橡胶支座来设计隔震支座。在布置时,隔震支座之间的距离应在 2m 左右,并尽量保持一致。同时,还应减小桥梁的扭转。上部结构中心和隔震支座刚度重心可以协调,使二者尽可能保持一致,有效降低桥梁的扭转力。隔震支座的直径应控制在一个统一的范围内,因为隔震支座的直径受桥梁的允许值和桥梁类型的影响,所以直径的大小是根据桥梁的实际情况来选择的。为了准确测量隔震支座的水平位移距离,可以先计算桥梁隔震设计中支座力的标准刚度差值。结合计算结果,可以计算出水平位移的距离,水平位移值应始终保持在允许范围内。

习题

1. 简述桥梁震害的破坏部位及其震害原因。
2. 简述桥梁抗震设计的几点要求。
3. 试述反应谱法用于桥梁抗震设计时的优点与不足。
4. 桥梁的延性设计反映在哪些方面?
5. 试述基于延性设计的能力设计原理。
6. 桥梁的抗震构造措施包括哪些内容?

第10章

地下结构抗震设计

10.1 震害现象及分析

地下结构是指在不影响上层结构正常工作的前提下,在低于地表的空间内进行建筑构筑物的建造形成的结构,其形式多样,分类方法也很多。不同形式的地下结构的用途不同,而且根据不同的地势结构,其施工特点也是不同的。常见的不同地下结构有:国防、人防、地下市政、地下民用与公共建筑、地下工厂、地下仓库、矿山巷道、水工隧道和交通隧道。

10.1.1 震害形式

在地震荷载作用下,地下结构的震害表现,与其所处的地质环境、地震荷载的大小及自身结构类型及抵抗地震破坏能力息息相关。将可能引起地下结构震害的因素分为三类:地质特征、地下结构自身特征和地震特性。

1. 地质特征

1)围岩失稳

围岩在地震动作用下会发生往复运动,且当地震强度较大时,这种往复运动会诱发诸如场地液化、边坡失稳以及断层滑移之类的失稳破坏,从而导致结构在围岩作用下产生大变形,临空面与围岩应力重新分布,使周边围岩处于不稳定状态或产生较大的变形,严重时会产生坍塌,带来重大事故。多数发生在场地岩性变化较大、结构穿越断层破碎带、结构处于浅埋地段或结构刚度远大于地层刚度的围岩之中。

2)地形地貌

地形地貌影响作用多为局部地形地貌影响。对比近年来地震发生的情况和数据,局部地形地貌对于整个地震震害的作用效果十分强烈。据相关数据显示,地形地貌因素占整个地震震害影响的30%左右。现阶段,各行业对于地形地貌对地震震害的影响大多持统一观点,即针对地形地貌不规则的场地,其底部振动一定比顶部振动弱,其形态上的变化也比其他位置的变化相对小些。所以,根据这一特点,为降低地震震害的作用效果,需在建筑物本身上进行调整,在地形地貌相对复杂的地区,尽可能考虑地形地貌的影响作用,在地形选择时尽可能避开山丘、河岸附近以及陡坡等较为特殊的地形。

3）活动断层

活动断层的存在是地质和地质构造的一个非常重要的影响因素。断层的存在对整个地震地质的整体性和持续性都有影响。活动断层指的是从 12 万年前开始迄今的地层断层运动,且这些运动将会持续下去。活动断层所引起的地震震害主要分为发震断层和非发震断层。发震断层说的是通过突然的、高速的运动引起的地震作用。若不是突然性和高速性的运动则为非发震断层。前者的震害特征主要表现在两个方面:第一,当断层发生振动时,震源两侧的振动强度不同,频率也不同,从而导致断层的震害效果不同;第二,在地震使地表出现破裂和横沟时,对跨越断层的结构产生了很大的破坏作用。1999 年我国台湾发生的集集地震震害效果直接突出活动断层的地表发生破裂后处于横跨断层区的建筑物、桥梁等根本无法逃脱被破坏的命运。

4）覆盖土层厚度

覆盖土层厚度这一影响最直接的体现就在 1923 年的日本关东地震,地震发生时,覆盖土层的厚度对地震震害的影响作用即被发觉。从此引起的破坏性较大的地震都直接体现了覆盖土层厚度对于地震震害的庞大影响作用。现阶段,我国包括国外科研人员对于覆盖土层厚度的影响效果的认识相对一致,即覆盖土层厚度大于某一定值时地表的反应特征谱线较为明显,周期性谱线变化规律及成分也较为突出。反应谱线向右移动,土层振动周期增长,整体反应谱线也随之增长。

5）场地土层结构及土动力参数

大量实践数据指出,覆盖土层下的基层岩石坡面倾斜度可以更加快速提升地面峰值的速度,基层岩石倾斜度越低,对于地面峰值的影响越大,但这些对于地震的规律性记录效果却不明确。另外,土动力参数对于地震波的传播和基层岩石土层的波动作用力更强。

2. 地下结构自身特征

1）结构埋深

一般认为,随着结构埋深的增加,结构受自由地表反射波、面波及地基失效的影响变小,结构偏于安全。地下结构的地震反应随埋深的变化不明显,受多种因素影响,经统计发现深埋结构比浅埋结构抗震效果更好,结构埋深在 0.25 倍岩体波长范围内,隧道衬砌会因应力大幅增加而造成破坏,即存在最不利埋深。

2）几何形状

与静力情况相似,动力作用下,矩形结构受力最差,在角点附近应力集中,马蹄形次之,在仰拱左右应力集中,圆形断面受力最好。隧道断面发生突变处,如转弯部位、两洞相交部位和行人躲避洞等断面几何形状发生变化处更容易发生破坏。

3）结构刚度

结构刚度影响结构的受力特征和变形能力,刚度大的结构承载力一般较大,其变形能力一般较小,减小隧道直径、增加衬砌厚度和强度都会提高结构的刚度。大直径的隧道会因横断面变形而产生更多的裂缝,衬砌厚度大的地段受损程度反而会更严重。

3．地震特性

1）地震动强度、持时、频谱特性

地下结构的动力响应随着地震动强度的增大而增大，随着持时的增加，结构发生累计塑性损伤破坏的可能性增大。

2）入射角度

入射角度影响着衬砌结构的受力特征及破坏形式，地震波入射方向发生不大的变化，结构各点的应力和变形可以发生较大的变化。当剪切波垂直入射时，隧道衬砌的拱肩、拱脚处为抗震不利部位；剪切波以 45°方向入射，则隧道衬砌的拱顶、拱墙等部位容易产生较大的内力和弯矩。

3）地震动类型

在地下结构地震反应分析时，通常采用简谐波、真实地震动及人工合成地震动等，然而不同类型的地震动能量时频分布差异很大，其对结构的影响也有很大差别。简谐波输入下结构的反应很大，可能是一种不利的地震动输入，过高地估计了地震动的强度。远场类谐和地震动、近断层脉冲型地震动是两种特殊的长周期地震动，其能量主要集中于低频段，对长周期结构破坏作用巨大，尤其当隧道遭受近断层脉冲型地震动时，结构较容易发生首次超越破坏。

（1）地基振动引起的结构破坏。这是由于地基产生变形和惯性力，传递到结构上，引起结构产生内力和变形。当地震动强度较小、震中距较大、埋深较大时，隧道一般不破坏或震害较轻。

（2）地基失效引起的结构破坏。例如，断层错动、地基液化、边坡失稳等，一般是由地层的错动和位移引起的。可见，地震动强度和隧道所处场地条件显著影响其地震表现，断层错动和边坡失稳等是山岭隧道常见的破坏原因，对于城市隧道而言，地基液化会加重结构的破坏，这已经被一系列的隧道震害证实。

10.1.2　震害特点

地下结构在地震动作用下的破坏主要是指强烈的地层运动在结构中产生惯性力造成的破坏，该类型的破坏大多数发生在浅埋或者明挖的地下结构中。惯性力作用下，由于地下结构与地层之间出现较大的空隙而削弱了地层的约束作用，处于地层约束力较弱的地下结构以及浅埋地段的地下结构最容易发生破坏。此外，对于地下隧道、地下综合管廊等长线型的地下结构而言，地震波的相位衍生应力和变形在结构物轴线方向上会发生很大的变化，如果长线型地下结构没有足够的韧性吸收地震产生的相位衍生应力和相对变位，极容易发生破坏。

在地震作用下，地下结构与地面结构的震动特性有很大的不同，二者区别如下：

（1）地下结构的振动变形受周围地基土壤的约束作用显著，结构的动力反应一般不明显表现出自振特性的影响。地面结构的动力反应则明显表现出自振特性，特别是低阶模态的影响。

（2）地下结构的存在对周围地基地震动的影响一般很小，而地面结构的存在则对该处自由场的地震动发生较大的扰动。

（3）地下结构的振动形态受地震波入射方向变化的影响很大，当地震波的入射方向发生变化时,地下结构各点的变形和应力可以发生较大的变化。地面结构的振动形态受地震波入射方向的影响相对较小。

(4) 地下结构在震动中各点的相位差别十分明显,而地面结构在振动中的相位差不很明显。

(5) 地下结构在振动中的主要应变与地震加速度大小的联系不很明显,但与周围岩土介质在地震作用下的应变或变形的关系密切。而对地面结构来说,地震加速度则是影响结构动力反应大小的一个重要因素。

(6) 地下结构的地震反应随埋深发生的变化不是很明显。但对地面结构来说,埋深是影响地震反应大小的一个重要因素。

(7) 对地下结构和地面结构来说,它们与地基的相互作用都对它们的动力反应产生重要影响,但影响的方式和影响的程度则是不相同的,前者为典型的运动相互作用,后者为典型的惯性相互作用。

总的看来,对地面结构来说,结构的形状、质量、刚度的变化,即其自振特性的变化,对结构反应的影响很大,可以引起质的变化;而对地下结构来说,对反应起主要作用的因素是地基的运动特性,一般来说,结构形状的改变对地下结构反应的影响相对较小。因此,在当前所进行的研究工作中,对地面结构来说,结构自振特性的研究占很大的比重,而对地下结构来说,地层地震运动变形特性的研究则占比较大的比重。

10.1.3　震害影响因素

考虑工程结构形式、地震响应、地震破坏等特点和抗震能力分析方法的不同,将地下结构震害影响因素从地下隧道类结构、地下框架类结构、地下壳体类结构及其他地下结构等方面进行分析。

1. 地下隧道结构

地下隧道按地质条件可分为土质隧道和石质隧道;按埋深可以分为浅埋隧道和深埋隧道;按所处位置可分为山岭隧道和城市隧道;按照施工方法可分为明挖隧道和暗挖隧道(含盾构隧道);按照断面形状可分为圆形隧道、矩形隧道、马蹄形隧道等;按隧道功能可以分为公路隧道、铁路隧道以及地铁隧道。其震害形式主要有以下几类:

(1) 衬砌开裂及剥落。衬砌开裂是隧道在地震中最常见的破坏形式,衬砌的开裂方向有横向开裂、纵向开裂、斜向开裂,开裂进一步发展会形成环状裂缝以及底板裂缝。

(2) 洞身剪切错位。该类破坏通常发生在处于断层破碎带的隧道上,地震会使断层处的隧道围岩产生较大位移,导致洞身衬砌无法抵抗剪切力而发生剪切变形甚至破坏。

(3) 围岩破坏造成的隧道垮塌。该类破坏通常是由于结构的断面形状以及刚度与周围的岩体相差较大,从而使隧洞的出入口段很容易成为地震过程中最为薄弱的环节。

(4) 边墙变形、底板隆起。由于隧道结构周围存在明显的地震惯性力,或者隧道结构与围岩介质间的刚度失配,隧道结构会发生过度变形,具体表现为边墙显著向内凹陷、底板从中部突起等。

(5) 一些公路、铁路隧道洞口因地震地质灾害引起破坏。

2008 年中国汶川地震隧道各类典型破坏形式如图 10-1 所示。

图 10-1　隧道结构典型破坏形式

（a）洞身剪切错位；（b）砌墙开裂；（c）洞口端墙开裂；（d）顶拱衬砌垮塌

2．地下框架结构

地下框架结构通常是指在地下空间修建的框架-剪力墙结构。框架-剪力墙体系的侧向刚度比框架结构大，大部分水平力由剪力墙承担，而竖向荷载主要由框架承受。此类结构具有较大的空间，外墙基本都是钢筋混凝土剪力墙，与土体连接，而内部根据需求有时只在部分位置上有剪力墙，保持了框架结构易于分割空间、立面易于变化等特点。这类结构在对地下空间的开发与利用过程中充分发挥了框架-剪力墙体系的优点。其震害形式主要有以下几类：

（1）中柱部分破坏。混凝土被压溃、脱落，大部分箍筋脱落，主筋弯曲，丧失承载力。

（2）顶板部分破坏。顶板下表面中的裂缝主要发生在中柱及侧墙附近。

（3）纵梁部分破坏。一部分纵梁随中柱的屈曲与顶板一起塌落，还有一部分纵梁在与中柱的连接处附近发生开裂以及混凝土的剥落。

（4）侧墙部分破坏。侧墙的震害主要是墙体多处产生竖向以及斜向的裂纹，同时伴有混凝土的剥落。

1995 年日本阪神大地震车站各类典型破坏形式如图 10-2 所示。

3．地下壳体结构

地下壳体结构是指修建在地下的薄壳结构。薄壳结构不仅有合理的空间曲面，能够将其所承受的外荷载转换成沿壳体表面的径向压力，从而具备了良好的传力性能，而且结构本身的厚度较小，相较于一般的梁板式结构能够形成较大的空间跨度。因此在实际工程建设

图 10-2　地下框架结构典型破坏形式
(a) 纵梁开裂；(b) 中柱破坏；(c) 顶板垮塌；(d) 侧墙开裂

中,薄壳结构以其承载力强、空间可用度高、材料节省等优点满足了大量工程对于高承载力以及大跨空间的需求,在地下空间建筑中的应用也尤为广泛,如地下石油燃气储罐、地下仓储室以及核电站等。

4. 其他地下结构

常见的其他地下结构包括地下街、地下停车场、地下管道结构等。

(1) 地下街的震害主要是与电气、空调、给排水和防灾的设备有关的破坏。

(2) 地下停车场的破坏形式主要集中于停车场主体与吸排气塔、楼梯间的结合部附近,这是由于刚度差异造成不同动态反应,从而在二者的结合部发生相对位移。

(3) 地下管道结构通常由管段和管道附件(弯头、三通和阀门等)组成,其震害形式主要有以下几类:

① 管道接口破坏。承插式管道接口填料松动、插头拔出或承口破损;连续式管道在焊缝处开裂;法兰螺栓松动或拉断;刚性接口抹带破碎、错位或开裂等,如图 10-3 所示,这些破坏形式最为常见,通常发生在软弱土层地段及液化土地段。

② 管体破坏。管体产生纵向或斜向裂缝。这种破坏形式常见于断层附近或小口径管、严重

图 10-3　汶川地震管道接口错位

锈蚀的管材折断等。主要原因为管道在地震波作用下承受过量的弯曲变形或剪力超过材料的强度。

③ 连接破坏。在三通弯头、阀门以及管道与地下建（构）筑物连接处的破坏,其产生的原因是复杂的,轴力、弯曲、剪切作用都可能使连接处产生破坏。

以上这三种破坏形式中以管道接口破坏为主。

10.2　地震反应

由地震动引起的地下结构内力、变形、位移及结构运动与加速度等统称为地下结构地震反应。

历史上发生过很多破坏性严重的地震灾害,人们通过研究发现,对于现有地下结构地震反应,无论是一维、二维、还是三维,都将场地土假设为单层均匀模型或多层均匀模型。

在地下结构地震反应分析中,动剪切模量和阻尼比是必要参数。动剪切模量是土体的弹性参数,在荷载作用下,能够反映土的弹性性能,数值越大,材料的弹性承载力越强;阻尼比是土体的耗能参数,能够反应土体在振动时的能量消耗能力,数值越大,地震波衰减越快,能量消耗越多,是评价工程场地抗震性能的重要参数。

在地下结构地震反应分析时,地震动强度是一个重要的影响因素。地震动强度振幅包括加速度峰值、速度峰值及位移峰值,对一般结构常用的是直接输入地震反应方程的加速度曲线。加速度峰值反映了地面记录中最强烈部分。当震源、震中距、场地土等因素均相同,加速度峰值高时,建筑物遭受的破坏程度大,这是地震动的主要要素之一。从大量震害反应中不难发现,地震震级越大,烈度越高,地面破坏越严重。此外基于理论的模拟计算分析也表明,基岩输入地震动高,经过场地土层的放大作用后,地表地震动的强度、频谱都有一定程度的改变。所以在抗震分析中以地震过程中加速度最大值峰值的大小作为强度标准。对选用的地震记录加速度峰值应按适当的比例放大或缩小,使峰值加速度相当于与抗震设防烈度相应的多遇地震与罕遇地震时的加速度峰值。

加速度峰值决定了地震的强度,计算时输入的地震动加速度峰值数值大小应该和规范上由抗震设防烈度和超越概率百分比的多遇地震和少遇地震所规定的地震加速度峰值相等。这样得到的结果才能准确地表现出地下结构的地震动力响应规律。然而所选取的记录或者模拟的地震波的加速度峰值大小和在规范上选取的加速度峰值的数值很大一部分是不相等的。这就要求在不改变地震波波形的条件下来调整已经选取的地震波峰值的大小。如果两者相差较小,那么相差部分可以忽略,直接使用选取的地震波来进行动力时程计算即可,如果两者相差较大,那么应该按照已经选取的地震波来进行调整,进而使得调整后的地震波的加速度峰值符合规范上所规定的加速度峰值。

除了地震动加速度峰值对结构体系的反应有明显的影响之外,地震动的频谱特性和持续时间对结构的影响同样重要。所以,在考虑加速度峰值的问题之外,尚应考虑选取的地震动的频谱特性应与建设地点的场地土的动力特性一致。因此在选用地震波时,应使所选的实际地震波的傅里叶谱或功率谱的卓越周期乃至谱形状应尽量与场地土的特征一致。地震动的持续时间不同,使得能量的损耗积累不同,从而影响地震反应。

频谱特性与震源位置、区域特征、传播介质及结构所在位置的土层性质关系密切。通过测定的地面运动的运动特性表明,不同的土层对地震波里面的各频率的吸收和过滤效果相差很大。同种地震波作用下,震源较近处的地震波振幅较大,同时含有较多的高频率成分;而震源较远处的地震波振幅较小,同时含有较多的低频成分。土层的不同对地震波频率的吸收和过滤也相差较大,如地震波通过岩石或者坚硬的场地时,地震波的长周期成分多被吸收而导致短周期成分比较多;而当地震波通过较软土质时,地震波以长周期成分为主。所以选择地震波的时候应该选择卓越周期和场地特征周期相同的地震波。

一般地,当地震发生时,地震动的持续时间越长对结构的影响越大,越容易对结构造成不可修复性损害。地震一开始时,地震动会对结构产生破坏而出现细小的裂缝,但是随着地震动的持续时间增加,结构便会慢慢产生比较大的裂缝,随之结构也会产生大变形,这样一来就会对结构产生严重的破坏。就选择地震波来说,对结构进行弹性地震反应分析时,选择持续时间较短的地震波对地震动分析有利;对结构进行弹塑性反应分析时,一般会选择持续时间比较长的地震波,其中地震波的持续时间为结构基本周期的 5～10 倍。

一般的地震波是在地表或地下室里测得的,记录到的加速度历程是地表或地下室位置的动力响应过程,这种动力响应从根本上说是由基岩运动引起的。目前地下结构地震反应分析方法可大致分成纵向和横向地震反应分析两种。其中,纵向地震反应分析方法包括弹簧质点梁模型、梁弹簧结构模型、等效刚度简化模型。

1. 弹簧质点梁模型

弹簧质点梁模型是由田村重四郎-冈本舜三提出的地下结构地震反应分析的数学模型,有如下假定:

(1) 忽略结构自振,地层自振特性不受结构影响;

(2) 隧道以上地层的剪切振动对结构在地震中产生的应变起主导作用;

(3) 隧道变形按轴向地层变形计算;

(4) 忽略隧道的自振惯性力;

(5) 考虑土弹簧间相互作用。

根据以上假定,将基岩以上地层沿隧道轴向划分成段,每一段均用弹簧质点代替,其自振周期与原地层相同。各地层段的基本振型换算质量及两相邻质量间的纵、横向弹簧系数分别考虑介质连续而通过积分求得。

建立弹簧质点梁模型的目的是能较普遍适用于广泛的结构形式和地层条件,对结构设计中遇到的问题可简单、快速地做出评价。所以它包括了抗震特点、变形限制、各种构件和结构、土体不连续性的影响、土压力的影响等。该法假定土体在地震期间不会丧失完整性,且只考虑地震作用下隧道结构的振动效应。其总体的指导思想是在抗震设计中,给结构提供有效的韧性来吸收土体强加给结构的变形,同时又不丧失其承受静载的能力,而不是以特定的单元去抵抗其变形。地下结构还应设计成能够适应地层弯曲变形,此时结构的最大单元应变应根据波与结构斜交的情况得出。设计时可利用该法快速确定地震引起的地层振动特性,进而为结构抗震设计提供依据。

结构惯性变化对地下结构地震反应的影响不大,忽略其影响对构件关键截面的内力最高可造成 20% 左右的误差,顶底板相对最大位移最大误差不超过 10%;场地动力特性对地下结构地震反应影响显著,忽略其影响最高可造成 90% 左右的误差。这表明,场地土的动力特性或基岩地震运动引起的场地土的体积惯性力是影响地下结构地震反应的主要控制性因素之一。

2. 梁弹簧结构模型

反应位移法的隧道结构纵向抗震研究中,将结构设为梁单元,土层以等效刚度的弹簧来代替,土弹簧之间无相互作用。梁单元长度可取为变形缝之间的距离,并沿隧道纵轴静态地施加正弦波形的强迫位移(包括水平的或竖直的),土与结构的相互作用通过土弹簧和梁单元连接的方式表现,即弹性地基梁理论确定其结构纵向的弯曲变形。

3. 等效刚度简化模型

以上两种计算模型由于结构复杂、参数较多,求解困难。在进行较规则的盾构隧道纵向抗震分析时,由于隧道在横向为一均质圆环,可在纵向采用刚度等效的方法,把由接头和管片组成的盾构隧道等效为具有相同刚度的均匀连续梁。根据等效变形的原则,建立等效轴拉(压)刚度模型,即把 m 环长度为 L 的隧道片等效为 m/n 环长度为 nL 的隧道片。

10.3　抗震计算分析

地下结构抗震设计的计算方法是随着对地下结构动力响应特性认识的不断发展,以及近年来历次地震中地下结构震害的调查、分析总结以及相关研究的不断深化而发展的。20 世纪中期以前,地下空间还未得到较大规模的开发,地下结构的建设也未有大的发展,无论是单体规模还是总体数量,都处于一个较低的水平。随着各国经济建设进程的加快,城市化进程加速,地下工程也成为人类发展的宝贵资源。与此同时,与地面建筑相比,大地震中地下结构的破坏实例及调查研究都较少,因此在进行地下结构的设计计算中,地震因素还未成为一个必须考虑的因素,更没有系统的地下结构抗震计算的理论和方法。各种类型的地下结构面临大范围开发,抗震成为地下结构设计计算必须考虑的问题。通常根据地下建筑工程的实际情况,借鉴地面结构抗震设计计算方法,反应位移法、等效静力法、动力时程分析法、反应加速度法等成为地下结构抗震设计的方法。

1. 反应位移法

反应位移法是地下结构抗震分析最基本方法之一,是目前我国现行《抗震规范》及《城市轨道交通结构抗震设计规范》(GB 50909—2014)对地下结构抗震设计的基本方法。

早期地震观测发现,地下结构周围土体的位移是地下结构地震反应的控制因素,以此为基础提出了反应位移法。该方法的基本思路是首先求得地下结构所在位置土层动力反应位移的最大值,再把周围土体对地下结构的作用假设为弹簧,将土层动力反应位移的最大值作为强制位移施加于地基弹簧的非结构连接端的节点上,最大值可通过输入地震波的动力有限元计算确定。同时对地下结构施加地震惯性力,然后按静力原理计算结构内力。

反应位移法分为横向反应位移法和纵向反应位移法。横向反应位移法,主要是取地下结构物的横向断面进行抗震分析,土体位移只与深度 z 相关,对地下结构断面加载地震作用下的土体相对位移进行计算,土体位移、土体剪力、土体约束参考《城市轨道交通结构抗震设计规范》相应条文规定进行计算；纵向反应位移法考虑的是地下结构物在地震力作用下纵向与断面轴向的变化。由于结构所在的深度不同，纵向位移呈现大小不一的拉压变形，地下结构的位移与(x,y,z)三个空间方向变量相关，其中x、y方向位移是关于深度z的函数，对地下结构加载地震作用下纵向土体的绝对位移进行计算。

采用反应位移法的计算模型如图 10-4 所示，结构周围土体采用地基弹簧表示，包括压缩弹簧和剪切弹簧，结构一般采用梁单元进行建模。

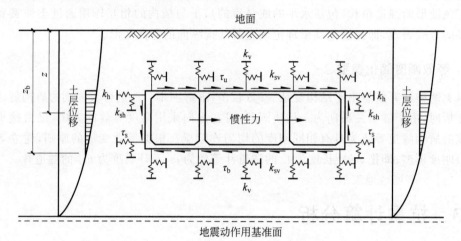

图 10-4 反应位移法计算模型

计算的主要参数包括：地基弹簧刚度、土层位移、惯性力及结构与周围土层剪力。其中z、z_b分别为结构中计算点埋深与结构底板埋深；k_h、k_{sh}分别为两侧土体法向与切向弹簧刚度；k_v、k_{sv}分别为上下土体法向与切向弹簧刚度；τ_u、τ_b、τ_s分别为地铁车站顶板、底板及侧壁的表面剪力。

1）地基弹簧刚度

地基弹簧刚度可按下式计算：

$$k = KLd \tag{10-1}$$

式中：k——压缩或剪切地基弹簧刚度，单位：N/m；

K——基床系数，单位：N/m³；

L——垂直于结构横向的计算长度（计算时根据单元划分长度确定，一般为地基弹簧间距），单位：m；

d——土层沿地下结构纵向的计算长度（一般取 1m），单位：m。

地基弹簧刚度的大小对抗震计算的最终结果有较大影响，其中基床系数取值正确与否直接影响计算精度，基床系数主要由以下几种方法确定。

（1）静力有限元法：取一定宽度和深度的土层有限元模型，固定模型侧面和底面边界，除去拟建结构位置处土体形成孔洞，在孔洞的各个方向均布荷载q，计算出变形δ，计算基床系数$K=q/\delta$。

（2）参照相关规范根据工程经验确定基床系数，适用于资料缺乏的情况，可用于工程的前期工作。

（3）在地勘委托中提出明确要求，由地勘报告提供竖向和水平基床系数。

在已知压缩弹簧刚度的条件下,对于矩形结构按下列公式计算剪切弹簧刚度:

$$k_s = k_v/3 \tag{10-2}$$

$$k_{sh} = k_v/3 \tag{10-3}$$

2）土层位移

根据地下结构顶、底板位置处自由土层发生最大相对位移时刻的土层位移分布确定土层相对位移,即相对结构底板位置处的位移。

$$u'(z) = u(z) - u(z_B) \tag{10-4}$$

式中:$u'(z)$——深度 z 处相对于结构底部的自由土层相对位移,单位:m;

$u(z)$——深度 z 处自由土层地震反应位移,单位:m;

$u(z_B)$——结构底部深度的自由土层地震反应位移,单位:m。

沿土层深度方向的土层位移可按下式计算:

$$u(z) = \frac{1}{2} u_{max} \cos \frac{\pi z}{2H} \tag{10-5}$$

式中:$u(z)$——深度 z 处自由土层地震反应位移,单位:m。

u_{max}——场地地表最大位移(可根据规范查表确定),单位:m。

H——设计地震作用基准面的深度,单位:m,宜取在地下结构以下剪切波速大于或等于 500m/s 的岩土层位置,对覆盖土层厚度小于 70m 的场地,设计地震作用基准面不宜小于结构有效高度的 2 倍;对于覆盖土层厚度大于 70m 的场地,宜取在覆盖土层 70m 深度的土层位置。

3）惯性力

$$F = ma \tag{10-6}$$

式中:F——结构惯性力;

m——结构质量;

a——地下结构顶底板位置处自由土层发生最大相对位移时刻,自由土层对应于结构位置处的加速度。

4）土层剪力

结构上下表面的土层剪力一般通过土层位移微分确定土层应变,最终通过物理关系计算土层剪力,剪应变计算见下式:

$$\gamma = \frac{\partial u(z)}{\partial z} = -\frac{\pi}{2H} \frac{1}{2} u_{max} \sin \frac{\pi z}{2H} \tag{10-7}$$

剪应力计算见下式:

$$\tau = G_d \gamma \tag{10-8}$$

式中:G_d 为土层的动剪切模量。

G_d 可根据地勘报告取值,缺少资料时可根据经验公式确定,一般情况,可按经验公式 $G_d = r V_{sd}^2/g$ 确定,其中 r 为土层重度,V_{sd}^2 为土层的剪切波速。求出结构顶部、底部土层剪力后,将两者的平均值作为结构侧壁剪力。

2. 等效静力法

等效静力设计法又称为地震系数法,是一种用静力学方法近似解决动力学问题的简易方法。基本原理是将地震作用视为结构由于地震动而产生的惯性力,再结合周围地层的动土压力,按静力计算对结构进行控制内力和位移的计算,以演算结构的抗震承载力和变形,主要应用于结构形式较为普遍、重要程度一般以及周围地层较为均匀的一般地下结构。计算模型如图 10-5 所示。

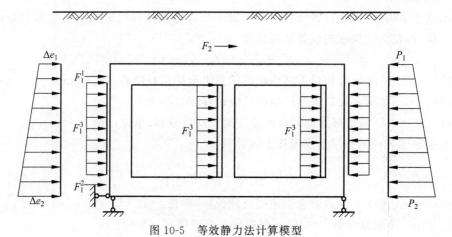

图 10-5　等效静力法计算模型

在计算时,只需要计算结构受到的两方面附加作用:第一,结构承受的等效静荷载(结构自身惯性力 F_1、结构上方土柱惯性力 F_2);第二,施加在结构侧边的土体主动土压力增量 e,以及另一侧施加的抵抗力 P。

1) 结构自身惯性力

惯性力计算公式为

$$F = \delta_g M = \delta_g \frac{W}{g} = KW \tag{10-9}$$

式中:W——结构物各部分的重量;

$\quad K$——地面运动加速度与重力加速度的比值;

$\quad M$——结构物各部分的质量;

$\quad g$——重力加速度。

结构顶板惯性力 F_1^1(集中力):

$$F_1^1 = \eta A_g m_t \tag{10-10}$$

结构底板惯性力 F_1^2(集中力):

$$F_1^2 = \eta A_g m_b \tag{10-11}$$

结构侧墙惯性力 F_1^3(分布力):

$$F_1^3 = \eta A_g \frac{m_w}{h_1} \tag{10-12}$$

式中:η——水平地震作用修正系数:根据《铁路工程抗震设计规范》(GB 50111—2006)规定,岩石地基 0.2,非岩石地基 0.25;

$\quad A_g$——水平地震动峰值加速度,抗震设防烈度 6 度区取为 $0.05g$,7 度区取为 $0.10g$($0.15g$),8 度区取为 $0.20g$($0.30g$),9 度区取为 $0.40g$;

$\quad h_1$——地下结构侧墙净高;

m_t、m_w、m_b——地下结构顶板、侧墙、底板的质量。

2）结构上覆土柱惯性

$$F_2 = \eta A_g m_s \tag{10-13}$$

式中：m_s——地下结构上覆土柱的质量。

3）主动侧土压力增量

$$\Delta e = e'_i - e_i \tag{10-14}$$

其中，无地震时主动土压力：

$$e_i = \lambda_a q_i \tag{10-15}$$

有地震时主动土压力：

$$e'_i = \lambda'_a q_i \tag{10-16}$$

$$\begin{cases} \lambda_a = \tan^2\left(45° - \dfrac{\varphi}{2}\right) \\ \lambda'_a = \tan^2\left(45° - \dfrac{\varphi - \beta}{2}\right) \end{cases} \tag{10-17}$$

$$\begin{cases} q_1 = \gamma H \\ q_2 = \gamma(H + h) \end{cases} \tag{10-18}$$

式中：φ——土体内摩擦角；

β——地震角，抗震设防烈度 7 度区取 1°30′，8 度区取 3°，9 度区取 6°；

γ——土体的容重；

H、h——结构的埋深和结构的高度；

q_1、q_2——结构顶板、底板位置处的土压力；

λ_a、λ'_a——朗肯主动土压力系数。

4）被动侧抵抗力

被动侧所提供的抵抗力大小按照静力平衡原理来确定，根据力的分布模式则采用梯形分布。

$$\begin{cases} P_1 = \dfrac{2HF}{(2H + h)h} \\ P_2 = \dfrac{2(H + h)F}{(2H + h)h} \end{cases} \tag{10-19}$$

$$F = F_1^1 + F_1^2 + F_1^3 h_1 + \frac{1}{2}(\Delta e_1 + \Delta e_2)h \tag{10-20}$$

3. 动力时程分析法

时程分析法是 20 世纪 60 年代发展起来的抗震分析方法，基本原理是，把地震强迫振动的激励-地震加速度时程直接输入，采用逐步积分法对方程进行求解，从而得出最精确的结果。

动力时程分析方法较等效静力抗震设计方法有以下两个方面优势：①由于拟静力设计方法把时间因素去除，无法考虑土体与结构的惯性力与阻尼效应，也无法考虑饱和砂土的液化效应，如地震液化及振陷；②动力时程分析方法可验证等效静力设计方法的合理性。

根据达朗贝尔原理可以建立该体系在地震作用下任一时刻的动力平衡方程：

$$M\ddot{x}(t) + C\dot{x}(t) + Kx(t) = -MI\ddot{x}_g(t) \tag{10-21}$$

式中：M——系统的质量矩阵；

C——阻尼矩阵；

K——系统的刚度矩阵；

$\ddot{x}(t)$、$\dot{x}(t)$、$x(t)$——系统的加速度、速度、位移向量；

$\ddot{x}_g(t)$——输入地震加速度向量。

对该运动方程的求解一般采用时程逐步积分法,将整个地震过程分为若干微小时间段 Δt 在整个地震过程中各时刻的运动状态及其变化情况。

在动力方程(10-21)中,地面振动加速度是复杂的随机函数,因此不可能求出解析解,需要采取数值分析方法求解,故常将式(10-21)转变成增量方程：

$$M\ddot{x}(\Delta t) + C\dot{x}(\Delta t) + Kx(\Delta t) = -MI\ddot{x}_g(\Delta t) \tag{10-22}$$

而后对增量方程逐步积分求解。

4. 反应加速度法

反应加速度法主要确定出地震荷载下土层随深度变化每层土的水平加速度值,假设同一层土层中加速度是相同的,即认为地下结构所受的加速度值大小就等于相应结构所在位置处的土层加速度值,据相关研究,地下结构的存在会影响到结构场地地震动参数的准确性。此理论未考虑地下结构的存在会导致结构所在场地地震动参数的不同。此外,反应加速度法作为拟静力计算方法之一,未考虑阻尼力的影响因素,仅仅将地震作用的铅直向分布的水平加速度产生的惯性荷载离散为水平地震荷载进而作用于有限元模型上完成抗震计算,其结果无法形成与此时各质点相对应的反应位移。如果计算复杂地层时,由于土的高阶振型明显发育且面对较大地震荷载作用时土体对应较大的阻尼比,地震波在由下向上传播时,在不同土层中会有所衰减,在此情况下运用反应加速度法进行抗震计算分析,针对实际情况,计算得出的结果会存在较大的误差。计算模型底面采用固定边界,侧面采用水平向自由、竖向固定的水平滑移边界,如图 10-6 所示。

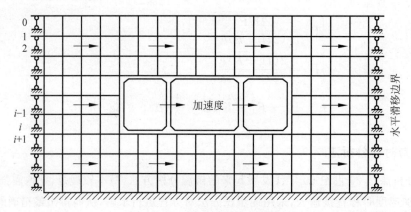

图 10-6　反应加速度计算模型

地震动作用下,土-地下结构体系水平惯性加速度的分布和大小可采用如下两种方法确定：其一,通过自由场地地震反应有限元动力分析可得各埋深处土层加速度反应,取各土层

处峰值加速度为水平惯性加速度,并对不同埋深的土体单元施
加相应的反应加速度。其二,通过对土体单元处于最大变形时
刻水平方向受力分析得到各土层的水平惯性加速度,如图 10-7
所示。

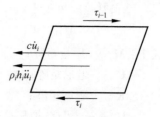

图 10-7　土层的水平惯性加
速度分析示意

根据土层最大剪应力确定土层单元水平惯性加速度时,第
i 层土单元的运动方程为

$$\tau_i - \tau_{i-1} + \rho_i h_i \ddot{u}_i + c\dot{u} = 0 \tag{10-23}$$

式中：τ_i、τ_{i-1}——第 i 层土单元底部及顶部最大剪应力；

ρ_i、h_i、c、$\ddot{u}_i$——第 i 层土单元密度、厚度、黏滞阻尼系数及水平惯性加速度。

为反映惯性力和阻尼力共同作用,采用土单元变形来计算水平惯性加速度,由式(10-23)
得应力项计算水平惯性加速度：

$$\ddot{u}_i = \frac{\tau_i - \tau_{i-1}}{\rho_i h_i} \tag{10-24}$$

10.4　土-结构体系动力相互作用

1. 基本概念

近年来,随着地下空间资源不断被利用,土-结构动力相互作用成为科研机构研究的新
课题。土-结构相互作用体系主要研究整个体系的数学模型、力学机理、耦合作用和数值分
析方法等,可为地下结构工程提供设计依据和理论基础。土-结构动力相互作用问题主要是
由震源出发的振动波,不断扩散到地基层,通过地基层传播给结构体系使其发生振动,同时
主体结构将产生的惯性力如同新的震源又作用于地基层,地基层又将振动传输给主体结构,
这样反复作用直至波的能量被消耗完。

一般情况下,不考虑土-结构相互作用的地震动响应结果大于考虑相互作用的结果,这
主要是因为周围土体的刚度与结构的刚度相差较大,土与结构动力相互作用的结果使结构
产生的能量传输到土层中产生了阻尼效应,同时传输到结构表面的地震能量也在不断减小,
但有时也会出现相反的情况,这主要是对于一些大型建筑物或埋深比较大的结构,周围的围
岩与结构的刚度相差不是很大,周围的围岩与结构的自振频率很接近,造成围岩对结构的动
力作用影响比较小,在计算时可以不考虑,所以在绝大多数情况下还是需要考虑土-结构之
间的相互作用。这些双重作用效应是实际工程设计中必须关注的,不将基础和上部结构作
为一个整体进行考虑就无法合理分析和设计,而且更造成实践中的浪费或偏于不安全,故在
进行上部结构的动力分析时应考虑土-结构的影响是十分必要的。

2. 土与地下结构相互作用问题

土-地下结构抗震分析主要运用相互作用法进行求解,以地下结构为主体,以求解运动
方程为基础,场地土和结构的作用通过力的形式表现出来,分析地铁车站结构本身的地震动
反应,土与地下结构运动相互作用的运动方程为

$$\begin{bmatrix} M_{ii} & 0 \\ 0 & M_{bb} \end{bmatrix} \begin{Bmatrix} U_i \\ U_b \end{Bmatrix} + \begin{bmatrix} C_{ii} & C_{ib} \\ C_{bi} & C_{bb} \end{bmatrix} \begin{Bmatrix} U_i \\ U_b \end{Bmatrix} + \begin{bmatrix} K_{ii} & K_{ib} \\ K_{bi} & K_{bb} + S_{bb}^g \end{bmatrix} = \begin{Bmatrix} 0 \\ S_{bb}^g U_b^g \end{Bmatrix} \tag{10-25}$$

式中：M——质量矩阵；

$\quad\quad C$——阻尼矩阵；

$\quad\quad K$——刚度矩阵；

$\quad\quad U_b$——土与结构相接触节点位移；

$\quad\quad U_i$——除接触外，其余土体位移；

$\quad\quad S_{bb}^g$——地层对地下结构动力阻抗矩阵；

$\quad\quad U_b^g$——散射场位移。

地下结构受周围场地土的约束作用，结构自身的动力特性表现不是很明显，式(10-25)中结构惯性力和阻尼的影响比较小，可以忽略不计，则公式可简化为

$$\begin{bmatrix} K_{ii} & K_{ib} \\ K_{bi} & K_{bb} + S_{bb}^g \end{bmatrix} \begin{Bmatrix} U_i \\ U_b \end{Bmatrix} = \begin{Bmatrix} 0 \\ S_{bb}^g U_b^g \end{Bmatrix} \tag{10-26}$$

$$K_b + S_{bb}^g U = S_{bb}^g U_b^g \tag{10-27}$$

从上式中可以看出地下结构的受力情况主要取决于周围场地土产生的位移，而散射场位移可以不予考虑。要求解上述方程，可以利用关系式：

$$(K_b + S_{bb}^g)U_b^g = (S_{bb}^g + S_{bb}^e)U_b^f \tag{10-28}$$

或

$$(K_b + S_{bb}^f - S_{bb}^e)U_b^g = S_{bb}^f U_b^f \tag{10-29}$$

3. 土体与结构的本构关系

地下结构与场地土的刚度比值相差很大，当场地土进入塑性阶段时，地下结构还在弹性变形阶段。土体属于松散介质，当整个体系处于高应力状态时，场地土还会产生很大的塑性变形。当建立更符合实际情况的数值模型时，充分考虑土体的非弹性变形特性，采用弹塑性应力-应变模型，这一模型对于分析土体的性状以及检验常用的各种简化模型具有很重要的作用。塑性理论主要包括：屈服准则、硬化准则和流动准则三部分。

1) 屈服准则

根据相应的力学试验，当荷载加到一定程度，土体开始进入塑性状态，各应力分量符合一定的力学关系，这种关系被称为屈服准则。在实际中土体的受力相当复杂，三个方向都有应力作用，侧向压力的存在使土体的屈服变得困难，所以研究屈服准则，需要根据三轴试验综合考虑三个方向的应力，屈服准则是求解塑性成形问题必要的补充理论，相应的表达式为

$$f(\sigma_{ij}) = K \tag{10-30}$$

式中：f——代表屈服函数，与坐标轴选取的方向没有关系；

$\quad\quad K$——作为各个应力分量经过某种函数组合达到的临界值。

土体达到塑性状态后，随着荷载增加，变形不断发展，直到土体发生破坏，这时的应力状态称为极限应力状态，判断是否达到这种状态，称为破坏准则。对于岩土类材料，屈服和破坏是不同的。

2) 硬化准则

当材料达到屈服强度后,它的屈服标准就要改变,即 K 值发生变化。K 值的变化有三种情况:

(1) 硬化,屈服后材料变硬,K 值增加;

(2) 软化,屈服后材料变软,K 值减小;

(3) 理想塑性变形,屈服后 K 值不变化。

硬化与应力发展有关,当应力逐渐增大达到屈服强度后,也就是材料发生了塑性变形,随着应力不断变化材料发生了硬化。所以硬化的发展程度可以用塑性变形来作为衡量标准,将它称为硬化参数,用 H 来表示。k 为硬化参数 H 的函数,可表示为

$$k = F(H) \tag{10-31}$$

即

$$f(\sigma_{ij}) = F(H) \tag{10-32}$$

屈服函数的一般形式是

$$f(\sigma_{ij}, H) = 0 \tag{10-33}$$

确定一个 H 值,将从式(10-29)中得到一个相应的函数值,即在应力空间确定了一个屈服面。

3) 流动准则

塑性理论中,流动准则既可以确定塑性变形增量的方向又可以确定增量方向各个分量之间的比值,而应变增量方向主要依据应力增量。

米塞斯假设存在某种塑性势函数,它代表的是应力状态的函数,用 $g(\sigma_{ij})$ 来表示。塑性变形,或者说塑性流动也可认为是由它引起的,应力空间的任何一点都有一个塑性势面对应,即为

$$Q(p, q, H) = 0 \tag{10-34}$$

塑性应变增量方向与应力的关系式如下:

$$\mathrm{d}\varepsilon_{ij}^{p} = \mathrm{d}\lambda \frac{\partial g}{\partial \sigma_{ij}} \tag{10-35}$$

式中: g——塑性势函数;

λ——比例因子。

4. 阻尼理论

阻尼机理非常复杂,它与结构周围介质的黏性、结构本身的黏性、内摩擦耗能和地基土的能量耗散等有关。通常结构采用瑞利(Rayleigh)阻尼,在动力模拟分析中这是最常用也是比较简单的阻尼,又称为比例阻尼,表达式为

$$\boldsymbol{C} = \alpha \boldsymbol{M} + \beta \boldsymbol{K} \tag{10-36}$$

式中: α、β——阻尼常数;

$\boldsymbol{M}$——总体质量矩阵;

$\boldsymbol{K}$——总体刚度矩阵。

上式中的两个阻尼系数 α、β 可以通过阵型阻尼比计算得到,即公式为

$$\alpha = \frac{2\omega_i \omega_j (\varepsilon_i \omega_j - \varepsilon_j \omega_i)}{\omega_j^2 - \omega_i^2} \tag{10-37}$$

$$\beta = \frac{2(\varepsilon_j \omega_j - \varepsilon_i \omega_i)}{\omega_j^2 - \omega_i^2} \qquad (10\text{-}38)$$

式中：ω_i、ω_j——结构第 i 和第 j 自振圆频率；

　　　ε_i、ε_j——相应于第 i 和第 j 振型的阻尼比。

总之，土-结构动力相互作用一般包含两个方面的内容：①刚体运动相互作用，它是忽略上部结构质量时，土体在地震动作用下的运动。对明置基础的结构，该运动为自由场反应的结果；对埋置刚性基础的结构，该运动为开挖后土体的运动；对埋置柔性基础的结构，该运动计算较复杂。②惯性相互作用，即作用在结构上的惯性力使土体产生变形，进而改变结构的运动。惯性相互作用部分的荷载为刚性运动相互作用的结果。

土-结构相互作用目前的研究进展大致可以概括如下：首先，目前针对结构-土-结构相互作用数值计算的计算规模较小，模型大多简化为二维模型，三维模型较少。其次，研究的内容大多数在弹性范围，对非线性考虑并不是很充分。土体具有材料以及几何非线性，它们对地震波的传播和衰减都有明显的影响。连续体力学方法只能用于求解小变形问题，而且难以分析结构的非线性地震反应。同时，对于长、大地下结构的非均匀地震动激励研究还比较少。影响结构间相互作用的因素很多：除结构间距、结构布置、土壤性质、结构几何尺寸和材料性质外，还应更全面地考虑单个因素和多个因素对相互作用系统地震反应的耦合影响。就目前的研究而言，表面结构的研究大多局限于浅基础，缺乏对其基本形式的研究。对如何考虑结构与结构之间的相互作用，缺乏具体的评价指标。

更具体的对土-结构的研究内容进行划分，主要通过结构在空间中组合方式进行划分可以细分为以下几类：

（1）相邻地上结构振动影响土体，从而带动相邻结构的协同振动。相邻结构的振动再通过土体反馈给周围结构。因此，结构的地震反应不仅受地基土本身振动的影响，而且受相邻结构振动通过地基土传递的影响。多个地面结构相互作用的"城市效应"也是这一方向的热点问题之一：因为往往城市的抗震需要牵涉三个甚至大片结构的相互作用，这种相互作用会对结构物本身所处的场地环境造成质的影响，其对结构地震响应造成的变化比简单的两个结构相互作用要显著。

（2）相邻地下结构相互作用：地下结构相互作用与地上结构相互作用有着类似的机制。首先，地下结构在地震荷载下产生动力响应并且对地震波场产生显著影响，之后再对邻近的地下结构周围波场和内力产生影响。

（3）地下结构-地上结构相互作用：与相邻的地面结构相比，地下结构会在土介质中造成很大的空洞，从而使得地下结构对地震波动有较大的影响。而如果地面结构的基础形式为桩基础或箱形基础，将对地基周围场地土和地下结构上覆土的动力响应产生不同程度上的影响。特别重要的是要考虑地下结构和地面结构之间的相互作用。

10.5　设计原则与构造措施

10.5.1　设计原则

地下结构抗震设计原则应根据抗震设防类别、抗震性能要求、抗震设防目标、抗震设防等级、场地条件、地下结构使用要求等条件进行综合分析确定。

1. 抗震设防类别划分

抗震设防类别划分如表 10-1 所示。

表 10-1 抗震设防类别划分

抗震设防类别	定 义
甲类	指使用上有特殊设施,涉及国家公共安全的重大地下结构工程和地震时可能发生严重次生灾害等特别重大灾害后果,需要进行特殊设防的地下结构
乙类	指地震时使用功能不能中断或需尽快恢复的生命线相关地下结构,以及地震时可能导致大量人员伤亡等重大灾害后果,需要提高设防标准的地下结构
丙类	除上述两类以外按标准要求进行设防的地下结构

2. 地下结构的抗震性能要求

地下结构的抗震性能要求等级划分如表 10-2 所示。对于地下结构,在地震作用下,结构构件的承载力、变形能力、耗能能力、刚度及破坏形态的变化和发展应适当提高标准,使结构具有更好的延性、更大的变形能力,塑性区的发展能更有效地耗散地震能量,从而减小地震反应。

表 10-2 抗震性能要求等级划分

等 级	定 义
性能要求 I	不受损坏或不需进行修理能保持其正常使用功能,附属设施不坏或轻微损坏但可快速修复,结构处于线弹性工作阶段
性能要求 II	受轻微损伤但短期内经修复能恢复其正常使用功能、结构整体处于弹性工作阶段
性能要求 III	主体结构不出现严重破损并可经整修恢复使用,结构处于弹塑性工作阶段
性能要求 IV	不倒塌或发生危及生命的严重破坏

3. 抗震设防目标

地下结构抗震设计的目的是使地下结构具有必要的强度、良好的延性。抗震设防目标如表 10-3 所示。

表 10-3 抗震设防目标

抗震设防类别	设 防 水 准			
	多遇	基本	罕遇	极罕遇
甲类	I	I	II	III
乙类	I	I	III	—
丙类	I	III	IV	—

4. 抗震设防等级

地下结构的抗震设防等级如表 10-4 所示,抗震设防烈度为 9 度时,甲类地下结构的抗震等级应进行专门研究论证。

表 10-4 抗震等级

抗震设防类别	抗震设防烈度			
	6 度	**7 度**	**8 度**	**9 度**
甲类	三级	二级	一级	专门研究
乙类	三级	三级	二级	一级
丙类	四级	三级	三级	二级

5. 场地条件

选择地下结构场地时,应根据工程需要,综合判定其场地条件类别属于有利、一般、不利、危险中的哪一种。场地条件划分如表 2-1 所示,对于可能产生滑坡、塌陷、崩塌和位于采空区影响范围内等的场地,应进行地震作用下岩土体稳定性的评价,对不利地段、危险地段应提出避开要求。

地下结构抗震设计的基本原则主要包括以下 5 个方面:

(1) 在设防地震(中震)的作用下发生损坏,一般修复相对是比较困难的,代价也较高。地下结构采用抗震性能化设计时,对比地上结构"小震不坏、中震可修、大震不倒"的抗震设计原则,应具有更具体或更高要求的抗震设防标准。具体设计原则与要求可参考《抗震规范》和《地下结构抗震设计标准》(GB/T 51336—2018)。

(2) 在地下结构抗震设计中,重要的是保证结构在整体上的安全,保护人身及重要设备不受损害,个别部位出现裂缝或崩坏是允许的。因为与其使地震作用下的地下结构完全不受震害而大大增加造价,不如在震后消除不伤元气的震害更为合理。

(3) 具有抗震性能的地下结构,不仅可以采用整体刚度较好的钢筋混凝土现浇结构,也可以为了施工工业化、加快施工效率而采用装配式钢筋混凝土结构。前者关键在于实现地下结构的整体性和连续性,后者关键在于实现和加强拼装构件间的联系性和可靠性。

(4) 使地下结构具有整体性和连续性,成为高次超静定结构,使得地下结构具有整体刚度大、构件间变形协调、能产生更多的塑性铰以便吸收更多的振动能量,以进一步消除局部的严重破坏。就地下结构抗震来说,出现局部裂缝和塑性变形有一定的积极意义。一方面吸收振动能量,另一方面增加了结构柔性。

(5) 地下结构的抗震设防应分为多遇地震动、基本地震动、罕遇地震动和极罕遇地震动4 个设防水准。设计地震动参数的取值可按现行国家标准《中国地震动参数区划图》(GB 18306—2015)的规定执行。实际产生的地震力,可能超过设计中规定的地震力,当地下结构的强度不足以承受较大的地震力时,延性对地下结构的抗震起重要作用,它可以弥补强度之不足,地下结构的部分构件在屈服后仍具有稳定的变形能力,就能继续吸收输入的震动能量。

10.5.2 构造措施

地下结构抗震构造措施属于抗震设计的一部分,提高罕遇地震时结构的整体抗震能力、保证其实现预期设防目标、延迟结构破坏的重要手段。因此,抗震技术的实施,是建立在合理的结构设计基础上的。目前,我国对地下建筑结构抗震设计中结构构件所采用的抗震构造措施研究还很缺乏,在实际设计中主要参照地面建筑结构的抗震构造措施进行设计。当然,这种做法忽视了地下、地上结构的动力响应差别,具有一定的片面性。在进行抗震设计前,需要对地下结构进行深入全面的分析,熟悉掌握结构和功能之间的联系,区别不同结构形式,分别研究其抗震措施。

1. 地下单体、多体结构

(1) 梁的截面宽度不宜小于 200mm,截面高宽比不宜大于 4。梁中线宜与柱中线重合。梁的纵向钢筋、箍筋配置应符合现行国家标准《抗震规范》的规定。

(2) 柱的轴压比指结构地震组合下柱的轴压力设计值与柱的全截面面积和混凝土轴心抗压强度设计值乘积之比值。对于剪跨比不大于 2 的柱,轴压比限值应降低 0.05;剪跨比小于 1.5 的柱,轴压比限值应专门研究并采取特殊构造措施;剪跨比大于 2、混凝土强度等级不高于 C60 的柱,应符合以下规定,不宜超过表 10-5 的限值。

表 10-5　地下结构框架柱轴压比限值

结构形式	抗震等级			
	一级	二级	三级	四级
单排柱地下框架结构	0.60	0.70	0.80	0.85
其他地下框架结构	0.65	0.75	0.85	0.90

(3) 框架梁柱节点区混凝土强度等级不宜低于框架柱 2 级,当不符合该规定时,应对核心区承载力进行验算,宜设芯柱加强;框架梁宽度大于框架柱宽度时,梁柱节点区柱宽以外部分应设置梁箍筋。

(4) 地下框架结构的板墙构造措施应符合下列规定:

① 板与墙、板与纵梁连接处 1.5 倍板厚范围内箍筋应加密,宜采用开口箍筋,设置的第一排开口箍筋距墙或纵梁边缘不应大于 50mm,开口箍筋间距不应大于板非加密区箍筋间距的 1/2。

② 墙与板连接处 1.5 倍墙厚范围内箍筋应加密,宜采用开口箍筋,设置的第一排开口箍筋距板边缘不应大于 50mm,开口箍筋间距不应大于墙非加密区箍筋间距的 1/2。

③ 当采用板-柱结构时,应在柱上板带中设置构造暗梁,其构造措施应与框架梁相同。

④ 楼板开孔时,孔洞宽度不宜大于该层楼板宽度的 30%。洞口的布置宜使结构质量和刚度的分布仍较均匀、对称,不应发生局部突变。孔洞周围应设置满足构造要求的边梁或暗梁。

(5) 当地下多体结构无法避免地处于软硬相差较大的地层中时,可根据需要对各单体结构分别采用不同的处理措施保证其整体抗震性能。

2. 盾构隧道结构

(1) 隧道结构抗震措施应提高隧道结构自身抗震性能或减少地层传递至隧道结构的地震能量。

(2) 隧道结构不应穿越断层破碎带、地裂缝等不良地质区域。若绕避不开时,应在断层破碎带全长范围及其两侧 3.5 倍隧洞直径过渡区域内,采取减小管片环幅宽、加长螺栓长度、加厚弹性垫圈、局部选用钢管片或可挠性管片环等措施,提高隧道与横通道等结构连接处、地质条件剧烈变化段以及上覆荷载显著变化处适应地层变形的能力;采用管片壁后注入低剪切刚度注浆材料等措施,在内衬和外壁之间、外壁与地层之间等设置隔震层。

(3) 隧道结构周围存在液化地层时,应分析液化对结构安全及稳定性的不利影响并采取相应抗震、减震措施;消除结构液化沉陷或上浮措施可采用在盾构隧道环缝面设置凹凸榫槽、隧道局部或全长进行二次衬砌等结构构造措施。

3.　城市浅埋矿山法隧道

应采用防水型钢筋混凝土结构且隧道全部设置仰拱。抗震设防地段衬砌结构构造应符合下列规定:

(1) 软弱围岩段的隧道衬砌应采用带仰拱的曲墙式衬砌。

(2) 明暗洞交界处、软硬岩交界处及断层破碎带的抗震设防地段衬砌结构应设置防震缝,且宜结合沉降缝、伸缩缝综合设置。

(3) 通道交叉口部及未经注浆加固处理的断层破碎带区段采用复合式支护结构时,二衬结构应采用钢筋混凝土衬砌。

(4) 穿越活动断层的隧道衬砌断面宜根据断层最大错位量评估值进行隧道断面尺寸的扩挖设计;无断层最大错位量评估值时,隧道断面尺寸可放大 400～600mm。断层设防段衬砌结构端部应增加最大错位评估值厚度,宜在断层位置设置防震缝,缝宽宜 40～60mm,并保证防震缝填充密实,做好隧道结构的防水;在防震缝两侧各 1m 范围内,初衬和二衬结构之间宜构筑 100～150mm 厚的沥青混凝土衬砌,沥青混凝土衬砌可采用预制块体熔化沥青砌筑的方法施工。

(5) 穿越黄土地裂缝的隧道,地裂缝设防区段衬砌结构应设置抗震变形缝。二衬结构端部厚度宜增大 500mm 以上,增厚长度宜在 2m 以上,且应满足竖向最大错位量的要求。在变形缝两侧各 1m 范围内,初衬和二衬结构之间宜构筑 100～200mm 厚的沥青混凝土衬砌。

洞门口抗震措施应符合下列规定:

(1) 隧道洞口位置的选择应结合洞口段的地形和地质条件确定,并应采取措施控制洞口仰坡和边坡的开挖高度,防止发生崩塌和滑坡等震害。当洞口地下较陡时,宜采取接长明洞或其他防止落石撞击的措施。

(2) Ⅱ类场地基本地震动峰值加速度为 0.20g 及以上的地区宜采用明洞式洞门,洞门不宜斜交设置。

(3) Ⅱ类场地基本地震动峰值加速度为 0.30g 以上的地区,洞口边坡、仰坡坡率降一档设置,边坡、仰坡防护应根据设防地震动峰值加速度值的提高,依次选用锚网喷、框架长锚杆、锚索、框架锚索等措施。

4.　明挖隧道结构

明挖隧道结构抗震构造措施应符合下列规定:

(1) 宜采用现浇结构。需要设置部分装配式构件时,应使其与周围构件有可靠的连接。

　　(2) 墙或中柱的纵向钢筋最小总配筋率,应增加 0.5%。中柱或墙与梁或顶板、底板的连接处应满足柱箍筋加密区的构造要求,箍筋加密区范围与抗震等级相同的地表结构柱构件相同。

　　(3) 地下钢筋混凝土框架结构构件的最小尺寸,应不低于同类地表结构构件的规定。

　　明挖隧道顶板和底板应符合下列规定:

　　(1) 顶板、底板宜采用梁板结构。当采用板柱-抗震墙结构时,宜在柱上板带中设构造暗梁,其构造要求同地表同类结构。

　　(2) 地下连续墙复合墙体的顶板、底板的负弯矩钢筋至少应有 50% 锚入地下连续墙,锚入长度按受力计算确定;正弯矩钢筋应锚入内衬,并均不小于规定的锚固长度。

　　(3) 隔板开孔的孔洞宽度应不大于该隔板宽度的 30%;洞口的布置宜使结构质量和刚度的分布较均匀、对称,不应发生局部突变;孔洞周围应设置满足构造要求的边梁或暗梁。

　　明挖隧道存在液化的地层时,可采取下列措施:

　　(1) 对液化土层应采取注浆加固和换土措施;

　　(2) 对液化土层未采取措施时,应分析其上浮的可能性并采取抗浮措施;

　　(3) 明挖隧道结构与薄层液化土夹层相交,或施工中采用深度大于 20m 的地下连续墙围护结构的明挖隧道结构遇到液化土层时,可仅对下卧层进行处理。

5. 下沉式挡土结构

　　(1) 下沉式挡土结构的后填土应采用点排水、线排水或面排水等排水措施。

　　(2) 抗震设防烈度 7 度时,采用干砌片石砌筑的下沉重力式挡土结构且墙高不应大于 3m;抗震设防烈度大于 7 度时,下沉重力式挡土结构采用浆砌片石或浆砌块石砌筑,8 度时不宜超过 12m,9 度时不宜超过 10m;若超过 10m,宜采用混凝土整体浇筑。

　　(3) 施工缝应设置榫头或采用短钢筋连接,榫头的面积不应小于截面总面积的 20%。同类地层上建造的下沉重力式或 U 形挡土结构,伸缩缝间距不宜大于 15m。在地基土质或墙高变化较大处应设置沉降缝。

　　(4) 下沉式挡土结构不应直接设在液化土或软弱地基上。不可避免时,可采用换土、加大基底面积或采用砂桩、碎石桩等地基加固措施。当采用桩基时,桩尖应伸入稳定地层。

习题

　　1. 地下结构震害因素有哪些?

　　2. 地下结构抗震计算方法有哪些? 有何区别?

　　3. 对地下结构进行地震反应分析时,可用哪些方法分析?

　　4. 包头地铁 1 号线豪德广场站—西脑包站区间为地下区间,区间主要穿越地层为强风化片麻岩、中风化片麻岩,盾构法施工,盾构隧道外径 6.2m,区间埋深 9.4~13.2m。本段线路地震动峰值加速度值为 0.20g,相当于地震基本烈度为 8 度,设计地震分组为第二组,地震动反应谱特征周期为 0.40s,抗震设防烈度为 8 度。根据横波波速判断,该区间覆盖层为 29m,场地类别为 Ⅱ 类。岩土层力学参数如表 10-6 所示。求地层相对位移、结构惯性力以及结构与周围土层剪力。

表 10-6　岩土层力学参数

土　层	厚度/m	重度/(kN/m³)	横波速度 v_s/(m/s)	动泊松比 μ_d	动弹性模量 E_d/MPa	动剪切模量 G_d/MPa
①₋₁ 杂填土	1	18	156.3	0.43	1069.1	253.6
①₋₂ 素填土	2.3	19.7	240.6	0.46	713.4	106.9
⑨₋₁ 全风化片麻岩	4.1	25	243.2	0.47	1376.9	297.5
⑨₋₂ 强风化片麻岩	21.6	25	356.7	0.46	1482.6	508.7
⑨₋₃ 中风化片麻岩	—	25	969.5	0.39	11441	4132.4

第11章

结构振动控制原理和装置

11.1 概述

　　传统的工程手段主要通过提高抗震设防标准、提升材料性能和设置构造措施等方式,改善结构自身的动力性能,提高其抗震能力。由于地震发生的随机性、结构自身的非线性及抗震设计理论及方法的局限性,在强烈地震作用下,结构仍可能发生破坏。同时,简单提高材料强度或增大构件截面,可能会放大结构地震作用并增加工程成本。因此工程技术人员转而通过调整或改变结构动力参数方法,来减小结构的地震反应,该方法即工程结构振动控制技术。

　　工程结构振动控制的概念最早是由美籍华裔学者姚治平教授于1972年提出的,其基本理念是通过在结构上设置控制机构,使控制机构与结构共同承受振动作用,从而协调和减轻结构的振动反应。目前,以是否有外部能量输入为标准,可将结构振动控制技术分为被动控制、主动控制、半主动控制、智能控制及混合控制,其具体分类如表11-1所示。

表 11-1　结构振动控制分类

		基础隔震(包括组合隔震)	
结构振动控制	被动控制	消能减震	金属阻尼器
			摩擦阻尼器
			黏弹性阻尼器
			其他消能减震装置
			调谐质量阻尼系统(TMD)
			调谐液体阻尼系统(TLD)
			其他吸能减震装置
			冲击减震
	主动控制	主动质量阻尼器(AMD)	
		主动拉索-支撑(ATS/ABS)	
		主动驱动系统(ADS)	
	半主动控制	主动变刚度(AVS)	
		主动变阻尼(AVD)	
		结构内部相互作用控制(AIC)	
	智能控制	智能可调阻尼器	
		智能材料阻尼器	
	混合控制	混合质量阻尼器(HMD)	
		主动基础隔震(ABI)	

　　被动控制是指通过附设装置吸收和耗散输入结构的地震能量,以保证主体结构的安全。被动控制技术装置简单,适用性强,是当前应用最为广泛的振动控制技术。目前,结构被动控制常通过两种途径实现:一是通过附加装置的塑性变形来消耗地震能量;二是通过结构高低阶模态能量的相互转化,将振动能量转移到子结构中。

　　与被动控制技术相比,主动控制技术需要外界输入能量,其采集系统、处理系统及控制体系较为复杂,需要有可靠的动力供给及计算能力,因此在大型结构振动控制中应用不足。但主动控制技术可根据激励特性或结构反应,对结构实时进行反向控制,因此控制精度高、效果好。

11.2　隔震结构设计

11.2.1　原理与方法

　　隔震是指在主体结构特定位置设置某种隔震装置,从而形成的结构体系,包括上部结构、隔震层和下部结构三部分,如图 11-1(a)所示。隔震层设有隔震装置,隔震装置具有较大的柔性,可使结构周期延长并避开地震能量集中的频率段,进而减小地震能量向上部结构的

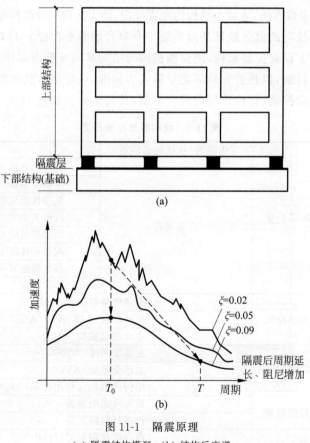

图 11-1　隔震原理

(a) 隔震结构模型;(b) 结构反应谱

传递。此外隔震层通常具有较大的阻尼,可通过塑性变形耗散地震能量,如图 11-1(b)所示。隔震后结构产生的变形主要集中于隔震层,上部结构近似于整体平动,其层间位移相较于非隔震结构显著减小,主体结构仍可处于弹性状态。按照隔震装置位置的不同,可分为基础隔震和层间隔震,如图 11-2 所示。基础隔震是目前工程应用的主流。

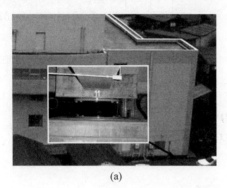 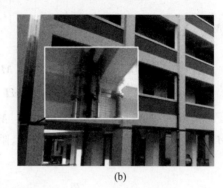

图 11-2　隔震结构实例

(a) 基础隔震;(b) 层间隔震

11.2.2　结构动力方程

对竖向布置较为规则的基础隔震结构,可将其简化为图 11-3 所示的集中质量串联模型,并用水平弹簧及转动弹簧分别模拟隔震层水平恢复力特性及回转特性,这样一来模型中各质点将具有一个水平平动自由度和一个绕隔震层的转动自由度。如果上部结构和隔震层的刚度和阻尼差别较大,则应将两者分别考虑,根据动力学原理,可以得到该模型的运动方程为

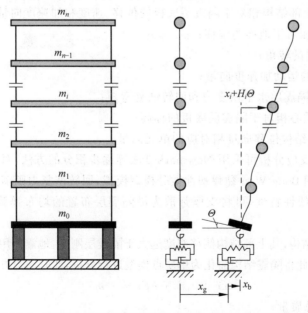

图 11-3　基础隔震结构地震反应分析简化模型及位移反应示意

$$\begin{bmatrix} \boldsymbol{M} & \boldsymbol{MI} & \boldsymbol{MH} \\ \boldsymbol{I}^{\mathrm{T}}\boldsymbol{M} & \sum_{i=0}^{n}m_i & \sum_{i=1}^{n}m_iH_i \\ \boldsymbol{H}^{\mathrm{T}}\boldsymbol{M} & \sum_{i=1}^{n}m_iH_i & \sum_{i=1}^{n}m_iH_i^2 \end{bmatrix} \begin{Bmatrix} \ddot{\boldsymbol{x}} \\ \ddot{x}_{\mathrm{b}} \\ \ddot{\Theta} \end{Bmatrix} + \begin{bmatrix} \boldsymbol{C} & 0 & 0 \\ 0 & c_{\mathrm{b}} & 0 \\ 0 & 0 & 0 \end{bmatrix} \begin{Bmatrix} \dot{\boldsymbol{x}} \\ \dot{x}_{\mathrm{b}} \\ \dot{\Theta} \end{Bmatrix} + \begin{bmatrix} \boldsymbol{K} & 0 & 0 \\ 0 & 0 & 0 \\ 0 & 0 & 0 \end{bmatrix} \begin{Bmatrix} \boldsymbol{x} \\ x_{\mathrm{b}} \\ \Theta \end{Bmatrix} + \begin{Bmatrix} 0 \\ F_{\mathrm{b}} \\ M_{\Theta} \end{Bmatrix}$$

$$= - \begin{Bmatrix} \boldsymbol{MI} \\ \boldsymbol{I}^{\mathrm{T}}\boldsymbol{MI} + m_0 \\ \boldsymbol{I}^{\mathrm{T}}\boldsymbol{MH} \end{Bmatrix} \ddot{x}_{\mathrm{g}} \tag{11-1}$$

其中，$\boldsymbol{M}$、$\boldsymbol{C}$ 和 $\boldsymbol{K}$ 分别为上部结构质量矩阵、阻尼矩阵和刚度矩阵。

$$\boldsymbol{M} = \begin{bmatrix} m_1 & & & \\ & m_2 & & \\ & & \ddots & \\ & & & m_n \end{bmatrix} \tag{11-2}$$

$$\boldsymbol{K} = \begin{bmatrix} k_1 + k_2 & -k_2 & & \\ -k_2 & k_2 + k_3 & & \\ & & \ddots & \\ & & k_{n-1} + k_n & -k_{n-1} \\ & & -k_{n-1} & k_n \end{bmatrix} \tag{11-3}$$

$\boldsymbol{C}$ 采用瑞利阻尼：

$$\boldsymbol{C} = \alpha\boldsymbol{M} + \beta\boldsymbol{K} \tag{11-4}$$

式中：$\boldsymbol{x}$、$\dot{\boldsymbol{x}}$、$\ddot{\boldsymbol{x}}$——上部结构相对于隔震层底板的位移、速度和加速度向量；

　　　x_{b}——底板相对于地面的位移；

　　　Θ——隔震层的转角；

　　　$\ddot{x}_{\mathrm{g}}$——地面的运动加速度向量；

　　　F_{b}、M_{Θ}——隔震层水平恢复力和回转恢复弯矩；

　　　$\boldsymbol{H}$——各层质心相对于隔震层底板的标高；

　　　$\boldsymbol{I}$——与上部结构位移向量相对应的单元向量。

　　隔震结构地震反应分析可采用 Newmark-β 法等逐步积分的方法，对橡胶支座隔震层水平恢复力 F_{b} 可采用 Bouc-Wen 黏弹塑性微分模型模拟，回转恢复力则需要考虑橡胶支座拉伸空化屈服的强非线性特性，可将支座弥散为沿隔震层布置的均布弹簧，以保证积分的连续性。

　　对于普通低矮结构，其上部结构侧移刚度远大于隔震层刚度，地震作用下上部结构近似为一个平动的刚体，因此将隔震结构简化为单质点模型进行分析，此时动力方程(11-1)可简化为

$$m\ddot{x} + c_{\mathrm{b}}\dot{x} + k_{\mathrm{b}}x = -m\ddot{x}_{\mathrm{g}} \tag{11-5}$$

式中：m——结构总质量；

　　　c_{b}、k_{b}——隔震层的阻尼系数和水平刚度。

11.2.3　结构地震作用计算

隔震结构地震作用计算宜采用时程分析方法,输入地震波的反应谱特性和数量应符合第 3 章的规定,计算结果宜取其包络值。当处于发震断层 10km 以内时,输入地震波应考虑近场影响系数,5km 以内宜取 1.5,5km 以外可取不小于 1.25。

对多层砌体结构及与砌体结构周期相当的结构采用隔震设计时,上部结构的总水平地震作用可按第 3 章规定的底部剪力法计算,水平地震影响系数最大值按下式计算:

$$\alpha_{\text{maxl}} = \beta\alpha_{\max}/\psi \tag{11-6}$$

式中:α_{maxl}——隔震后水平地震影响系数最大值;

　　　ψ——调整系数;

　　　$\alpha_{\max}$——水平地震影响系数最大值;

　　　β——水平向减震系数,应按下列规定采用。

(1) 对于多层结构,水平向减震系数按隔震与非隔震各层层间剪力的最大比值。对高层结构,尚应计算隔震与非隔震各层倾覆力矩的最大比值,并与层间剪力的最大比值比较,取二者最大值。

(2) 对多层砌体结构,其水平向减震系数宜按下式确定:

$$\beta = 1.2\eta_2(T_{\text{gm}}/T_1)^{\gamma} \tag{11-7}$$

式中:T_{gm}——采用隔震设计时的特征周期;

　　　T_1——隔震结构的基本周期,不应大于 2.0s 和 5 倍特征周期的较大值;

　　　γ——地震影响系数曲线下降段衰减指数;

　　　η_2——地震影响系数的阻尼调整系数。

(3) 对与砌体结构周期相当的结构,其水平向减震系数宜根据隔震后整个体系的基本周期,按下式确定:

$$\beta = 1.2\eta_2(T_g/T_1)^{\gamma}(T_0/T_g)^{0.9} \tag{11-8}$$

式中:T_0——非隔震结构的计算周期;

　　　T_g——特征周期。

隔震砌体结构及与其基本周期相当的隔震结构,其基本周期可按下式计算:

$$T_1 = 2\pi\sqrt{\frac{G}{K_h g}} \tag{11-9}$$

式中:G——隔震层以上结构的重力隔震代表值;

　　　K_h——隔震层水平等效刚度。

11.2.4　隔震装置

隔震系统通常由隔震装置、阻尼装置及限位装置组成,其所设置的楼层单元称为隔震层。为达到明显的减震效果,隔震系统需具备五项基本特征:

(1) 提供可靠的竖向承载力。隔震层必须能够可靠支撑自重及使用荷载,确保建筑结构在使用状况下的安全。

(2) 良好的柔性以延长结构周期。隔震层需具备适当的水平刚度以延长结构支座周期,使"刚性"的抗震结构体系变为"柔性"的隔震结构体系,从而把地面振动有效隔开并减小结构地震反应。

（3）足够的初始刚度及屈服刚度，能够抵抗风振荷载及其他不利效应。

（4）复位特性。隔震层必须具备水平恢复力，使隔震结构体系在地震中具有瞬时复位功能，在地震后保证结构回到初始状态。

（5）耗散地震能量以减小其向上部结构的传输。隔震层要具有足够的阻尼和良好的耗能能力，以减小能量输入和隔震层变形。

隔震装置是系统中实现隔震效果的主要单元，为隔震层提供了竖向承载力、弹性恢复力以及良好的变形能力。目前常用的隔震装置包括橡胶支座（图 11-4）、滑板支座、摩擦摆动支座和组合隔震装置等。

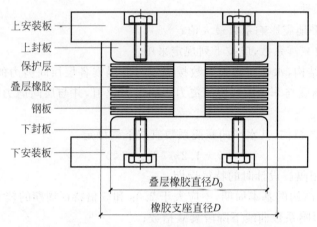

图 11-4　橡胶支座构造示意

1. 橡胶支座

1963 年，位于斯科普里一所小学的三层混凝土教学楼首次采用天然橡胶块隔震，由于橡胶块具有相同的竖向及水平刚度，因此隔震后结构在地震作用下将会上下和水平同时晃动。为解决这一问题，法国工程师提出一种叠层橡胶支座，此类支座中采用硫化橡胶层与薄钢板逐层叠合的方式限制橡胶层横向变形，从而保证支座的竖向刚度。目前常用的叠层橡胶支座包括普通橡胶支座、铅芯橡胶支座和高阻尼橡胶支座，如图 11-5 所示。

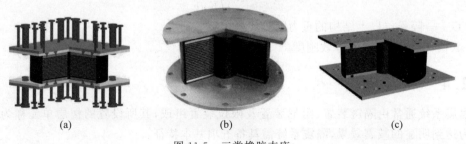

$\qquad$(a)$\qquad\qquad\qquad$(b)$\qquad\qquad\qquad$(c)

图 11-5　三类橡胶支座

（a）普通橡胶支座；（b）铅芯橡胶支座；（c）高阻尼橡胶支座

1）普通橡胶支座

普通橡胶支座由薄橡胶层与薄钢板层交互叠放，经高温、加压并硫化而成，通过橡胶层剪切变形提供支座柔性。支座的水平刚度主要与橡胶材料和橡胶层总厚度有关,总厚度越大,水平刚度越小。在橡胶层总厚度不变的情况下,各橡胶层厚度越小,竖向刚度越大。普通橡胶支座具有良好的压剪性能,但抗拉能力差,在很小的拉应力下橡胶就会空化屈服,设计中要求其拉伸应力不应超过 1.0MPa。此外,普通橡胶支座阻尼低、耗能差,其滞回曲线如图 11-6 所示,通常需要与阻尼器配合使用。

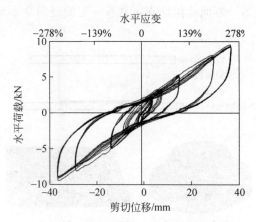

图 11-6　普通橡胶支座水平滞回曲线

2)铅芯橡胶支座

铅芯橡胶支座由新西兰工程研究所的 Robinson 提出,通过在普通橡胶支座中压入铅芯而成。铅具有低屈服点和高塑性变形的特点,当支座在地震作用下发生水平变形时,铅芯内晶体间被迫发生撕裂、摩擦和重组,从而消耗地震能量。铅芯橡胶支座本质是普通橡胶支座和铅芯阻尼的叠加,耗能能力较普通橡胶支座更好,其滞回曲线如图 11-7 所示。

3)高阻尼橡胶支座

高阻尼橡胶支座是采用人工合成橡胶,通过调整橡胶材料的配方改变其分子结构,使其同时具有普通橡胶支座弹性复位能力和较高的耗能能力。与普通橡胶支座相比,高阻尼橡胶支座不需配合额外的阻尼装置,就能够满足隔震层耗能要求。高阻尼橡胶支座滞回曲线如图 11-8 所示。

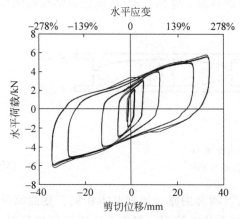

图 11-7　铅芯橡胶支座水平滞回曲线

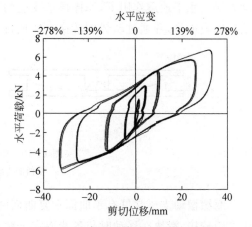

图 11-8　高阻尼橡胶支座滞回曲线

2. 滑板支座

滑板支座通常是由连接板、调整装置、滑移层、不锈钢滑移板组成,如图 11-9 所示。不锈钢滑移板表面经特殊处理,并在其表面涂有热硬化树脂以提高其耐磨性。滑移层由聚四氟乙烯添加强化剂制成,以延长其使用寿命。调整装置常采用叠层橡胶支座,一方面可以减小滑板支座的初始刚度,另一方面能保证支座具有一定的竖向变形及扭转能力,以保证隔震层各支座协同作用。

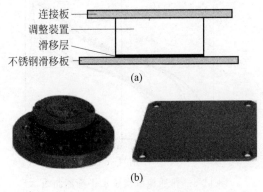

图 11-9　滑板支座构造示意
(a) 构造示意;(b) 支座实例

一定强度地震作用下,滑移层可在滑移板上往复运动,以实现隔震作用。滑板支座竖向承重能力大,并可有效延长结构周期,但隔震层变形较大,且地震后不能自动复位,常需与其他隔震构件配合使用。此外,当上部结构整体倾覆弯矩较大时,滑板支座可能发生提离,在高层等结构中应慎重使用。

3. 摩擦摆动支座

摩擦摆动支座是由滑块和曲面滑移板组成,如图 11-10 所示,滑动曲面与滑块具有相同的曲率半径,并可通过调整参数改变支座滞回性能。曲面涂有聚四氟乙烯等材料,以改善滑动效果。水平地震作用下,摩擦摆动支座的滑块在滑移面上摩擦运动,从而延长结构周期和消耗地震能量,并通过动势能转换来实现自复位功能。

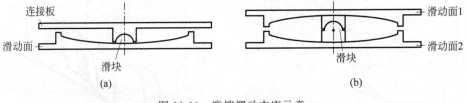

图 11-10　摩擦摆动支座示意
(a) 单曲面支座;(b) 复曲面支座

摩擦摆动支座常见有单曲面和复曲面两种形式,两者的减震原理基本相同。复曲面滑块采用铰接,滑块在移动时与各曲面完全贴合,而增多的摩擦面则提高了支座的位移行程。摩擦摆动支座隔震效果好,受环境影响小,并具有优异的耐久性能,因此使用较为广泛。

4．组合隔震装置

在工程实践中，单一使用一种支座或者特定布置方式有时无法达到隔震要求，此时就需要将若干种支座组合起来，并采用合理布置方式，从而形成组合隔震系统。组合隔震系统常见以下三种形式。

1）并联隔震系统

隔震橡胶支座和滑板支座在隔震层并联设置，分别承担上部结构的重力荷载。并联隔震能充分发挥橡胶支座恢复消耗能量的能力和滑板支座承载力大及初始刚度小的特点，将两种支座的优势结合起来，通过合理的配置，可有效提高隔震的效果。

2）串联隔震系统

将橡胶支座和滑板支座在隔震层串联设置，共同承担上部结构的重力荷载。串联基础隔震相当于有两个隔震层。

3）串并联隔震系统

滑移支座与橡胶支座串联后，再进行并联组成隔震系统。

11.3　消能减震结构设计

地震发生时会将地震能量以波的形式传递给结构，隔震系统通过延长结构周期、提高结构阻尼的方法，减小了上部结构接收的能量。对于自振周期较长的高耸结构等，隔震效果可能并不显著。

结构消能减震体系就是将结构的某些非承重构件（如支撑、联系梁、连接件等）设计成消能构件，或在结构特定部位设置消能装置。在地震作用下，这些消能构件和装置率先发生非弹性变形，从而消耗大量地震能量，以保护主体结构的安全。消能减震体系安全、可靠、经济性好，已广泛应用于工程结构中。

11.3.1　消能减震原理

根据能量守恒定理，一次地震输入结构的总能量是一定的，其由结构各部分共同承担，如下所示：

$$E_t = E_s + E_a \tag{11-10}$$

式中：E_t——输入结构的总能量；

　　　E_s——主体结构耗能；

　　　E_a——附属构件耗能。

从式（11-10）可见，在输入结构的总能量 E_t 一定的情况下，附属消能构件消耗的地震能量越多，主体结构消耗的地震能量会越少，从而减小结构反应，保护主体结构安全。另外，增加的附属构件提高了结构的阻尼，这也势必会使结构地震反应减小。

11.3.2　消能减震装置

按构造形式的不同，可将消能减震装置分为消能支撑、消能剪力墙、消能节点、消能连接和消能支承或悬吊构件等。

按消能机理的不同,可将消能减震装置分为速度相关性消能器、位移相关性消能器和其他型消能器。

按消能形式的不同,可将消能减震装置分为如下类型:

(1)摩擦消能器,如摩擦消能支撑、摩擦节点;

(2)金属屈服型消能器,如软钢阻尼器;

(3)材料塑性变形消能器,如铅挤压阻尼器;

(4)黏弹性消能器,如沥青橡胶组合黏弹性阻尼器、黏弹性橡胶剪切阻尼器等;

(5)黏滞流体消能器,如筒式流体阻尼器、黏滞阻尼墙系统、油动式阻尼器等;

(6)消能支撑,如交叉消能支撑、摩擦消能支撑、偏心消能支撑等。

1. 摩擦消能器

摩擦型消能器通过材料接触面的相互摩擦来消耗地震能量,这种消能器原理简单,具有良好的滞回特性,消能能力强,适用性及稳定性较高,应用最为广泛。目前常见的摩擦型消能器有 Pall 型摩擦消能器、摩擦阻尼桶(或 Sumitomo 摩擦阻尼器)、限位摩擦阻尼器、摩擦滑动螺栓节点及摩擦剪切消能器等。图 11-11 为两种 Pall 型摩擦阻尼器,此类阻尼器各部件通过高强螺栓连接。在小震时能保证自身形状,在强震作用下部件接触面的摩擦力不足以抵抗地震荷载时,各部件将发生相对位移,通过相互摩擦耗散地震能量。

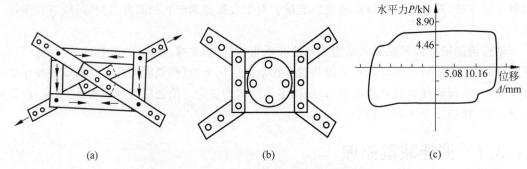

图 11-11 Pall 型摩擦阻尼器类型及滞回曲线

(a)Ⅰ型;(b)Ⅱ型;(c)滞回曲线

2. 金属屈服型消能器

软钢具有较好的屈服后性能,其进入弹塑性变形阶段具有良好滞回特性。利用软钢这一材料特性,目前已研发了多种金属屈服型消能装置,如锥形软钢消能器、方孔式软钢阻尼器、剪切型钢板阻尼器、加劲式软钢阻尼器等,如图 11-12 所示。这类消能器具有滞回性能稳定、消能能力大、构造可靠并且不受环境与温度影响的特点。

3. 材料塑性变形消能器

铅挤压消能器是一种典型的材料塑性变形消能器,其基本原理是将铅进行挤压切削,通过铅体产生塑性变形来耗散能量,常见有套管切削式和活塞挤压式两种,如图 11-13 所示。

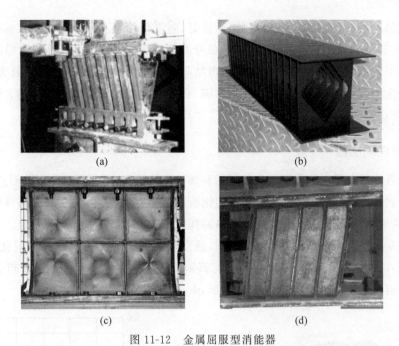

图 11-12　金属屈服型消能器

（a）锥形软钢消能器；（b）方孔式软钢阻尼器；（c）剪切型钢板阻尼器；（d）加劲式软钢阻尼器

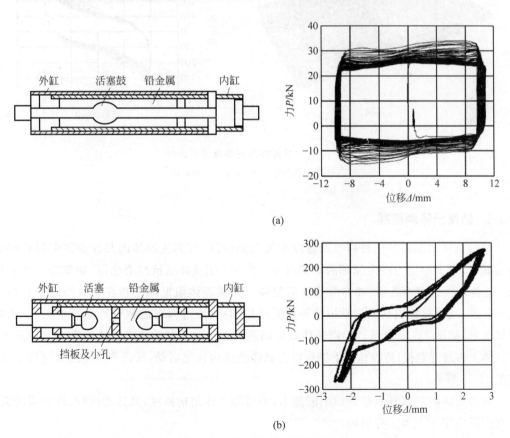

图 11-13　铅消能器及滞回曲线

（a）套管切削式；（b）活塞挤压式

铅是一种结晶金属,具有密度大、熔点低、塑性好、强度低等特点。发生塑性变形时晶格被拉长或错动,一部分能量将转换成热量,另一部分能量为促使再结晶而消耗,使铅的组织和性能恢复至变形前的状态。铅的动态恢复与再结晶过程在常温下进行,耗时短且无疲劳现象,因此具有稳定的消能能力,滞回曲线较为饱满,且阻尼力不受变形速率的影响。铅作为一种重金属,应注意铅泄露对周围环境的影响。

4. 黏弹性消能器

黏弹性阻尼器主要由约束钢板和之间的黏弹性高分子聚合材料组成,典型形式如图 11-14 所示。在荷载作用下,约束钢板与中间剪切钢板产生相对运动,迫使其间的黏弹性材料发生剪切变形,从而将地震能量转化为位能和热能耗散,进而保证主体结构的安全。黏弹性阻尼器性能受应变幅值、频率及温度等因素影响,通常其消能能力随温度升高而退化,随频率增大而增强。在应变幅值达到 200% 后,阻尼器消能能力将明显下降,并逐渐趋于某一恒定值。黏弹性阻尼器滞回曲线如图 11-14(b)所示。

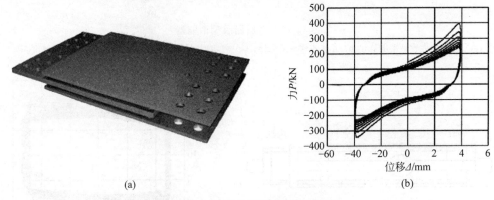

(a)　　　　　　　　　　　　　　(b)

图 11-14　黏弹性阻尼器及滞回曲线

(a) 阻尼器构造;(b) 阻尼器滞回曲线

5. 黏滞流体消能器

黏滞流体消能器是一种典型的速度相关型消能器,其利用液体的黏性提供阻尼以耗散地震能量,根据阻尼力产生原理的不同可分为两种:①流体抵抗型消能器,如黏滞流体阻尼器;②剪切抵抗型消能器,如黏滞流体阻尼墙。黏滞流体阻尼器是指在密封圆筒中封装可压缩硅油,通过筒体内活塞运动迫使油液流经控制孔,通过两者的相对运动产生阻尼,从而耗散能量,如图 11-15 所示。黏滞流体阻尼墙是指在顶面开敞的狭窄缸体内灌注黏滞液体,在缸体上方悬置钢板,地震作用下钢板将在黏滞液体内往复运动,从而产生阻尼并耗散能量,如图 11-16 所示。

黏滞流体阻尼器具有很强的消能能力,不增加主体结构刚度,且适用性好、维护费用低,已被广泛应用于土木工程领域。

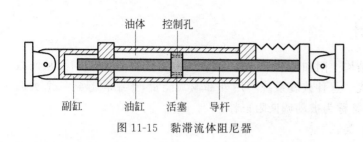

图 11-15　黏滞流体阻尼器

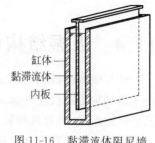

图 11-16　黏滞流体阻尼墙

6. 消能支撑

消能支撑是一种应用广泛的消能装置,属于位移相关型金属消能器。消能支撑可代替一般的结构支撑,通过材料塑性变形来耗散能量。消能支撑可以做成方框支撑、圆框支撑、交叉支撑、斜杆支撑、K 形支撑等,或者通过设置消能梁段设计成偏心消能支撑,以及设有隔撑的消能支撑,如图 11-17 所示。

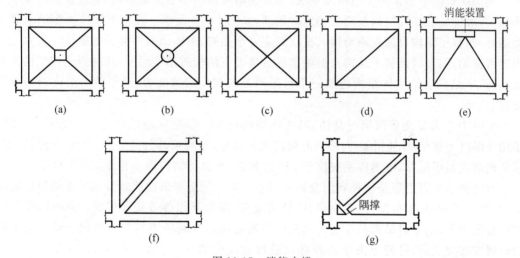

图 11-17　消能支撑

(a) 方框支撑;(b) 圆框支撑;(c) 交叉支撑;(d) 斜杆支撑;(e) K 形支撑;(f) 偏心消能支撑;(g) 隔撑消能支撑

约束屈曲支撑是一种特殊的消能支撑,主要为克服传统支撑易受压屈服的缺陷。其基本构造为在普通支撑外套一个约束套筒,并在两者之间填充无粘结材料,如图 11-18 所示。工作时与结构相连的支撑内杆由于受压将发生横向变形,外侧的套筒限制该变形过大导致的支撑屈曲。因此约束屈曲支撑能充分发挥支撑杆件的材料性能,其滞回性能更好,消能能力更强。

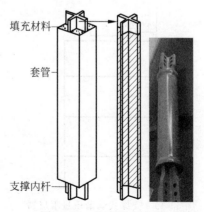

图 11-18　约束屈曲支撑

11.4 吸振结构设计

结构吸振减震就是通过在结构上附加一个子结构,使主结构能量向子结构转移,从而减小主体结构地震反应的减震方式。这种减震系统不用外部输入能量,子结构起到一个类似阻尼器的作用,因此这种装置也常称为被动调谐阻尼器。

吸振减震装置可分为如下三类:

(1) 调谐质量阻尼器(TMD),如支撑式调谐质量阻尼器、悬吊式调谐质量阻尼器和摆动式调谐质量阻尼器;

(2) 调谐液体阻尼器(TLD),如调谐液体液池式阻尼器和调谐液体 U 形柱式阻尼器;

(3) 非线性能量阱(nonlinear energy sink,NES),如轨道式能量阱等。

1. 调谐质量阻尼器

调谐质量阻尼器是一个包括质量块、弹簧和阻尼器的小型振动系统,通过弹簧连接于主体结构,可安装在高耸结构或高层建筑的顶部,如图 11-19 所示。理论上当输入振动为简谐振动时,调整子结构自振频率与输入振动频率完全相同,主体结构不会发生振动。实际地震为随机振动,但可以调整子结构自振频率尽量接近主结构的基本频率,此时当主体结构发生振动时,子结构会给主体结构施加一个与振动方向相反的惯性力,从而减小主体结构地震反应。

上海中心大厦是我国第一高楼,其主体结构高 575m,连同塔冠总高达 632m。该结构采用外围巨型框架-外伸桁架-内部核心筒的结构体系,结构顶部装有一部 1000t 的悬挂式电涡流调谐质量阻尼器,电涡流系统位于 125 层楼面,来进行结构振动控制,如图 11-20 所示。电涡流调谐质量阻尼器是一种利用金属切割永磁场产生阻尼效应的新型调谐质量阻尼器装置,主要由质量箱、铜板组件、磁钢组件、轨道支架、限位环组件等部分组成;协调框架位于阻尼器桁架上,用于对吊索长度进行调整以使阻尼器的自振频率与主体结构一致。电涡流阻尼器安装完成后,可使上海中心顶部风致加速度降低 43%,极大提高了结构的舒适性。但研究表明该阻尼器对地震反应控制效果不太显著。

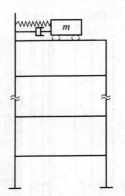

图 11-19　支撑式调谐质量阻尼器

图 11-20　上海中心大厦及其悬挂的电涡流调谐质量阻尼器

2. 调谐液体阻尼器

调谐液体阻尼器子结构为一装有液体的某种容器,通过容器中液体振荡产生的动压力和黏性阻尼来消能,如图 11-21 所示。由于液体的非线性动态特性,此类阻尼器的计算分析较为困难。设计调谐液体阻尼器时,应尽量使液体晃动频率接近主体结构固有频率,此时阻尼器能提供较好的减震效果。与调谐质量阻尼器相比,调谐液体阻尼器构造简单、安装容易、自动激活性能好、不需要附设启动装置。

根据日本长崎机场塔以及我国珠海金山大厦等结构采用调谐液体阻尼器的工程实践来看,此类阻尼器对结构振动控制还是有一定效果的。

3. 非线性能量阱

非线性能量阱是一种被动结构控制装置,如图 11-22 所示。它是由一个质量或一组质量通过非线性弹簧单元与被控主体结构相连,能够产生本质非线性的恢复力,将能量从低阶模态传递至高阶模态,提高能量耗散效率以减小主体结构反应。与传统调谐质量阻尼相比,非线性能量阱的非线性恢复力-位移关系使其能够在宽频范围内发生共振,降低结构反应,不至于发生传统调谐质量阻尼器失谐导致的减振性能退化。

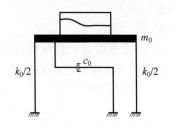

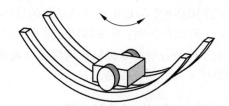

图 11-21　调谐液体阻尼器力学模型　　　　　　图 11-22　非线性能量阱

非线性能量阱最早用于抑制航空技术中气弹材料的振动和去除声学系统中的噪声。近年来,针对建筑结构振动控制的应用和研究越来越多。

11.5　结构振动主动控制

11.5.1　基本概念

结构振动主动控制是指利用外部能源,在结构振动过程中瞬时提供控制力或瞬时改变结构动力特性,以迅速减小和控制结构振动反应的控制方法。主动控制可根据激励或结构反应及时调整控制程度,因此减振效果明显,适用于对抗震或抗风要求高,或需要对多振型进行控制的重要建筑、高层建筑、重要桥梁等。

主动控制系统包括三大部分,即信息采集系统(传感器)、处理系统(控制器)和驱动系统(驱动器)。

按控制程度的不同,主动控制可分为如下三类:

(1) 结构(全)主动控制,即结构减震目标完全依赖于主动控制;

(2) 结构半主动控制,即结构减震措施以被动控制为主,主动控制仅作为辅助;

（3）结构混合控制，在结构上同时采用被动控制系统和主动控制系统，充分发挥被动控制简单可靠、不依赖外部能源和主动控制效果显著、目标明确的特性。在低强度地震作用下通过被动控制实现减震目标，而在更强烈地震作用下，主动控制激活工作，并与被动控制协同实现减震目标。

按实现手段，主动控制可分为如下三类：

（1）施加外力型，即通过对结构主动施加外部控制力以实现控振目标。常见方法有主动质量阻尼器（active mass damper）、主动质量驱动器（active mass driver）、主动拉索系统（active tendon system，ATS）、主动挡风板（aero dynamic appendage，ADA）和脉冲发生器（pulse generator，PG）等。

（2）改变结构参数型，即通过主动改变结构动力特性，以实现控振目标的方法。常见的有主动变刚度系统（active variable stiffness，AVS）、主动变阻尼系统（active variable damping，AVD）、主动支撑系统（active bracing system，ABS）等。

（3）智能材料控制型，即通过智能材料的自主调节以实现控振目标的方法，如形状记忆合金（shape memory alloy，SMA）、压电层材料（piezo-electric layer，PEL）和 ER（electro-rheological fluid）流态材料等。

主动控制系统的工作方式可分为三种类型。

（1）开环控制：根据传感器采集的振动激励信息调整控制力。

（2）闭环控制：根据传感器采集的结构反应调整控制力。

（3）开闭环控制：传感器同时采集激励及结构反应信息，据此综合信息调整控制力。

由于闭环控制能根据结构反应实时调整控制力，因此结构主动控制主要采用闭环控制，个别也可采用开闭环控制。

11.5.2　主动控制原理

对于具有 n 个质量点的 n 维线性结构，施加主动控制系统后，结构在地震激励下的动力方程为：

$$\boldsymbol{M}\ddot{\boldsymbol{x}} + \boldsymbol{C}\dot{\boldsymbol{x}} + \boldsymbol{K}\boldsymbol{x} = \boldsymbol{F}\ddot{x}_g + \boldsymbol{E}\boldsymbol{U} \tag{11-11}$$

式中：$\boldsymbol{M}$、$\boldsymbol{C}$、$\boldsymbol{K}$——结构质量、阻尼和刚度矩阵；

$\quad\quad$ $\boldsymbol{x}$、$\dot{\boldsymbol{x}}$、$\ddot{\boldsymbol{x}}$——结构相对于地面的位移、速度和加速度反应；

$\quad\quad$ $\ddot{x}_g$——地面加速度；

$\quad\quad$ $\boldsymbol{F}$——地面地震加速度转换矩阵，$\boldsymbol{F}=\boldsymbol{MI}$，$\boldsymbol{I}$ 为单位列向量；

$\quad\quad$ $\boldsymbol{E}$——控制器位置矩阵；

$\quad\quad$ $\boldsymbol{U}$——控制力向量。

控制力向量 $\boldsymbol{U}$ 由结构反应 $\boldsymbol{x}$、$\dot{\boldsymbol{x}}$ 和地面加速度 $\ddot{x}_g$ 决定，则

$$\boldsymbol{U} = \boldsymbol{K}_b\boldsymbol{x} + \boldsymbol{C}_b\dot{\boldsymbol{x}} + \boldsymbol{F}_b\ddot{x}_g \tag{11-12}$$

式中：$\boldsymbol{K}_b$——位移增益矩阵；

$\quad\quad$ $\boldsymbol{C}_b$——速度增益矩阵；

$\quad\quad$ $\boldsymbol{F}_b$——加速度增益矩阵。

把式（11-12）代入式（11-11），可得到主动控制结构体系的运动方程为

$$\boldsymbol{M}\ddot{\boldsymbol{x}} + (\boldsymbol{C} - \boldsymbol{E}\boldsymbol{C}_b)\dot{\boldsymbol{x}} + (\boldsymbol{K} - \boldsymbol{E}\boldsymbol{K}_b)\boldsymbol{x} = (\boldsymbol{F} + \boldsymbol{E}\boldsymbol{F}_b)\ddot{x}_g \tag{11-13}$$

从上式可见，主动控制系统可以通过施加控制力，或改变结构刚度和阻尼特性实现对结

构地震反应的控制目标。

11.5.3 主动控制装置

1. 主动质量阻尼器

结构主动质量阻尼器由作动器、质量块及阻尼器组成,如图 11-23 所示。通过外部系统驱动惯性质量运动,将结构振动能量转化为质量块的动能、势能和系统中的阻尼器消能,从而减小主体结构反应。

根据日本岸住田大楼等结构的主动质量阻尼器工程地震反应记录看,其对小震有良好的控振效果,但大震时主动控制系统停止运作。另外,此类控制系统对结构控风效果显著。

2. 主动拉索系统

主动拉索系统由传感器、驱动器及传力拉索组成,基于采集到的结构地震反应信号实时调整拉索施加于结构的反向作用力,以实现控振目的,如图 11-24 所示。主动拉索系统能有效减小结构地震反应,且能实现对多种振型反应的控制。

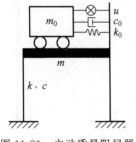

图 11-23 主动质量阻尼器

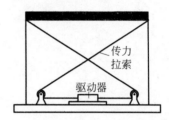

图 11-24 主动拉索系统

3. 主动变阻尼系统(主动变刚度系统)

主动变阻尼(刚度)系统由附加可变液压阻尼器、处理器、传感器及阻尼控制器组成,附加阻尼由带电磁阀开关的油路控制系统来提供,电磁阀控制器决定油路的开合,使系统在变阻尼和变刚度间切换,从而实现结构振动控制,如图 11-25 所示。此类控制系统控振效果好、使用范围广,且造价低、可靠性高,有较好的工程应用前景。实际工程记录表明,主动变阻尼系统对结构在各级地震作用下的反应均有较好的控振效果,同时有良好的控风作用。

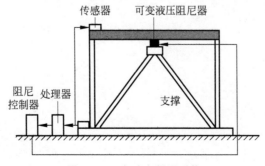

图 11-25 主动变阻尼系统

习题

1. 试论述结构抗震思想的发展。
2. 被动控制与主动控制的主要区别在哪里？
3. 结构隔震、消能减震及吸振的基本原理、优缺点及适用范围是什么？
4. 底部剪力法计算隔震结构地震作用效应的适用范围是什么？有什么不足？
5. 消能减震结构的地震作用计算与抗震结构有何异同之处？

参 考 文 献

[1] 中华人民共和国住房和城乡建设部.钢结构通用规范：GB 55006—2021[S].北京：中国建筑工业出版社,2021.

[2] 中华人民共和国住房和城乡建设部.工程结构通用规范：GB 55001—2021[S].北京：中国建筑工业出版社,2021.

[3] 中华人民共和国住房和城乡建设部.建筑与市政工程抗震通用规范：GB 55002—2021[S].北京：中国建筑工业出版社,2021.

[4] 中华人民共和国交通运输部.公路桥梁抗震设计规范：JTG/T 2231-01—2020[S].北京：人民交通出版社,2020.

[5] 中华人民共和国住房和城乡建设部.建筑抗震设计规范：GB 50011—2010(2016 年版)[S].北京：中国建筑工业出版社,2019.

[6] 中华人民共和国住房和城乡建设部.地下结构抗震设计标准：GB/T 51336—2018[S].北京：中国建筑工业出版社,2018.

[7] 中华人民共和国住房和城乡建设部.建筑结构可靠性设计统一标准：GB 50068—2018[S].北京：中国建筑工业出版社,2019.

[8] 中华人民共和国住房和城乡建设部.钢结构设计标准：GB 50017—2017[S].北京：中国建筑工业出版社,2017.

[9] 中华人民共和国住房和城乡建设部.高层民用建筑钢结构技术规程：JGJ 99—2015[S].北京：中国建筑工业出版社,2015.

[10] 中国地震地球物理研究所.中国地震动参数区划图：GB 18306—2015[S].北京：中国标准出版社,2016.

[11] 中华人民共和国交通运输部.公路桥梁抗震设计细则：JTG/T B02-01—2008[S].北京：人民交通出版社,2008.

[12] 王社良.抗震结构设计[M].4 版.武汉：武汉理工大学出版社,2021.

[13] 李爱群,丁幼亮,高振世.工程结构抗震设计[M].3 版.北京：中国建筑工业出版社,2018.

[14] 张耀庭,潘鹏.建筑结构抗震设计[M].北京：机械工业出版社,2018.

[15] 白国良,马建勋.建筑结构抗震设计[M].北京：科学出版社,2013.

[16] 王社良.工程结构抗震[M].北京：冶金工业出版社,2016.

[17] 吕西林.建筑结构抗震设计理论与实例[M].4 版.上海：同济大学出版社,2015.

[18] 李宏男.建筑结构抗震设计[M].北京：中国建筑工业出版社,2015.

[19] 沈聚敏,周锡元,高小旺,等.抗震工程学[M].2 版.北京：中国建筑工业出版社,2015.

[20] 李国强,李杰,陈素文,等.建筑结构抗震设计[M].4 版.北京：中国建筑工业出版社,2014.

[21] 周云,张文芳,宗兰,等.土木工程抗震设计[M].3 版.北京：科学出版社,2013.

[22] 薛素铎,赵均,高向宇.建筑抗震设计[M].3 版.北京：科学出版社,2012.

[23] 王占飞,赵柏冬,隋伟宁,等.桥梁抗震设计[M].北京：中国水利水电出版社,2016.

[24] 王玉镯,高英,曹加林.工程结构抗震与防灾技术研究[M].北京：中国水利水电出版社,2018.

[25] 邓友生,彭程谱,刘俊聪,等.沙漠公路灾害防治方法及其工程应用[J].公路,2021,66(06)：345-351.

[26] 柳炳康,沈小璞.工程结构抗震设计[M].武汉：武汉理工大学出版社,2010.

[27] 郭继武.建筑抗震设计[M].3 版.北京：中国建筑工业出版社,2011.

[28] 梁兴文,史庆轩.混凝土结构设计原理[M].4 版.北京：中国建筑工业出版社,2019.

[29] LI H J,TANIGUCHI Y. Load-carrying capacity of semi-rigid double-layer grid structures with initial

crookedness of member[J]. Engineering Structures,2019,184：421-433.

[30] LI H J,TANIGUCHI Y. Coupling effect of nodal deviation and member imperfection on load-carrying capacity of single-layer reticulated shell[J]. International Journal of Steel Structures,2020,20(3)：919-930.

[31] LI H J,TANIGUCHI Y. Effect of joint stiffness and size on stability of three-way single-layer cylindrical reticular shell[J]. International Journal of Space Structures,2020,35(3)：90-107.

[32] LI H J,TANIGUCHI Y. Load-carrying capacity of three-way single-layer reticulated dome with initial member crookedness of prescribed probabilistic amplitude[J]. Journal of the International Association for Shell and Spatial Structures,2019,60(2)：133-144.

[33] 李会军,王超,肖姚.随机节点偏差与杆件偏心对单层球面网壳承载力的影响研究[J].建筑结构学报,2020,41(2)：134-141.

[34] 杜修力,韩润波,许成顺,等.地下结构抗震拟静力试验研究现状及展望[J].防灾减灾工程学报,2021,41(4)：850-859.

[35] 邓友生,彭程谱,程志和,等.竹桩-土钉复合支护体系承载特性研究[J].工业建筑,2021,51(8)：141-147,38.

[36] 禹海涛,张正伟,李攀.地下结构抗震设计的改进等效反应加速度法[J].岩土力学,2020,41(7)：2401-2410.

[37] 梁清华.地震波作用下土-地下结构动力相互作用分析[D].天津：天津城建大学,2019.

[38] 陈国兴,陈苏,杜修力.城市地下结构抗震研究进展[J].防灾减灾工程学报,2016,36(1)：1-23.

[39] 刘如山,朱治.地下结构震害预测研究综述[J].地震工程学报,2020,42(6)：1349-1360.

[40] 孙强强,薄景山,孙有为,等.隧道结构地震反应分析研究现状[J].世界地震工程,2016,32(2)：159-169.

[41] 龙帮云,刘殿华.建筑结构抗震设计[M].南京：东南大学出版社,2017.

[42] 邓友生,段邦政,吴鹏.微型桩承载力计算方法及抗震性能研究[J].公路交通科技：应用技术版,2016(2)：57-62.

[43] 邓友生,段邦政,叶万军,等.基于遗传算法与边界元理论的声屏障优化[J].铁道学报,2019,41(6)：115-123.

[44] 李爱群,高振世,张志强.工程结构抗震与防灾[M].南京：东南大学出版社,2012.

[45] 邓友生,刘俊聪,彭程谱,等.铁道路基冻害防治方法研究[J].西安建筑科技大学学报：自然科学版,2021,53(1)：1-8.

[46] 钟紫蓝,甄立斌,申轶尧,等.基于耐震时程分析法的地下结构抗震性能评价[J].岩土工程学报,2020,42(8)：1482-1490.

[47] 林皋.地下结构地震响应的计算模型[J].力学学报,2017,49(3)：528-542.

[48] 邓友生,孙雅妮,赵明华,等.微型桩-香根草协同护坡试验与计算研究[J].中国公路学报,2020,33(7)：68-75.

[49] 王景全,王震,高玉峰,等.预制桥墩体系抗震性能研究进展：新材料、新理念、新应用[J].工程力学,2019,36(3)：1-23.

[50] 王景全,李帅,张凡.采用SMA智能橡胶支座的近断层大跨斜拉桥易损性分析[J].中国公路学报,2017,30(12)：30-39.

[51] 王震,王景全,修洪亮,等.弯剪破坏钢筋混凝土矩形墩滞回模型[J].中国公路学报,2017,30(12)：129-138.

[52] 王景全,殷惠光,张书兵,等.钢-混凝土组合梁考虑界面滑移的振动模态试验研究[J].建筑结构学报,2016,37(2)：142-149.

[53] 王景全,刘钊,吕志涛.铁路梁桥挠度智能主动控制[J].交通运输工程学报,2005,5(3)：52-55.

[54] 王景全,戚家南,刘加平.基于细观本构模型的UHPC梁受弯全过程分析[J].建筑结构学报,2020,

41(9)：137-144.

[55]　王震,王景全.预应力节段预制拼装桥墩抗震性能研究综述[J].建筑科学与工程学报,2016,33(6)：88-97.

[56]　王栋,吕西林.具有抗拉功能的隔震支座力学性能试验研究[J].建筑结构学报,2015,36(9)：124-132.

[57]　王栋,吕西林,刘中坡.不同高宽比基础隔震高层结构振动台试验研究及对比分析[J].振动与冲击,2015,34(16)：109-118.

[58]　王栋,卢文胜,吕西林.某高位转换框支剪力墙超限高层结构模拟地震振动台试验研究[J].振动与冲击,2013,32(21)：142-149.

[59]　王栋,周颖,吕西林.组合基础隔震结构设计及近断层地震反应分析[J].建筑结构,2016,46(11)：66-71.

[60]　邓友生,杨彪,彭程谱,等.群桩基础后压浆地震动力响应研究[J].河南科技大学学报：自然科学版,2023,44(2)：80-86.